U0264538

实用电工电路红宝书

电工电路实践布线

红宝书

黄海平　黄　鑫　编著

科学出版社

内 容 简 介

本书精选了多个电工技术人员实际工作中经常遇到的电路，分别对电路工作原理、实际接线、布线、元器件安装排列等方面的知识进行讲解，试图于细微深处，以朴实、易懂的方式解析电工电路布线的方法和妙趣之处。

本书主要内容包括电动机单向运转控制电路、电动机降压启动控制电路、电动机可逆控制电路、电动机制动电路、电动机保护电路、供排水电路、得电延时头及失电延时头应用电路、其他实用电工电路。

本书适合作为各级院校电工、电子及相关专业师生的参考用书，同时可供广大电工技术人员、初级电工参考阅读。

图书在版编目(CIP)数据

电工电路实践布线红宝书/黄海平，黄鑫编著.—北京：科学出版社，2014.4

(实用电工电路红宝书)

ISBN 978-7-03-039730-0

Ⅰ.电… Ⅱ.①黄…②黄… Ⅲ.电路-布线-基本知识 Ⅳ.TM05

中国版本图书馆CIP数据核字(2014)第022882号

责任编辑：孙力维 杨 凯/责任制作：魏 谨

责任印制：赵德静/封面设计：周 杰

北京东方科龙图文有限公司 制作

http://www.okbook.com.cn

科学出版社 出版

北京东黄城根北街16号

邮政编码：100717

http://www.sciencep.com

新科印刷有限公司 印刷

科学出版社发行 各地新华书店经销

*

2014年4月第 一 版 开本：A5(890×1240)

2014年4月第一次印刷 印张：12

印数：1—4 000 字数：360 000

定 价： 36.00元

(如有印装质量问题，我社负责调换)

前言

对于广大电工技术人员和许多初级电工人员来说，识读电路的电气原理图并不难，但是完成一个电路的现场接线和布线，也就是进行现场实际操作，却有一定的困难。他们不知从何下手，不知如何把电气原理图转换成现场实际接线图和布线图。为此，笔者总结多年工作经验，结合目前电工操作领域的实际情况，精选出近百个电工常用电路，将电路的电气原理图与现场接线图、布线图一一对应，指导读者快速完成电路的现场接线和布线，并从中学习电路布线的方法和技巧，举一反三，大大提高电工技术人员现场操作的速度和技能水平。

本书对电路工作原理、现场实际接线、布线、元器件安装排列等多方面知识进行讲解，试图于细微深处，以朴实、易懂的方式解析电工电路布线的方法和妙趣之处。

本书主要内容包括电动机单向运转控制电路、降压启动控制电路、可逆控制电路、制动电路和保护电路、供排水电路、得电延时头及失电延时头应用电路，以及其他实用电工电路。本书适合各大中型院校电工、电子及相关专业师生参考阅读，同时也适合作为广大电工技术人员的参考资料。

参加本书编写的还有李志平、李燕、黄海静、李雅茜、李志安等同志，在此表示衷心的感谢。

由于作者水平有限，编写时间仓促，书中不足之处在所难免，敬请专家同仁赐教，以便修订改之。

黄海平

2013 年 10 月于山东威海福德花园

CONTENTS 目录

第 1 章 电动机单向运转控制电路

第 2 章 电动机降压启动控制电路

第 3 章 电动机可逆控制电路

第 4 章 电动机制动电路

第 5 章 电动机保护电路

第 6 章 供排水电路

第7章 得电延时头及失电延时头应用电路

第8章 其他实用电工电路

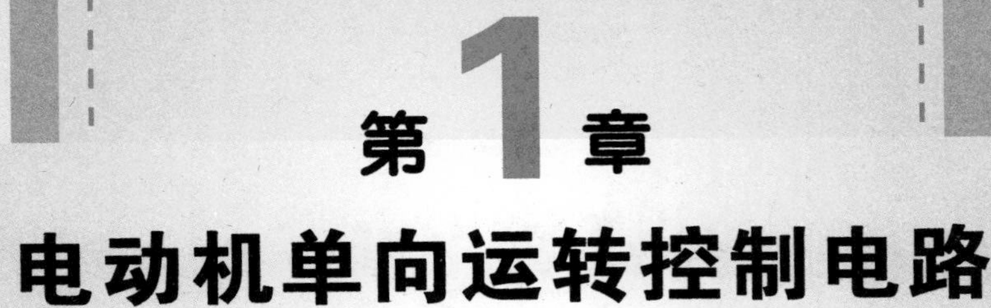

第1章 电动机单向运转控制电路

1.1 单向点动控制电路

工作原理

单向点动控制电路如图 1.1 所示。首先合上主回路断路器 QF_1、控制回路断路器 QF_2，为电路工作提供准备条件。

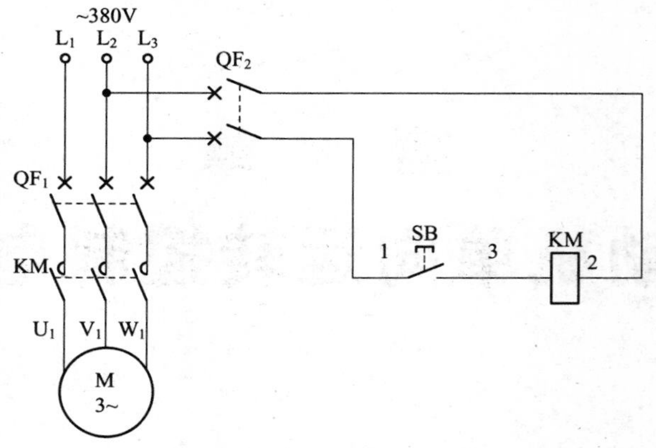

图 1.1 单向点动控制电路

点动时，按下点动按钮 SB(1-3)，交流接触器 KM 线圈得电吸合，KM 三相主触点闭合，电动机得电启动运转。按住点动按钮的时间即为电动机点动运转的时间。

停止时，松开点动按钮 SB(1-3)，交流接触器 KM 线圈断电释放，KM 三相主触点断开，电动机失电停止运转。

电路布线图(图 1.2)

XT 为接线端子排，通过端子排 XT 来区分电气元件的安装位置，XT 的上方是放置在配电箱内底板上的电气元件，XT 的下方是外接或引至配电箱门面板上的电气元件。本书电路的布线图均采用这种元件布置方式，此后不再赘述。

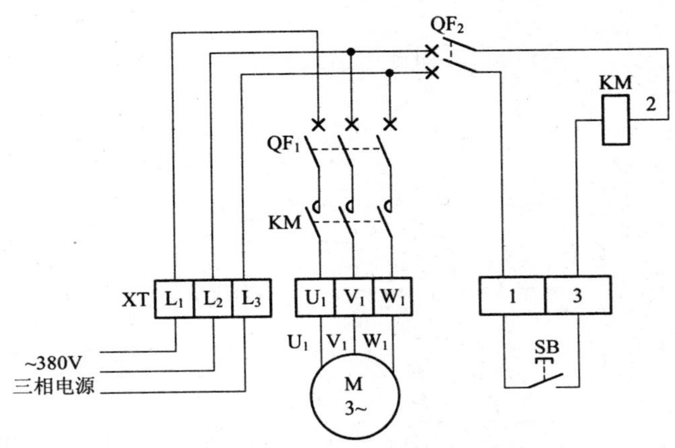

图 1.2 单向点动控制电路布线图

从端子排 XT 上看，共有 8 个接线端子。其中，L_1、L_2、L_3 这 3 根线是由外引入配电箱的三相 380V 电源，并穿管引入；U_1、V_1、W_1 这 3 根线是电动机线，穿管接至电动机接线盒内的 U_1、V_1、W_1 上；1、3 这 2 根线是控制线，接至配电箱门面板上的按钮开关 SB 上。

实际接线图(图 1.3)

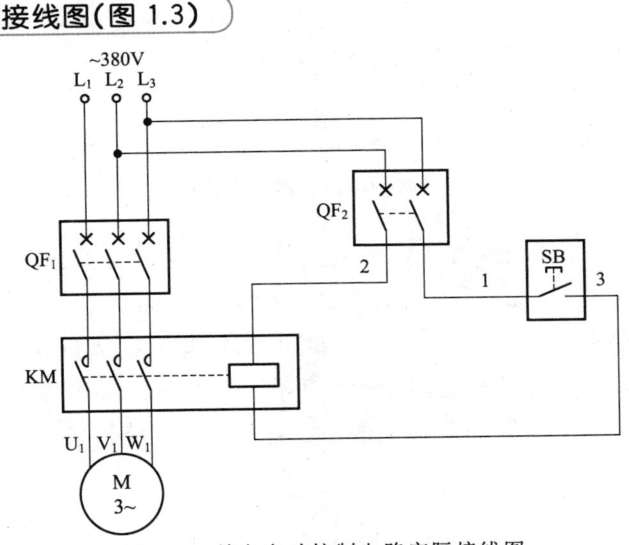

图 1.3 单向点动控制电路实际接线图

元器件安装排列图及端子图(图 1.4)

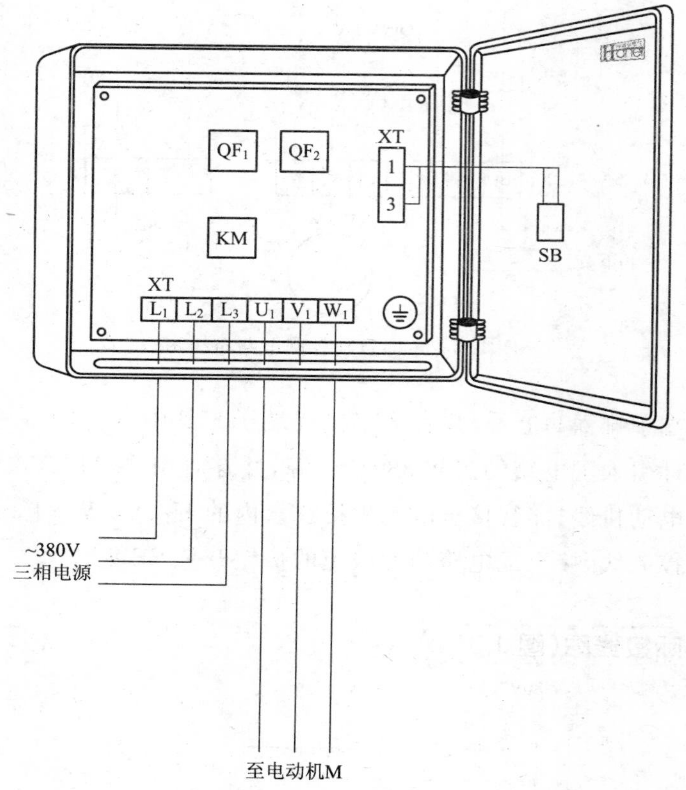

图 1.4 单向点动控制电路元器件安装排列图及端子图

从图 1.4 可以看出,断路器 QF_1、QF_2 及交流接触器 KM 安装在配电箱内底板上;按钮开关 SB 安装在配电箱门面板上。

通过端子 L_1、L_2、L_3 将三相 380V 交流电源接入配电箱中;端子 U_1、V_1、W_1 接至电动机接线盒中的 U_1、V_1、W_1 上;端子 1、3 将配电箱内的元器件与配电箱门面板上的按钮开关 SB 连接起来。

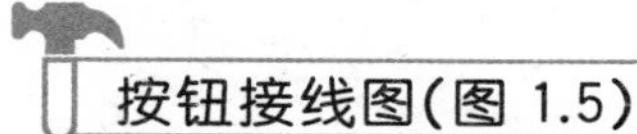

按钮接线图(图 1.5)

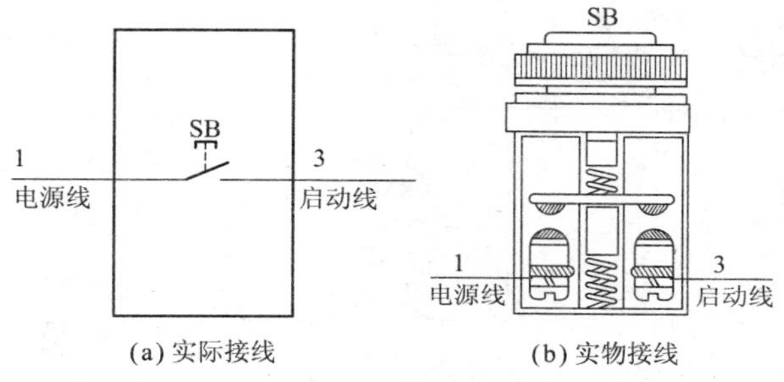

(a) 实际接线 (b) 实物接线

图 1.5 单向点动控制电路按钮接线图

1.2 单按钮控制电动机启停电路(一)

工作原理

单按钮控制电动机启停电路(一)如图 1.6 所示。

奇次按下按钮 SB,其两组常闭触点(3-5、3-7)断开,常开触点(1-3)闭合,交流接触器 KM 线圈得电吸合且 KM 辅助常开触点(1-3)闭合自锁,KM 三相主触点闭合,电动机得电启动运转;松开按钮 SB,其所有触点恢复原始状态,失电延时时间继电器 KT 线圈得电吸合,KT 不延时瞬动常开触点(3-5)闭合,KT 失电延时闭合的常闭触点(3-7)立即断开,为停止时偶次按下按钮 SB 时允许 SB 常闭触点(3-7)断开、切断 KM 线圈回路做准备。

偶次按下按钮 SB,其两组常闭触点(3-5、3-7)断开,常开触点(1-3)闭合,SB 的一组常闭触点(3-7)断开,切断了交流接触器 KM 线圈的回路电源,KM 线圈断电释放,KM 自锁辅助常开触点(1-3)断开,也切断了失电延时时间继电器 KT 线圈的回路电源,KT 线圈断电释放,并开始延时,KT 失电延时闭合的常闭触点(3-7)恢复原始常闭状态。在 KT 的延时触点未恢复常闭期间,松开按钮 SB,SB 的一组常闭触点

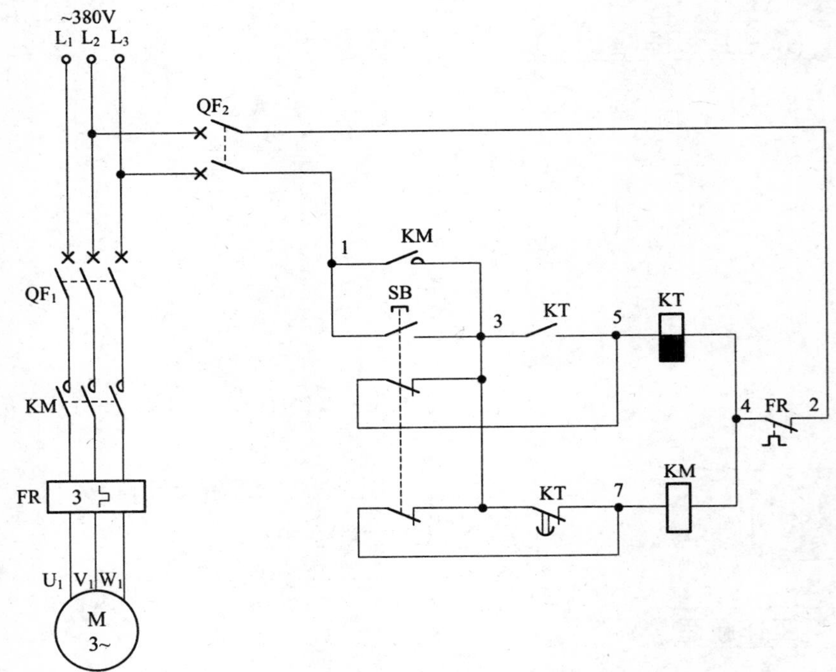

图 1.6 单按钮控制电动机启停电路(一)

(3-7)能可靠断开,可以保证 KM 线圈可靠地断电释放,也就是说电动机可靠地停止运转。在 KM 线圈断电释放时,KM 三相主触点断开,电动机失电停止运转。

值得提醒的是,偶次按下 SB 的时间不要超出 KT 的延时时间,否则 KM 会重新自动启动工作。也就是说,偶次按下 SB 的操作为按下立即松开就行了。

电路布线图(图 1.7)

从端子排 XT 上看,共有 10 个接线端子。其中,L_1、L_2、L_3 这 3 根线是由外引入配电箱的三相 380V 电源,并穿管引入;U_1、V_1、W_1 这 3 根线是电动机线,穿管接至电动机接线盒内的 U_1、V_1、W_1 上;1、3、5、7 这 4 根线是控制线,接至配电箱门面板上的按钮开关 SB 上。

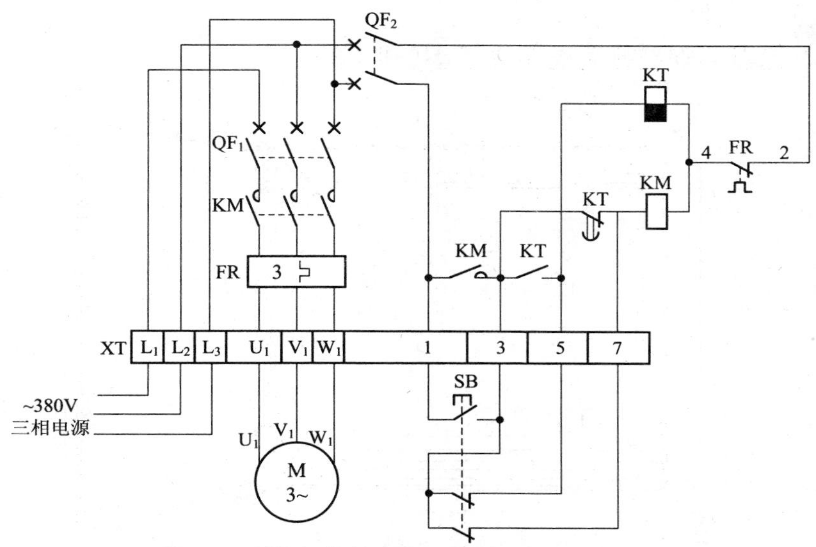

图 1.7 单按钮控制电动机启停电路(一)布线图

实际接线图(图 1.8)

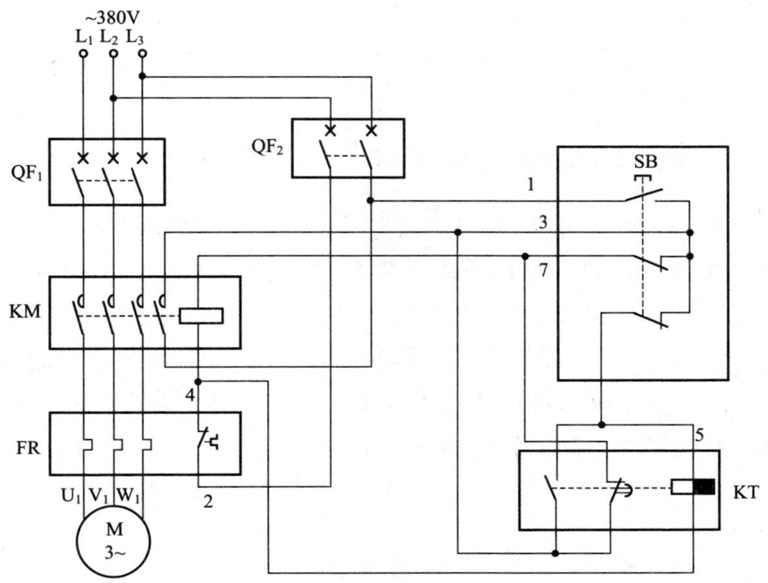

图 1.8 单按钮控制电动机启停电路(一)现场接线图

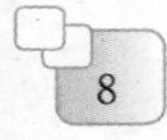

元器件安装排列图及端子图(图 1.9)

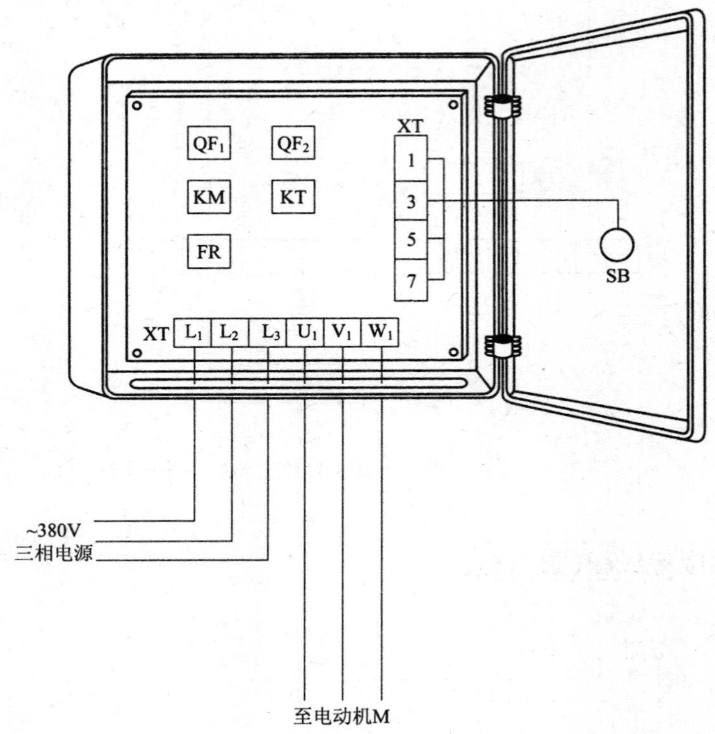

图 1.9 单按钮控制电动机启停电路(一)元器件安装排列图及端子图

从图 1.9 可以看出，断路器 QF_1、QF_2，交流接触器 KM，失电延时时间继电器 KT，热继电器 FR 安装在配电箱内底板上；按钮开关 SB 安装在配电箱门面板上。

通过端子 L_1、L_2、L_3 将三相 380V 交流电源接入配电箱中；端子 U_1、V_1、W_1 接至电动机接线盒中的 U_1、V_1、W_1 上；端子 1、3、5、7 将配电箱内的元器件与配电箱门面板上的按钮开关 SB 连接起来。

1.3 单按钮控制电动机启停电路(二)

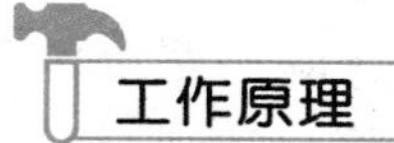

工作原理

单按钮控制电动机启停电路(二)如图 1.10 所示。首先合上主回路断路器 QF_1、控制回路断路器 QF_2，为电路工作提供准备条件。

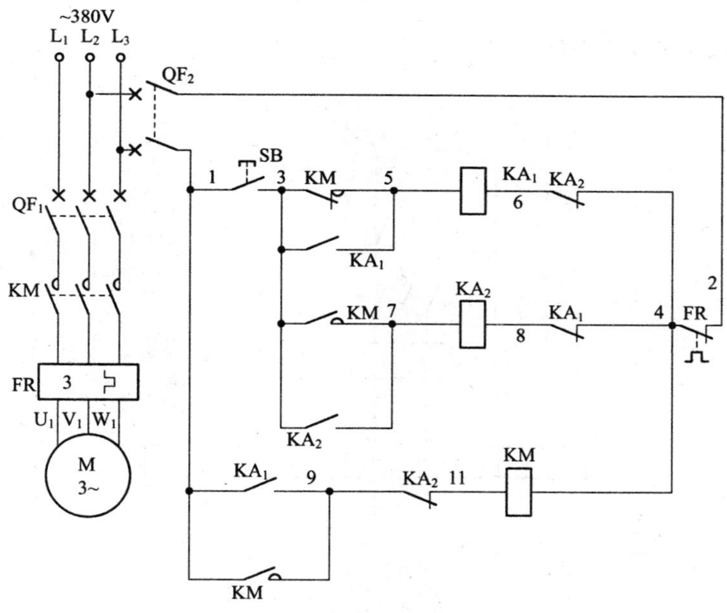

图 1.10 单按钮控制电动机启停电路(二)

奇次按下按钮开关 SB(1-3)不松手，中间继电器 KA_1 线圈在交流接触器 KM 辅助常闭触点(3-5)的作用下得电吸合且 KA_1 常开触点(3-5)闭合自锁，KA_1 并联在交流接触器 KM 线圈启动回路中的常开触点(1-9)闭合，使交流接触器 KM 线圈得电吸合且 KM 辅助常开触点(1-9)闭合自锁，KM 三相主触点闭合，电动机得电启动运转；松开按钮开关 SB(1-3)，中间继电器 KA_1 线圈断电释放，KA_1 所有触点恢复原始状态。

偶次按下按钮开关 SB(1-3)不松手，中间继电器 KA_2 线圈在交流接触器 KM 辅助常开触点(3-7)(已处于闭合状态)的作用下得电吸合且 KA_2 常开触点(3-7)闭合自锁，KA_2 串联在交流接触器 KM 线圈回路中的常闭触点(9-11)断开，切断了交流接触器 KM 线圈回路电源，KM 线圈断电释放，KM 三相主触点断开，电动机失电停止运转；松开按钮开关 SB (1-3)，中间继电器 KA_2 线圈断电释放，KA_2 所有触点恢复原始状态。

电路布线图(图 1.11)

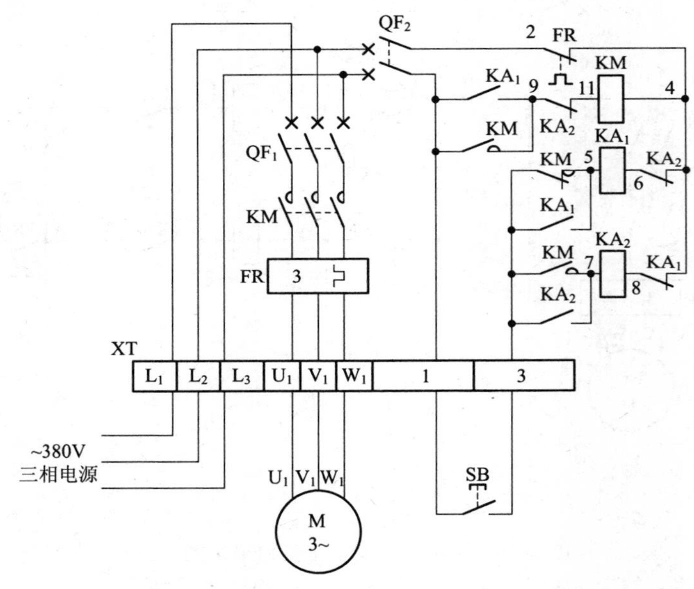

图 1.11 单按钮控制电动机启停电路(二)布线图

从端子排 XT 上看，共有 8 个接线端子。其中，L_1、L_2、L_3 这 3 根线是由外引入配电箱的三相 380V 电源，并穿管引入；U_1、V_1、W_1 这 3 根线是电动机线，穿管接至电动机接线盒内的 U_1、V_1、W_1 上；1、3 这 2 根线是控制线，接至配电箱门面板上的按钮开关 SB 上。

实际接线图(图 1.12)

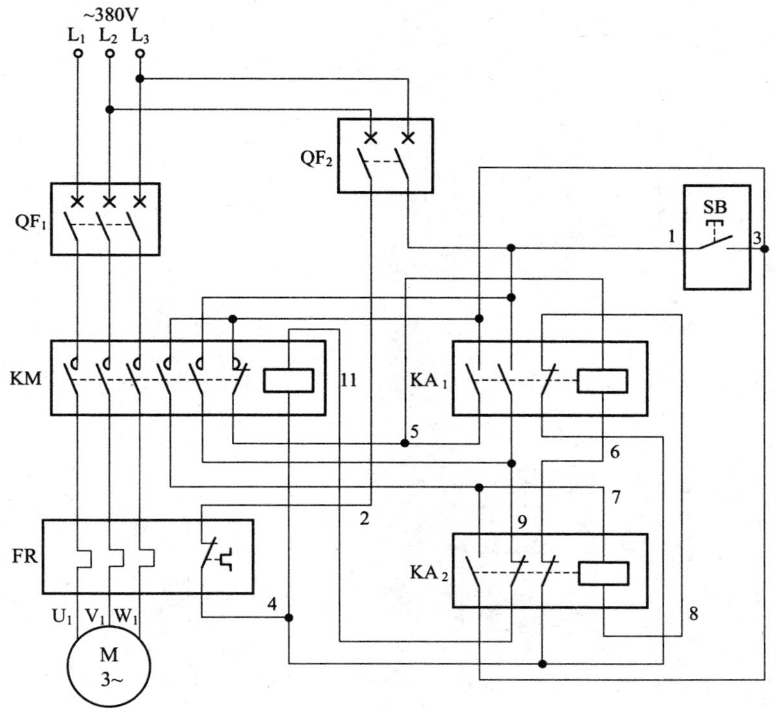

图 1.12 单按钮控制电动机启停电路(二)实际接线图

元器件安装排列图及端子图(图 1.13)

从图 1.13 可以看出,断路器 QF_1、QF_2,交流接触器 KM,中间继电器 KA_1、KA_2,热继电器 FR 安装在配电箱内底板上;按钮开关 SB 安装在配电箱门面板上。

通过端子 L_1、L_2、L_3 将三相 380V 交流电源接入配电箱中;端子 U_1、V_1、W_1 接至电动机接线盒中的 U_1、V_1、W_1 上;端子 1、3 将配电箱内的元器件与配电箱门面板上的按钮开关 SB 连接起来。

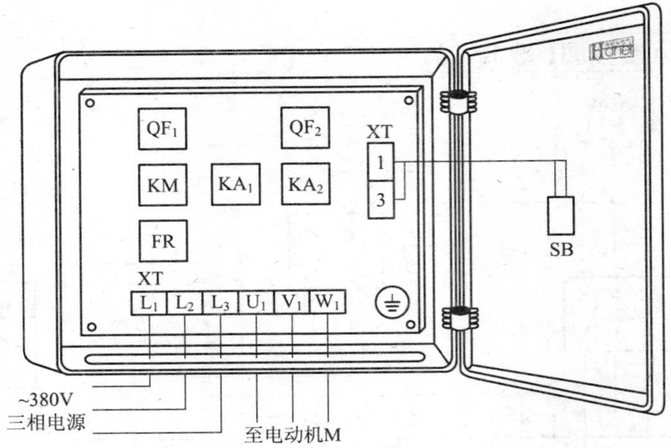

图 1.13 单按钮控制电动机启停电路(二)元器件安装排列图及端子图

按钮接线图(图 1.14)

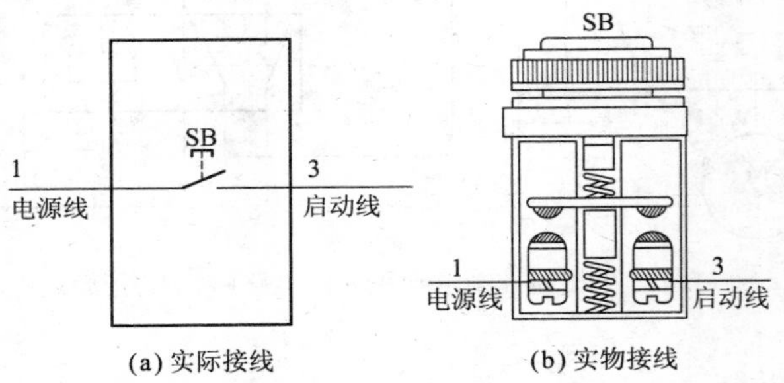

(a) 实际接线 (b) 实物接线

图 1.14 单按钮控制电动机启停电路(二)按钮接线图

1.4 启动、停止、点动混合电路(一)

工作原理

启动、停止、点动混合电路(一)如图 1.15 所示。首先合上主回路断路器 QF_1、控制回路断路器 QF_2,为电路工作提供准备条件。

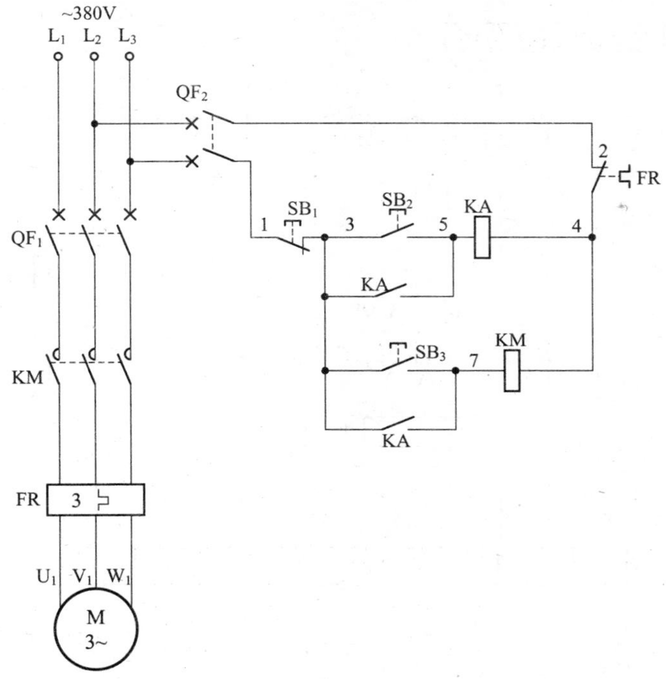

图 1.15 启动、停止、点动混合电路(一)

启动时,按下启动按钮 SB_2(3-5),中间继电器 KA 线圈得电吸合且 KA 常开触点(3-5)闭合自锁,KA 常开触点(3-7)闭合接通交流接触器 KM 线圈回路电源,KM 三相主触点闭合,电动机得电启动运转。

停止时,按下停止按钮 SB_1(1-3),中间继电器 KA 线圈断电释放,KA 常开触点(3-5、3-7)断开,交流接触器 KM 线圈断电释放,KM 三相主触点断开,电动机失电停止运转。

点动时,按下点动按钮 SB_3(3-7)不松手,交流接触器 KM 线圈得电吸合,KM 三相主触点闭合,电动机得电运转;松开点动按钮 SB_3(3-7),交流接触器 KM 线圈断电释放,KM 三相主触点断开,电动机失电停止运转。

电路布线图(图 1.16)

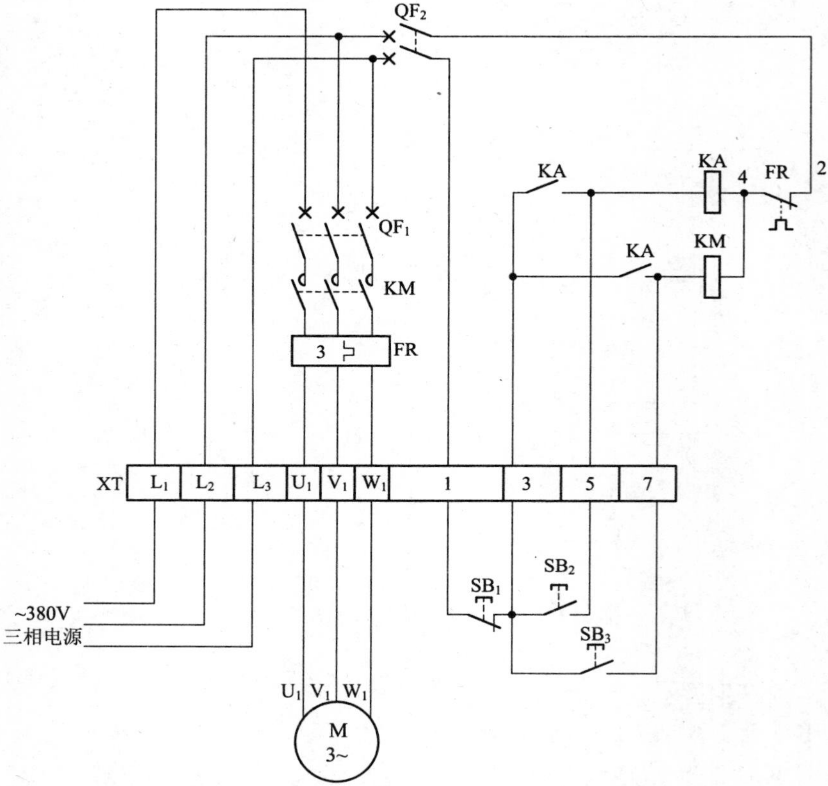

图 1.16 启动、停止、点动混合电路(一)布线图

从端子排 XT 上看，共有 10 个接线端子。其中，L_1、L_2、L_3 这 3 根线是由外引入配电箱的三相 380V 电源，并穿管引入；U_1、V_1、W_1 这 3 根线是电动机线，穿管接至电动机接线盒内的 U_1、V_1、W_1 上；1、3、5、7 这 4 根线是控制线，接至配电箱门面板上的按钮开关 SB_1、SB_2、SB_3 上。

实际接线图(图 1.17)

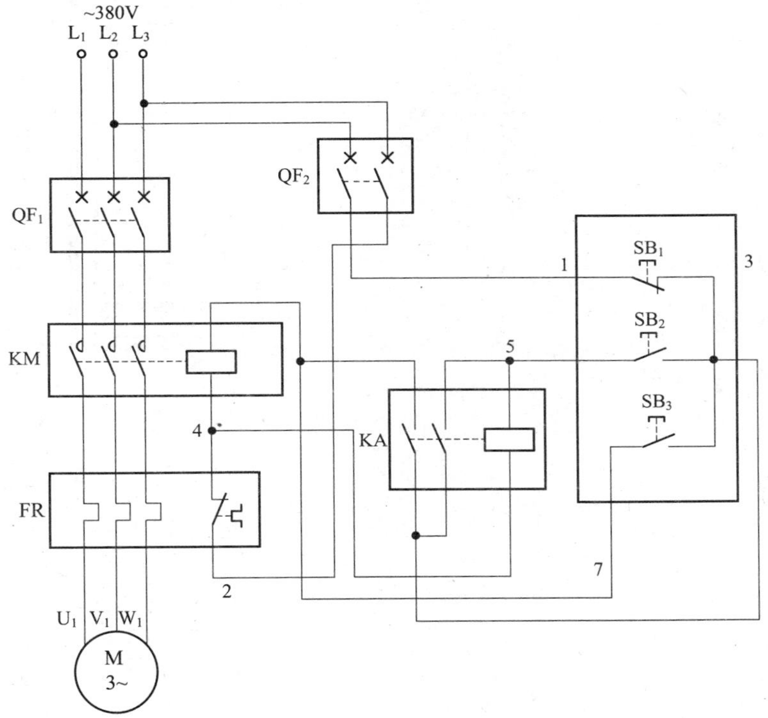

图 1.17 启动、停止、点动混合电路(一)实际接线图

元器件安装排列图及端子图(图 1.18)

从图 1.18 可以看出,断路器 QF_1、QF_2,交流接触器 KM,中间继电器 KA,热继电器 FR 安装在配电箱内底板上;按钮开关 SB_1、SB_2、SB_3 安装在配电箱门面板上。

通过端子 L_1、L_2、L_3 将三相 380V 交流电源接入配电箱中;端子 U_1、V_1、W_1 接至电动机接线盒中的 U_1、V_1、W_1 上;端子 1、3、5、7 将配电箱内的元器件与配电箱门面板上的按钮开关 SB_1、SB_2、SB_3 连接起来。

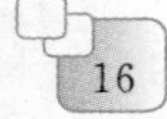

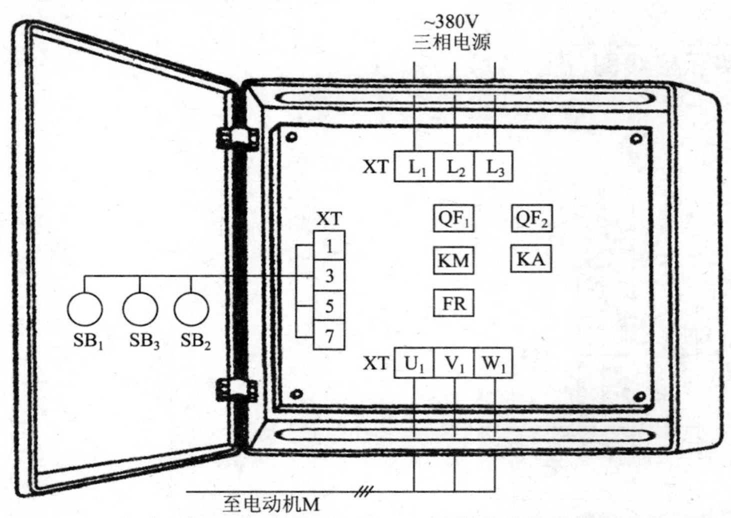

图 1.18 启动、停止、点动混合电路(一)元器件安装排列图及端子图

按钮接线图(图 1.19)

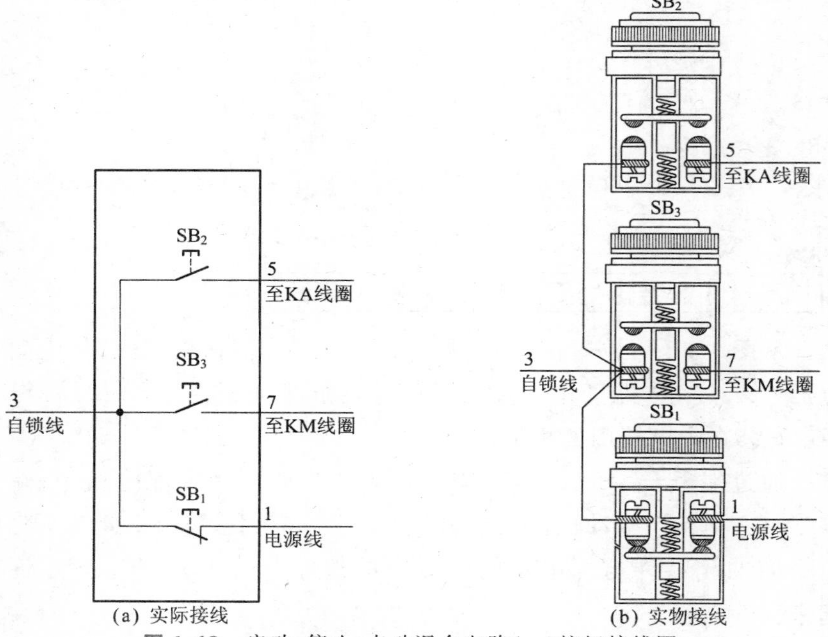

图 1.19 启动、停止、点动混合电路(一)按钮接线图

启动、停止、点动混合电路(二)

工作原理

启动、停止、点动混合电路(二)如图 1.20 所示。首先合上主回路断路器 QF_1、控制回路断路器 QF_2,为电路工作提供准备条件。

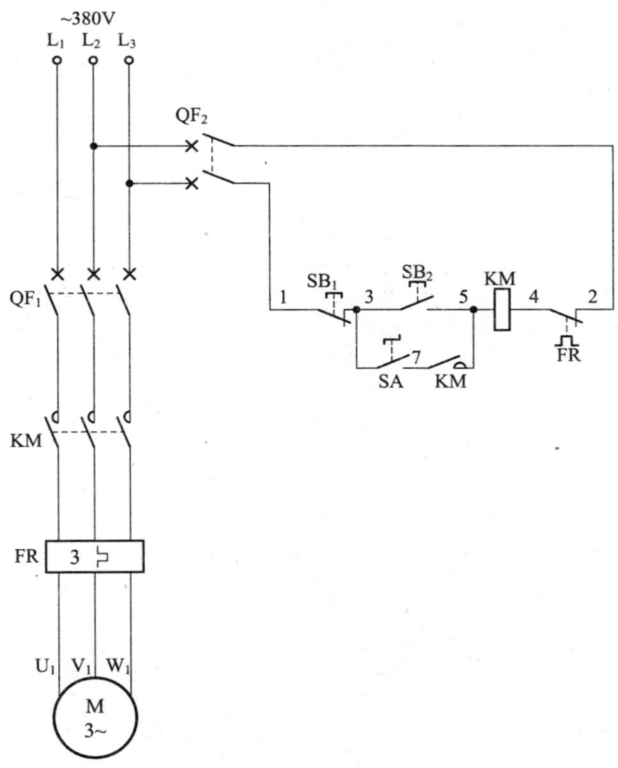

图 1.20 启动、停止、点动混合电路(二)

启动时,将转换开关 SA(3-7)合上,接通自锁回路,为自锁回路工作做准备。按下启动按钮 SB_2(3-5),交流接触器 KM 线圈得电吸合且 KM 辅助常开触点(5-7)闭合自锁,KM 三相主触点闭合,电动机得电启动运转。

停止时，按下停止按钮 SB_1(1-3)，交流接触器 KM 线圈断电释放，KM 三相主触点断开，电动机失电停止运转。

点动时，将转换开关 SA(3-7)断开，切断自锁回路，解除自锁。按下启动按钮 SB_2(3-5)不松手，交流接触器 KM 线圈得电吸合，KM 三相主触点闭合，电动机得电运转；松开启动按钮 SB_2(3-5)，交流接触器 KM 线圈断电释放，KM 三相主触点断开，电动机失电停止运转。

电路布线图(图 1.21)

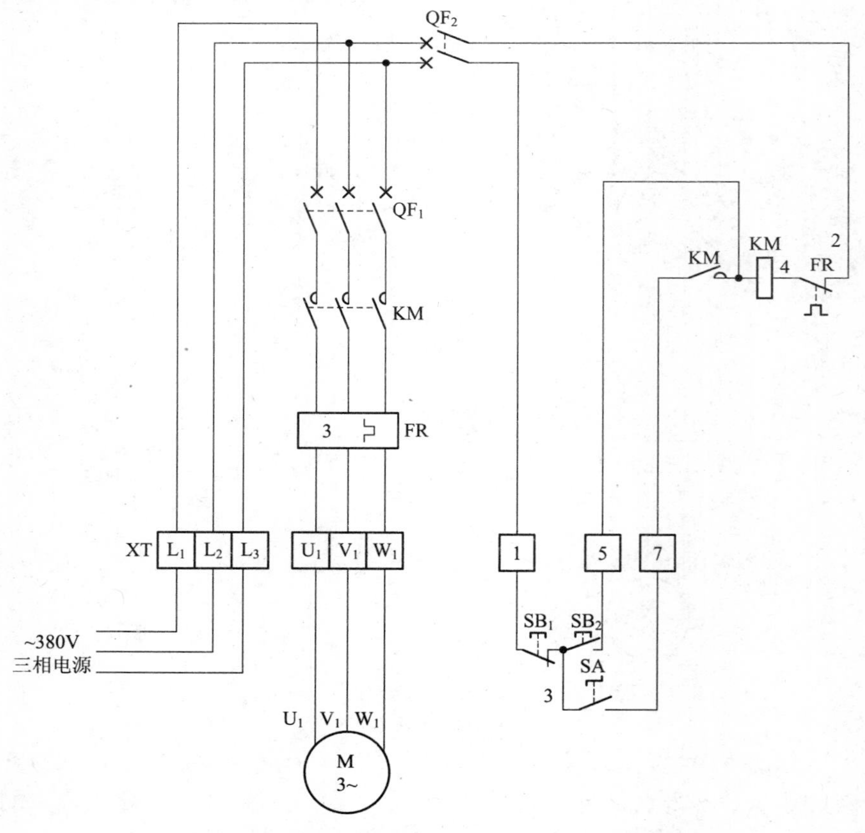

图 1.21 启动、停止、点动混合电路(二)布线图

从端子排 XT 上看，共有 9 个接线端子。其中，L_1、L_2、L_3 这 3 根线是由外引入配电箱的三相 380V 电源，并穿管引入；U_1、V_1、W_1 这 3 根线是电动机线，穿管接至电动机接线盒内的 U_1、V_1、W_1 上；1、5、7 这 3 根线是控制线，接至配电箱门面板上的按钮开关 SB_1、SB_2 及转换开关 SA 上。

实际接线图(图 1.22)

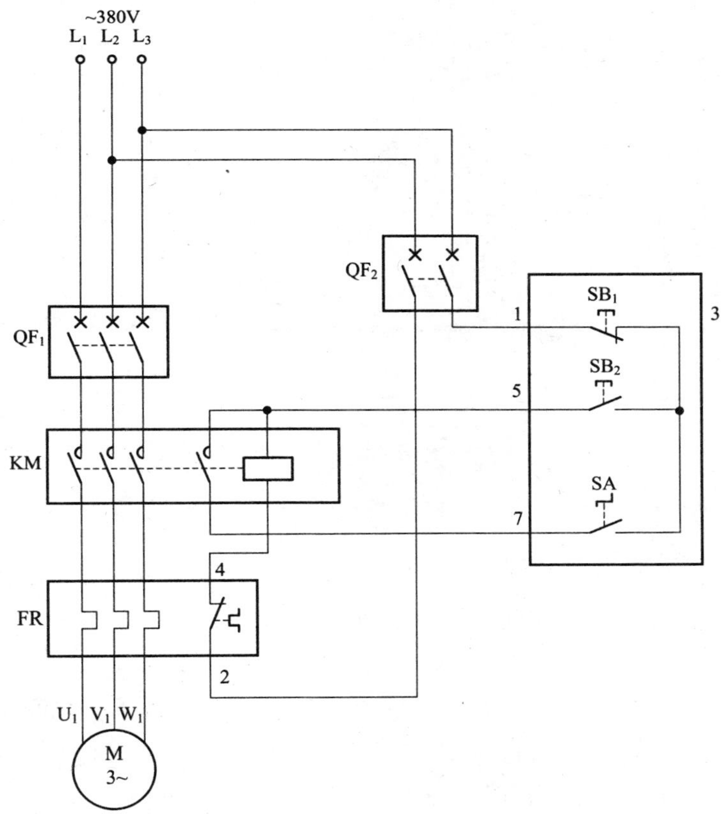

图 1.22　启动、停止、点动混合电路(二)实际接线图

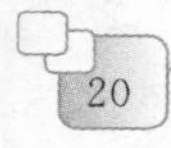

元器件安装排列图及端子图(图1.23)

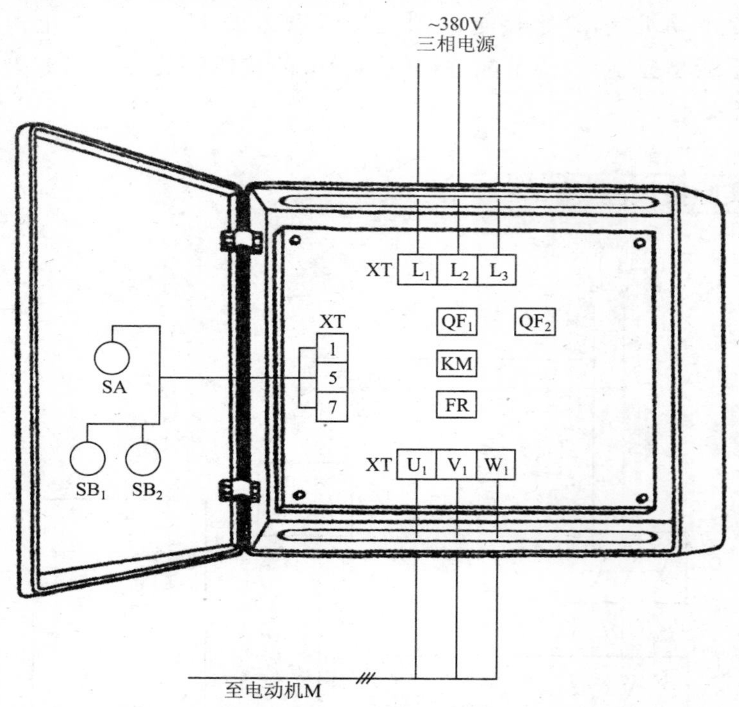

图1.23 启动、停止、点动混合电路(二)元器件安装排列图及端子图

从图1.23可以看出,断路器 QF_1、QF_2,交流接触器KM,热继电器FR安装在配电箱内底板上;按钮开关 SB_1 和 SB_2、转换开关SA安装在配电箱门面板上。

通过端子 L_1、L_2、L_3 将三相380V交流电源接入配电箱中;端子 U_1、V_1、W_1 接至电动机接线盒中的 U_1、V_1、W_1 上;端子1、5、7将配电箱内的元器件与配电箱门面板上的转换开关SA及按钮开关 SB_1、SB_2 连接起来。

按钮及转换开关接线图(图 1.24)

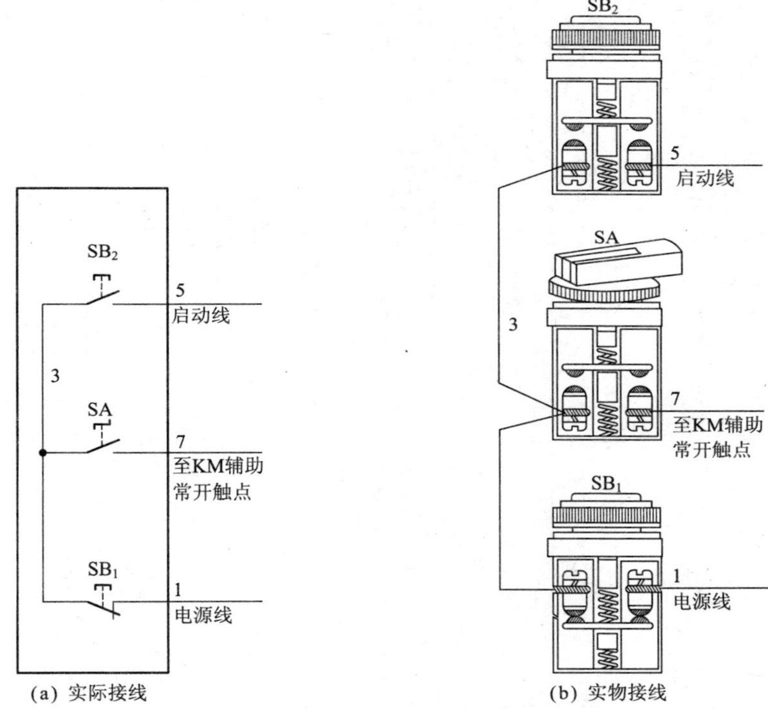

图 1.24 启动、停止及点动混合电路(二)按钮及转换开关接线图

1.6 启动、停止、点动混合电路(三)

工作原理

启动、停止、点动混合电路(三)如图 1.25 所示。首先合上主回路断路器 QF_1、控制回路断路器 QF_2,为电路工作提供准备条件。

启动时,按下启动按钮 SB_2(3-5),交流接触器 KM 线圈得电吸合且 KM 辅助常开触点(3-7)与点动按钮 SB_3 的一组常闭触点(5-7)串联

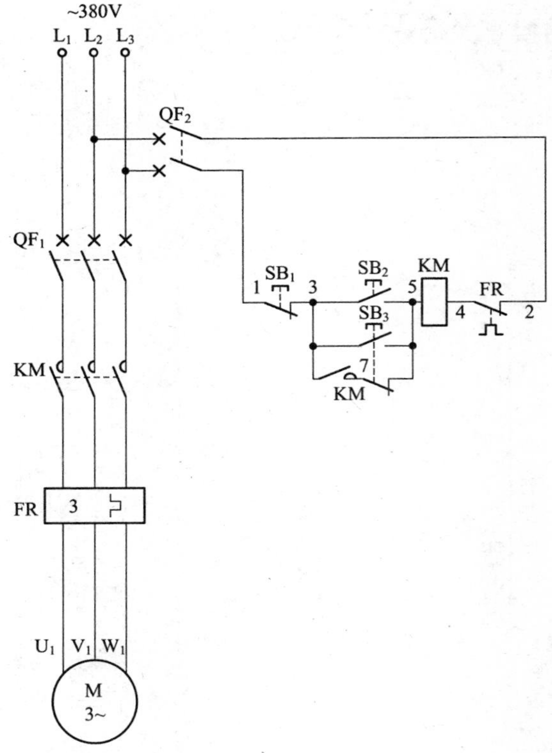

图 1.25 启动、停止、点动混合电路(三)

组成自锁回路，KM 三相主触点闭合，电动机得电启动运转。

停止时，按下停止按钮 SB_1(1-3)，交流接触器 KM 线圈断电释放，KM 三相主触点断开，电动机失电停止运转。

点动时，按下点动按钮 SB_3，SB_3 的一组常闭触点(5-7)断开，解除自锁，SB_3 的另一组常开触点(3-5)闭合，交流接触器 KM 线圈得电吸合，KM 三相主触点闭合，电动机得电运转；松开点动按钮 SB_3，交流接触器 KM 线圈断电释放，KM 三相主触点断开，电动机失电停止运转。

电路布线图(图 1.26)

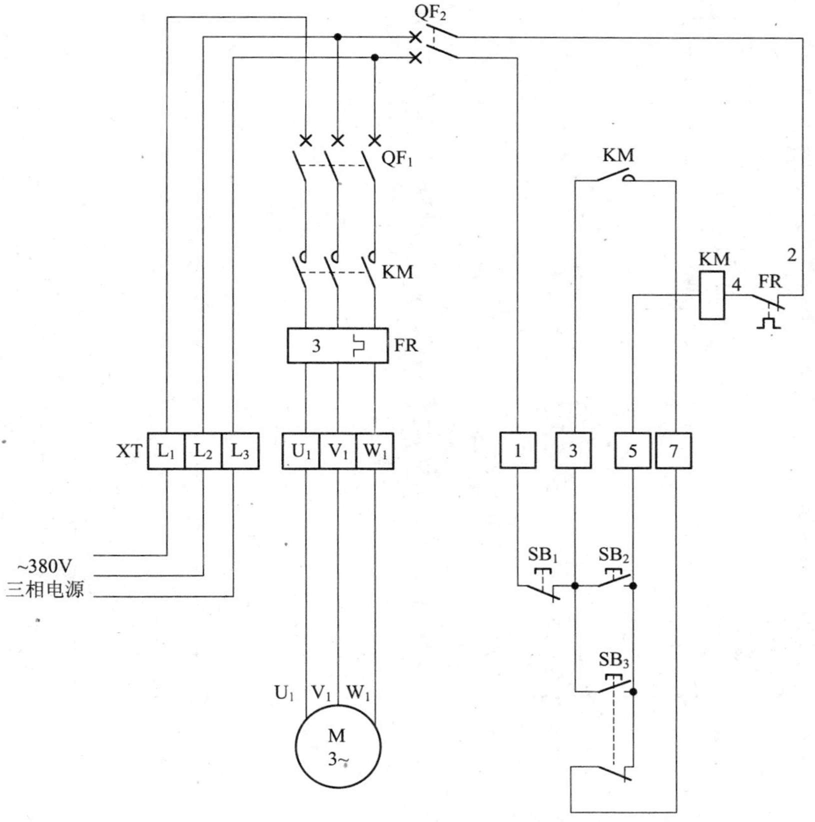

图 1.26 启动、停止、点动混合电路(三)布线图

从端子排 XT 上看,共有 10 个接线端子。其中,L_1、L_2、L_3 这 3 根线是由外引入配电箱内的三相 380V 电源,并穿管引入;U_1、V_1、W_1 这 3 根线是电动机线,穿管接至电动机接线盒内的 U_1、V_1、W_1 上;1、3、5、7 这 4 根线是控制线,接至配电箱门面板上的按钮开关 SB_1、SB_2、SB_3 上。

实际接线图(图 1.27)

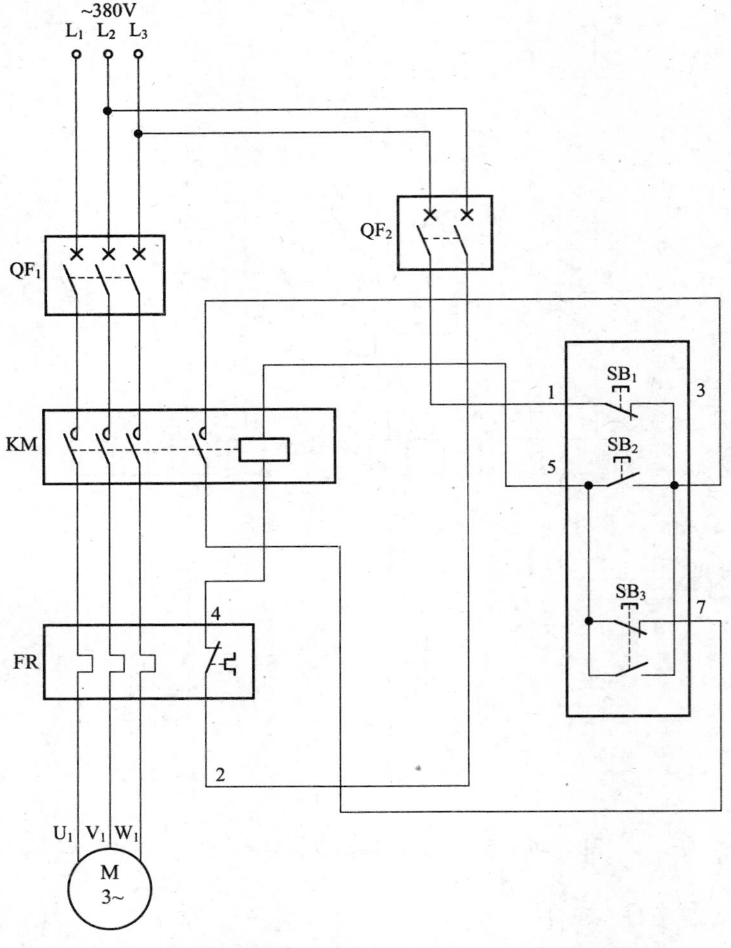

图 1.27 启动、停止、点动混合电路(三)实际接线图

元器件安装排列图及端子图(图 1.28)

从图 1.28 可以看出，断路器 QF_1、QF_2，交流接触器 KM，热继电器 FR 安装在配电箱内底板上；按钮开关 SB_1、SB_2、SB_3 安装在配电箱

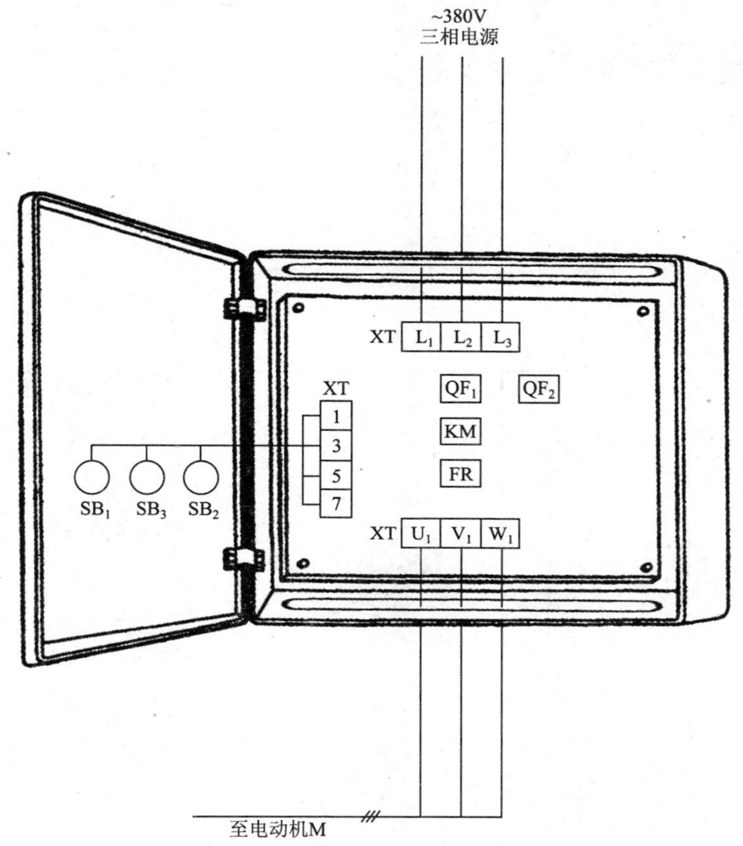

图 1.28 启动、停止、点动混合电路(三)元器件安装排列图及端子图

门面板上。

通过端子 L_1、L_2、L_3 将三相 380V 交流电源接入配电箱中;端子 U_1、V_1、W_1 接至电动机接线盒中的 U_1、V_1、W_1 上;端子 1、3、5、7 将配电箱内的元器件与配电箱门面板上的按钮开关 SB_1、SB_2、SB_3 连接起来。

按钮接线图(图 1.29)

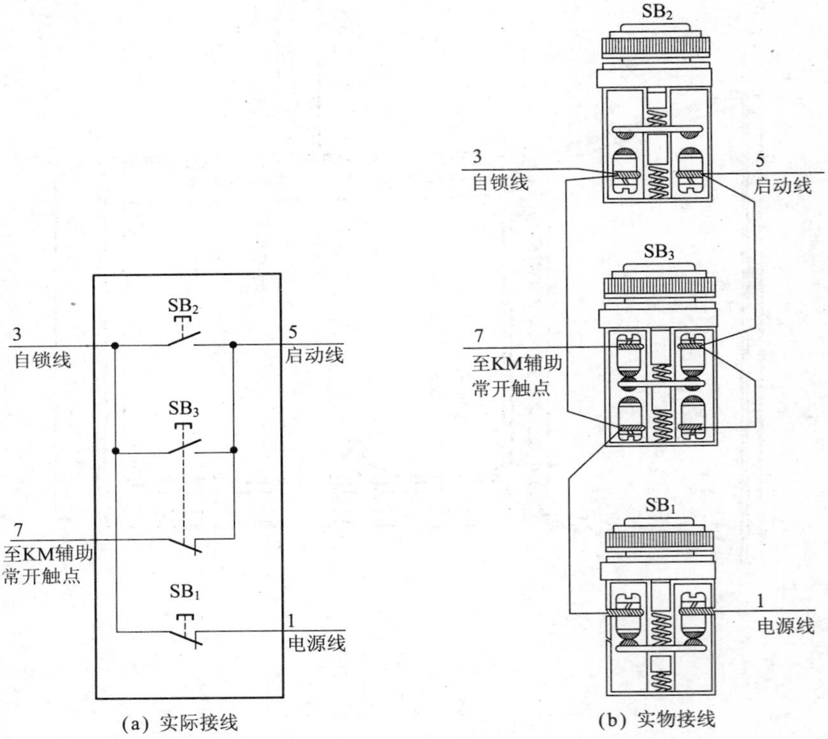

(a) 实际接线

(b) 实物接线

图 1.29 启动、停止、点动混合电路(三)按钮接线图

1.7 单向启动、停止电路

工作原理

单向启动、停止电路如图 1.30 所示。首先合上主回路断路器 QF_1、控制回路断路器 QF_2,为电路工作提供准备条件。

启动时,按下启动按钮 SB_2(3-5),交流接触器 KM 线圈得电吸合且 KM 辅助常开触点(3-5)闭合自锁,KM 三相主触点闭合,电动机得

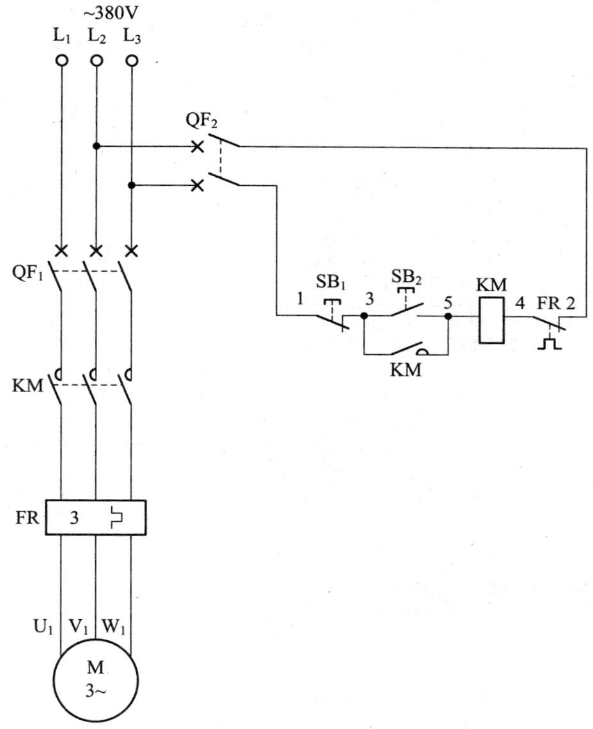

图 1.30 单向启动、停止电路

电启动运转。

停止时，按下停止按钮 SB_1（1-3），交流接触器 KM 线圈断电释放，KM 三相主触点断开，电动机失电停止运转。

电路布线图（图 1.31）

从端子排 XT 上看，共有 9 个接线端子。其中，L_1、L_2、L_3 这 3 根线是由外引入配电箱内的三相 380V 电源，并穿管引入；U_1、V_1、W_1 这 3 根线是电动机线，穿管接至电动机接线盒内的 U_1、V_1、W_1 上；1、3、5 这 3 根线是控制线，接至配电箱门面板上的按钮开关 SB_1、SB_2 上。

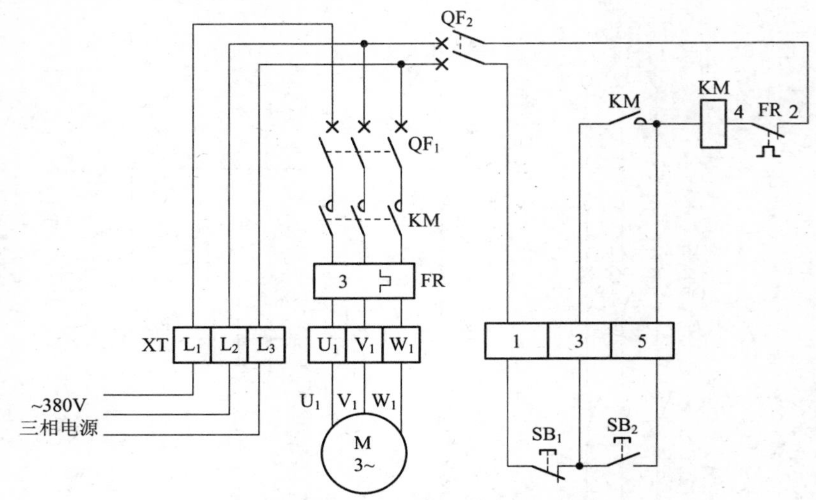

图 1.31 单向启动、停止电路布线图

实际接线图(图 1.32)

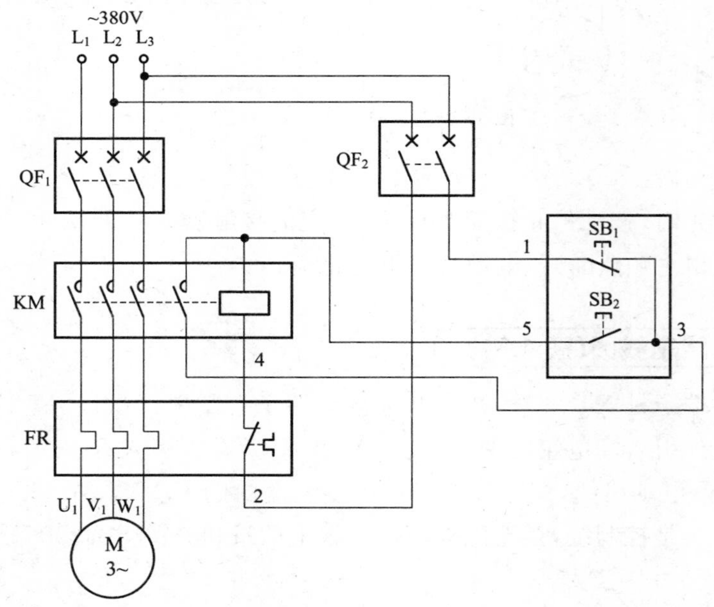

图 1.32 单向启动、停止电路实际接线图

元器件安装排列图及端子图（图 1.33）

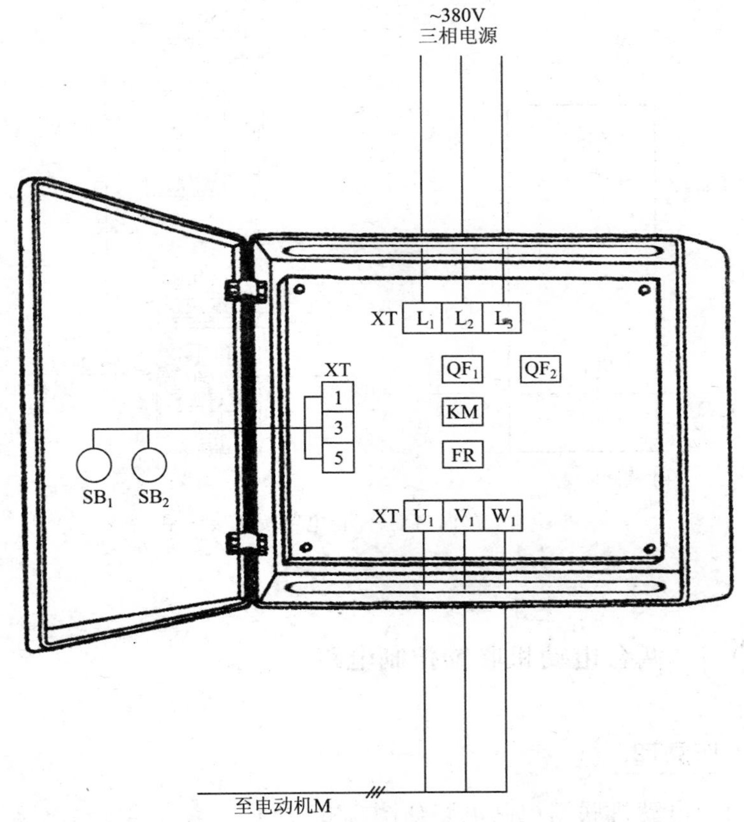

图 1.33 单向启动、停止电路元器件安装排列图及端子图

从图 1.33 可以看出，断路器 QF_1、QF_2，交流接触器 KM，热继电器 FR 安装在配电箱内底板上；按钮开关 SB_1、SB_2 安装在配电箱门面板上。

通过端子 L_1、L_2、L_3 将三相 380V 交流电源接入配电箱中；端子 U_1、V_1、W_1 接至电动机接线盒中的 U_1、V_1、W_1 上；端子 1、3、5 将配电箱内的元器件与配电箱门面板上的按钮开关 SB_1、SB_2 连接起来。

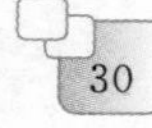

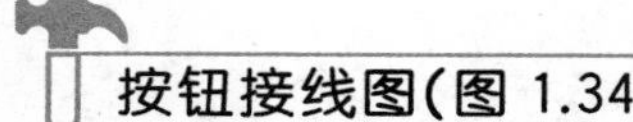

按钮接线图(图 1.34)

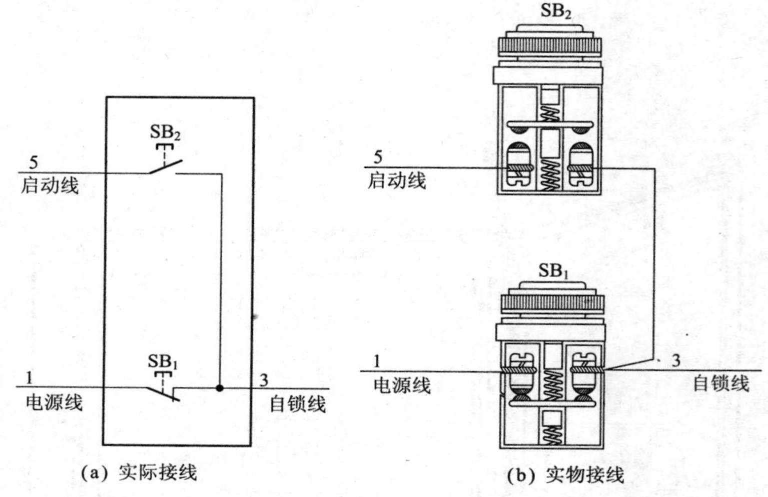

(a) 实际接线　　(b) 实物接线

图 1.34　单向启动、停止电路按钮接线图

1.8 两台电动机联锁控制电路

工作原理

两台电动机联锁控制电路如图 1.35 所示。首先合上主回路断路器 QF_1、QF_2 和控制回路断路器 QF_3，为电路工作提供准备条件。

因 KM_2 线圈回路中加入了 KM_1 辅助常开触点(9-11)，所以启动时必须先启动 KM_1 再启动 KM_2。

启动时，先按下启动按钮 SB_2(3-5)，交流接触器 KM_1 线圈得电吸合且 KM_1 辅助常开触点(3-5)闭合自锁，KM_1 三相主触点闭合，电动机 M_1 先得电启动运转，拖动 1# 设备工作；在 KM_1 线圈得电工作后，KM_1 串联在 KM_2 线圈回路中的辅助常开触点(9-11)闭合，为启动 KM_2 做准备，再按下启动按钮 SB_4(7-9)，交流接触器 KM_2 线圈得电

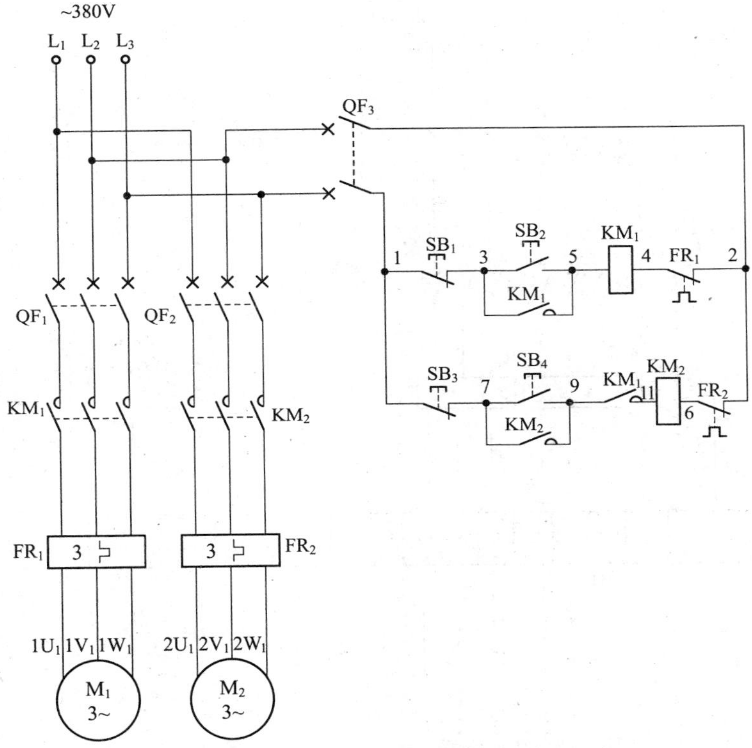

图 1.35 两台电动机联锁控制电路

吸合且 KM_2 辅助常开触点(7-9)闭合自锁，KM_2 三相主触点闭合，电动机 M_2 后得电启动运转，拖动 2# 设备工作，从而实现两台电动机联锁控制。

停止时，若先按下 SB_3(1-7)，再按下 SB_1(1-3)，将实现两台电动机分别停止控制；若按下 SB_1(1-3)，将会使两台电动机同时完成停止控制。

电路布线图(图 1.36)

从端子排 XT 上看，共有 14 个接线端子。其中，L_1、L_2、L_3 这 3 根线是由外引入配电箱内的三相 380V 电源，并穿管引入；$1U_1$、$1V_1$、

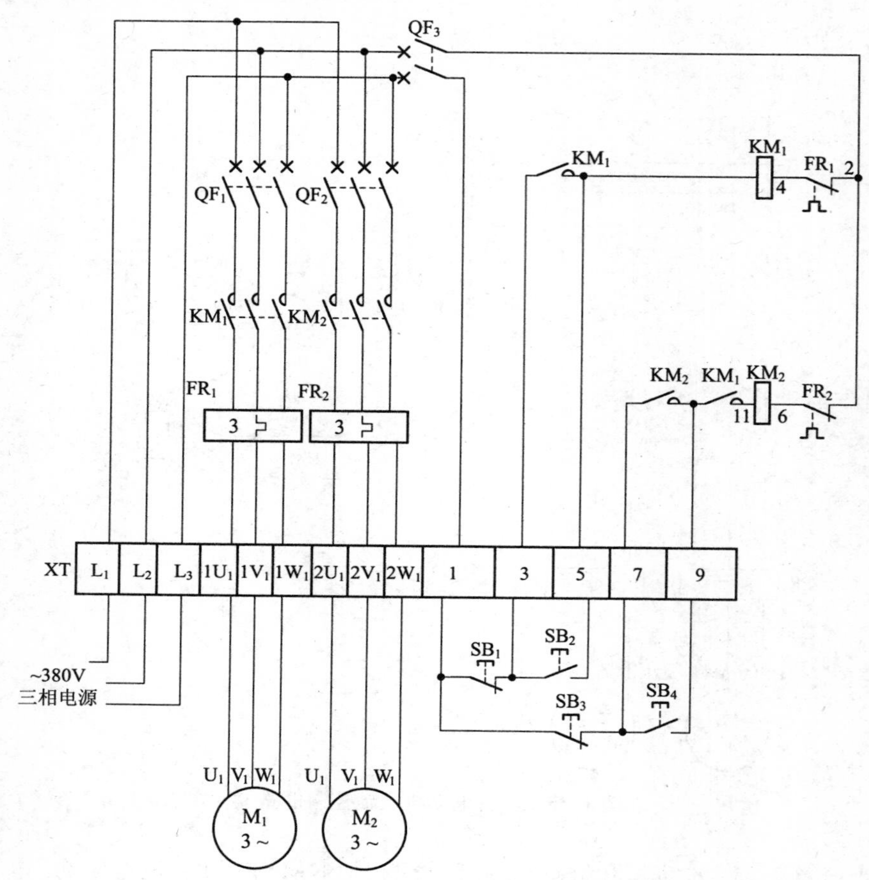

图 1.36 两台电动机联锁控制电路布线图

$1W_1$ 这 3 根线是电动机 M_1 的电动机线，穿管接至电动机 M_1 接线盒内的 U_1、V_1、W_1 上；$2U_1$、$2V_1$、$2W_1$ 这 3 根线是电动机 M_2 的电动机线，穿管接至电动机 M_2 接线盒内的 $2U_1$、$2V_1$、$2W_1$ 上；1、3、5、7、9 这 5 根线是控制线，接至配电箱门面板上的按钮开关 SB_1、SB_2、SB_3、SB_4 上。

实际接线图(图 1.37)

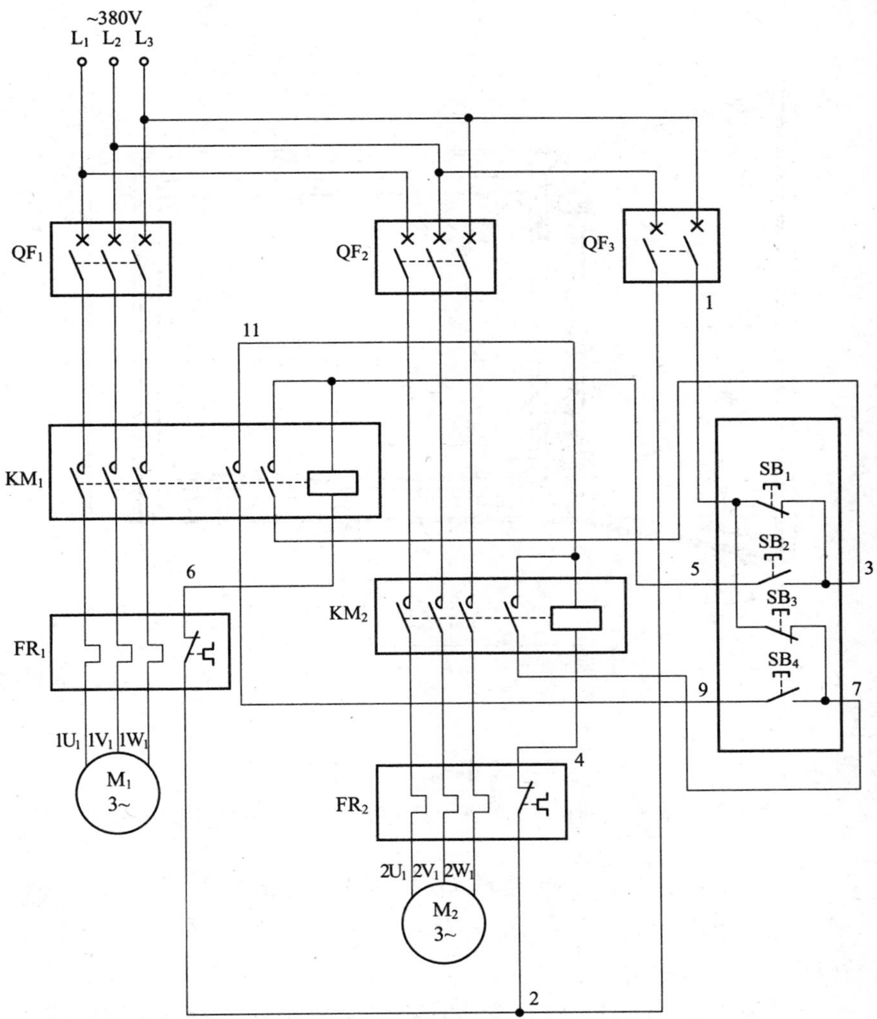

图 1.37 两台电动机联锁控制电路实际接线图

元器件安装排列图及端子图(图 1.38)

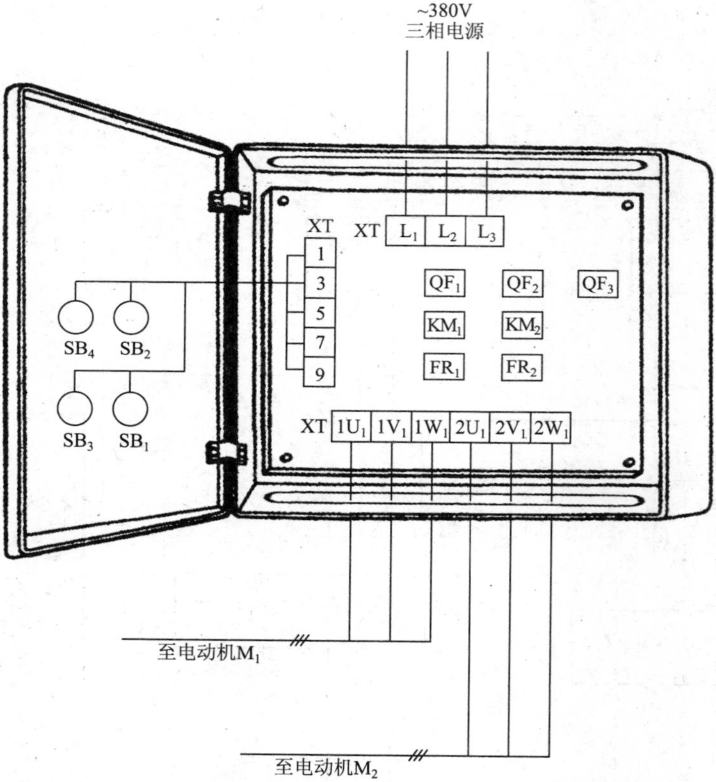

图 1.38 两台电动机联锁控制电路元器件安装排列图及端子图

从图 1.38 可以看出，断路器 $QF_1 \sim QF_3$，交流接触器 KM_1、KM_2 及热继电器 FR_1、FR_2 安装在配电箱内底板上；按钮开关 $SB_1 \sim SB_4$ 安装在配电箱门面板上。

通过端子 L_1、L_2、L_3 将三相 380V 交流电源接入配电箱中；端子 $1U_1$、$1V_1$、$1W_1$ 接至电动机 M_1 接线盒中的 U_1、V_1、W_1 上；端子 $2U_1$、$2V_1$、$2W_1$ 接至电动机 M_2 接线盒中的 $2U_1$、$2V_1$、$2W_1$ 上；端子 1、3、5、7、9 将配电箱内的元器件与配电箱门面板上的按钮开关 $SB_1 \sim SB_4$ 连接起来。

按钮接线图(图 1.39)

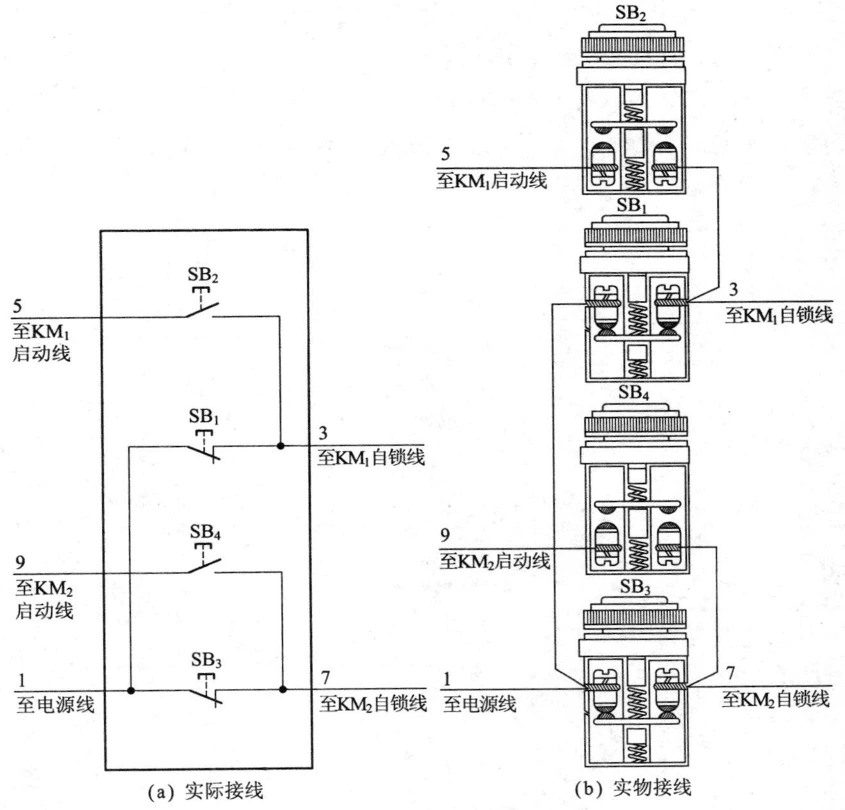

图 1.39 两台电动机联锁控制电路按钮接线图

1.9 甲乙两地同时开机控制电路

工作原理

甲乙两地同时开机控制电路如图 1.40 所示。

在甲地按下启动按钮 SB_3 不放手，SB_3 的一组常开触点(5-7)闭合，为乙地启动时按下启动按钮 SB_4 同时开机做准备；SB_3 的另一组常开触点(11-13)闭合，预警电铃 HA 响，预警灯 HL 亮，以告知乙地需同时开机。当乙地听到或看到甲地发出的预警信号后，按下乙地启动按钮 SB_4，SB_4 的一组常开触点(7-9)闭合。这样，SB_3、SB_4 的两组常开触点(5-7、7-9)均闭合，交流接触器 KM 线圈得电吸合且 KM 辅助常开触点(5-9)闭合自锁，KM 三相主触点闭合，电动机得电启动运转。

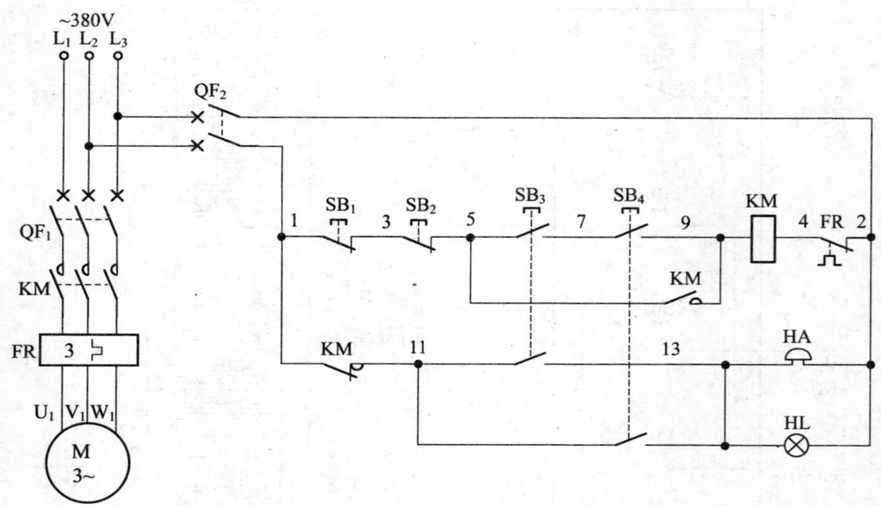

图 1.40 甲乙两地同时开机控制电路

电路布线图(图 1.41)

从端子排 XT 上看，共有 13 个接线端子。其中，L_1、L_2、L_3 这 3 根线是由外引入配电箱的三相 380V 电源，并穿管引入；U_1、V_1、W_1 这 3 根线是电动机线，穿管接至电动机接线盒内的 U_1、V_1、W_1 上；3、5、7、9、11、13 这 6 根线是乙地控制线，穿管接至乙地按钮开关 SB_2、SB_4 上；1、3、5、9、11、13、2 这 7 根线是控制线，接至配电箱门面板上的按钮开关 SB_1、SB_3，预警灯 HL，预警电铃 HA 上。

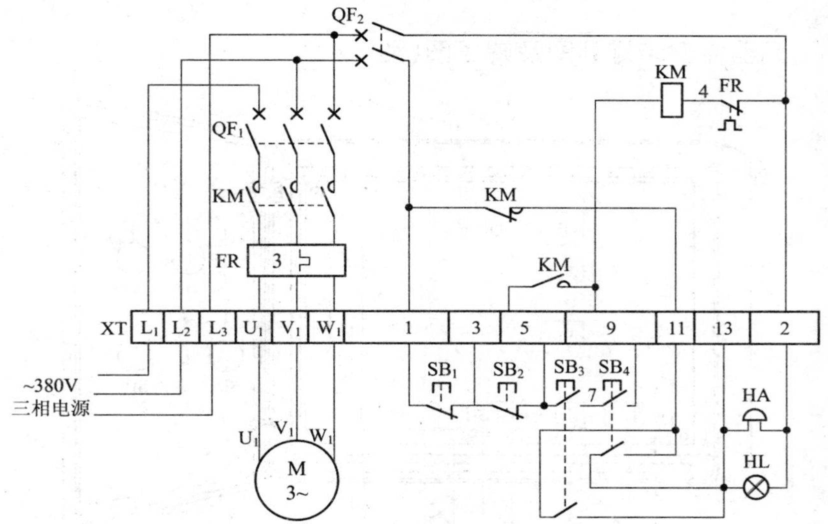

图 1.41 甲乙两地同时开机控制电路布线图

实际接线图(图 1.42)

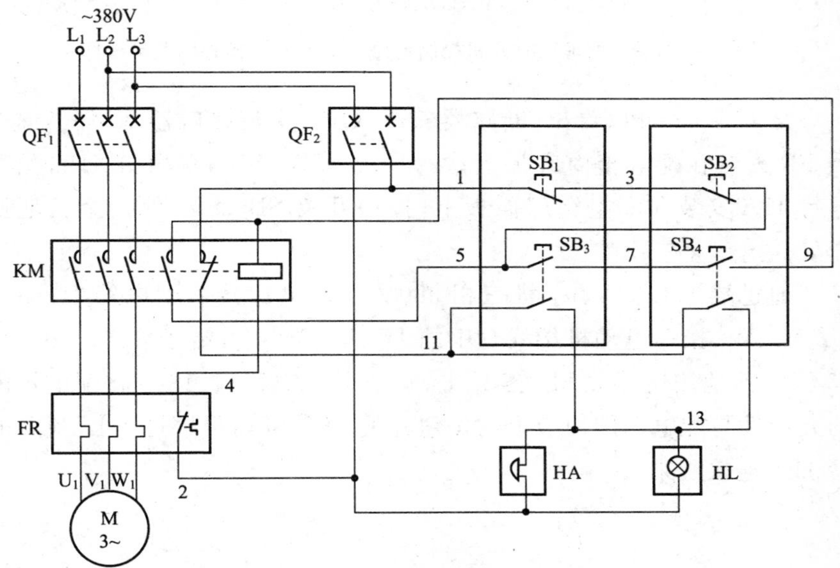

图 1.42 甲乙两地同时开机控制电路实际接线图

元器件安装排列图及端子图(图 1.43)

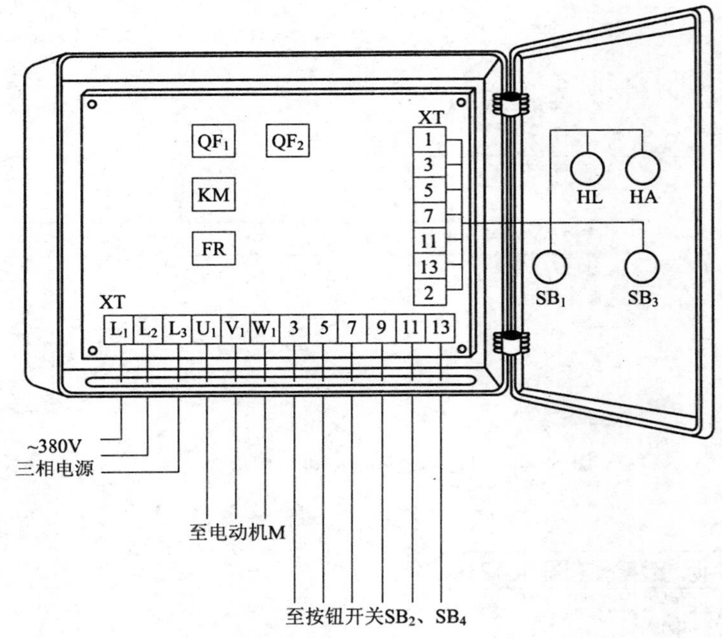

图 1.43 甲乙两地同时开机控制电路元器件安装排列图及端子图

从图 1.43 可以看出，断路器 QF_1、QF_2，交流接触器 KM，热继电器 FR 安装在配电箱内底板上；按钮开关 SB_1、SB_3，预警灯 HL，预警电铃 HA 安装在配电箱门面板上；按钮开关 SB_2、SB_4 外接至乙地操作处。

通过端子 L_1、L_2、L_3 将三相 380V 交流电源接入配电箱中；端子 U_1、V_1、W_1 接至电动机接线盒中的 U_1、V_1、W_1 上；端子 3、5、7、9、11、13 接至乙地按钮开关 SB_2、SB_4 上；端子 1、3、5、7、11、13、2 将配电箱内的元器件与配电箱门面板上的按钮开关 SB_1、SB_3，预警灯 HL，预警电铃 HA 连接起来。

1.10　三地控制的启动、停止、点动控制电路

工作原理

三地控制的启动、停止、点动控制电路如图 1.44 所示。SB_4 是一地启动按钮，SB_7 是一地点动按钮，SB_1 是一地停止按钮；SB_5 是两地启动按钮，SB_8 是两地点动按钮，SB_2 是两地停止按钮；SB_6 是三地启动按钮，SB_9 是三地点动按钮，SB_3 是三地停止按钮。

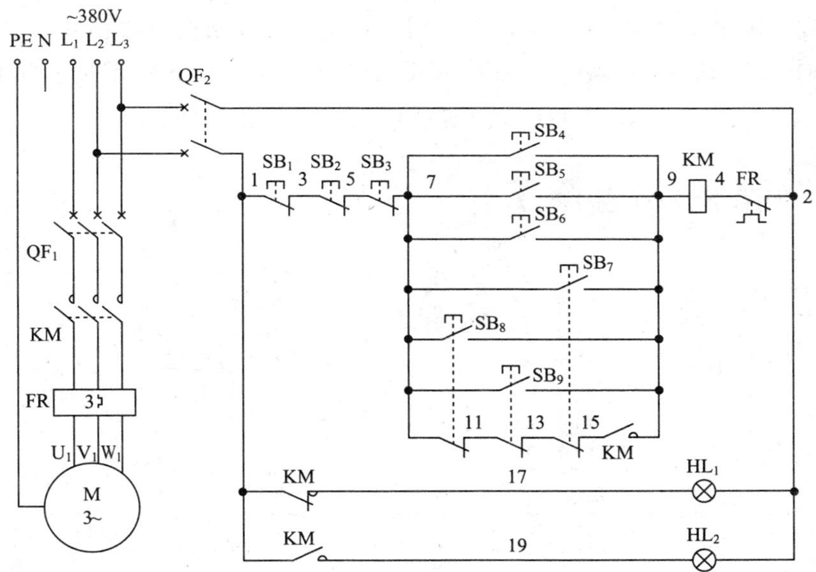

图 1.44　三地控制的启动、停止、点动控制电路

合上主回路断路器 QF_1、控制回路断路器 QF_2，电动机停止兼电源指示灯 HL_1 亮，说明电动机已停止且电路有电。

启动时，按下三个地方的任意一只启动按钮[SB_4（7-9）或 SB_5（7-9）或 SB_6（7-9）]，交流接触器 KM 线圈得电吸合，KM 辅助常开触点（9-15）通过点动按钮 SB_8（7-11）、SB_9（11-13）、SB_7（13-15）的常闭触点串联形成自锁回路，KM 三相主触点闭合，电动机得电启动运转。同时，KM 辅助常闭触点(1-17)断开，指示灯 HL_1 灭；KM 辅助常开触点(1-19)闭合，指示灯 HL_2 亮，说明电动机已启动运转。

点动时，按下三个地方的任意一只点动按钮[SB_7(7-9)或 SB_8(7-9)或 SB_9(7-9)]。SB_7(7-11)或 SB_8(11-13)或 SB_9(13-15)三只串联的常闭触点断开，切断交流接触器 KM 自锁回路，从而实现点动控制。按下 SB_7 或 SB_8 或 SB_9 任意一只按钮开关的时间，即为电动机断续点动运转时间。

电动机得电连续启动运转后，按下任意一只停止按钮[SB_1(1-3)或 SB_2(3-5)或 SB_3(5-7)]，均能切断交流接触器 KM 线圈的回路电源，使得 KM 线圈断电释放，KM 三相主触点断开，电动机失电停止运转。同时，KM 辅助常开触点(1-19)断开，指示灯 HL_2 灭；KM 辅助常闭触点(1-17)闭合，指示灯 HL_1 亮，说明电动机已停止运转。

电路布线图(图 1.45)

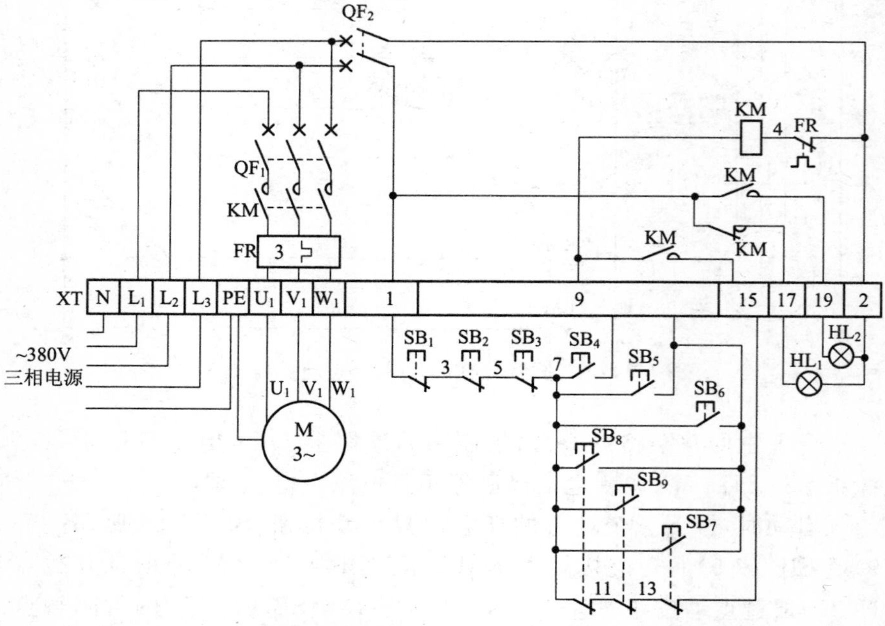

图 1.45 三地控制的启动、停止、点动控制电路布线图

从端子排 XT 上看，共有 14 个接线端子。其中，L_1、L_2、L_3、N、PE 这 5 根线是由外引入配电箱的三相 380V 电源，并穿管引入；U_1、V_1、W_1 这 3 根线是电动机线，穿管接至电动机接线盒内的 U_1、V_1、W_1 上；1、9、15、17、19、2 这 6 根线是控制线及指示灯线，接至配电箱门面板上及其他两地控制处的按钮开关 SB_1、SB_2、SB_3、SB_4、SB_5、SB_6、SB_7、SB_8、SB_9，指示灯 HL_1、HL_2 上。

实际接线图(图 1.46)

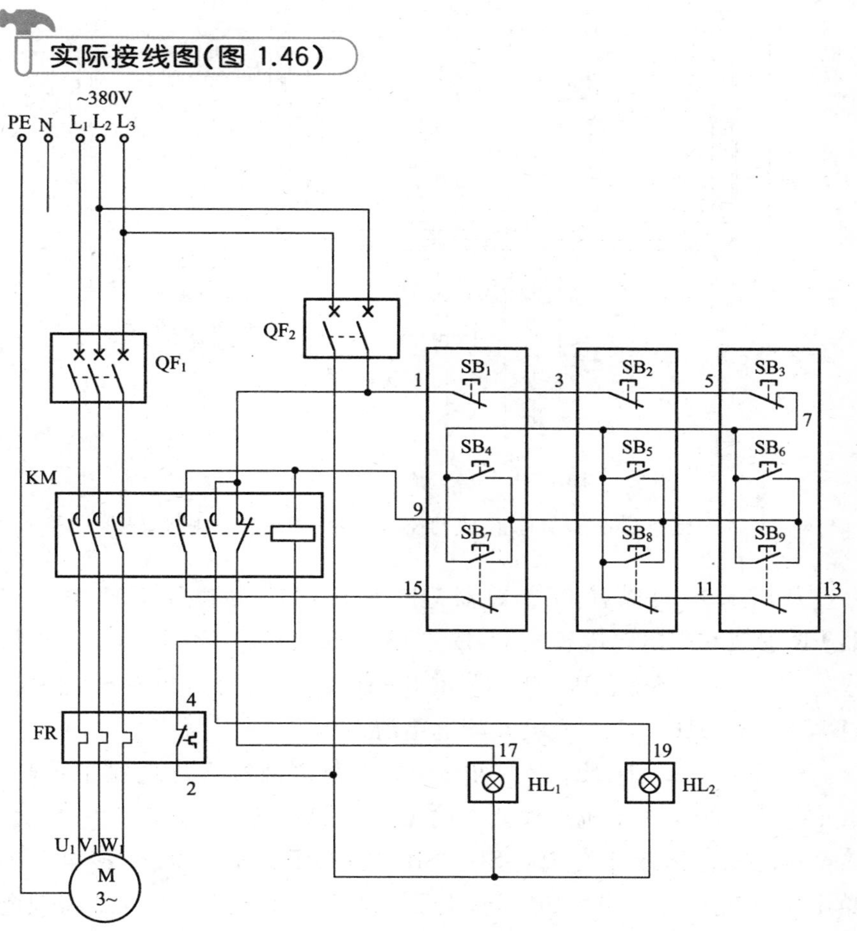

图 1.46　三地控制的启动、停止、点动控制电路实际接线图

元器件安装排列图及端子图(图 1.47)

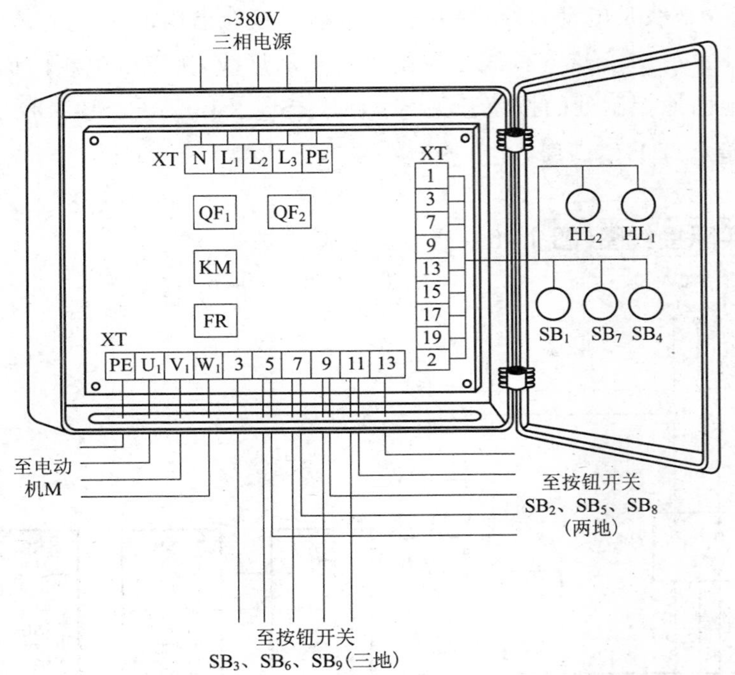

图 1.47 三地控制的启动、停止、点动控制电路元器件安装排列图及端子图

从图 1.47 可以看出,断路器 QF_1、QF_2,交流接触器 KM,热继电器 FR 安装在配电箱内底板上;按钮开关 SB_2、SB_5、SB_8 外引至两地操作处;按钮开关 SB_3、SB_6、SB_9 外引至三地操作处;按钮开关 SB_1、SB_4、SB_7,指示灯 HL_1、HL_2 安装在配电箱门面板上。

通过端子 L_1、L_2、L_3 将三相 380V 交流电源接入配电箱中;端子 U_1、V_1、W_1 接至电动机接线盒中的 U_1、V_1、W_1 上;端子 5、7、9、11、13 接至两地操作按钮开关 SB_2、SB_5、SB_8 处;端子 3、5、7、9、11 接至三地操作按钮开关 SB_3、SB_6、SB_9 处;端子 1、3、7、9、13、15、17、19、2 将配电箱内的元器件与配电箱门面板上的按钮开关 SB_1、SB_4、SB_7,指示灯 HL_1、HL_2 连接起来。

按钮接线图(图 1.48)

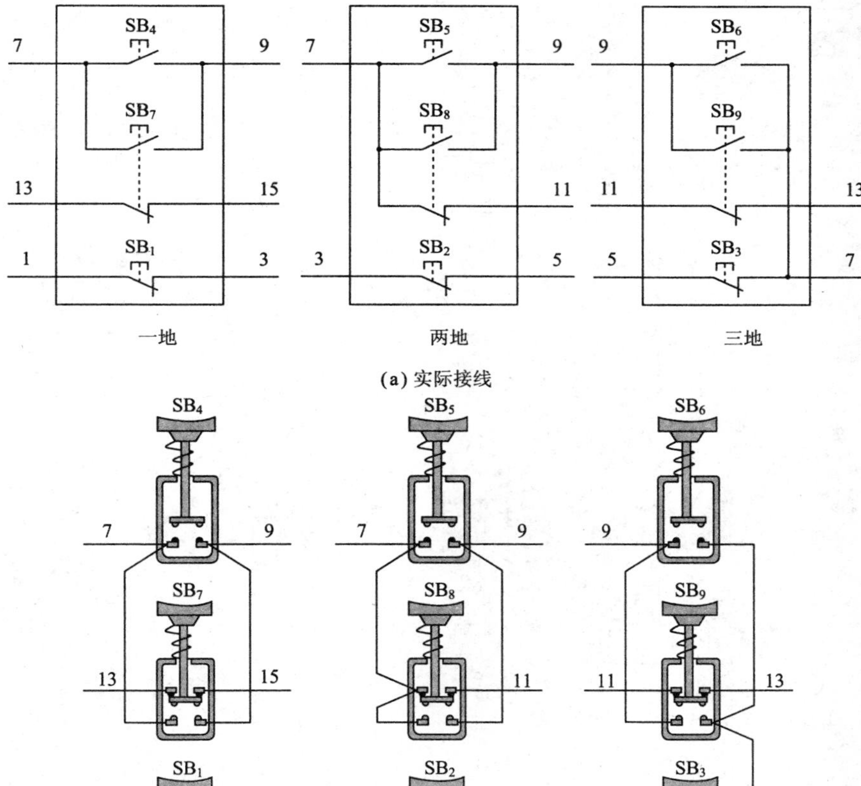

(a) 实际接线

(b) 实物接线

图 1.48 三地控制的启动、停止、点动控制电路按钮接线图

1.11 低速脉动控制电路

工作原理

低速脉动控制电路如图 1.49 所示。首先合上主回路断路器 QF_1、控制回路断路器 QF_2，为电路工作提供准备条件。

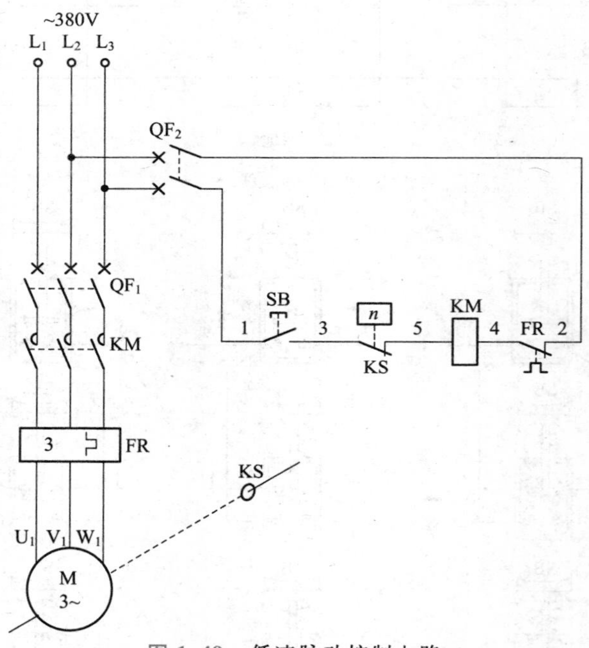

图 1.49 低速脉动控制电路

需低速脉动控制时，按住脉动控制按钮 SB(1-3)，交流接触器 KM 线圈得电吸合，KM 三相主触点闭合，电动机得电启动运转；当电动机的转速超过 120r/min 时，速度继电器 KS 常闭触点(3-5)就会断开，切断 KM 线圈回路电源，KM 线圈断电释放，KM 三相主触点断开，电动机失电停止运转；当电动机的转速低于 100r/min 时，速度继电器 KS 常闭触点(3-5)又恢复常闭状态，接通 KM 线圈回路电源，KM 三相主触点闭合，电动机又得电启动运转了；当电动机的转速超过120r/min

时，速度继电器 KS 常闭触点(3-5)又断开，切断了 KM 线圈回路电源，KM 线圈断电释放，KM 三相主触点断开，电动机失电停止运转……如此这般循环，电动机低速脉动运转。

电路布线图(图 1.50)

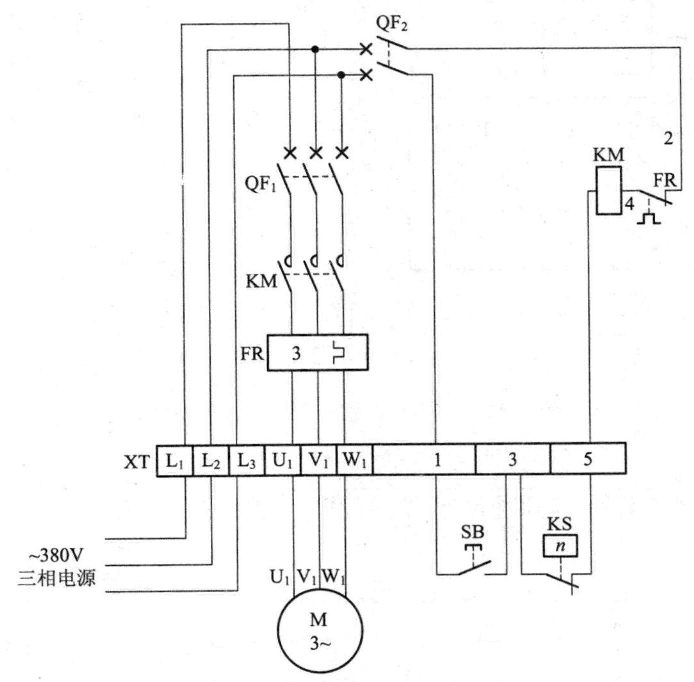

图 1.50 低速脉动控制电路布线图

从端子排 XT 上看，共有 9 个接线端子。其中，L_1、L_2、L_3 这 3 根线是由外引入配电箱的三相 380V 电源，并穿管引入；U_1、V_1、W_1 这 3 根线是电动机线，穿管接至电动机接线盒内的 U_1、V_1、W_1 上；1、3 这 2 根线是按钮控制线，接至配电箱门面板上的按钮开关 SB 上；3、5 这 2 根线是速度继电器控制线，穿管接至速度继电器 KS 常闭触点上。

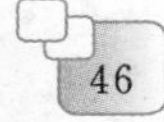

实际接线图(图 1.51)

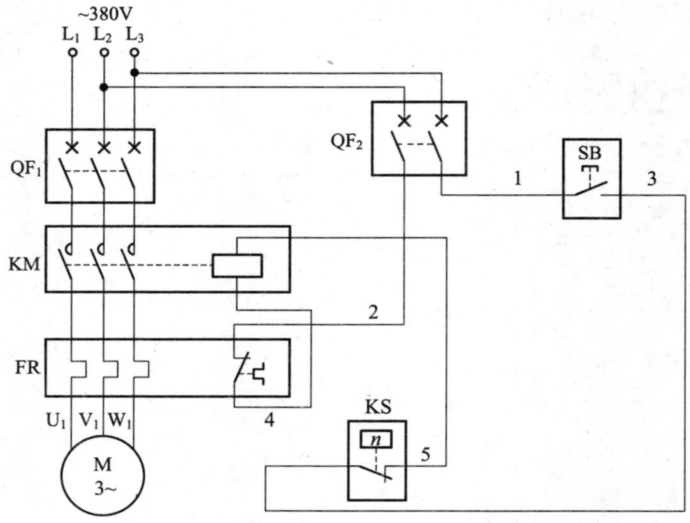

图 1.51 低速脉动控制电路实际接线图

元器件安装排列图及端子图(图 1.52)

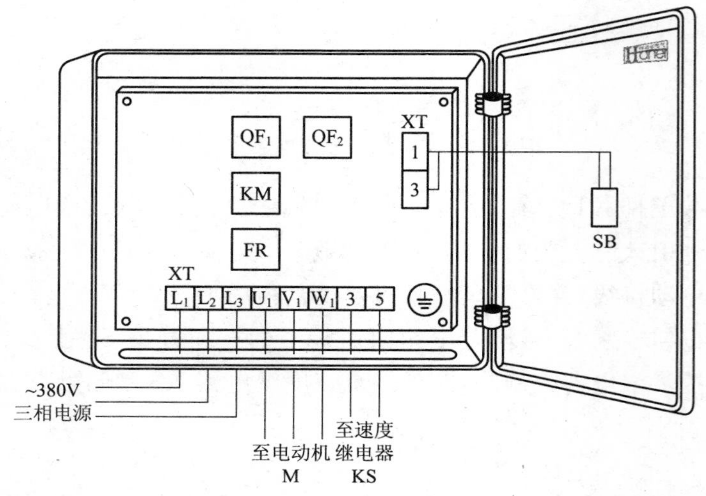

图 1.52 低速脉动控制电路元器件安装排列图及端子图

从图 1.52 可以看出，断路器 QF_1、QF_2、交流接触器 KM，热继电器 FR 安装在配电箱内底板上；按钮开关 SB 安装在配电箱门面板上。

通过端子 L_1、L_2、L_3 将三相 380V 交流电源接入配电箱中；端子 U_1、V_1、W_1 接至电动机接线盒中的 U_1、V_1、W_1 上；端子 1、3 将配电箱内的元器件与配电箱门面板上的按钮开关 SB 连接起来。

按钮接线图(图 1.53)

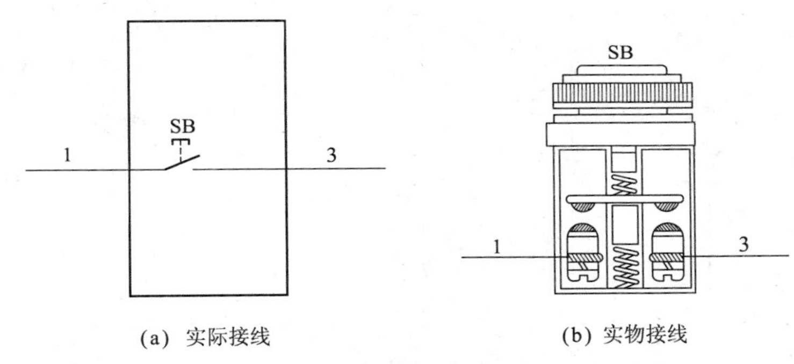

(a) 实际接线　　(b) 实物接线

图 1.53 低速脉动控制电路按钮接线图

1.12 顺序自动控制电路

工作原理

顺序自动控制电路如图 1.54 所示。首先合上主回路断路器 QF_1、QF_2 和控制回路断路器 QF_3，为电路工作提供准备条件。

顺序启动时，按下启动按钮 SB_2(3-5)，得电延时时间继电器 KT_1、失电延时时间继电器 KT_2 线圈得电吸合且 KT_1 不延时瞬动常开触点(3-5)闭合自锁，同时 KT_1 开始延时。KT_2 线圈得电吸合后，KT_2 失电延时断开的常开触点(1-7)立即闭合，接通交流接触器 KM_1 线圈回路电源，KM_1 线圈得电吸合，KM_1 三相主触点闭合，辅机拖动电动机 M_1 得电先启动运转；经 KT_1 一段时间延时后，KT_1 得电延时闭合的

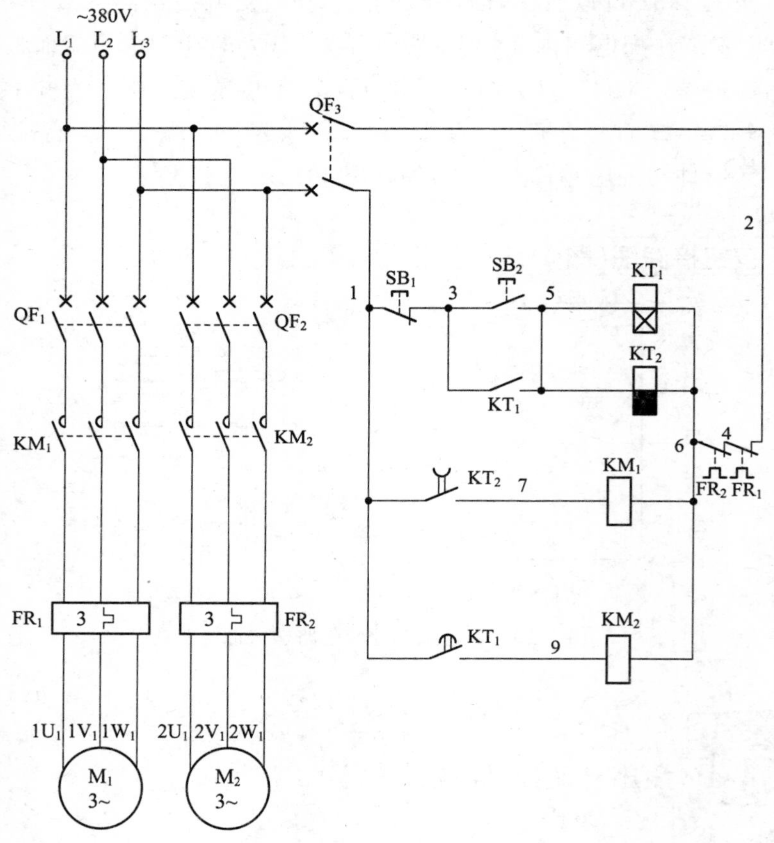

图 1.54 顺序自动控制电路

常开触点(1-9)闭合,接通了交流接触器 KM_2 线圈回路电源,KM_2 线圈得电吸合,KM_2 三相主触点闭合,主机拖动电动机 M_2 得电后启动运转。从而完成启动时先启动辅机 M_1 再自动延时启动主机 M_2。

逆序停止时,按下停止按钮 SB_1(1-3),得电延时时间继电器 KT_1、失电延时时间继电器 KT_2 线圈均断电释放,KT_2 开始延时。在 KT_1 线圈断电的同时,KT_1 得电延时闭合的常开触点(1-9)立即断开,切断交流接触器 KM_2 线圈回路电源,KM_2 线圈断电释放,KM_2 三相主触点断开,主机拖动电动机 M_2 先失电停止运转;经 KT_2 一段时间延时后，KT_2 失电延时断开的常开触点(1-7)断开，切断交流接触器 KM_1 线圈回路电源，KM_1 线圈断电释放，KM_1 三相主触点断开，辅机拖动电动机 M_1 后失电自动停止运转。从而完成停止时先停止主机 M_2 再自动延时停止辅机 M_1。

电路布线图(图 1.55)

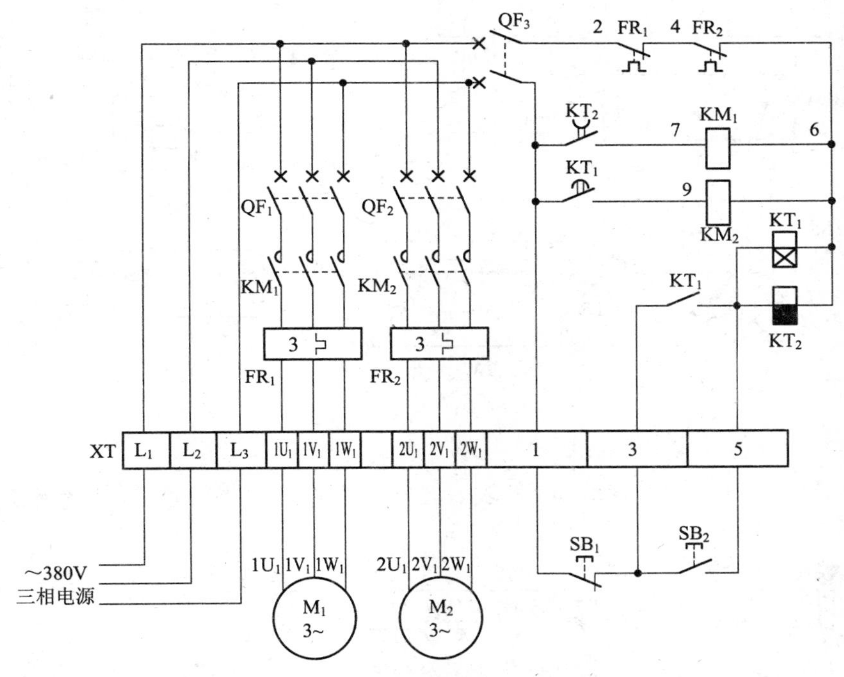

图 1.55 顺序自动控制电路布线图

从端子排 XT 上看，共有 12 个接线端子。其中，L_1、L_2、L_3 这 3 根线是由外引入配电箱的三相 380V 电源，并穿管引入；$1U_1$、$1V_1$、$1W_1$ 这 3 根线是电动机 M_1 的电动机线，穿管接至电动机 M_1 接线盒内的 U_1、V_1、W_1 上；$2U_1$、$2V_1$、$2W_1$ 这 3 根线是电动机 M_2 的电动机线，穿管接至电动机 M_2 接线盒内的 U_1、V_1、W_1 上；1、3、5 这 3 根线是控制线，接至配电箱门面板上的按钮开关 SB_1、SB_2 上。

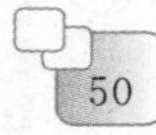

实际接线图(图 1.56)

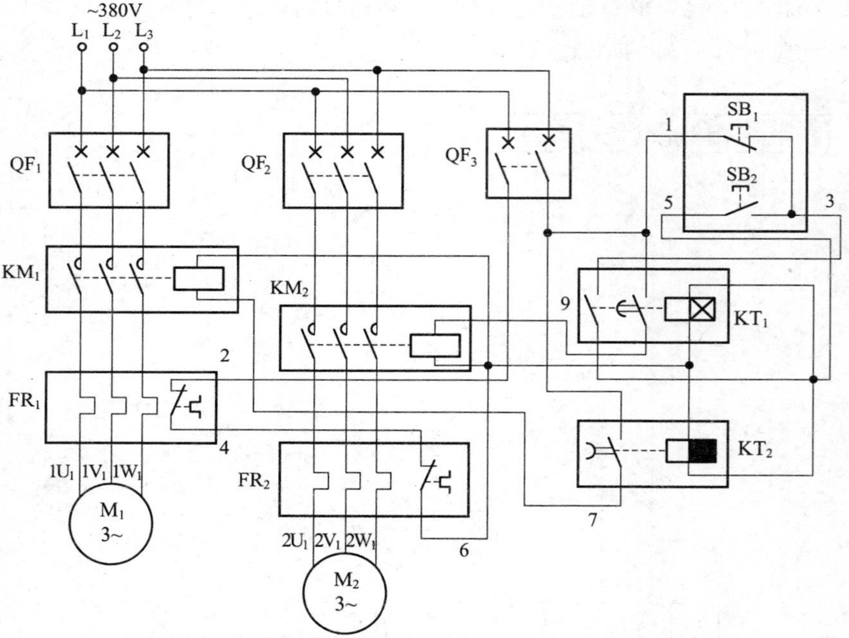

图 1.56 顺序自动控制电路实际接线图

元器件安装排列图及端子图(图 1.57)

从图 1.57 可以看出，断路器 QF_1 ～ QF_3、交流接触器 KM_1 和 KM_2、得电延时时间继电器 KT_1、失电延时时间继电器 KT_2、热继电器 FR_1 和 FR_2 安装在配电箱内底板上；按钮开关 SB_1、SB_2 安装在配电箱门面板上。

通过端子 L_1、L_2、L_3 将三相 380V 交流电源接入配电箱中；端子 $1U_1$、$1V_1$、$1W_1$ 接至电动机 M_1 接线盒中的 U_1、V_1、W_1 上；端子 $2U_1$、$2V_1$、$2W_1$ 接至电动机 M_2 接线盒中的 U_1、V_1、W_1 上；端子 1、3、5 将配电箱内的元器件与配电箱门面板上的按钮开关 SB_1、SB_2 连接起来。

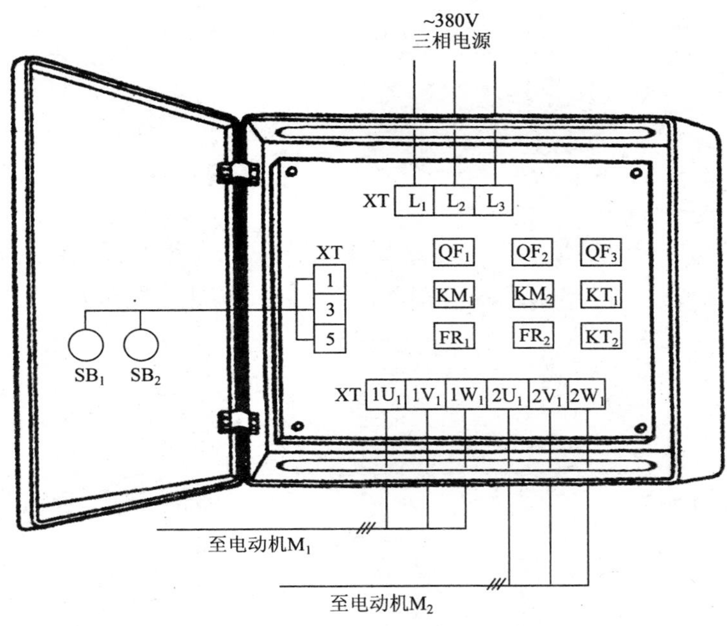

图 1.57 顺序自动控制电路元器件安装排列图及端子图

按钮接线图(图 1.58)

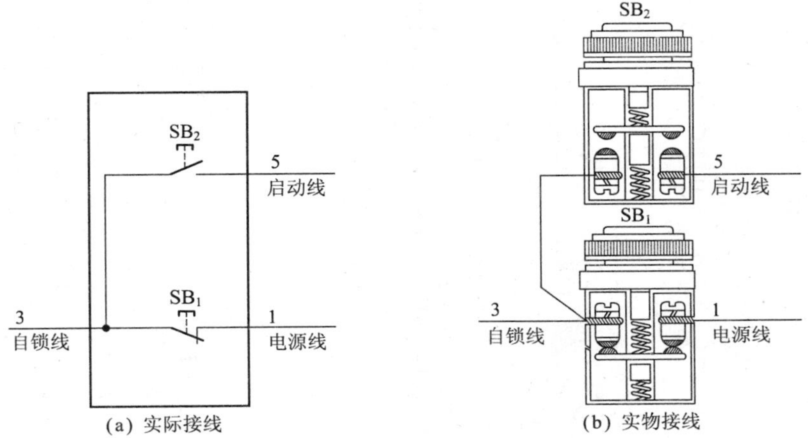

图 1.58 顺序自动控制电路按钮接线图

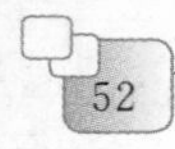

1.13 多条皮带运输原料控制电路

工作原理

多条皮带运输原料控制电路如图 1.59 所示。首先合上主回路断路器 QF_1、控制回路断路器 QF_2，为电路工作提供准备条件。

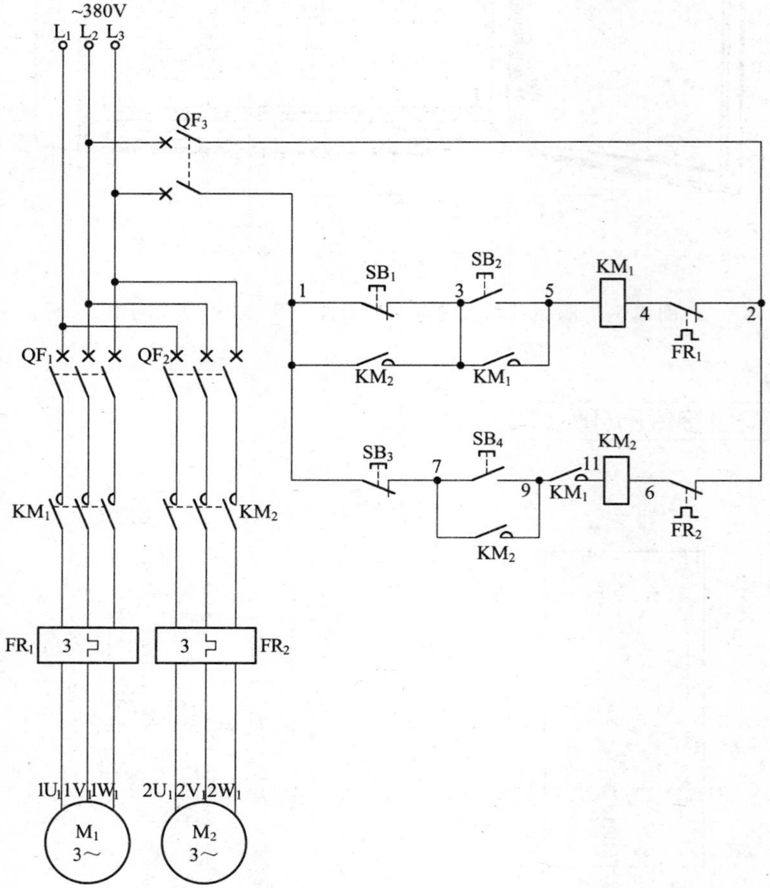

图 1.59 多条皮带运输原料控制电路

因 KM_2 线圈回路中加入了一只交流接触器 KM_1 辅助常开触点(9-11)，所以在 KM_1 未闭合之前操作第二条皮带启动按钮 SB_4(7-9)无效。从电路中可以看出，启动时必须先启动第一条皮带电动机后方可再启动第二条皮带电动机。

启动时，先按下第一条皮带电动机启动按钮 SB_2(3-5)，交流接触器 KM_1 线圈得电吸合且 KM_1 辅助常开触点(3-5)闭合自锁，KM_1 三相主触点闭合，第一条皮带电动机得电先启动运转；在交流接触器 KM_1 线圈得电吸合后，KM_1 串联在 KM_2 线圈回路中的辅助常开触点(9-11)闭合，为 KM_2 线圈得电工作做准备。再按下第二条皮带电动机启动按钮 SB_4(7-9)，交流接触器 KM_2 线圈得电吸合且 KM_2 辅助常开触点(7-9)闭合自锁，KM_2 三相主触点闭合，第二条皮带电动机得电后启动运转。从而完成启动时从前向后逐台手动启动控制。

注意：KM_2 线圈得电后，KM_2 并联在第一条皮带停止按钮 SB_1(1-3)两端的辅助常开触点(1-3)闭合，将停止按钮 SB_1 短接，从而限制其操作，也就是说，停止时必须先停止第二条皮带电动机控制交流接触器 KM_2 后，方可对第一条皮带停止按钮 SB_1(1-3)进行操作，即停止时必须从后向前逐台进行控制。

停止时，先按下第二条皮带电动机停止按钮 SB_3(1-7)，交流接触器 KM_2 线圈断电释放，KM_2 三相主触点断开，第二条皮带电动机先失电停止运转；当 KM_2 线圈断电释放后，KM_2 并联在 SB_1(1-3)上的辅助常开触点(1-3)断开，解除对 SB_1(1-3)的短接，可对 SB_1(1-3)进行停止操作。再按下第一条皮带电动机停止按钮 SB_1(1-3)，交流接触器 KM_1 线圈断电释放，KM_1 三相主触点断开，第一条皮带电动机后失电停止运转。从而完成停止时从后向前逐台手动停止控制。

电路布线图(图 1.60)

从端子排 XT 上看，共有 14 个接线端子。其中，L_1、L_2、L_3 这 3 根线是由外引入配电箱的三相 380V 电源，并穿管引入；$1U_1$、$1V_1$、$1W_1$ 这 3 根线是电动机 M_1 的电动机线，穿管接至电动机 M_1 接线盒内的

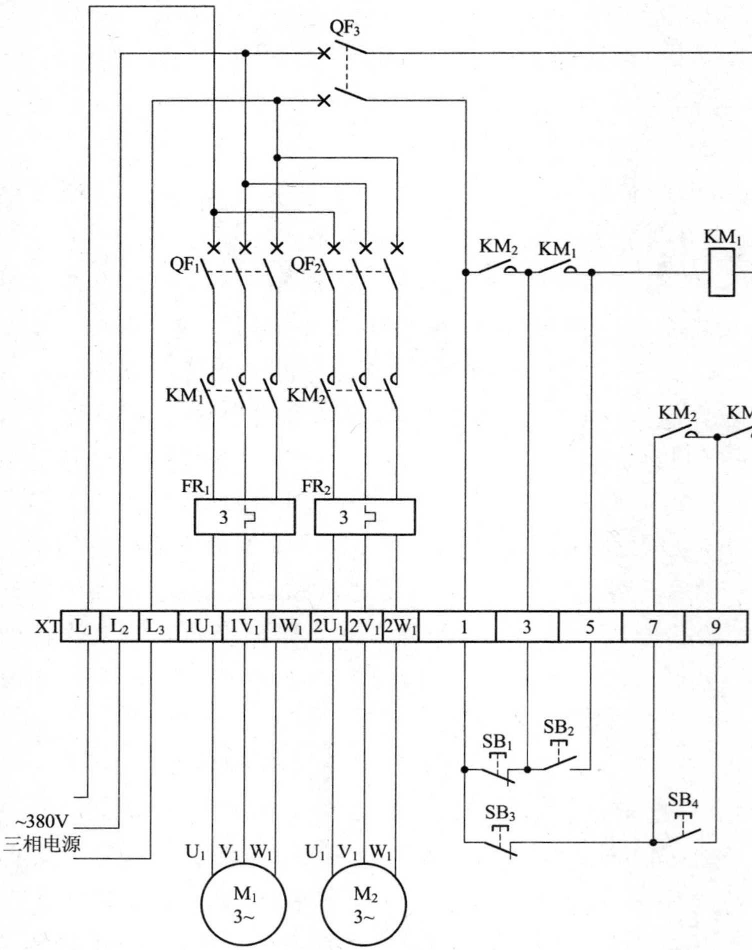

图 1.60 多条皮带运输原料控制电路布线图

U_1、V_1、W_1 上；$2U_1$、$2V_1$、$2W_1$ 这 3 根线是电动机 M_2 的电动机线，穿管接至电动机 M_2 接线盒内的 U_1、V_1、W_1 上；1、3、5、7、9 这 5 根线是控制线，接至配电箱门面板上的按钮开关 SB_1～SB_4 上。

实际接线图(图 1.61)

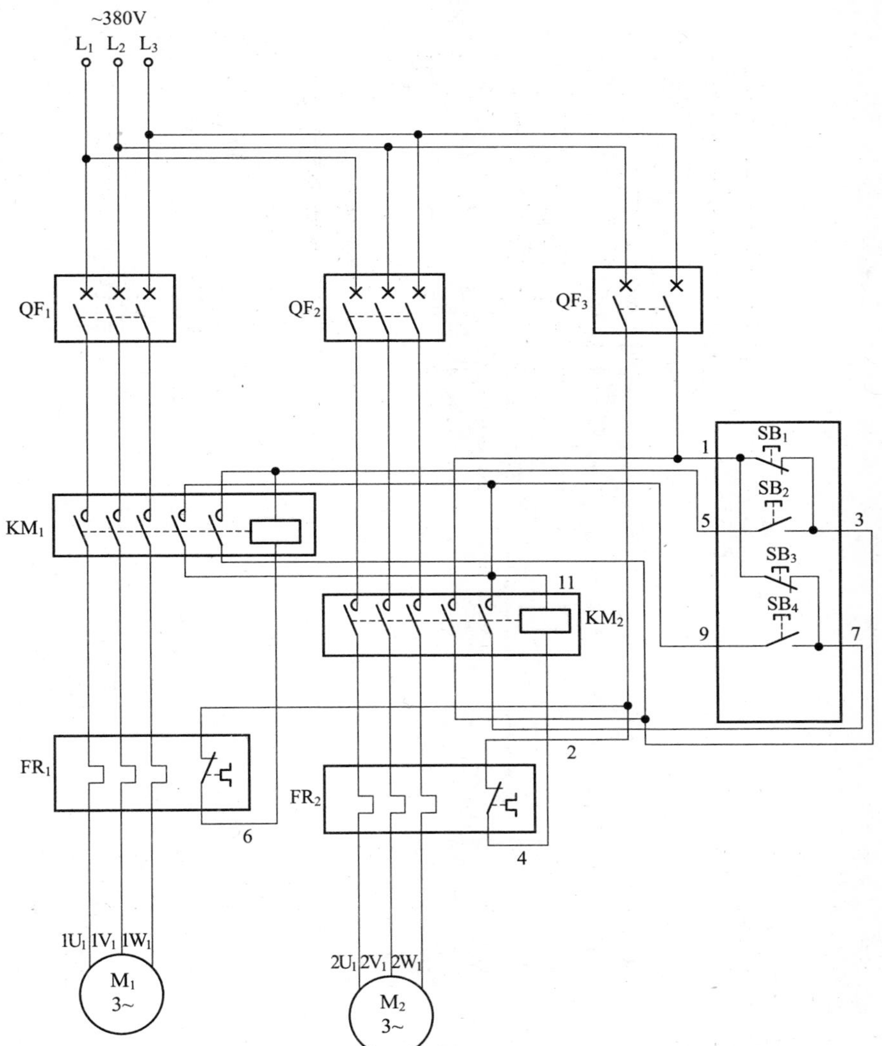

图 1.61　多条皮带运输原料控制电路实际接线图

元器件安装排列图及端子图(图 1.62)

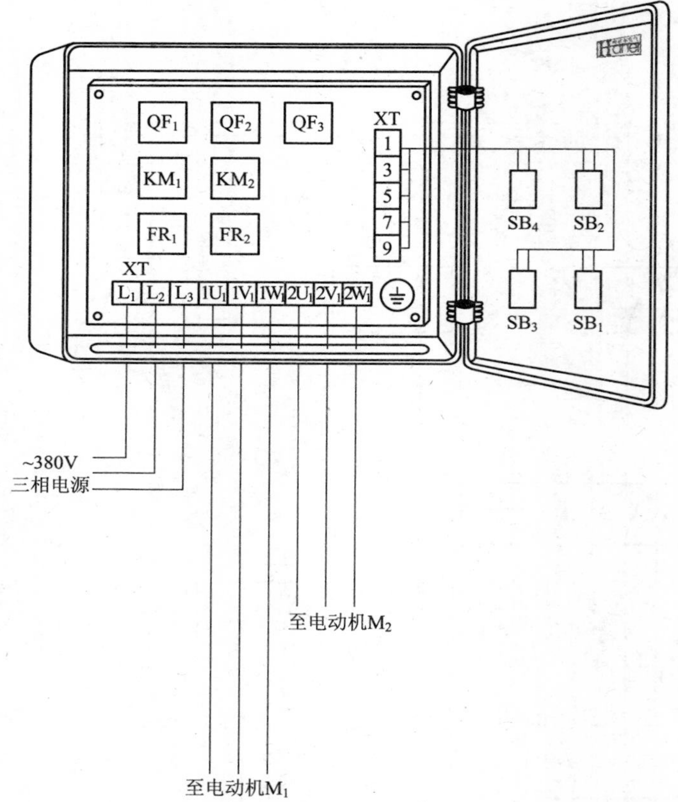

图 1.62 多条皮带运输原料控制电路元器件安装排列图及端子图

从图 1.62 可以看出,断路器 QF_1～QF_3、交流接触器 KM_1 和 KM_2、热继电器 FR_1 和 FR_2 安装在配电箱内底板上;按钮开关 SB_1～SB_4 安装在配电箱门面板上。

通过端子 L_1、L_2、L_3 将三相 380V 交流电源接入配电箱中;端子 $1U_1$、$1V_1$、$1W_1$ 接至电动机 M_1 接线盒中的 U_1、V_1、W_1 上;端子 $2U_1$、$2V_1$、$2W_1$ 接至电动机 M_2 接线盒中的 U_1、V_1、W_1 上;端子 1、3、5、7、9 将配电箱内的元器件与配电箱门面板上的按钮开关 SB_1～SB_4 连接起来。

按钮接线图(图 1.63)

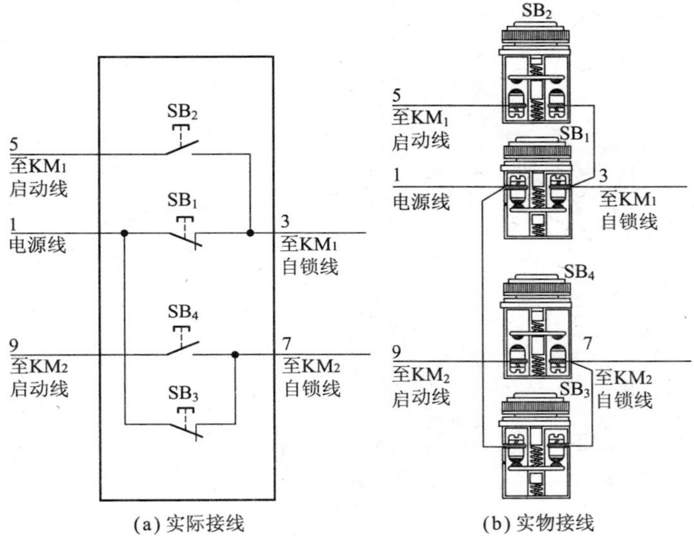

图 1.63 多条皮带运输原料控制电路按钮接线图

1.14 交流接触器在低电压情况下启动电路(一)

工作原理

交流接触器在低电压情况下的启动电路(一)如图 1.64 所示。首先合上主回路断路器 QF_1、控制回路断路器 QF_2，为电路工作提供准备条件。

电网电压偏低会造成交流接触器线圈不能吸合，本电路中因加入了一只整流二极管 VD(5-7)，启动时可采用直流启动，启动后保持交流吸合状态。

启动时，按下启动按钮 SB_2(3-5)，交流接触器 KM 线圈在整流二极管 VD 的作用下通入直流电源而吸合，在 KM 线圈得电吸合后，KM

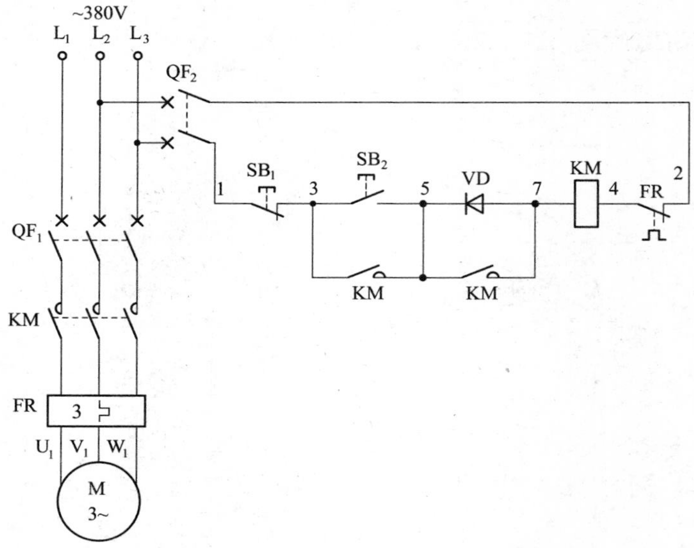

图 1.64 交流接触器在低电压情况下启动电路(一)

的两组辅助常开触点(3-5、5-7)均闭合,一组触点(3-5)起自锁作用,另一组触点(5-7)将整流二极管给短接了起来,以防止长时间通入直流电而烧毁线圈。这样,交流接触器 KM 线圈就会可靠地吸合工作,KM 三相主触点闭合,电动机得电正常启动运转。

停止时,按下停止按钮 SB_1(1-3),交流接触器 KM 线圈断电释放,KM 三相主触点断开,电动机失电停止运转。

电路布线图(图 1.65)

从端子排 XT 上看,共有 9 个接线端子。其中,L_1、L_2、L_3 这 3 根线是由外引入配电箱的三相 380V 电源,并穿管引入;U_1、V_1、W_1 这 3 根线是电动机线,穿管接至电动机接线盒内的 U_1、V_1、W_1 上;1、3、5 这 3 根线是控制线,接至配电箱门面板上的按钮开关 SB_1、SB_2 上。

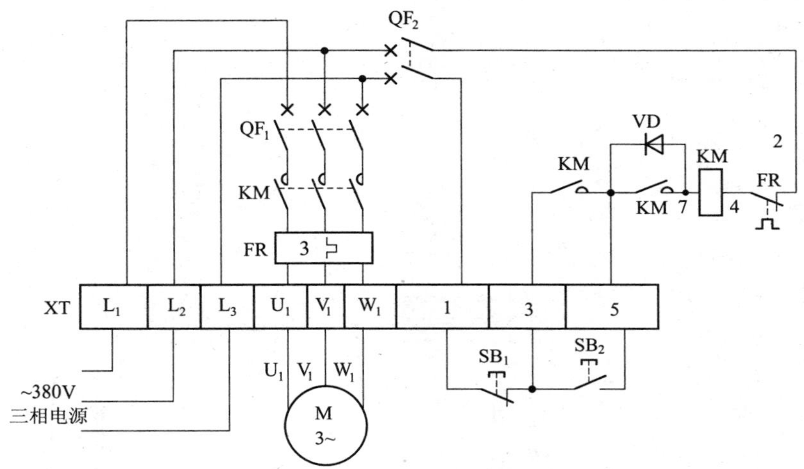

图 1.65 交流接触器在低电压情况下启动电路(一)布线图

实际接线图(图 1.66)

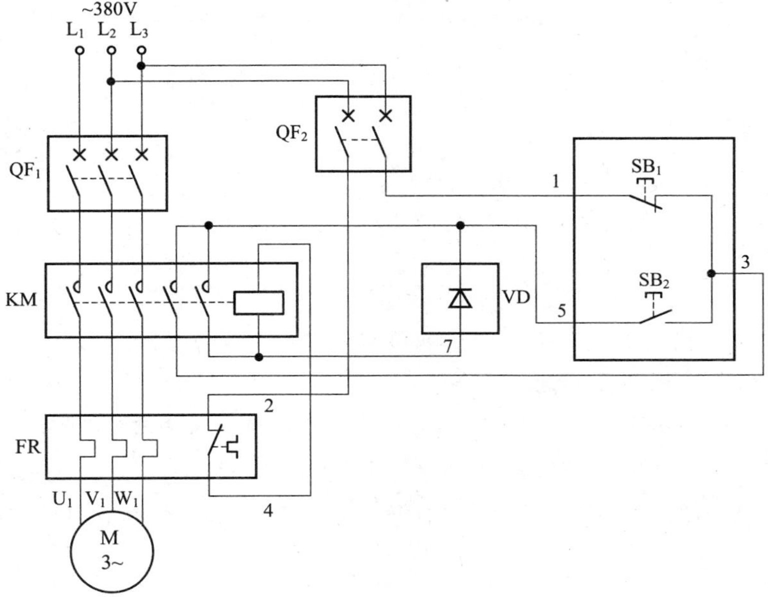

图 1.66 交流接触器在低电压情况下启动电路(一)实际接线图

元器件安装排列图及端子图(图 1.67)

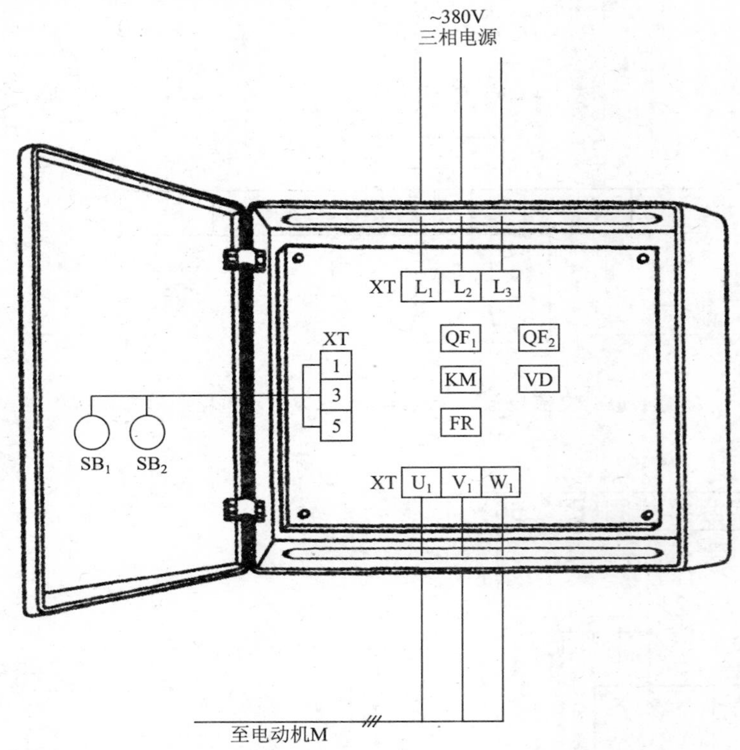

图 1.67 交流接触器在低电压情况下启动电路(一)元器件安装排列图及端子图

从图 1.67 可以看出，断路器 QF_1、QF_2，交流接触器 KM，整流二极管 VD，热继电器 FR 安装在配电箱内底板上；按钮开关 SB_1、SB_2 安装在配电箱门面板上。

通过端子 L_1、L_2、L_3 将三相 380V 交流电源接入配电箱中；端子 U_1、V_1、W_1 接至电动机接线盒中的 U_1、V_1、W_1 上；端子 1、3、5 将配电箱内的元器件与配电箱门面板上的按钮开关 SB_1、SB_2 连接起来。

按钮接线图(图 1.68)

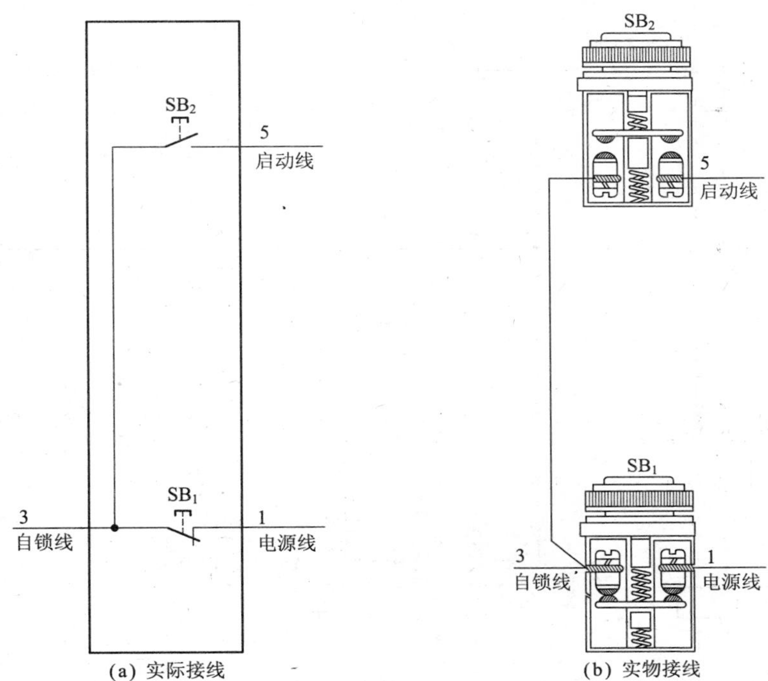

图 1.68　交流接触器在低电压情况下启动电路(一)按钮接线图

1.15 交流接触器在低电压情况下启动电路(二)

工作原理

交流接触器在低电压情况下启动电路(二)如图 1.69 所示。当供电电压正常时,将选择开关 SA 置于正常位置。

启动时,按下启动按钮 SB_2,交流接触器 KM 线圈得电吸合且 KM 辅助常开触点闭合自锁,KM 三相主触点闭合,电动机得电启动运转。

当供电电压过低时,将选择开关 SA 置于电压低位置。这时,变压

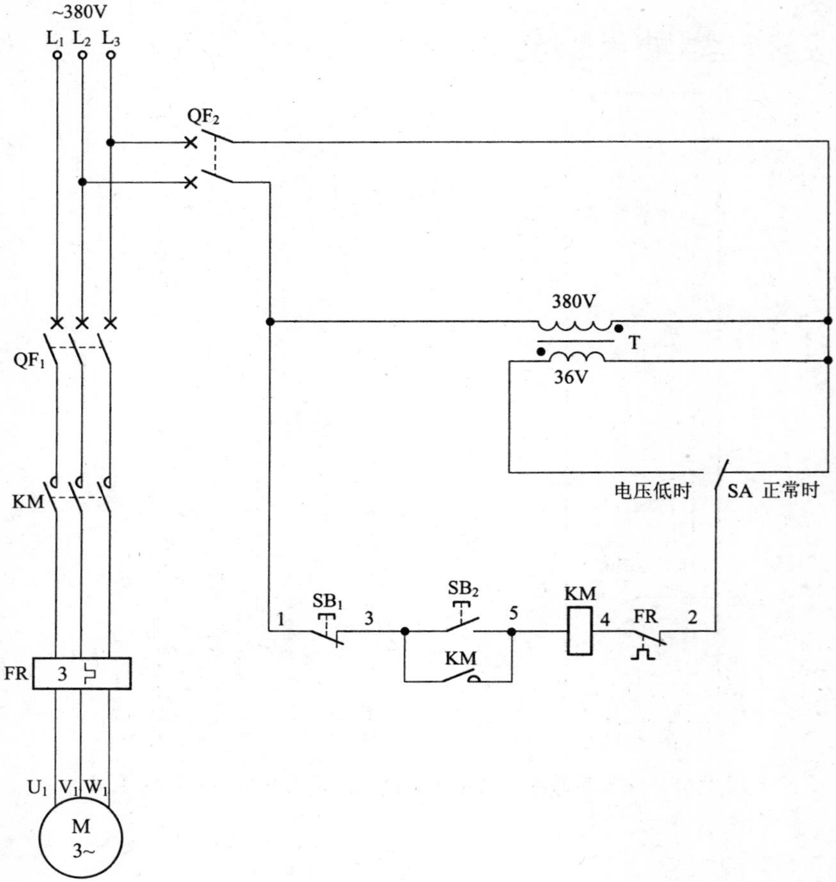

图 1.69 交流接触器在低电压情况下启动电路(二)

器 T 的初、次级绕组为同名端连接，其电压为初级、次级电压之和，此电压大于供电电压，足以使交流接触器 KM 线圈吸合而正常工作。

电路布线图(图 1.70)

从端子排 XT 上看，共有 12 个接线端子。其中，L_1、L_2、L_3 这 3 根线是由外引入配电箱的三相 380V 电源，并穿管引入；U_1、V_1、W_1 这 3 根线是电动机线，穿管接至电动机接线盒内的 U_1、V_1、W_1 上；1、3、5、

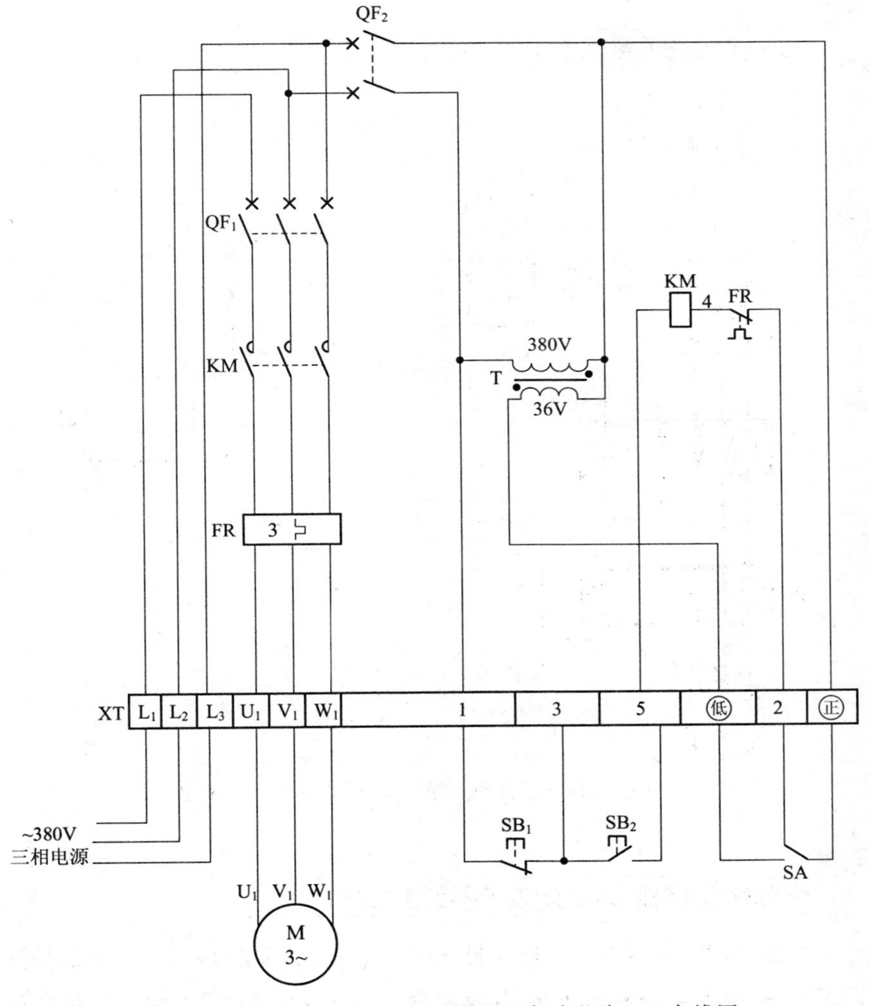

图 1.70 交流接触器在低电压情况下启动电路(二)布线图

㊦、2、㊣这 6 根线是控制线，接至配电箱门面板上的按钮开关 SB_1、SB_2 及选择开关 SA 上。

实际接线图(图 1.71)

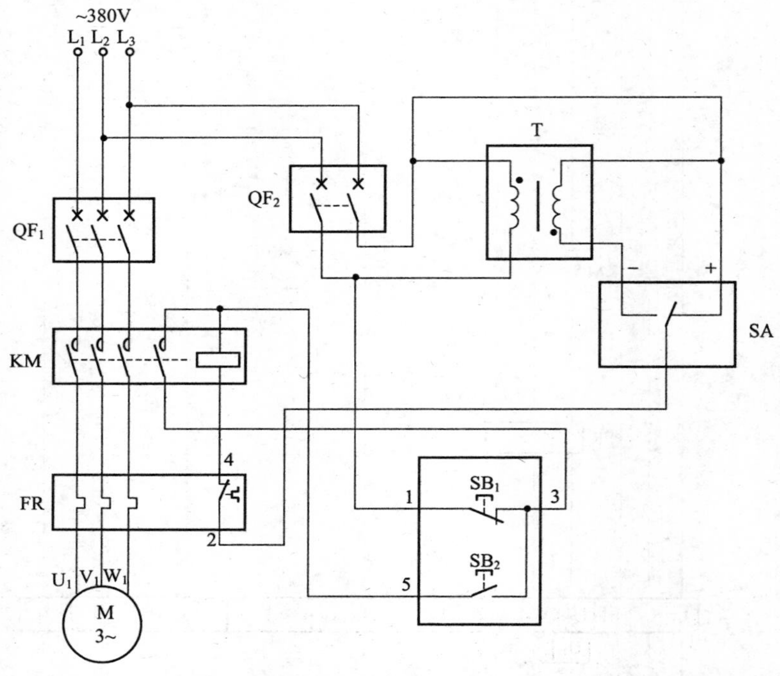

图 1.71 交流接触器在低电压情况下启动电路(二)现场接线图

元器件安装排列图及端子图(图 1.72)

从图 1.72 可以看出,断路器 QF_1、QF_2,交流接触器 KM,变压器 T,热继电器 FR 安装在配电箱内底板上;按钮开关 SB_1、SB_2 及选择开关 SA 安装在配电箱门面板上。

通过端子 L_1、L_2、L_3 将三相 380V 交流电源接入配电箱中;端子 U_1、V_1、W_1 接至电动机接线盒中的 U_1、V_1、W_1 上;端子 1、3、5、㊦、2、㊣将配电箱内的元器件与配电箱门面板上的按钮开关 SB_1、SB_2 及选择开关 SA 连接起来。

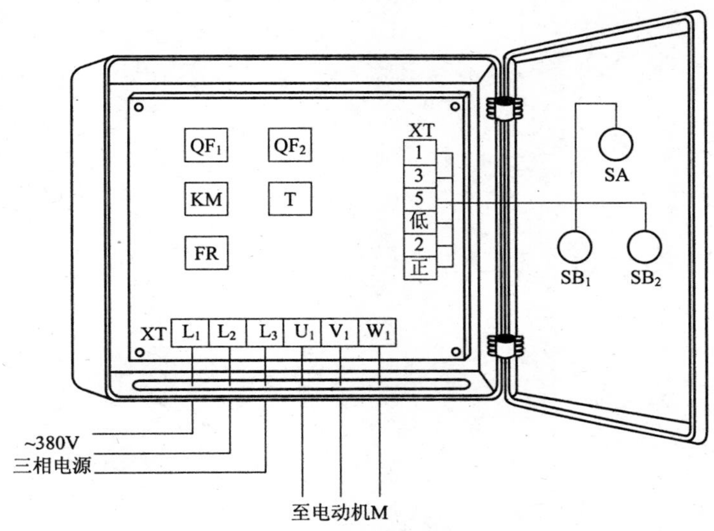

图 1.72　交流接触器在低电压情况下启动电路(二)元器件安装排列图及端子图

第2章 电动机降压启动控制电路

2.1 手动串联电阻启动控制电路

工作原理

手动串联电阻启动控制电路如图 2.1 所示。首先合上主回路断路器 QF_1、控制回路断路器 QF_2，为电路工作提供准备条件。

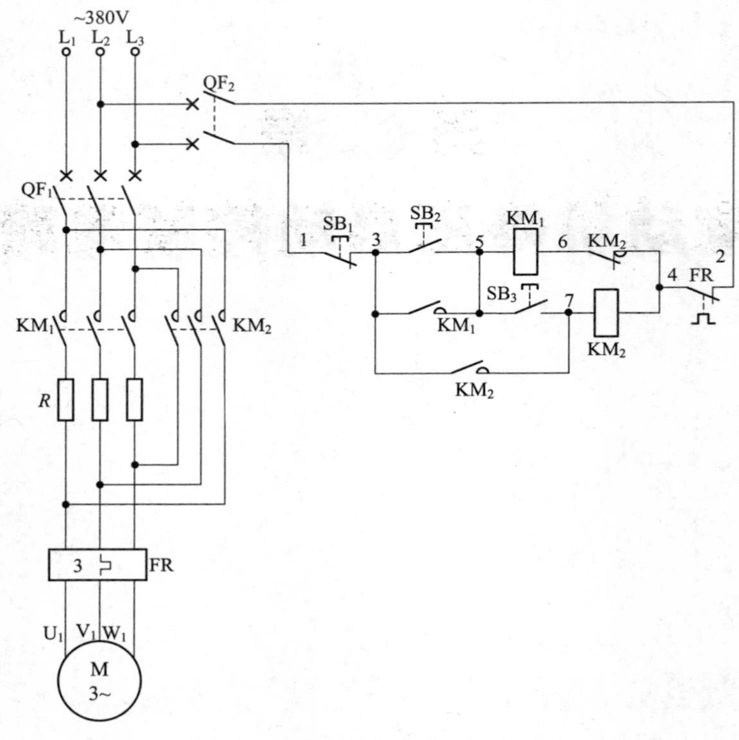

图 2.1 手动串联电阻启动控制电路

串联电阻器降压启动时，按下启动按钮 SB_2(3-5)，交流接触器 KM_1 线圈得电吸合且 KM_1 辅助常开触点(3-5)闭合自锁，KM_1 三相主触点闭合，电动机串电阻器 R 降压启动运转；随着电动机转速的逐渐提高，可按下全压运转按钮 SB_3(5-7)，交流接触器 KM_2 线圈得电吸

合且 KM_2 辅助常开触点(3-7)闭合自锁，KM_2 三相主触点闭合，电动机得以 380V 三相电源而全压运转；在 KM_2 线圈得电吸合的同时，KM_2 串联在交流接触器 KM_1 线圈回路中的辅助常闭触点(4-6)断开，使 KM_1 线圈断电释放，KM_1 三相主触点断开，KM_1 退出运行，从而使电动机在完成降压启动后仅靠交流接触器 KM_2 来实现全压运转，节省了一只交流接触器 KM_1 线圈所消耗的电能。

停止时，按下停止按钮 SB_1(1-3)，交流接触器 KM_2 线圈断电释放，KM_2 三相主触点断开，电动机失电停止运转。

电路布线图(图 2.2)

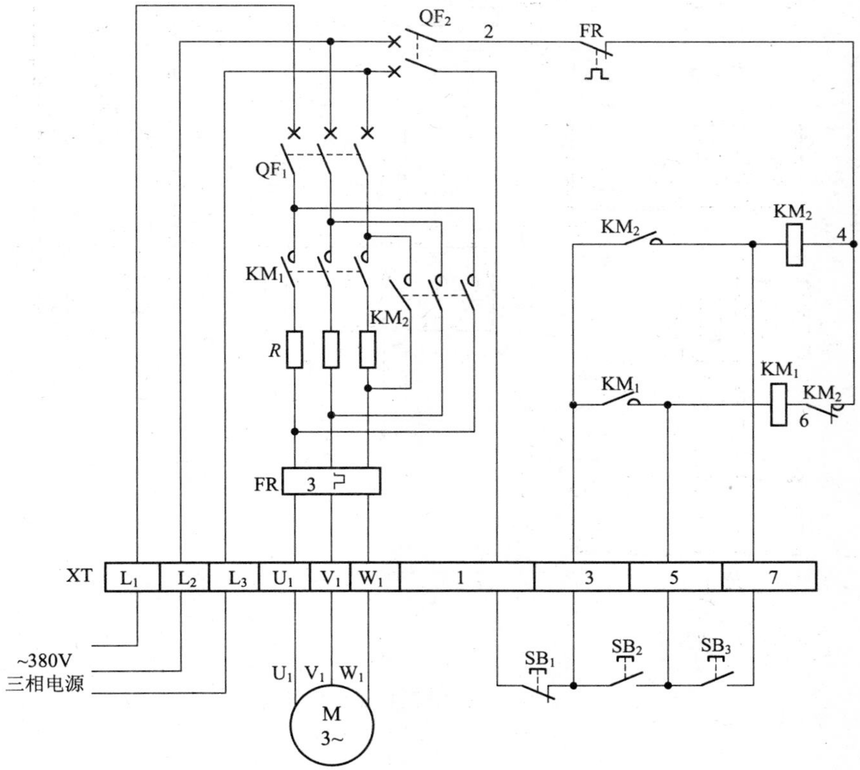

图 2.2　手动串联电阻启动控制电路布线图

从端子排 XT 上看，共有 10 个接线端子。其中，L_1、L_2、L_3 这 3 根线是由外引入配电箱的三相 380V 电源，并穿管引入；U_1、V_1、W_1 这 3 根线是电动机线，穿管接至电动机接线盒内的 U_1、V_1、W_1 上；1、3、5、7 这 4 根线是控制线，接至配电箱门面板上的按钮开关 SB_1～SB_3 上。

实际接线图(图 2.3)

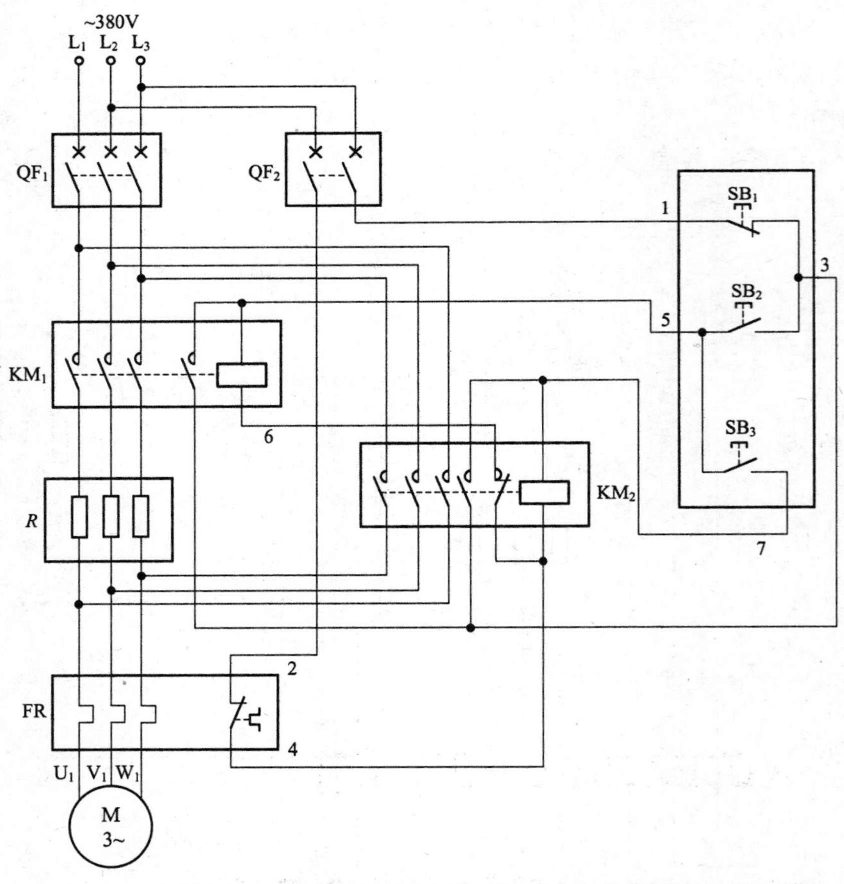

图 2.3 手动串联电阻启动控制电路实际接线图

元器件安装排列图及端子图(图 2.4)

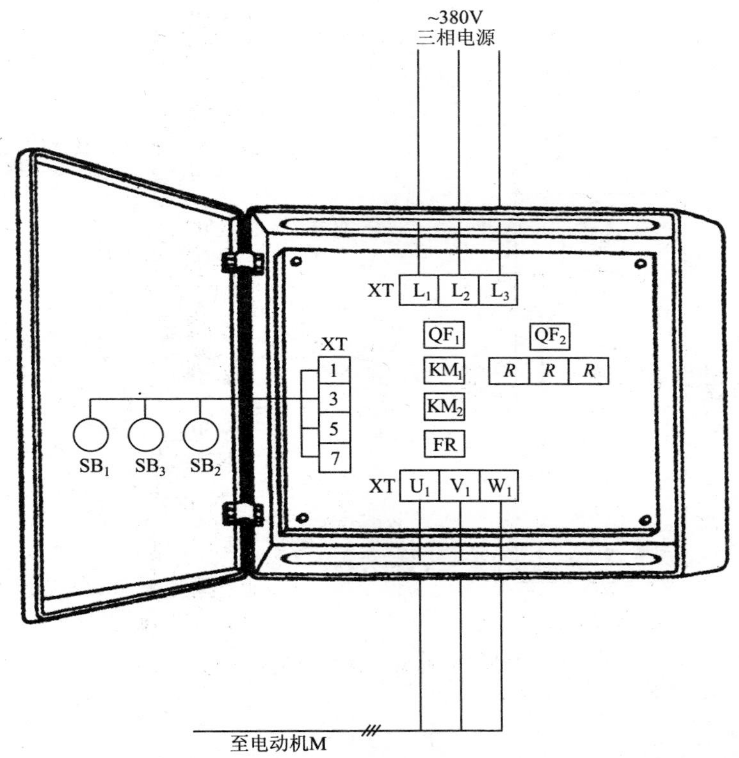

图 2.4 手动串联电阻启动控制电路元器件安装排列图及端子图

从图 2.4 可以看出，断路器 QF_1、QF_2，交流接触器 KM_1，KM_2，热继电器 FR 安装在配电箱内底板上；启动电阻器 R 安装在配电箱内底部；按钮开关 SB_1～SB_3 安装在配电箱门面板上。

通过端子 L_1、L_2、L_3 将三相 380V 交流电源接入配电箱中；端子 U_1、V_1、W_1 接至电动机接线盒中的 U_1、V_1、W_1 上；端子 1、3、5、7 将配电箱内的元器件与配电箱门面板上的按钮开关SB_1～SB_3 连接起来。

按钮接线图(图 2.5)

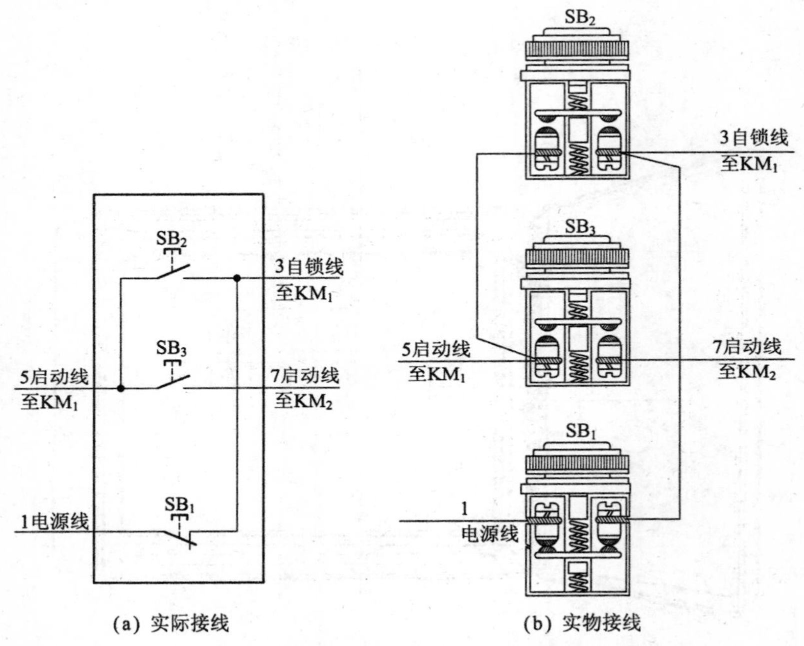

图 2.5 手动串联电阻启动控制电路按钮接线图

2.2 定子绕组串联电阻启动自动控制电路

工作原理

定子绕组串联电阻启动自动控制电路如图 2.6 所示。首先合上主回路断路器 QF_1、控制回路断路器 QF_2，为电路工作提供准备条件。

启动时，按下启动按钮 SB_2(3-5)，得电延时时间继电器 KT、交流接触器 KM_1 线圈得电吸合且 KM_1 辅助常开触点(3-5)闭合自锁，KT 开始延时。此时 KM_1 三相主触点闭合，电动机串联降压启动电阻器 R 进行降压启动；经 KT 一段时间延时后，KT 得电延时闭合的常开触

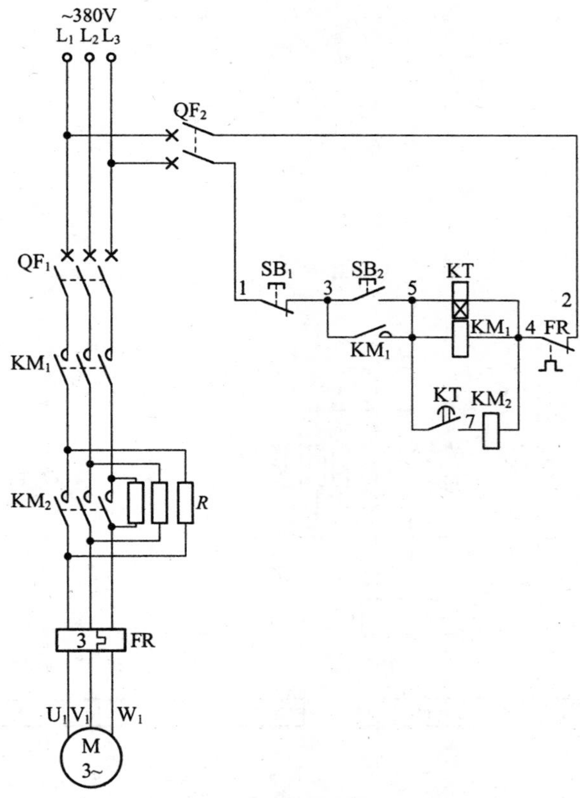

图 2.6 定子绕组串联电阻启动自动控制电路

点(5-7)闭合,接通交流接触器 KM_2 线圈回路电源,KM_2 三相主触点闭合,将降压启动电阻器 R 短接起来,从而使电动机得以全压启动运转。

停止时,按下停止按钮 SB_1(1-3),得电延时时间继电器 KT,交流接触器 KM_1、KM_2 线圈均断电释放,KM_1、KM_2 各自的三相主触点断开,电动机失电停止运转。

电路布线图(图 2.7)

从端子排 XT 上看,共有 9 个接线端子。其中,L_1、L_2、L_3 这 3 根

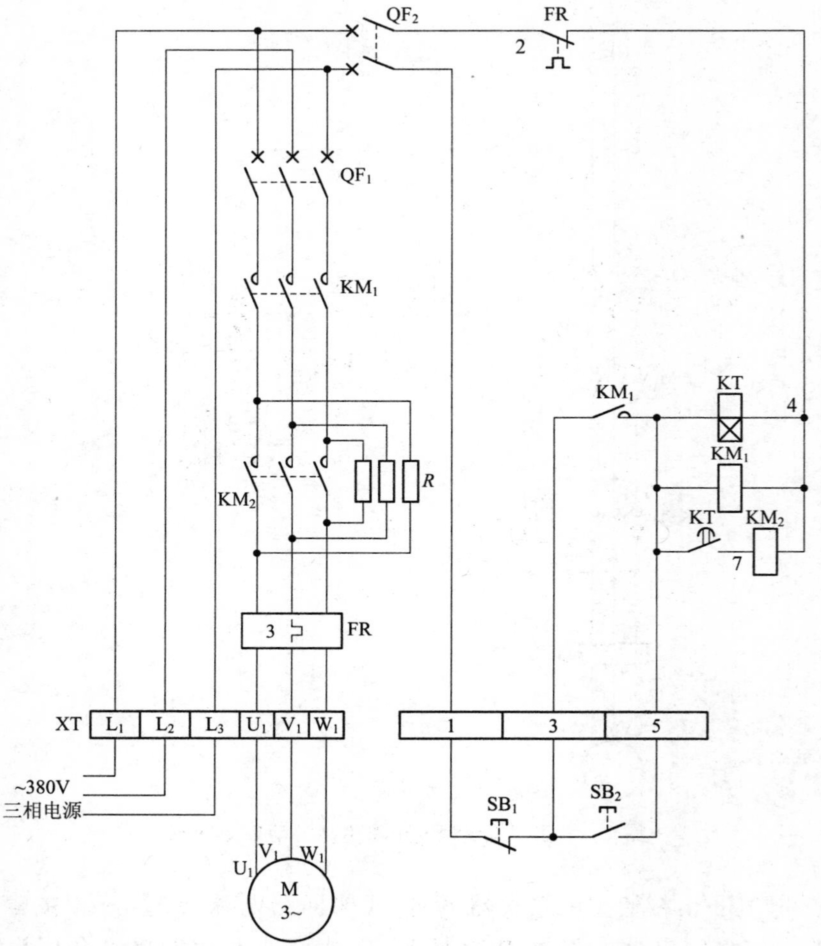

图 2.7　定子绕组串联电阻启动自动控制电路布线图

线是由外引入配电箱的三相 380V 电源，并穿管引入；U_1、V_1、W_1 这 3 根线是电动机线，穿管接至电动机接线盒内的 U_1、V_1、W_1 上；1、3、5 这 3 根线是控制线，接至配电箱门面板上的按钮开关 SB_1、SB_2 上。

实际接线图(图 2.8)

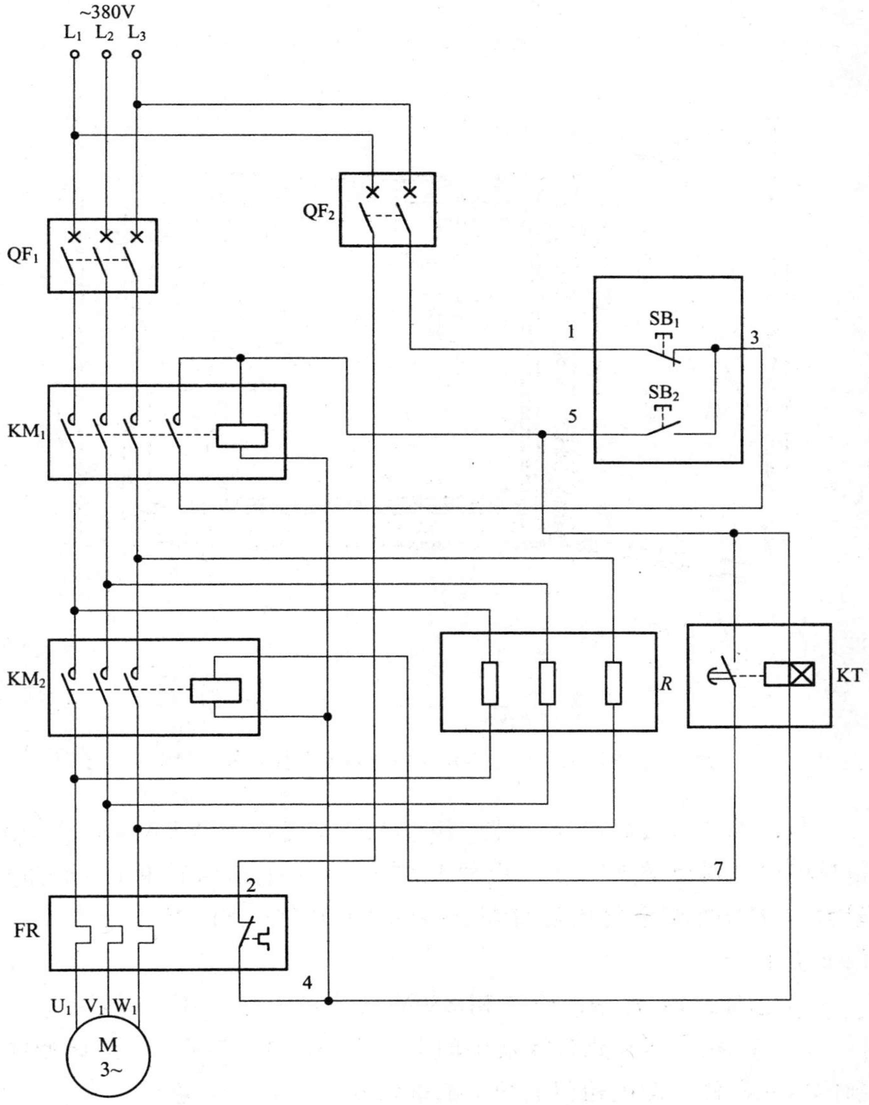

图 2.8 定子绕组串联电阻启动自动控制电路实际接线图

元器件安装排列图及端子图(图 2.9)

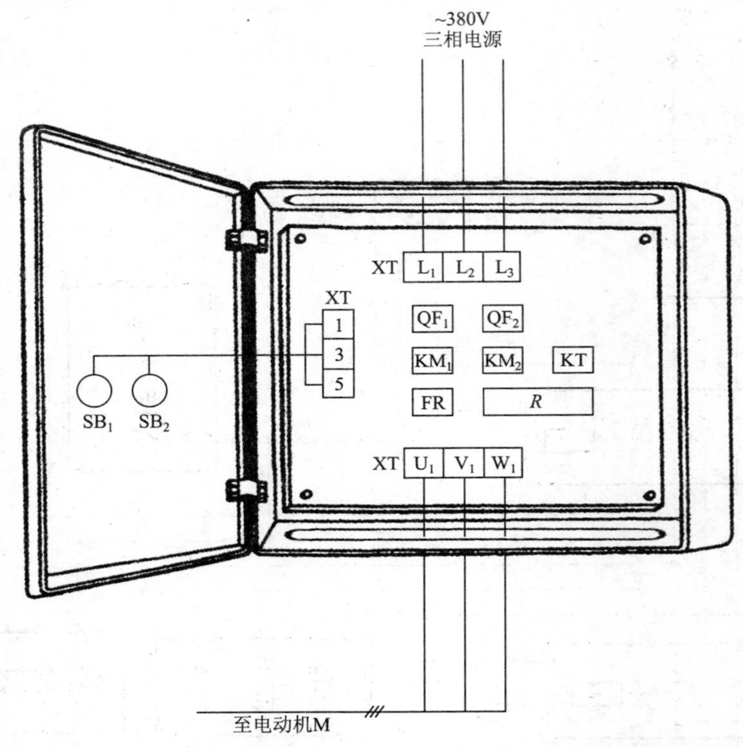

图 2.9 定子绕组串联电阻启动自动控制电路元器件安装排列图及端子图

从图 2.9 可以看出，断路器 QF_1、QF_2，交流接触器 KM_1、KM_2，得电延时时间继电器 KT，热继电器 FR 安装在配电箱内底板上；启动电阻器 R 安装在配电箱内底部位置；按钮开关 SB_1、SB_2 安装在配电箱门面板上。

通过端子 L_1、L_2、L_3 将三相 380V 交流电源接入配电箱中；端子 U_1、V_1、W_1 接至电动机接线盒中的 U_1、V_1、W_1 上；端子 1、3、5 将配电箱内的元器件与配电箱门面板上的按钮开关 SB_1、SB_2 连接起来。

按钮接线图(图 2.10)

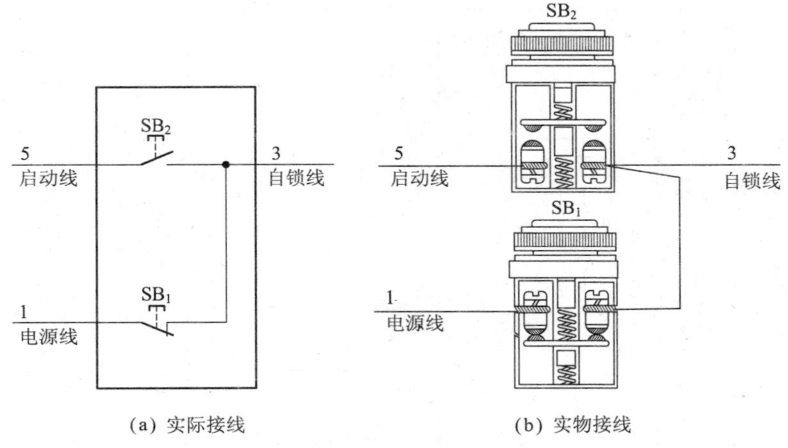

(a) 实际接线　　(b) 实物接线

图 2.10　定子绕组串联电阻启动自动控制电路按钮接线图

2.3 电动机串电抗器启动自动控制电路

工作原理

电动机串电抗器启动自动控制电路如图 2.11 所示。合上主回路断路器 QF_1、控制回路断路器 QF_2，指示灯 HL_1 亮，说明电源正常。

启动时，按下启动按钮 SB_2(3-5)，交流接触器 KM_1 和得电延时时间继电器 KT 线圈均得电吸合，KM_1 辅助常开触点(3-5)闭合自锁，KM_1 三相主触点闭合，将电抗器 L 串入电动机绕组进行降压启动；同时 KM_1 辅助常闭触点(1-11)断开，指示灯 HL_1 灭，说明电动机正在进行降压启动。与此同时，得电延时时间继电器 KT 开始延时。

随着电动机转速的逐渐升高，经过 KT 一段时间延时后，KT 得电延时闭合的常开触点(5-9)闭合，接通交流接触器 KM_2 线圈回路电源，KM_2 线圈得电吸合，KM_2 串联在 KM_1、KT 线圈回路中的辅助常

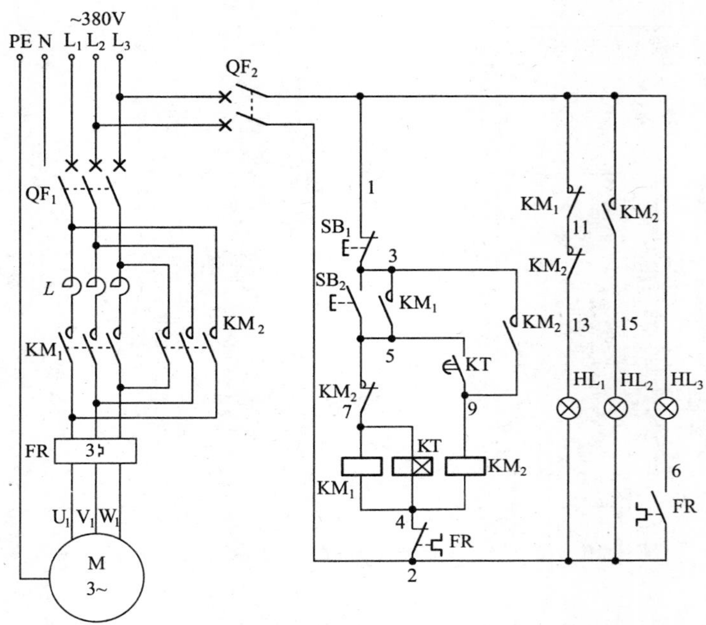

图 2.11 电动机串电抗器启动自动控制电路

闭触点(5-7)断开,切断 KM_1、KT 线回路电源,KM_1、KT 线圈断电释放,KM_1 三相主触点断开,切断电抗器 L,电动机绕组失电但仍靠惯性继续转动;同时 KM_2 辅助常闭触点(11-13)断开,指示灯 HL_1 灭,KM_2 辅助常开触点(3-9)闭合自锁,KM_2 三相主触点闭合,电动机通以三相 380V 电源全压运转,同时 KM_2 辅助常闭触点(11-13)断开,指示灯 HL_1 灭,KM_2 辅助常开触点(1-15)闭合,指示灯 HL_2 亮,说明电动机已自动转为全压运转了。该电路在完成降压启动后,仅有交流接触器 KM_2 线圈继续得电吸合,KM_1、KT 线圈被切除,从而节约了 KM_1、KT 线圈所消耗的电能。

停止时,按下停止按钮 SB_1(1-3),交流接触器 KM_2 线圈断电释放,KM_2 三相主触点断开,电动机失电停止运转,同时指示灯 HL_2 灭、HL_1 亮,说明电动机已失电停止运转。

电路中,FR 为过载热继电器,当电动机发生过载时,FR 热元件发热弯曲，推动其控制触点动作，其控制常闭触点(2-4)断开，切断了交流接触器 KM_2 线圈回路电源，KM_2 线圈断电释放，KM_2 三相主触点断开，电动机失电停止运转。同时 FR 控制常开触点(2-6)闭合，接通了过载指示灯 HL_3 回路电源，HL_3 亮，说明电动机已过载。

电路布线图(图 2.12)

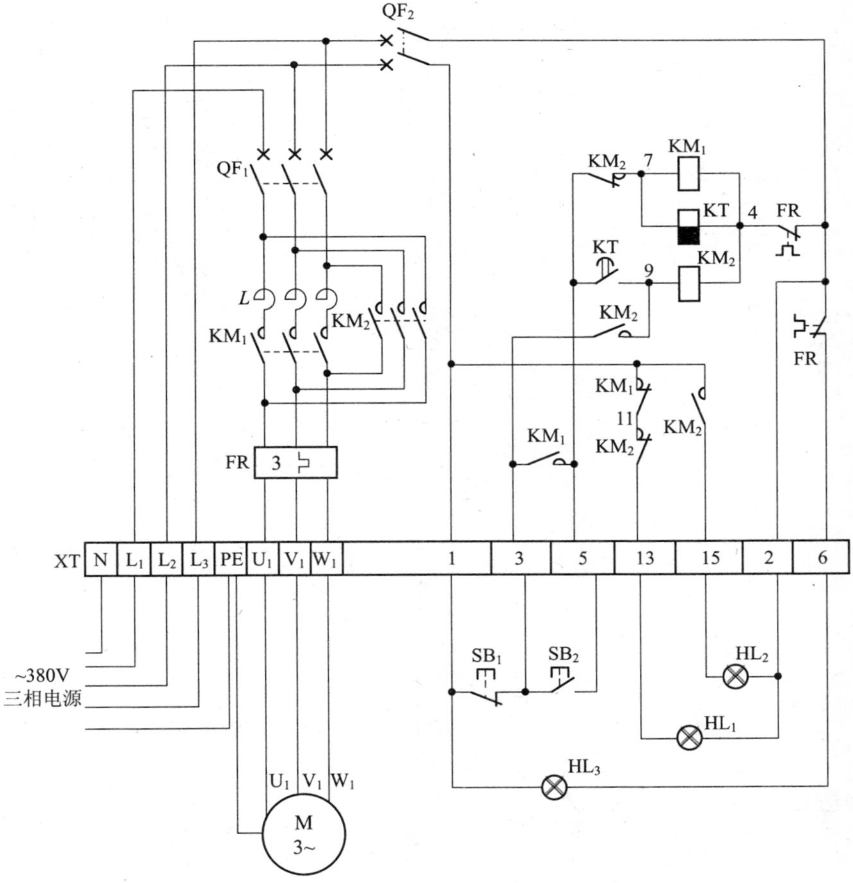

图 2.12 电动机串电抗器启动自动控制电路布线图

从端子排 XT 上看，共有 15 个接线端子。其中，L_1、L_2、L_3、PE、N

这5根线是由外引入配电箱的三相380V电源，并穿管引入；U_1、V_1、W_1、PE这4根线是电动机线，穿管接至电动机接线盒内的U_1、V_1、W_1及电动机外壳上；1、3、5、13、15、2、6这7根线是控制线，接至配电箱门面板上的按钮开关SB_1、SB_2，指示灯HL_1、HL_2、HL_3上。

实际接线图(图2.13)

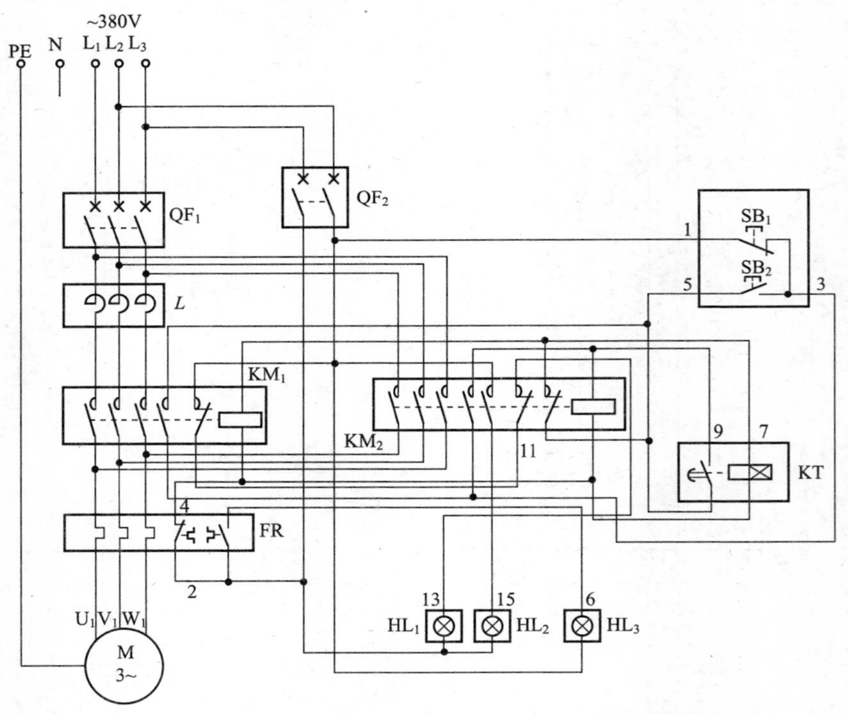

图2.13 电动机串电抗器启动自动控制电路现场接线图

元器件安装排列图及端子图(图2.14)

从图2.14可以看出，断路器QF_1、QF_2，交流接触器KM_1、KM_2，电抗器L，得电延时时间继电器KT，热继电器FR安装在配电箱内底板上；按钮开关SB_1、SB_2，指示灯HL_1、HL_2、HL_3安装在配电箱门面

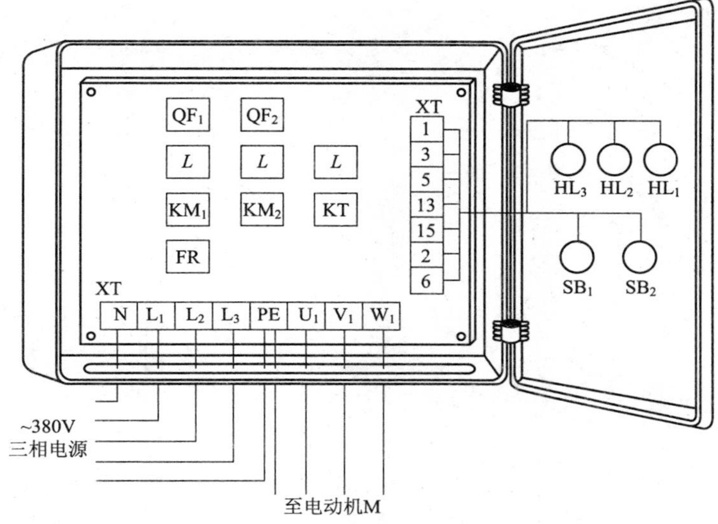

图 2.14 电动机串电抗器启动自动控制电路元器件安装排列图及端子图

板上。

通过端子 L_1、L_2、L_3 将三相 380V 交流电源接入配电箱中；端子 U_1、V_1、W_1 接至电动机接线盒中的 U_1、V_1、W_1 上；端子 1、3、5、13、15、2、6 将配电箱内的元器件与配电箱门面板上的按钮开关 SB_1、SB_2，以及指示灯 HL_1、HL_2、HL_3 连接起来。

2.4 延边三角形降压启动自动控制电路

工作原理

延边三角形降压启动自动控制电路如图 2.15 所示。首先合上主回路断路器 QF_1、控制回路断路器 QF_2，为电路工作提供准备条件。

在启动前让我们先了解一下延边三角形是如何工作的。启动时先将定子绕组中的一部分连接成△形，另一部分连接成Y形，这样就组成了延边三角形来完成启动，而电动机启动完毕后，再将定子绕组连

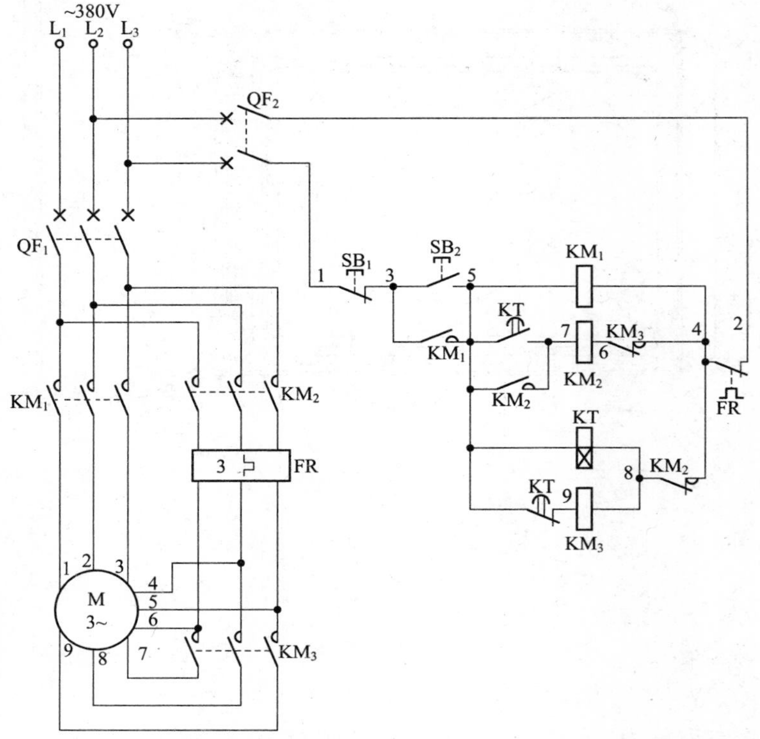

图 2.15 延边三角形降压启动自动控制电路

接成△形正常运转。

启动时，按下启动按钮 SB_2(3-5)，交流接触器 KM_1、KM_3 和得电延时时间继电器 KT 线圈同时得电吸合且 KM_1 辅助常开触点(3-5)闭合自锁，此时 KT 开始延时，电动机接成延边三角形降压启动；经时间继电器 KT 一段时间延时后，得电延时时间继电器 KT 得电延时断开的常闭触点(5-9)断开，切断了交流接触器 KM_3 线圈回路电源(KM_3 辅助互锁常闭触点(4-6)恢复常闭，为电动机正常全压运转、交流接触器 KM_2 线圈工作做准备)，KM_3 三相主触点断开，电动机绕组延边三角形解除。同时，得电延时时间继电器 KT 得电延时闭合的常开触点(5-7)闭合，接通交流接触器 KM_2 线圈回路电源，KM_2 线圈得电吸合

且 KM_2 辅助常开触点(5-7)闭合自锁，KM_2 三相主触点闭合，电动机绕组接成三角形正常启动运转。

停止时，按下停止按钮 SB_1(1-3)，交流接触器 KM_1、KM_2 线圈同时断电释放，KM_1、KM_2 各自的主触点断开，电动机失电停止运转。

电路布线图(图 2.16)

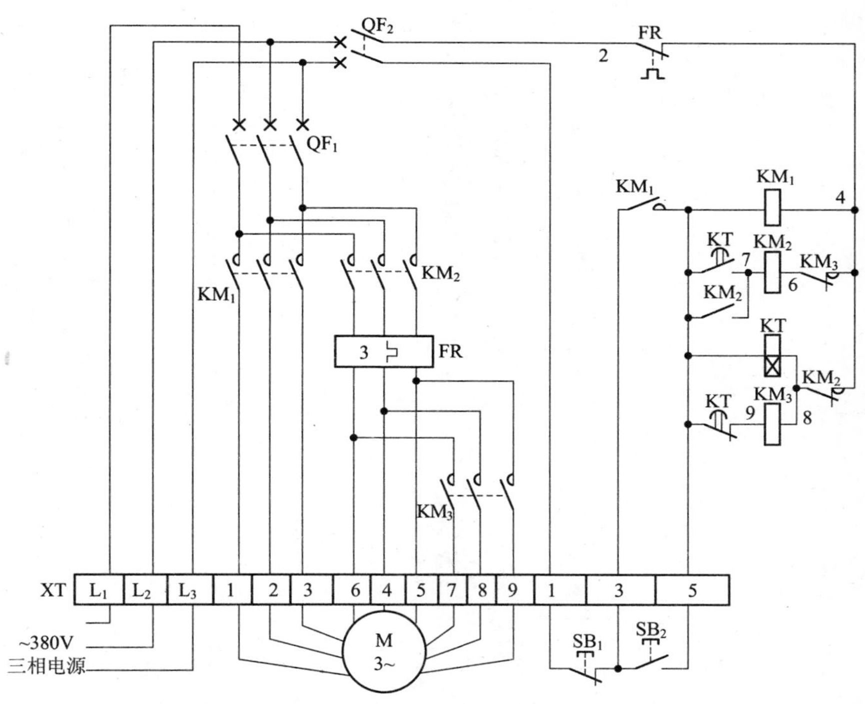

图 2.16　延边三角形降压启动自动控制电路布线图

从端子排 XT 上看，共有 15 个接线端子。其中，L_1、L_2、L_3 这 3 根线是由外引入配电箱的三相 380V 电源，并穿管引入；主回路端子 1～9 这 9 根线是电动机线，穿管接至电动机接线盒内的相应接线柱上；1、3、5 这 3 根线是控制线，接至配电箱门面板上的按钮开关 SB_1、SB_2 上。

实际接线图(图 2.17)

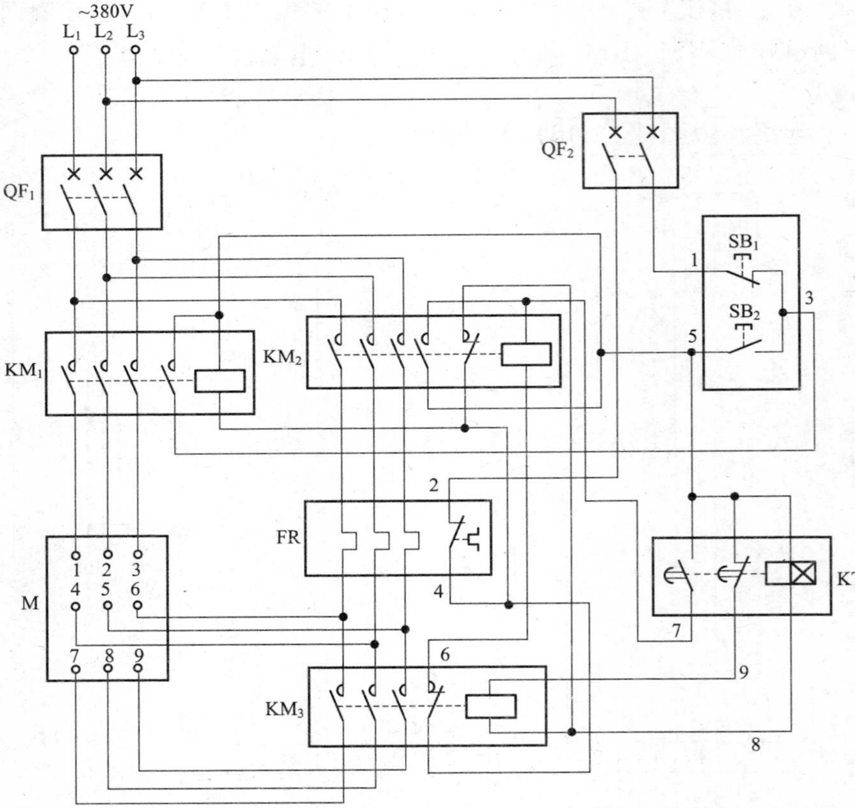

图 2.17　延边三角形降压启动自动控制电路实际接线图

元器件安装排列图及端子图(图 2.18)

从图 2.18 可以看出，断路器 QF_1、QF_2，交流接触器 KM_1～KM_3，得电延时时间继电器 KT，热继电器 FR 安装在配电箱内底板上；按钮开关 SB_1、SB_2 安装在配电箱门面板上。

通过端子 L_1、L_2、L_3 将三相 380V 交流电源接入配电箱中；端子 1～9 接至电动机接线盒中相应接线柱上；端子 1、3、5 将配电箱内的元

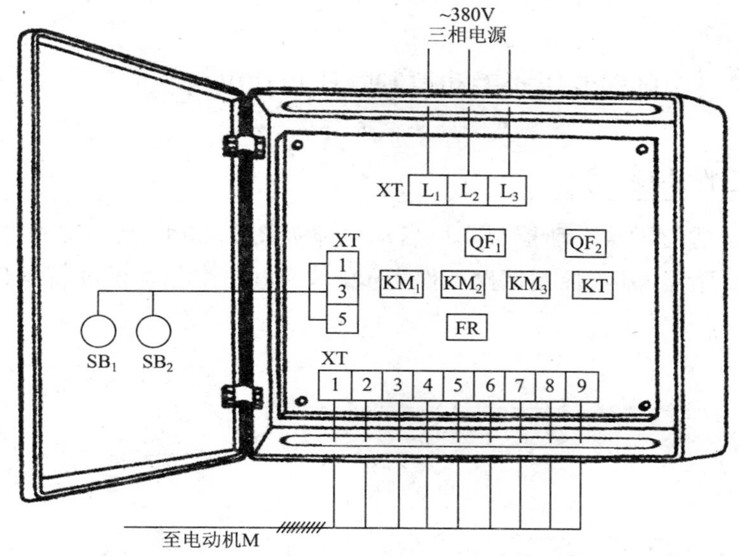

图 2.18 延边三角形降压启动自动控制电路元器件安装排列图及端子图

器件与配电箱门面板上的按钮开关 SB_1、SB_2 连接起来。

按钮接线图(图 2.19)

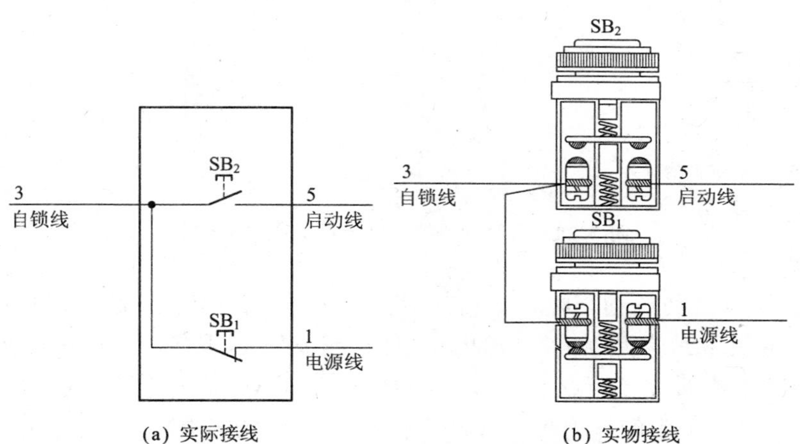

(a) 实际接线 (b) 实物接线

图 2.19 延边三角形降压启动自动控制电路按钮接线图

2.5 自耦变压器手动控制降压启动电路

工作原理

自耦变压器手动控制降压启动电路如图 2.20 所示。首先合上主回路断路器 QF_1、控制回路断路器 QF_2，为电路工作提供准备条件。

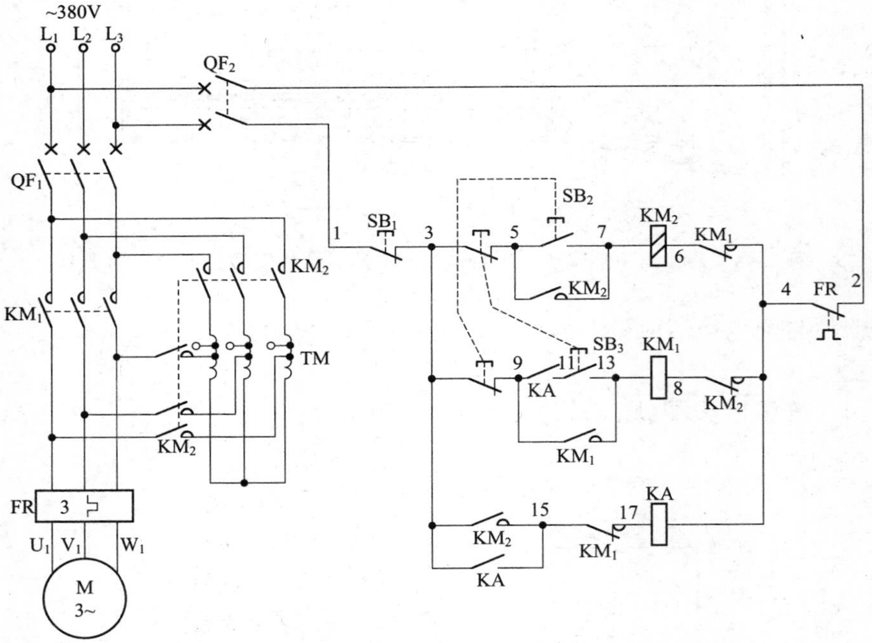

图 2.20 自耦变压器手动控制降压启动电路

按下启动按钮 SB_2，SB_2 的一组常闭触(3-9)断开，起互锁作用；SB_2 的另一组常开触点(5-7)闭合，使交流接触器 KM_2 线圈得电吸合且 KM_2 辅助常开触点(5-7)闭合自锁，由于 KM_2 辅助常开触点(3-15)闭合，接通了中间继电器 KA 线圈回路电源，KA 线圈得电吸合且 KA 常开触点(3-15)闭合自锁，KA 串联在全压运转按钮回路中的常开触点(9-11)闭合，为电动机降压启动操作转为全压运转操作做准备。此

时 KM_2 的 6 只主触点闭合，电动机绕组串入自耦变压器 TM 进行降压启动。随着电动机转速的不断提高，可按下全压运转按钮 SB_3，SB_3 的一组常闭触点(3-5)断开，切断了交流接触器 KM_2 线圈回路电源，KM_2 线圈断电释放，KM_2 主触点断开，切除自耦变压器，降压启动结束；与此同时，SB_3 的另一组常开触点(11-13)闭合，接通了交流接触器 KM_1 线圈回路电源，KM_1 线圈得电吸合且 KM_1 辅助常开触点(9-13)闭合自锁，KM_1 三相主触点闭合，电动机得以三相 380V 电源全压运转。

图 2.20 中 KA 的作用是防止在未按动启动按钮前误按全压运转按钮 SB_3，造成直接全压启动电动机出现问题。

电路布线图(图 2.21)

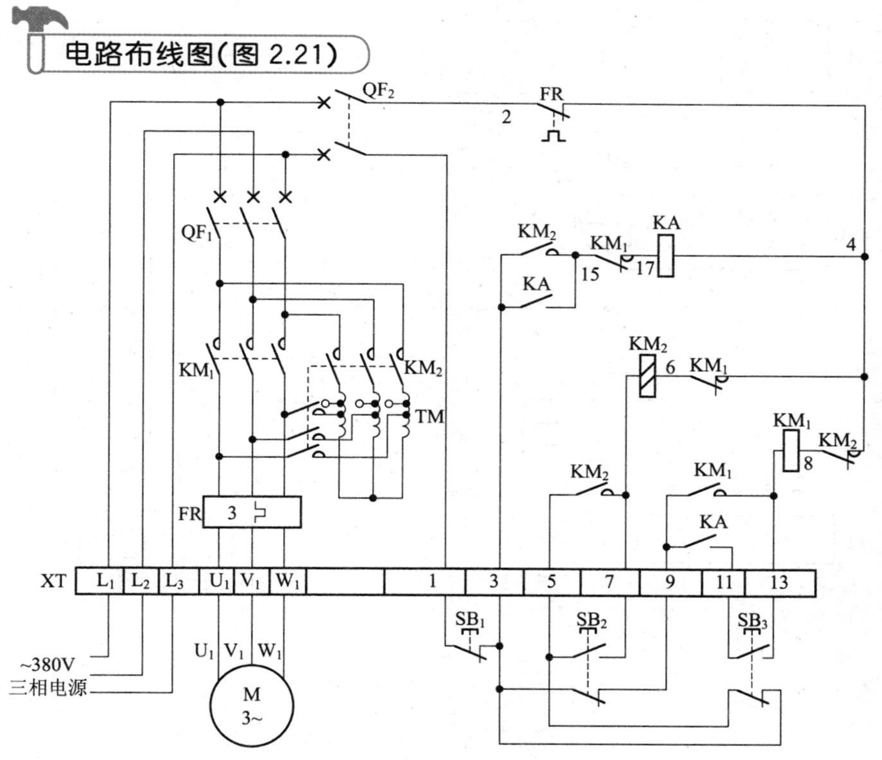

图 2.21 自耦变压器手动控制降压启动电路布线图

从端子排 XT 上看，共有 13 个接线端子。其中，L_1、L_2、L_3 这 3 根线是由外引入配电箱的三相 380V 电源，并穿管引入；U_1、V_1、W_1 这 3 根线是电动机线，穿管接至电动机接线盒内的 U_1、V_1、W_1 上；1、3、5、7、9、11、13 这 7 根线是控制线，接至配电箱门面板上的按钮开关 SB_1、SB_2、SB_3 上。

实际接线图（图 2.22）

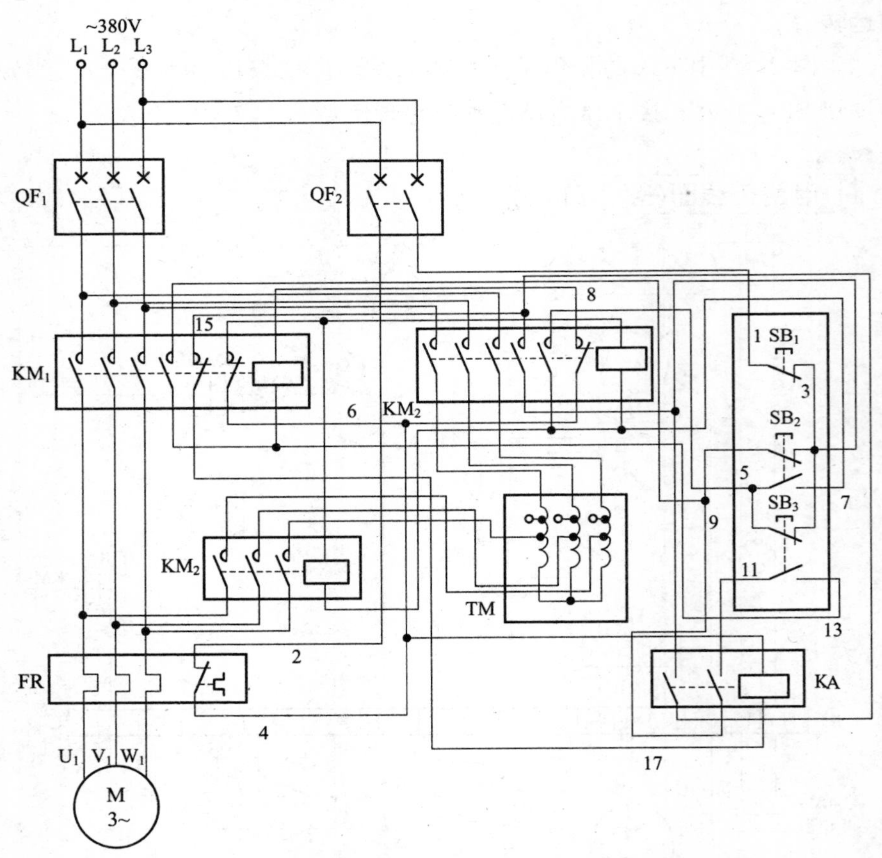

图 2.22 自耦变压器手动控制降压启动电路实际接线图

元器件安装排列图及端子图(图 2.23)

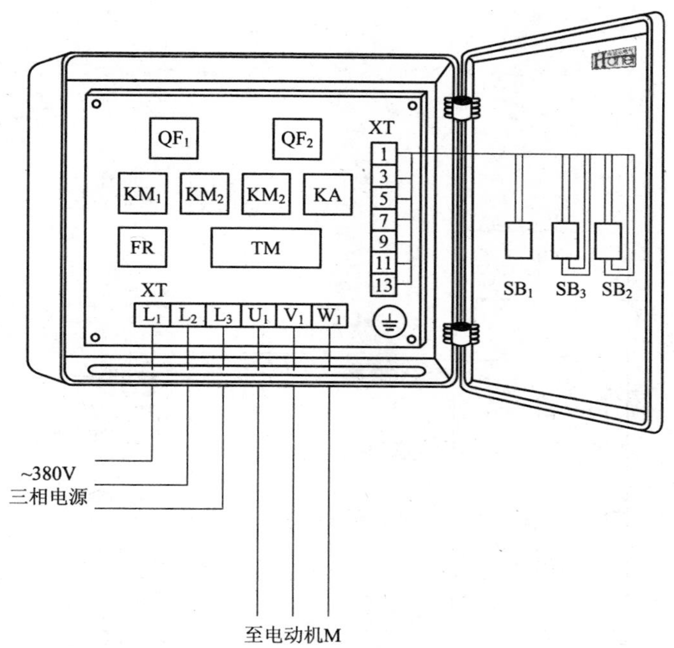

图 2.23 自耦变压器手动控制降压启动电路元器件安装排列图及端子图

从图 2.23 可以看出，断路器 QF_1、QF_2，交流接触器 KM_1、KM_2，中间继电器 KA，热继电器 FR 安装在配电箱内底板上；自耦变压器 TM 可安装在配电箱内底部位置；按钮开关 SB_1～SB_3 安装在配电箱门面板上。

通过端子 L_1、L_2、L_3 将三相 380V 交流电源接入配电箱中；端子 U_1、V_1、W_1 接至电动机接线盒中的 U_1、V_1、W_1 上；端子 1、3、5、7、9、11、13 将配电箱内的元器件与配电箱门面板上的按钮开关 SB_1～SB_3 连接起来。

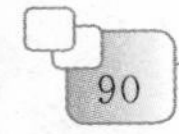

按钮接线图(图 2.24)

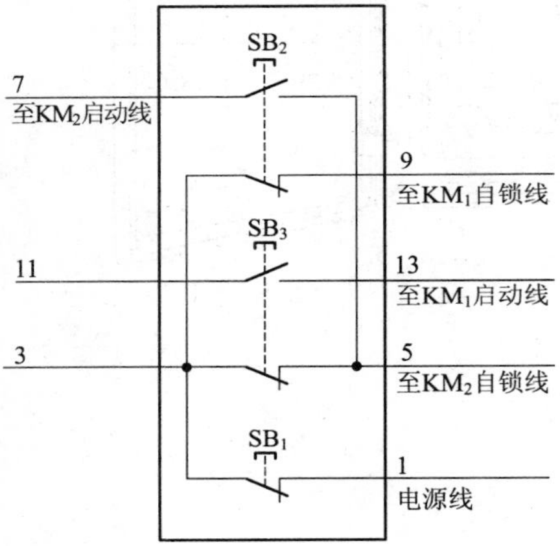

(a) 实际接线

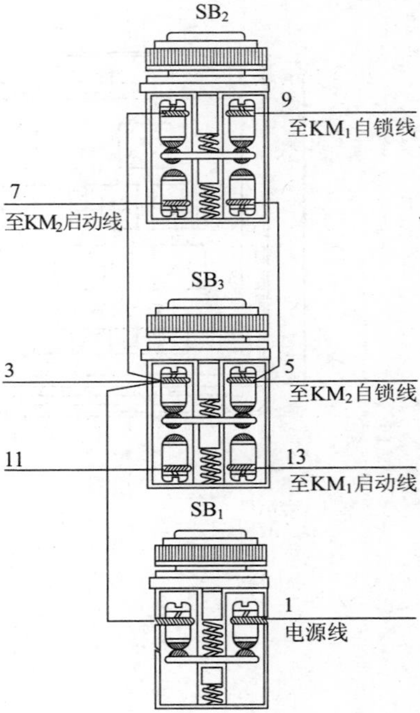

(b) 实物接线

图 2.24 自耦变压器手动控制降压启动电路按钮接线图

2.6 自耦变压器自动控制降压启动电路

工作原理

自耦变压器自动控制降压启动电路如图 2.25 所示。首先合上主回路断路器 QF_1、控制回路断路器 QF_2,为电路工作提供准备条件。

启动时,按下启动按钮 SB_2(3-5),交流接触器 KM_1、得电延时时间继电器 KT 线圈得电吸合且 KM_1 辅助常开触点(3-5)闭合自锁,KT 开始延时;与此同时,两只并联在一起的线圈 KM_1、KM_2 各自的三相

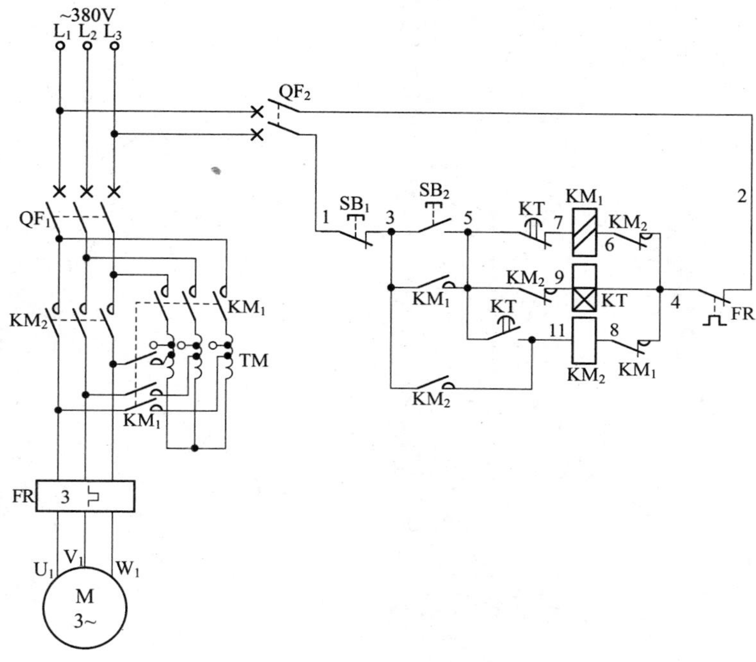

图 2.25 自耦变压器自动控制降压启动电路

主触点闭合，将自耦变压器 TM 接入电动机绕组中，进行自耦降压启动，经 KT 一段时间延时后(其延时时间可按电动机功率开方后乘以 2 倍再加 4s 估算)，KT 串联在 KM_1 线圈回路中的得电延时断开的常闭触点(5-7)断开，切断 KM_1 线圈回路电源，KM_1 线圈断电释放，KM_1 主触点断开，使自耦变压器 TM 退出运行；同时，KT 得电延时闭合的常开触点(5-11)闭合，接通交流接触器 KM_2 线圈回路电源，KM_2 线圈得电吸合且 KM_2 辅助常开触点(3-11)闭合自锁，KM_2 三相主触点闭合，电动机得电全压运转。在 KM_2 线圈得电吸合后，KM_2 串联在 KT 线圈回路中的辅助常闭触点(5-9)断开，使 KT 线圈退出运行，至此整个降压启动过程结束。

停止时，按下停止按钮 SB_1(1-3)，交流接触器 KM_2 线圈断电释放，KM_2 三相主触点断开，电动机失电停止运转。

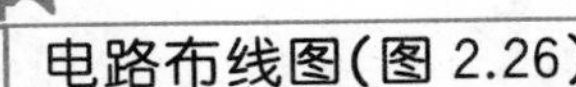

电路布线图(图 2.26)

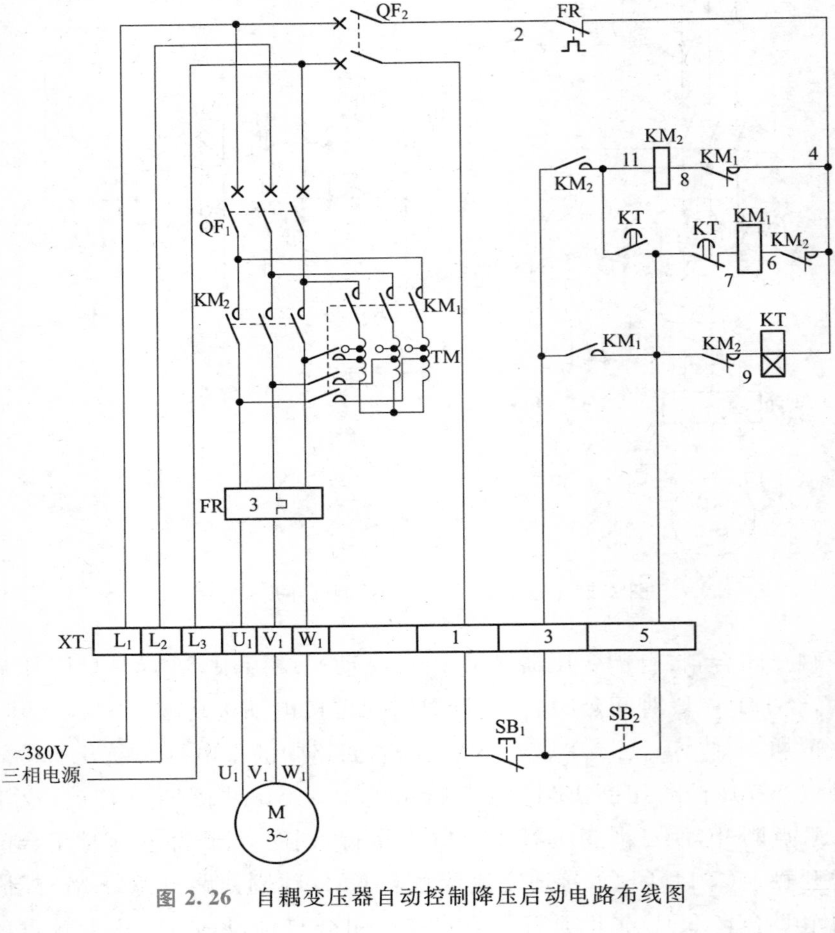

图 2.26　自耦变压器自动控制降压启动电路布线图

从端子排 XT 上看，共有 9 个接线端子。其中，L_1、L_2、L_3 这 3 根线是由外引入配电箱的三相 380V 电源，并穿管引入；U_1、V_1、W_1 这 3 根线是电动机线穿管接至电动机接线盒内的 U_1、V_1、W_1 上；1、3、5 这 3 根线是控制线，接至配电箱门面板上的按钮开关 SB_1、SB_2 上。

实际接线图(图 2.27)

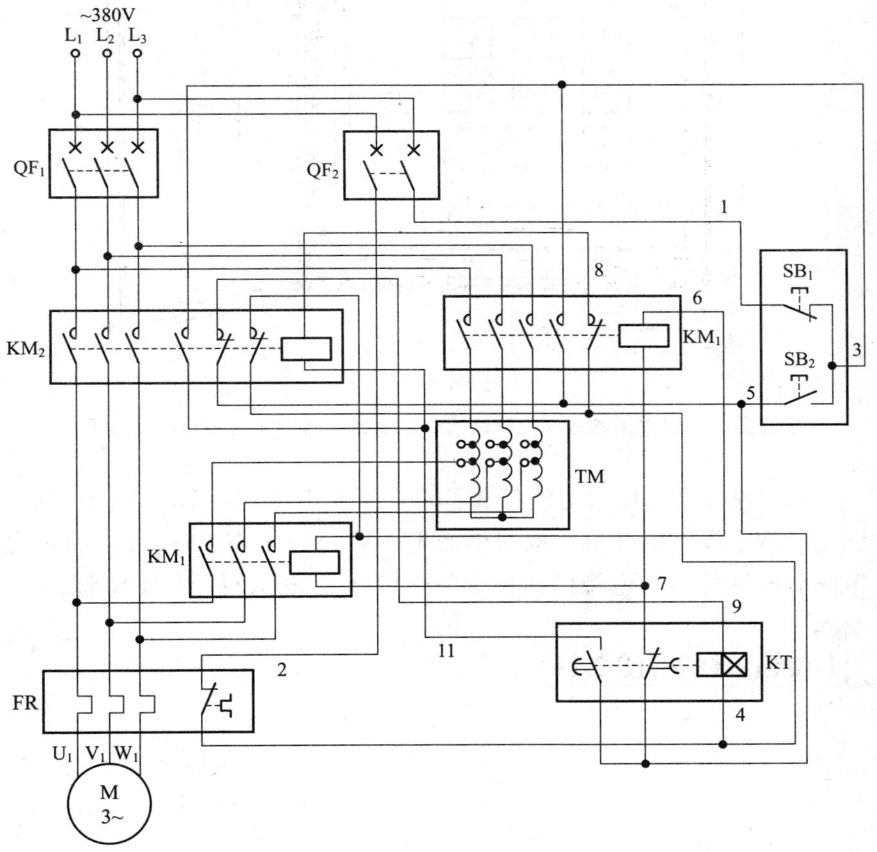

图 2.27 自耦变压器自动控制降压启动电路实际接线图

元器件安装排列图及端子图(图 2.28)

从图 2.28 可以看出,断路器 QF_1、QF_2,交流接触器 KM_1、KM_2,得电延时时间继电器 KT,热继电器 FR 安装在配电箱内底板上;自耦变压器 TM 安装在配电箱内底部位置;按钮开关 SB_1、SB_2 安装在配电箱门面板上。

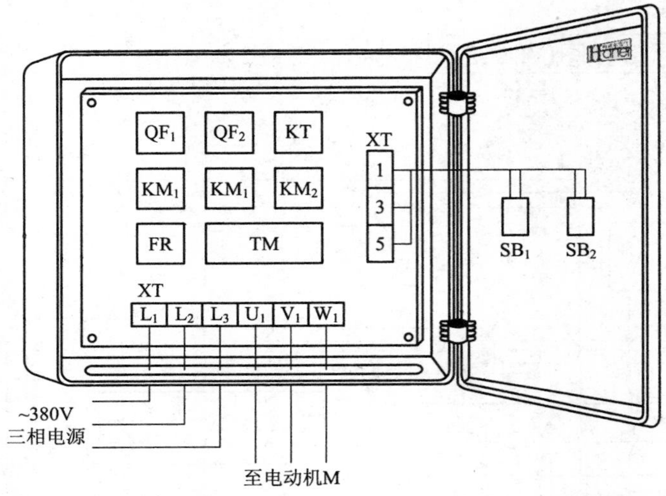

图 2.28 自耦变压器自动控制降压启动电路元器件安装排列图及端子图

通过端子 L_1、L_2、L_3 将三相 380V 交流电源接入配电箱中；端子 U_1、V_1、W_1 接至电动机接线盒中的 U_1、V_1、W_1 上；端子 1、3、5 将配电箱内的元器件与配电箱门面板上的按钮开关 SB_1、SB_2 连接起来。

按钮接线图(图 2.29)

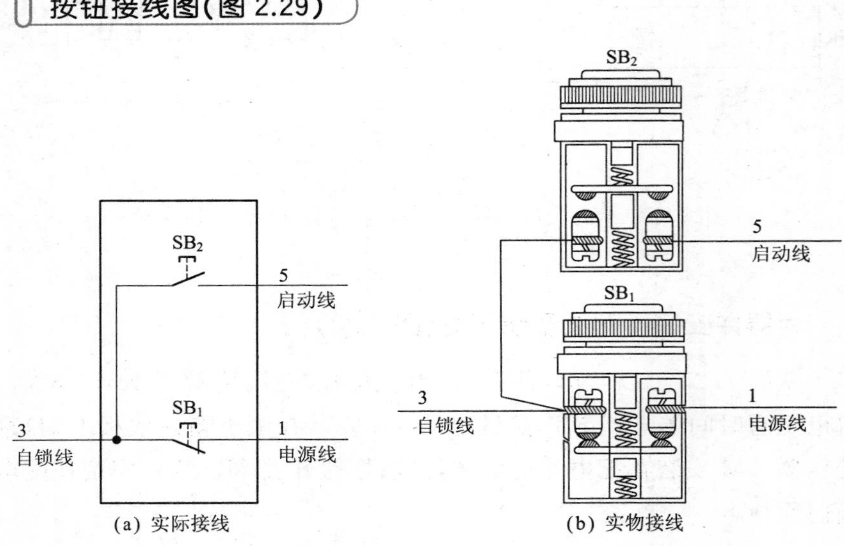

图 2.29 自耦变压器自动控制降压启动电路按钮接线图

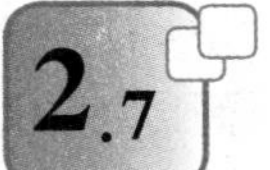

2.7 频敏变阻器手动启动控制电路

工作原理

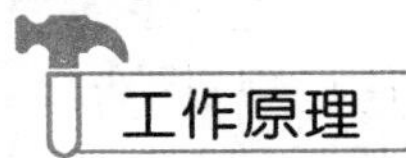

频敏变阻器手动启动控制电路如图 2.30 所示。

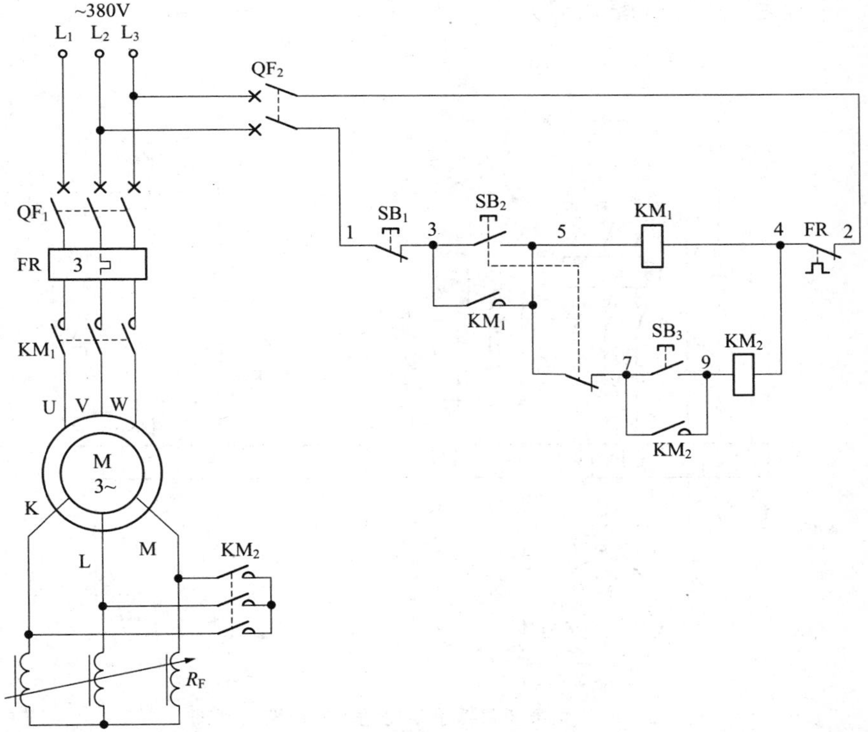

图 2.30 频敏变阻器手动启动控制电路

启动时，按下启动按钮 SB_2，为了防止同时按下两只按钮 SB_2 和 SB_3 时出现全压直接启动现象，特意将 SB_2 的一组常闭触点(5-7)串联在交流接触器 KM_2 线圈回路中，起到保护作用；此时 SB_2 的一组常闭触点(5-7)断开，切断交流接触器 KM_2 线圈回路电源使其不能得电；SB_2 的另一组常开触点(3-5)闭合，接通了交流接触器 KM_1 线圈回路电源，KM_1 线圈得电吸合且 KM_1 辅助常开触点(3-5)闭合自锁，KM_1 三相主触点闭合，电动机绕线转子回路串频敏变阻器 R_F 降压启动。当电动机转速接近额定转速时，再按下运转按钮 SB_3(7-9)，交流接触器 KM_2 线圈得电吸合且 KM_2 辅助常开触点(7-9)闭合自锁，KM_2 三相主触点闭合，将电动机绕线转子短接起来，电动机全压运转。

电路布线图(图 2.31)

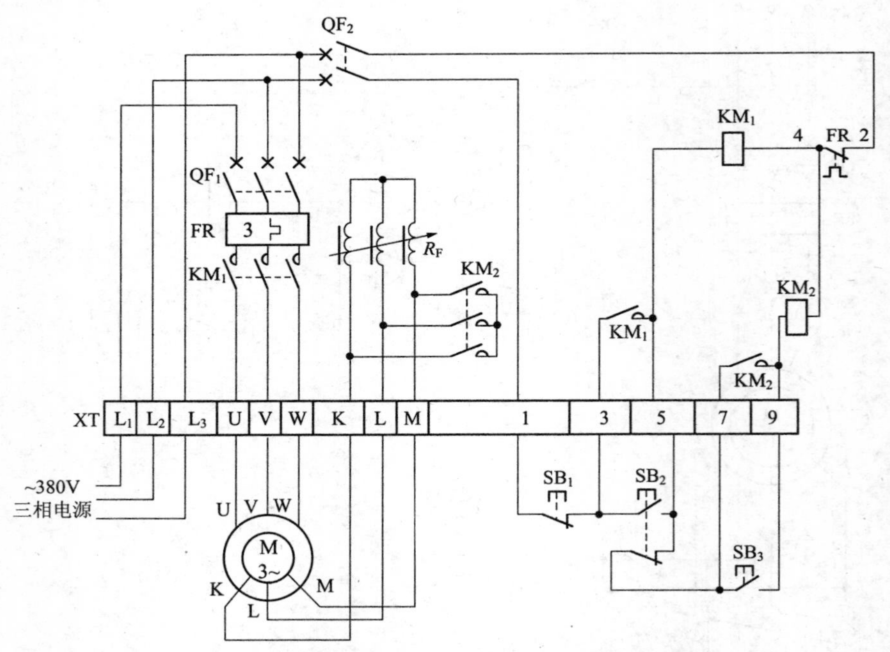

图 2.31 频敏变阻器手动启动控制电路布线图

从端子排 XT 上看，共有 14 个接线端子。其中，L_1、L_2、L_3 这 3 根线是由外引入配电箱的三相 380V 电源，并穿管引入；主回路端子 U、V、W、K、L、M 这 6 根线是电动机线，穿管接至电动机接线盒内的 U、V、W、K、L、M 接线柱上；1、3、5、7、9 这 5 根线是控制线，接至配电箱门面板上的按钮开关 SB_1、SB_2、SB_3 上。

实际接线图(图 2.32)

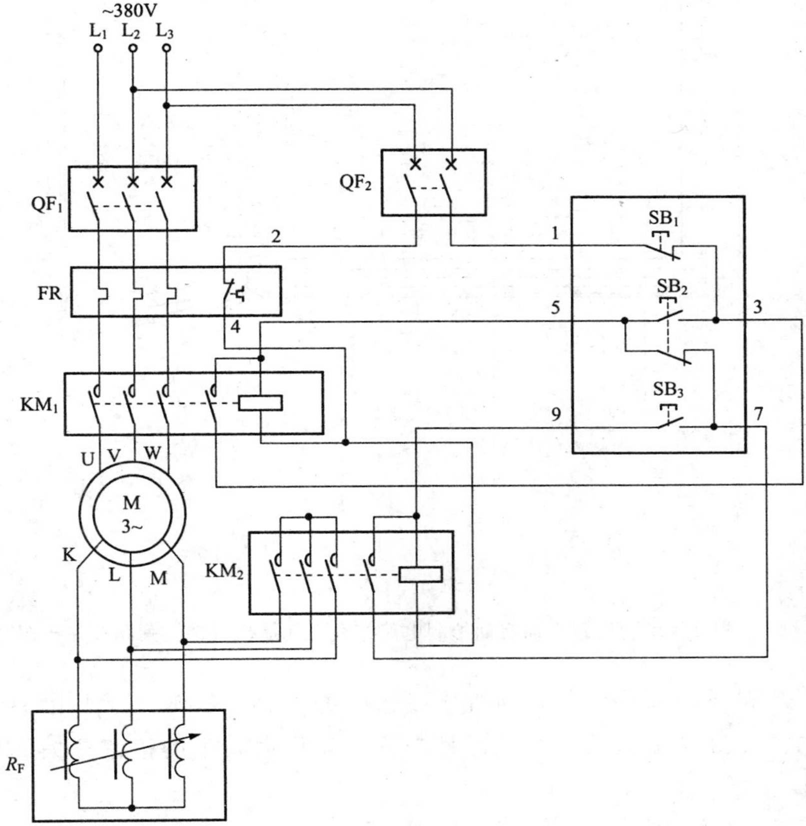

图 2.32 频敏变阻器手动启动控制电路实际接线图

元器件安装排列图及端子图(图 2.33)

从图 2.33 可以看出,断路器 QF_1、QF_2,交流接触器 KM_1、KM_2,频敏变阻器 R_F,热继电器 FR 安装在配电箱内底板或底部位置上;按钮开关 SB_1、SB_2、SB_3 安装在配电箱门面板上。

通过端子 L_1、L_2、L_3 将三相 380V 交流电源接入配电箱中;端子

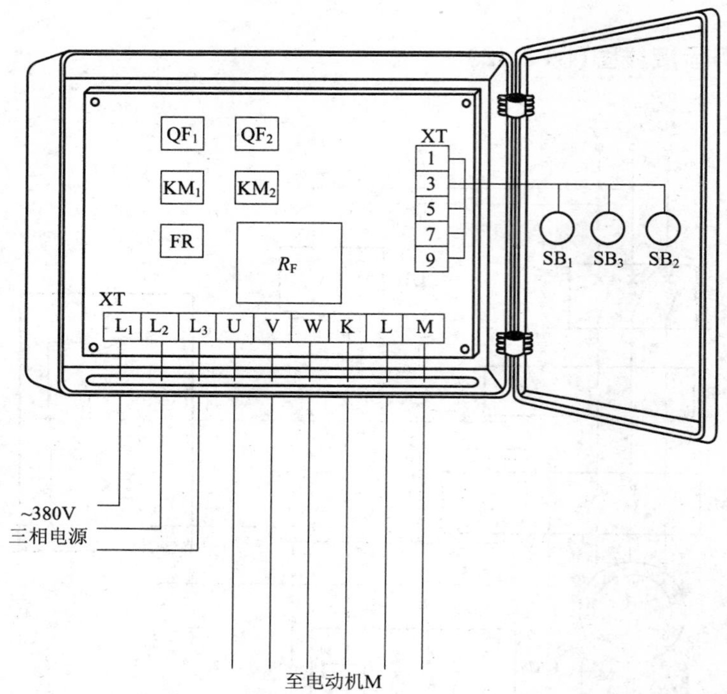

图 2.33 频敏变阻器手动启动控制电路布线图元器件安装排列图及端子图

U、V、W、K、L、M 接至电动机接线盒中的 U、V、W、K、L、M 上；端子 1、3、5、7、9 将配电箱内的元器件与配电箱门面板上的按钮开关 SB_1、SB_2、SB_3 连接起来。

2.8 频敏变阻器自动启动控制电路

工作原理

频敏变阻器自动启动控制电路如图 2.34 所示。

启动时，按下启动按钮 SB_2，SB_2 的一组常闭触点(5-9)断开，切断 KM_2 线圈回路电源，以保证在按下 SB_2 时 KM_2 不会立即闭合；SB_2 的

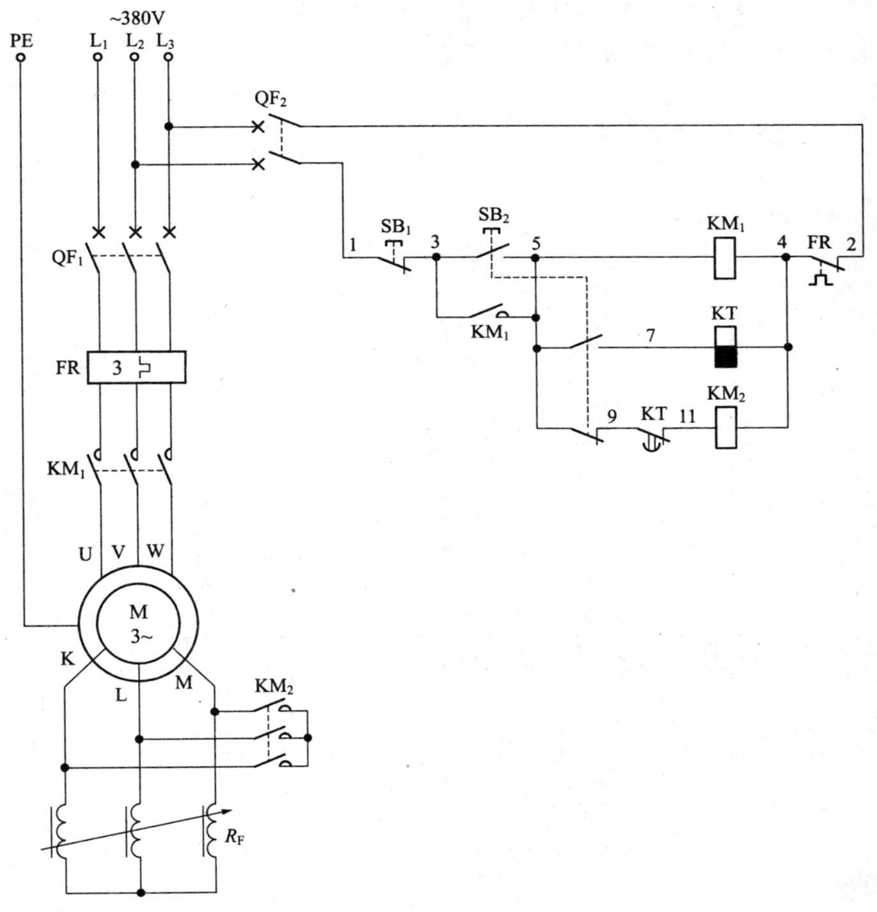

图 2.34 频敏变阻器自动启动控制电路

另一组常开触点(3-5)闭合，交流接触器 KM_1 线圈得电吸合且 KM_1 辅助常开触点(3-5)闭合自锁，KM_1 三相主触点闭合，电动机转子串频敏变阻器 R_F 进行启动；按下启动按钮 SB_2 后又松开时，SB_2 的一组常开触点(5-7)闭合又断开，失电延时时间继电器 KT 线圈得电吸合后又断电释放并开始延时，KT 失电延时闭合的常闭触点(9-11)立即断开。经 KT 一段时间延时后，电动机转速逐渐接近额定转速时，KT 失电延时闭合的常闭触点(9-11)闭合，接通了交流接触器 KM_2 线圈回路电源，KM_2 线圈得电吸合，KM_2 三相主触点闭合，将转子回路频敏变阻器 R_F 短接起来，电动机以额定转速运转。

电路布线图(图 2.35)

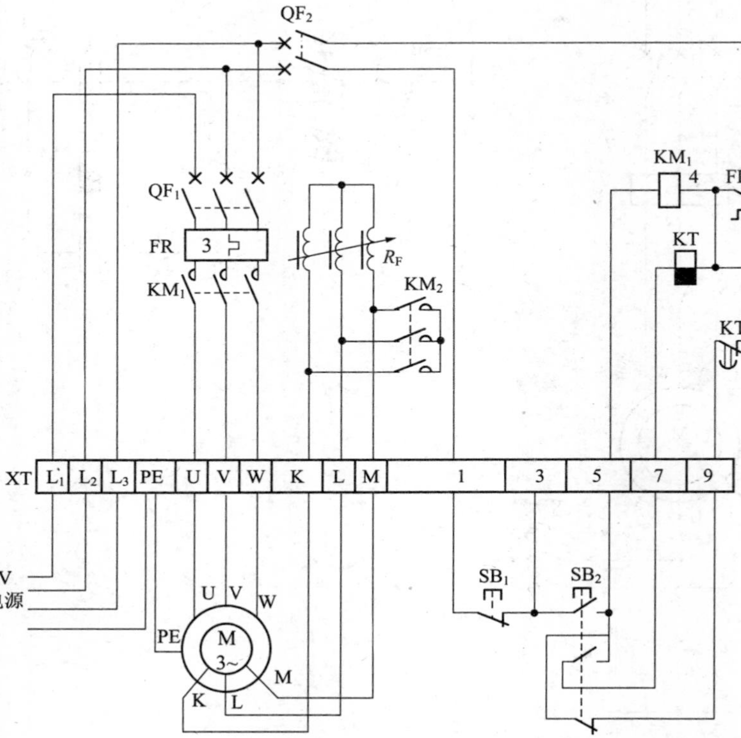

图 2.35 频敏变阻器自动启动控制电路布线图

从端子排 XT 上看，共有 15 个接线端子。其中，L_1、L_2、L_3、PE 这 4 根线是由外引入配电箱的三相 380V 电源，并穿管引入；主回路端子 U、V、W、K、L、M 这 6 根线是电动机线，穿管接至电动机接线盒内的 U、V、W、K、L、M 接线柱上；1、3、5、7、9 这 5 根线是控制线，接至配电箱门面板上的按钮开关 SB_1、SB_2 上。

实际接线图(图 2.36)

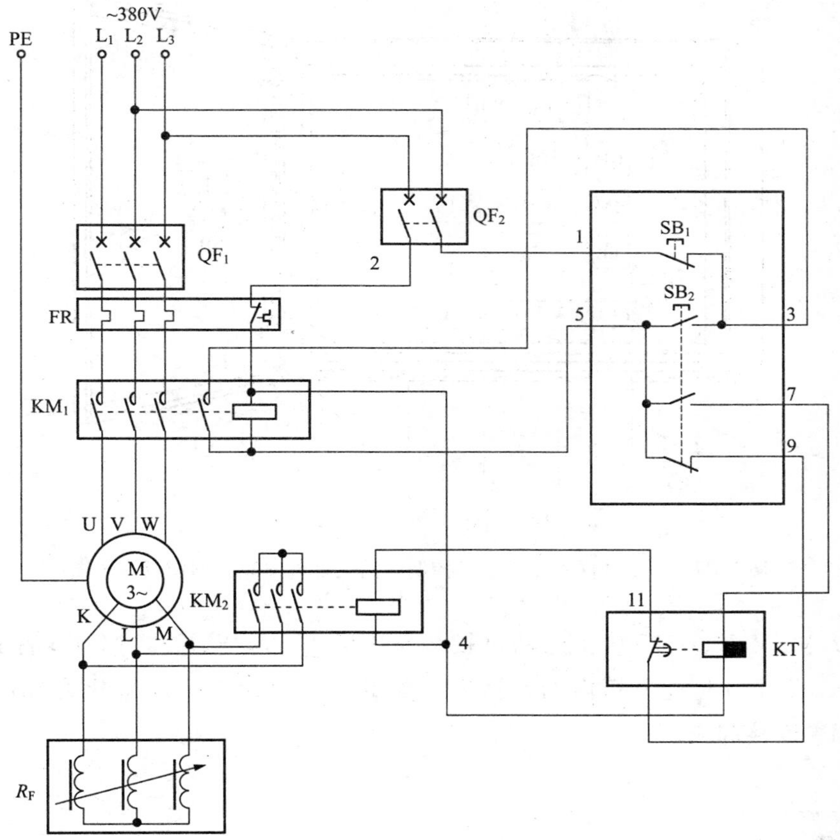

图 2.36 频敏变阻器自动启动控制电路实际接线图

元器件安装排列图及端子图(图 2.37)

从图 2.37 可以看出,断路器 QF_1、QF_2,交流接触器 KM_1、KM_2,失电延时时间继电器 KT,频敏变阻器 R_F,热继电器 FR 安装在配电箱内底板或底部位置上;按钮开关 SB_1、SB_2 安装在配电箱门面板上。

通过端子 L_1、L_2、L_3 将三相 380V 交流电源接入配电箱中;端子

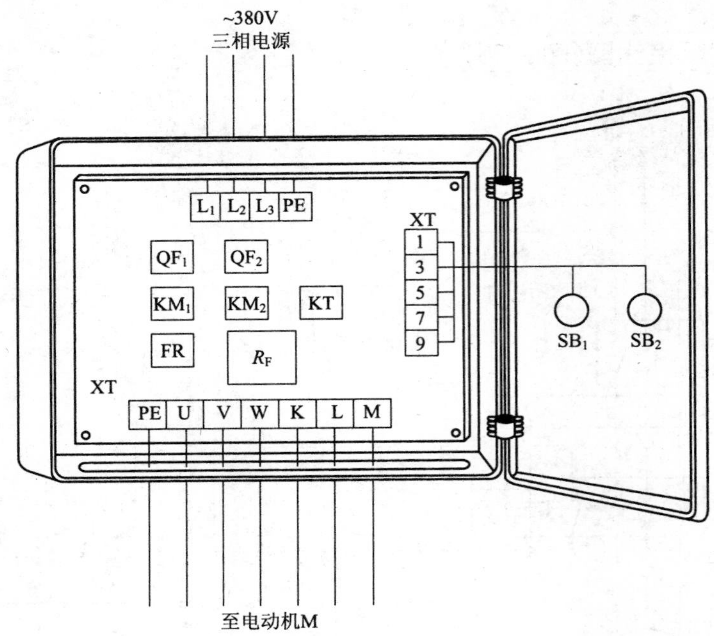

图 2.37 频敏变阻器自动启动控制电路元器件安装排列图及端子图

U、V、W、K、L、M 接至电动机接线盒中的 U、V、W、K、L、M 上；端子 1、3、5、7、9 将配电箱内的元器件与配电箱门面板上的按钮开关 SB_1、SB_2 连接起来。

2.9 Y-△降压启动手动控制电路

工作原理

Y-△降压启动手动控制电路如图 2.38 所示。首先合上主回路断路器 QF_1、控制回路断路器 QF_2，为电路工作提供准备条件。

启动时，按下启动按钮 SB_2(3-5)，交流接触器 KM_1、KM_3 线圈得电吸合且 KM_1 辅助常开触点(3-5)闭合自锁，KM_1、KM_3 各自的三相

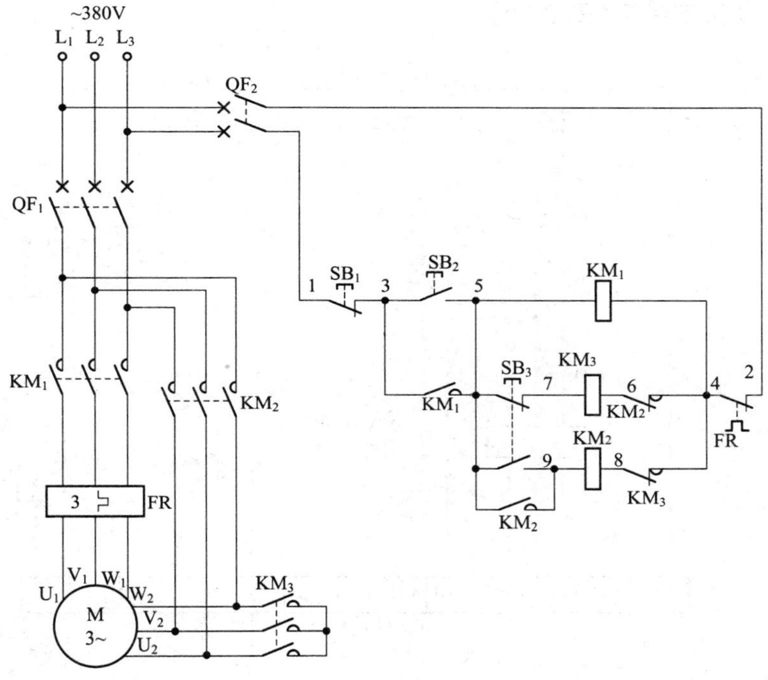

图 2.38 Y-△降压启动手动控制电路

主触点闭合，其中，KM_1 三相主触点闭合接通三相交流电源，KM_3 三相主触点闭合将绕组 U_2、V_2、W_2 短接起来，电动机绕组接成Y形启动。运转过程中按下运转按钮 SB_3，SB_3 的一组常闭触点(5-7)断开，切断了 KM_3 线圈回路电源，KM_3 线圈断电释放，KM_3 三相主触点断开，电动机绕组Y形接法解除；与此同时，SB_3 的另一组常开触点(5-9)闭合，接通了交流接触器 KM_2 线圈回路电源，KM_2 线圈得电吸合且 KM_2 辅助常开触点(5-9)闭合自锁，KM_2 三相主触点闭合，KM_2 将绕组 U_1 与 W_2、V_1 与 U_2、W_1 与 V_2 分别短接起来，电动机接成△形全压运转。

停止时，按下停止按钮 SB_1(1-3)，交流接触器 KM_1、KM_2 线圈断电释放，KM_1、KM_2 各自的三相主触点断开，电动机失电停止运转。

电路布线图(图 2.39)

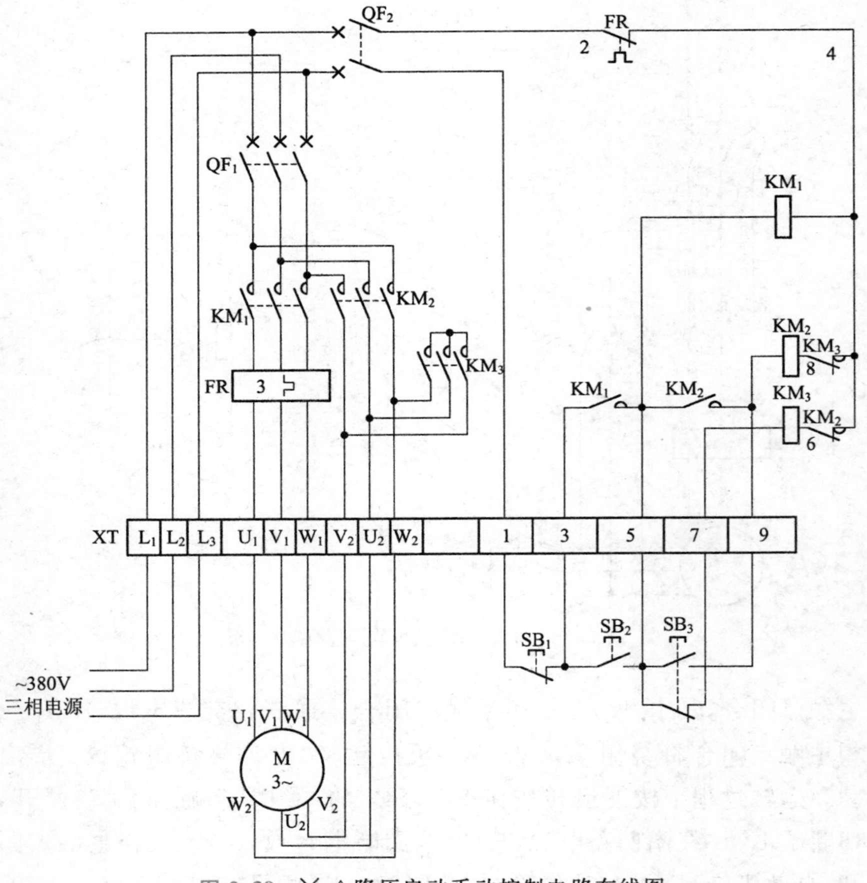

图 2.39 Y-△降压启动手动控制电路布线图

从端子排 XT 上看,共有 14 个接线端子。其中,L_1、L_2、L_3 这 3 根线是由外引入配电箱的三相 380V 电源,并穿管引入;U_1、V_1、W_1、U_2、V_2、W_2 这 6 根线是电动机线,穿管接至电动机接线盒内的 U_1、V_1、W_1、U_2、V_2、W_2 上;1、3、5、7、9 这 5 根线是控制线,接至配电箱门面板上的按钮开关 SB_1、SB_2、SB_3 上。

实际接线图(图 2.40)

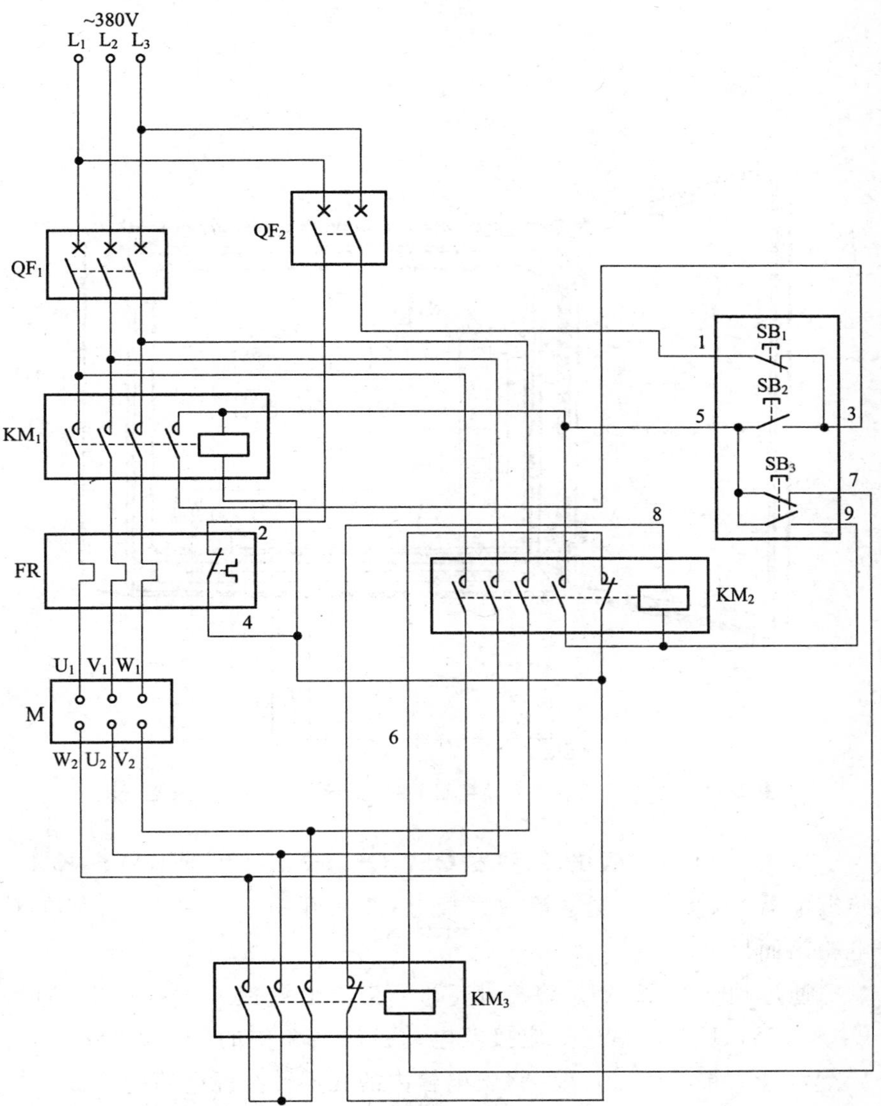

图 2.40 Y-△降压启动手动控制电路实际接线图

元器件安装排列图及端子图(图 2.41)

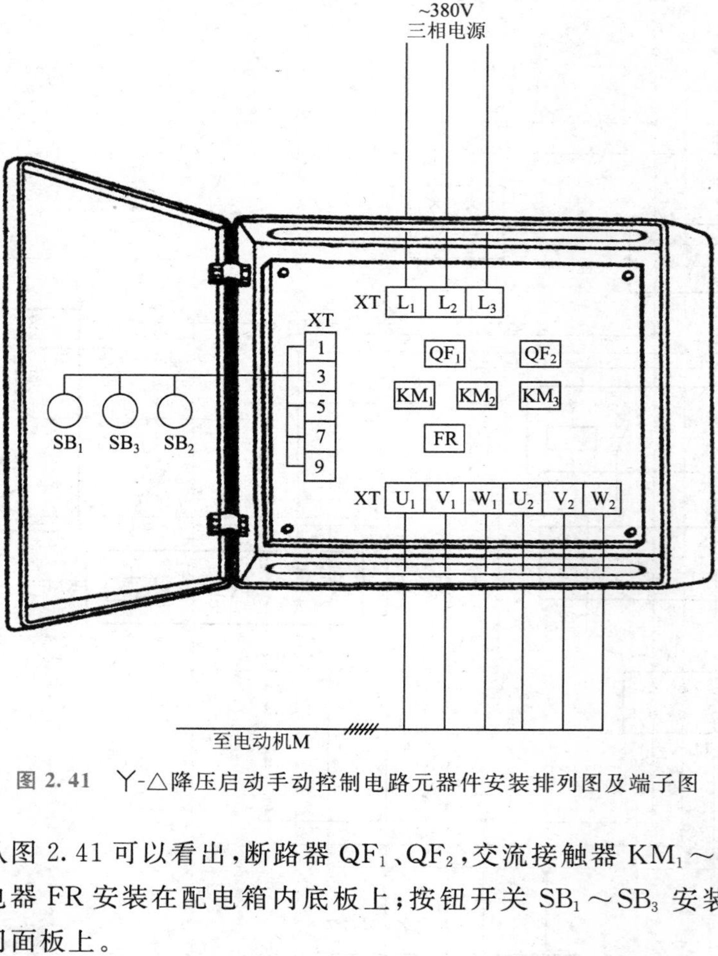

图 2.41　Y-△降压启动手动控制电路元器件安装排列图及端子图

从图 2.41 可以看出，断路器 QF_1、QF_2，交流接触器 KM_1～KM_3，热继电器 FR 安装在配电箱内底板上；按钮开关 SB_1～SB_3 安装在配电箱门面板上。

通过端子 L_1、L_1、L_3 将三相 380V 交流电源接入配电箱中；端子 U_1、V_1、W_1、U_2、V_2、W_2 对应接至电动机接线盒中的 U_1、V_1、W_1、U_2、V_2、W_2 上；端子 1、3、5、7、9 将配电箱内的元器件与配电箱门面板上的按钮开关 SB_1、SB_2、SB_3 连接起来。

按钮接线图(图 2.42)

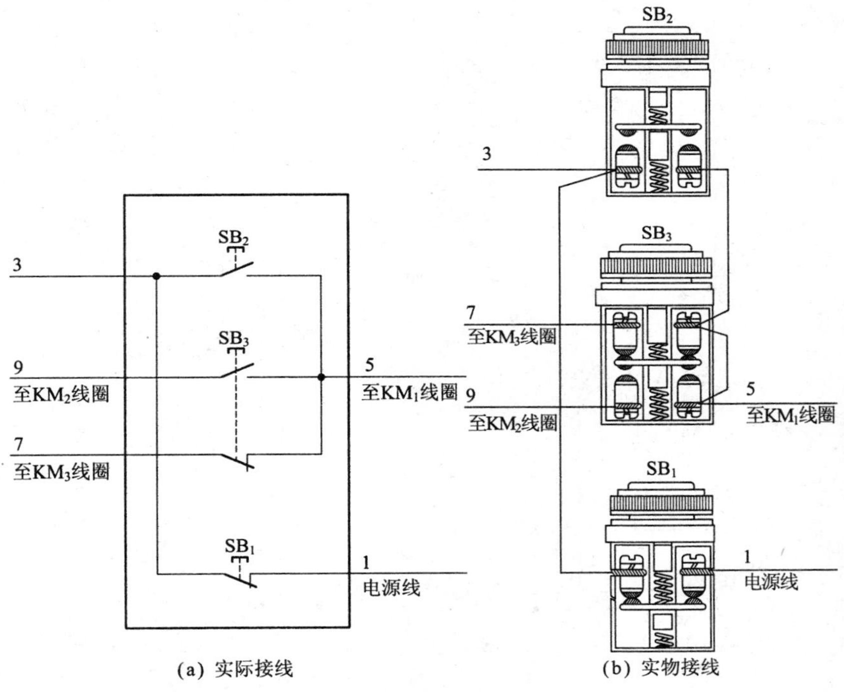

图 2.42 Y-△降压启动手动控制电路按钮接线图

2.10 Y-△降压启动自动控制电路

工作原理

Y-△降压启动自动控制电路如图 2.43 所示。首先合上主回路断路器 QF_1、控制回路断路器 QF_2，为电路工作提供准备条件。

启动时，按下启动按钮 SB_2(3-5)，电源交流接触器 KM_1、得电延时时间继电器 KT 线圈得电吸合且 KM_1 辅助常开触点(3-5)闭合自锁，KT 开始延时，接通Y形启动交流接触器 KM_2 线圈回路电源，KM_2

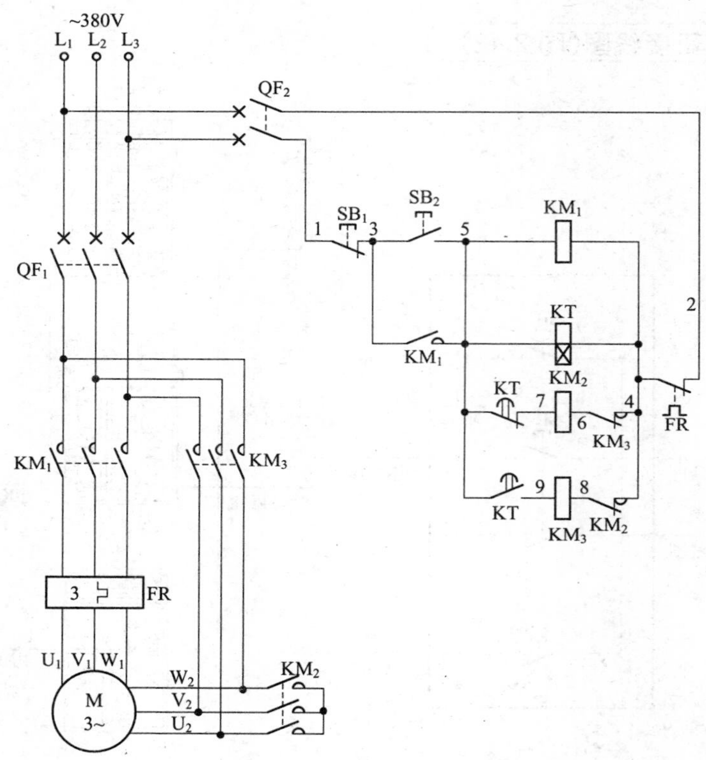

图 2.43 Y-△降压启动自动控制电路

线圈得电吸合。交流接触器 KM_1、KM_2 线圈得电吸合后，KM_1、KM_2 各自的三相主触点闭合，电动机绕组得电接成Y形降压启动。经 KT 一段时间延时后，KT 的一组得电延时断开的常闭触点(5-7)先断开，切断了Y形交流接触器 KM_2 线圈回路电源，KM_2 线圈断电释放，KM_2 三相主触点断开，电动机绕组Y形连接解除；与此同时，KT 的另一组得电延时闭合的常开触点(5-9)闭合，接通了△形运转交流接触器 KM_3 线圈回路电源，KM_3 三相主触点闭合，电动机绕组由Y形改接成△形全压运转。至此整个Y-△启动结束，完成由Y形启动到△形运转的自动控制。

停止时，按下停止按钮 SB_1(1-3)，电源交流接触器 KM_1、△形运

转交流接触器 KM_3、得电延时时间继电器 KT 线圈均断电释放，KM_1、KM_3 各自的三相主触点断开，电动机失电停止运转。

电路布线图(图 2.44)

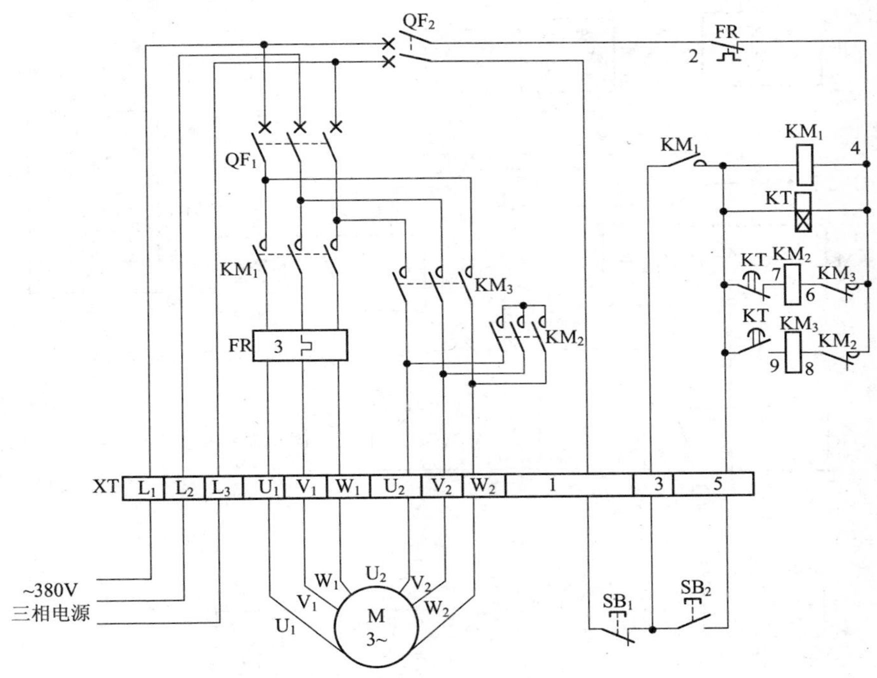

图 2.44 Y-△降压启动自动控制电路布线图

从端子排 XT 上看，共有 12 个接线端子。其中，L_1、L_2、L_3 这 3 根线是由外引入配电箱的三相 380V 电源，并穿管引入；U_1、V_1、W_1、U_2、V_2、W_2 这 6 根线是电动机线，穿管接至电动机接线盒内的 U_1、V_1、W_1、U_2、V_2、W_2 上；1、3、5 这 3 根线是控制线，接至配电箱门面板上的按钮开关 SB_1、SB_2 上。

实际接线图(图 2.45)

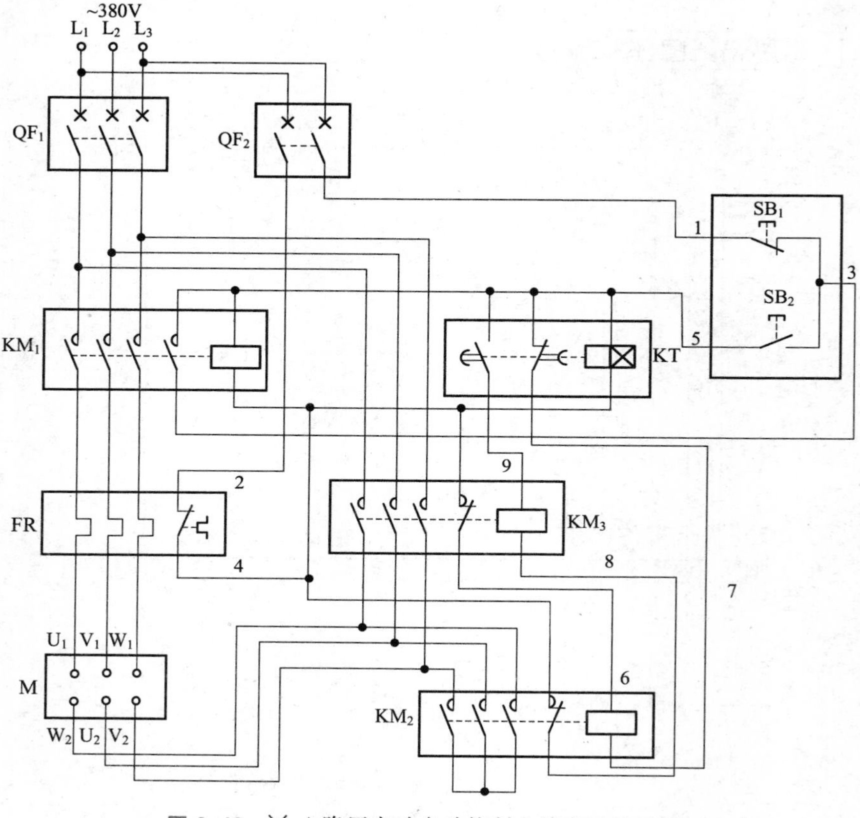

图 2.45 Y-△降压启动自动控制电路实际接线图

元器件安装排列图及端子图(图 2.46)

从图 2.46 可以看出，断路器 QF_1、QF_2，交流接触器 KM_1～KM_3，得电延时时间继电器 KT，热继电器 FR 安装在配电箱内底板上；按钮开关 SB_1、SB_2 安装在配电箱门面板上。

通过端子 L_1、L_2、L_3 将三相 380V 交流电源接入配电箱中；端子 U_1、V_1、W_1、U_2、V_2、W_2 接至电动机接线盒中的 U_1、V_1、W_1、U_2、V_2、

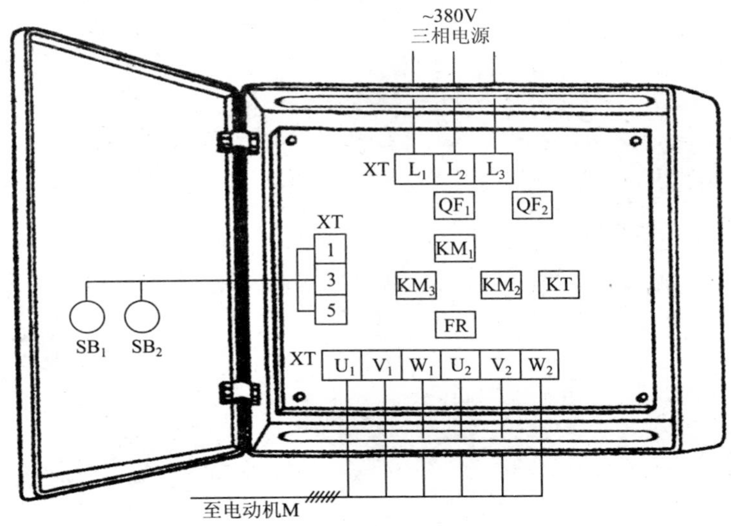

图 2.46 Y-△降压启动自动控制电路元器件安装排列图及端子图

W_2 上；端子 1、3、5 将配电箱内的元器件与配电箱门面板上的按钮开关 SB_1、SB_2 连接起来。

按钮接线图(图 2.47)

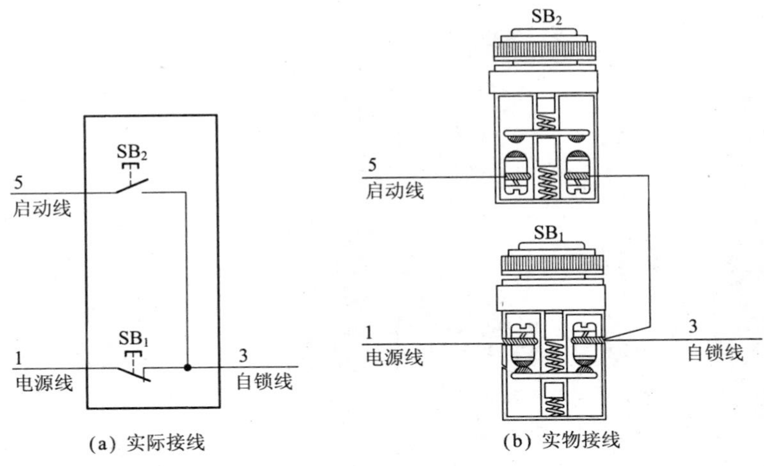

(a) 实际接线 (b) 实物接线

图 2.47 Y-△降压启动自动控制电路按钮接线图

第3章 电动机可逆控制电路

3.1 具有三重互锁保护的正反转控制电路

工作原理

具有三重互锁保护的正反转控制电路如图 3.1 所示。首先合上主回路断路器 QF_1、控制回路断路器 QF_2，为电路工作提供准备条件。

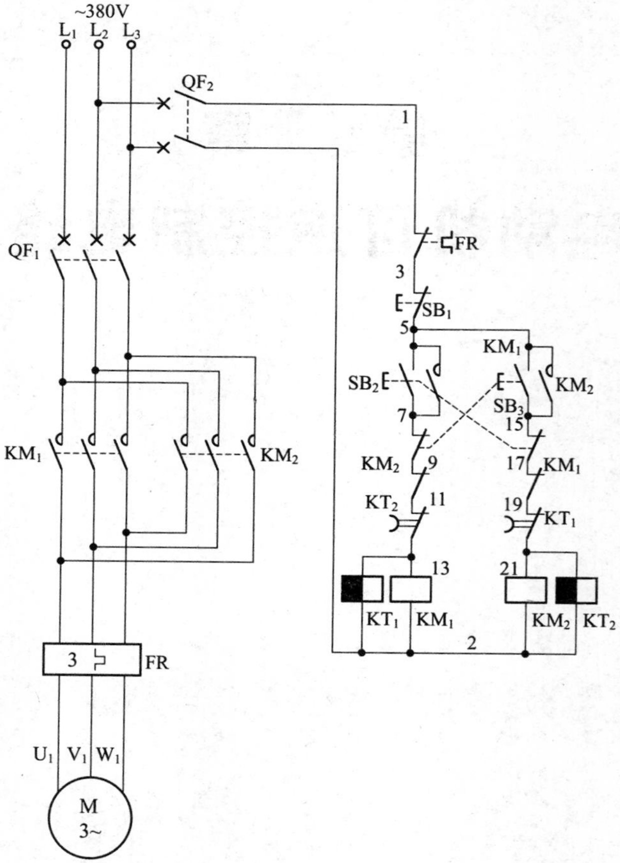

图 3.1 具有三重互锁保护的正反转控制电路

所谓三重互锁，即按钮常闭触点（7-9、15-17）互锁、交流接触器常闭触点（9-11、17-19）互锁、失电延时时间继电器失电延时闭合的常闭触点（11-13、19-21）互锁，此电路互锁程度极高。

正转启动时，按下正转启动按钮 SB_2，SB_2 的一组串联在反转交流接触器 KM_2 线圈回路中的常闭触点（15-17）断开，切断了反转交流接触器 KM_2 线圈回路电源，起到按钮互锁作用；SB_2 的另外一组常开触点（5-7）闭合，使正转交流接触器 KM_1 和失电延时时间继电器 KT_1 线圈均得电吸合且 KM_1 辅助常开触点（5-7）闭合自锁。在 KM_1、KT_1 线圈得电吸合的同时，KM_1 串联在反转交流接触器 KM_2 线圈回路中的辅助常闭触点（17-19）断开，起到交流接触器常闭触点互锁保护；与此同时 KT_1 串联在反转交流接触器 KM_2 线圈回路中的失电延时闭合的常闭触点（19-21）立即断开，当 KT_1 线圈断电释放时，经 KT_1 一段时间延时后，KT_1 失电延时闭合的常闭触点（19-21）才会闭合，在 KT_1 延时触点未闭合时，反转交流接触器 KM_2 线圈回路处于断开状态，此作用为失电延时闭合常闭触点（19-21）互锁。由此实现三重互锁，保证了在正转工作时，反转控制回路是不能工作的。此时正转交流接触器 KM_1 三相主触点闭合，电动机得电正转运转。

正转停止时，按下停止按钮 SB_1（1-3），正转交流接触器 KM_1 和失电延时时间继电器 KT_1 线圈均断电释放，KM_1 三相主触点断开，切断电动机正转电源，电动机失电停止运转；在 KM_1 线圈断电的同时，KM_1 串联在反转交流接触器 KM_2 线圈回路中的辅助常闭触点（17-19）恢复常闭状态，为反转控制回路工作提供条件，此时若再按下反转启动按钮 SB_3，反转交流接触器 KM_2 线圈也不会得电吸合。这是因为还有一个互锁装置未解除，也就是说，在 KT_1 失电延时时间继电器线圈断电的同时，KT_1 开始延时，KT_1 串联在反转交流接触器 KM_2 线圈回路中的失电延时闭合常闭触点（19-21）开始延时恢复，经 KT_1 一段时间延时后（一般为 3s），KT_1 失电延时闭合的常闭触点（19-21）才能恢复常闭状态，这时才允许进行反转回路启动操作。

反转启动时，按下反转启动按钮 SB_3，SB_3 的一组串联在正转交流接触器 KM_1 线圈回路中的常闭触点（7-9）断开，切断了正转交流接触

器 KM_1 线圈回路电源，起到按钮互锁作用；SB_3 的另外一组常开触点(5-15)闭合，使反转交流接触器 KM_2 和失电延时时间继电器 KT_2 线圈均得电吸合且 KM_2 辅助常开触点(5-15)闭合自锁。在 KM_2、KT_2 线圈得电吸合的同时，KM_2 串联在正转交流接触器 KM_1 线圈回路中的辅助常闭触点(9-11)断开，起到交流接触器常闭触点互锁保护作用；与此同时，KT_2 串联在正转交流接触器 KM_1 线圈回路中的失电延时闭合常闭触点(11-13)断开，当 KT_2 线圈断电释放时，经 KT_2 一段时间延时后，KT_2 失电延时闭合的常闭触点(11-13)才会闭合，在 KT_2 延时触点未闭合时，正转交流接触器 KM_1 线圈回路处于断开状态，其作用为失电延时闭合常闭触点(11-13)互锁。由此实现三重互锁，保证了在反转工作时，正转控制回路是不能工作的。此时反转交流接触器 KM_2 三相主触点闭合，电动机得电反转运转。

反转停止时，按下停止按钮 SB_1(1-3)，反转交流接触器 KM_2 和失电延时时间继电器 KT_2 线圈均断电释放，KM_2 三相主触点断开，切断了电动机反转电源，电动机失电停止运转；在 KM_2 线圈断电的同时，KM_2 串联在正转交流接触器 KM_1 线圈回路中的辅助常闭触点(7-9)恢复常闭状态，为正转控制回路工作提供条件。此时若再按下正转启动按钮 SB_2，正转交流接触器 KM_1 线圈也不会得电吸合。这是因为还有一个互锁装置未解除，也就是说，在 KT_2 失电延时时间继电器线圈断电的同时，KT_2 开始延时，KT_2 串联在正转交流接触器 KM_1 线圈回路中的失电延时闭合常闭触点(11-13)开始延时恢复，经 KT_2 一段时间延时后(一般为 3s)，KT_2 失电延时闭合的常闭触点(11-13)才能恢复常闭状态，这时才允许进行正转回路启动操作。

电路布线图(图 3.2)

从端子排 XT 上看，共有 12 个接线端子。其中，L_1、L_2、L_3 这 3 根线是由外引入配电箱的三相 380V 电源，并穿管引入；U_1、V_1、W_1 这 3 根线是电动机线，穿管接至电动机接线盒内的 U_1、V_1、W_1 上；3、5、7、9、15、17 这 6 根线是控制线，接至配电箱门面板上的按钮开关 SB_1、

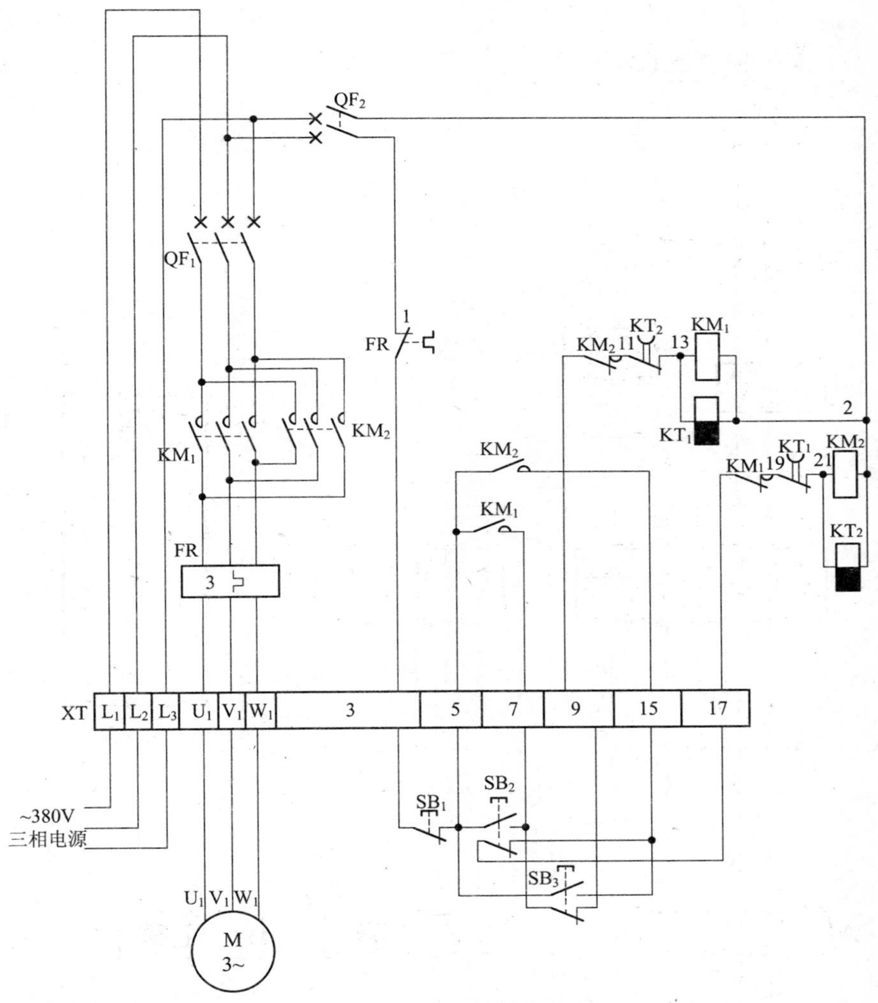

图 3.2 具有三重互锁保护的正反转控制电路布线图

SB_2、SB_3 上。

实际接线图(图 3.3)

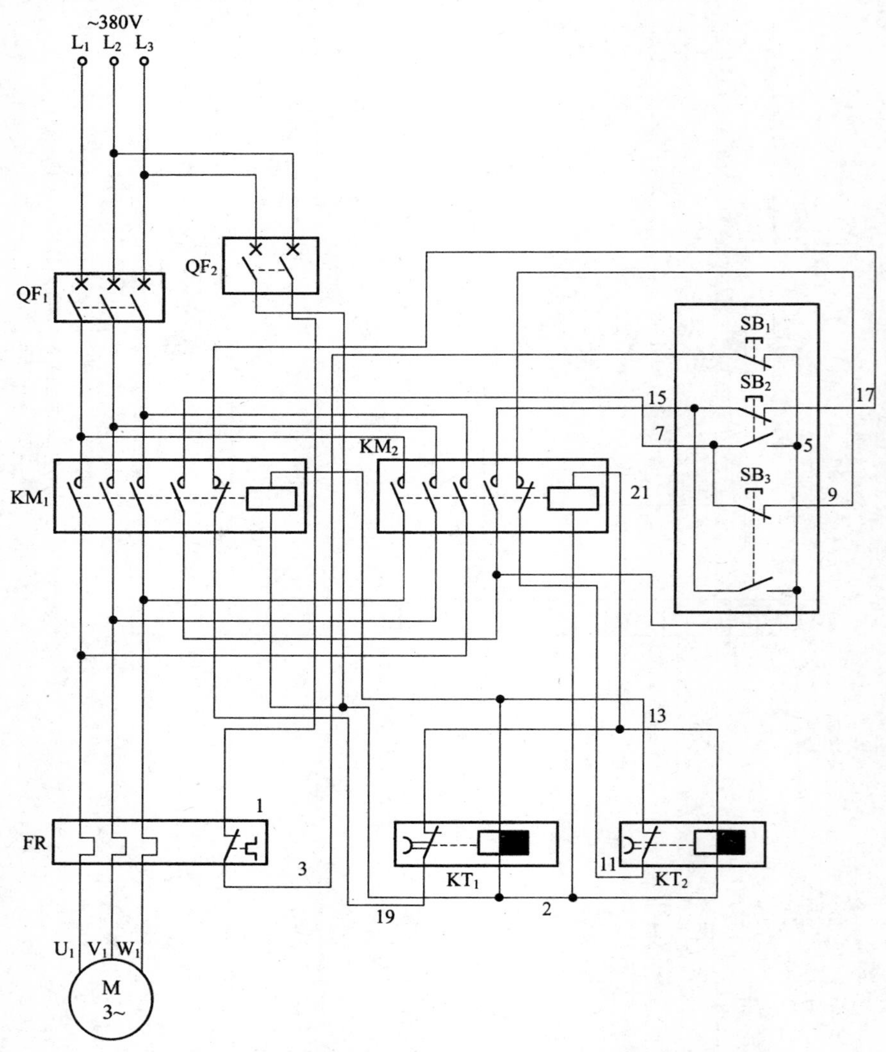

图 3.3 具有三重互锁保护的正反转控制电路实际接线图

元器件安装排列图及端子图(图 3.4)

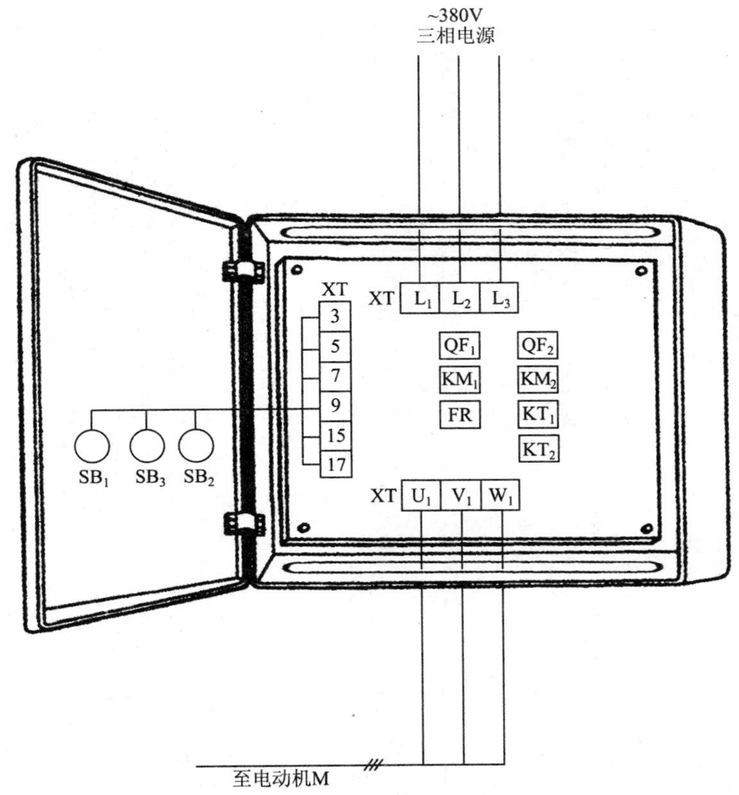

图 3.4 具有三重互锁保护的正反转控制电路元器件安装排列图及端子图

从图 3.4 可以看出,断路器 QF_1、QF_2,交流接触器 KM_1、KM_2,失电延时时间继电器 KT_1、KT_2,热继电器 FR 安装在配电箱内底板上;按钮开关 SB_1、SB_2、SB_3 安装在配电箱门面板上。

通过端子 L_1、L_2、L_3 将三相 380V 交流电源接入配电箱中;端子 U_1、V_1、W_1 接至电动机接线盒中的 U_1、V_1、W_1 上;端子 3、5、7、9、15、17 将配电箱内的元器件与配电箱门面板上的按钮开关 SB_1、SB_2、SB_3 连接起来。

按钮接线图(图 3.5)

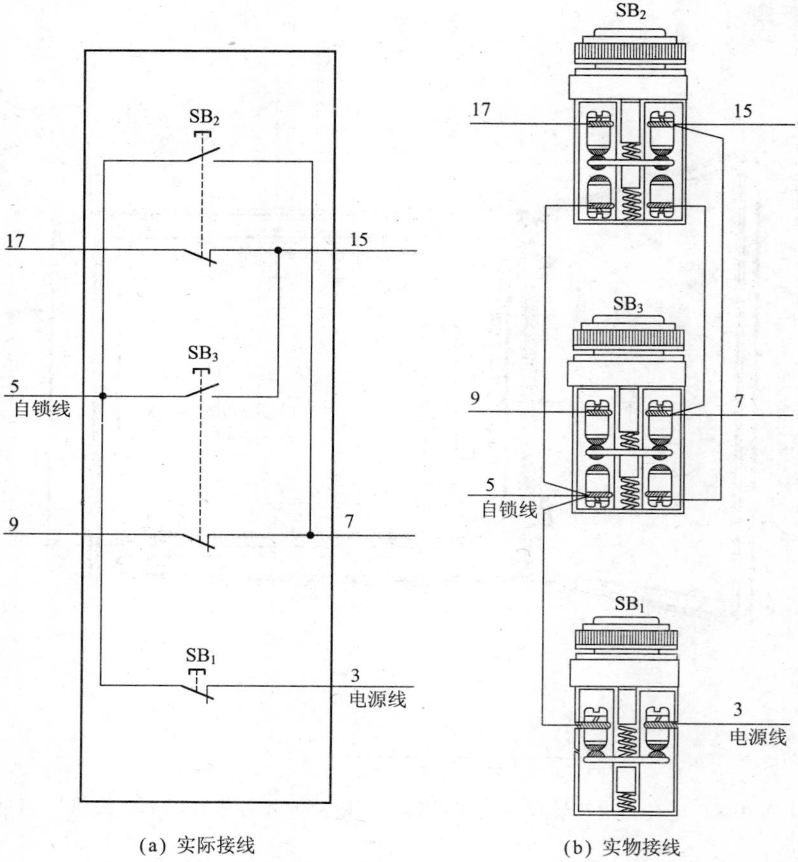

(a) 实际接线　　(b) 实物接线

图 3.5 具有三重互锁保护的正反转控制电路按钮接线图

3.2 用电弧联锁继电器延长转换时间的正反转控制电路

工作原理

用电弧联锁继电器延长转换时间的正反转控制电路如图 3.6 所

示。首先合上主回路断路器 QF_1、控制回路断路器 QF_2，为电路工作提供准备条件。

正转启动时，按下正转启动按钮 SB_2，正转交流接触器 KM_1 线圈得电吸合且 KM_1 辅助常开触点(3-7)闭合自锁，KM_1 三相主触点闭合，电动机得电正转运转；与此同时，KM_1 辅助常开触点(3-17)闭合，接通了电弧联锁继电器 KA 线圈回路电源，使其得电吸合且 KA 常开触点(3-17)闭合自锁，KA 串联在正转启动按钮 SB_2 和反转启动按钮 SB_3 操作回路中的常闭触点(5-7、11-13)均断开，不能再进行正反转启动操作，起到限制作用。

若电动机已正转运转，欲直接操作反转启动按钮 SB_3 时，因电弧联锁继电器 KA 常闭触点(5-7、11-13)的作用而无法进行操作，故必须先按下停止按钮 SB_1(1-3)，正转交流接触器 KM_1 线圈断电释放，KM_1 三相主触点断开，电动机失电正转停止运转；与此同时，电弧联锁继电器 KA 线圈也断电释放，KA 串联在各启动回路中的常闭触点(5-7、11-13)恢复常闭状态，以此延长其转换时间，防止因正反转操作过快而出现电弧短路问题。当 KA 常闭触点恢复后，方可操作反转启动按钮 SB_3，反转交流接触器 KM_2 线圈得电吸合且 KM_2 辅助常开触点(3-13)闭合自锁，KM_2 三相主触点闭合，电动机得电反转运转；与此同时，KM_2 辅助常开触点(3-17)闭合，接通了电弧联锁继电器 KA 线圈回路电源，使其得电吸合且 KA 常开触点(3-17)闭合自锁，KA 串联在正转启动按钮 SB_2 和反转启动按钮 SB_3 操作回路中的常闭触点(5-7、11-13)均断开，不能再进行正反转启动操作，起到限制作用。

停止时，按下停止按钮 SB_1(1-3)，正转交流接触器 KM_1 和电弧联锁继电器 KA 或反转交流接触器 KM_2 和电弧联锁继电器 KA 线圈断电释放，KM_1 或 KM_2 各自的三相主触点断开，电动机失电正转或反转运转停止。

电路布线图(图 3.7)

从端子排 XT 上看，共有 14 个接线端子。其中，L_1、L_2、L_3 这 3 根

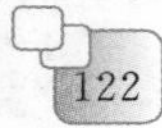

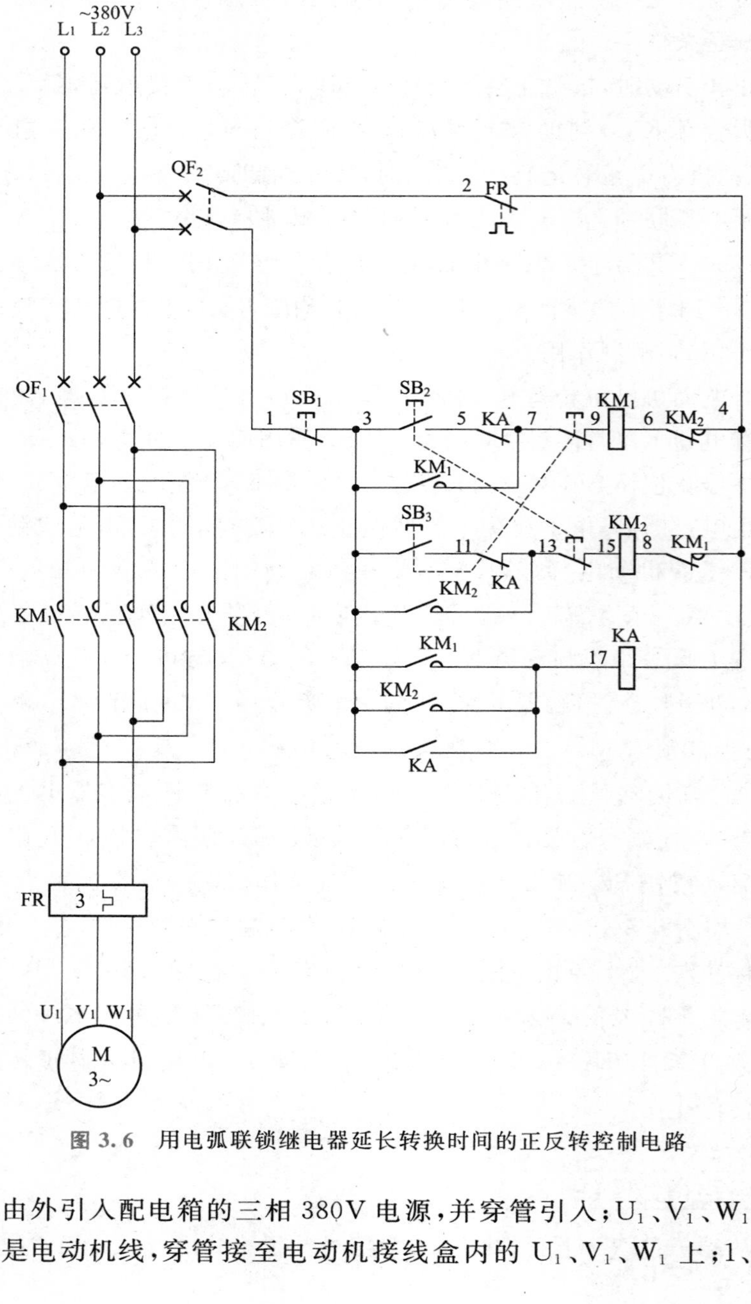

图 3.6 用电弧联锁继电器延长转换时间的正反转控制电路

线是由外引入配电箱的三相 380V 电源，并穿管引入；U_1、V_1、W_1 这 3 根线是电动机线，穿管接至电动机接线盒内的 U_1、V_1、W_1 上；1、3、5、

7、9、11、13、15 这 8 根线是控制线，接至配电箱门面板上的按钮开关 SB_1、SB_2、SB_3 上。

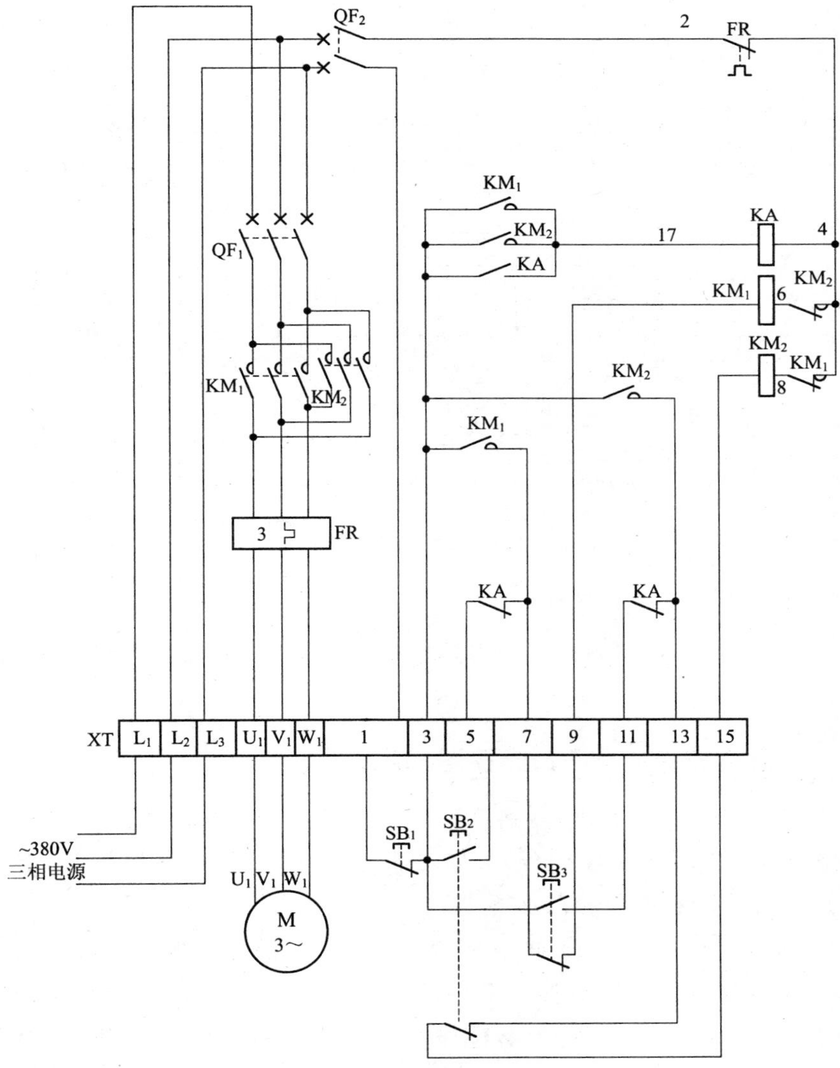

图 3.7 用电弧联锁继电器延长转换时间的正反转控制电路布线图

实际接线图(图 3.8)

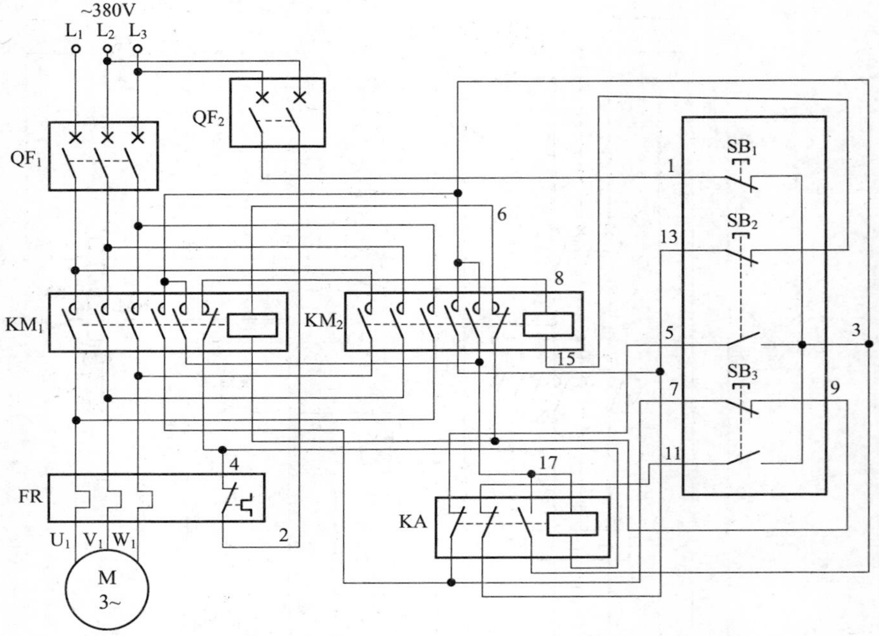

图 3.8 用电弧联锁继电器延长转换时间的正反转控制电路实际接线图

元器件安装排列图及端子图(图 3.9)

从图 3.9 可以看出,断路器 QF_1、QF_2,交流接触器 KM_1、KM_2、中间继电器 KA,热继电器 FR 安装在配电箱内底板上;按钮开关 SB_1、SB_2、SB_3 安装在配电箱门面板上。

通过端子 L_1、L_2、L_3 将三相 380V 交流电源接入配电箱中;端子 U_1、V_1、W_1 接至电动机接线盒中的 U_1、V_1、W_1 上;端子 1、3、5、7、9、11、13、15 将配电箱内的元器件与配电箱门面板上的按钮开关 SB_1、SB_2、SB_3 连接起来。

XT
1
3
5
7
9
11
13
15
QF1
QF2
KM1
KM2
FR
KA
XT
L1 L2 L3 U1 V1 W1
SB1 SB3 SB2
~380V
三相电源
至电动机M

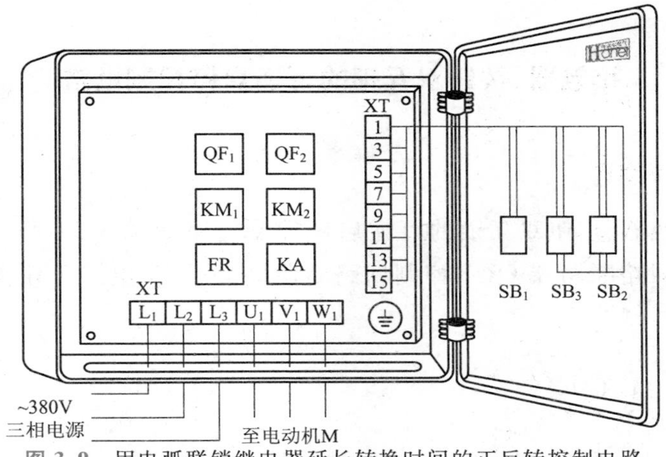

图 3.9 用电弧联锁继电器延长转换时间的正反转控制电路元器件安装排列图及端子图

按钮接线图(图 3.10)

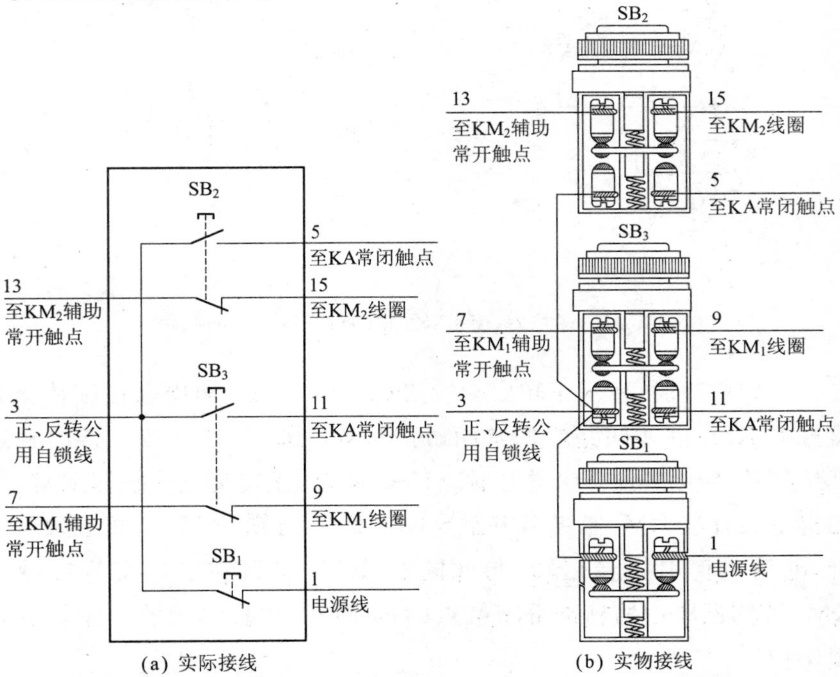

SB2
5
至KA常闭触点
13
至KM2辅助
常开触点
15
至KM2线圈
SB3
3
正、反转公
用自锁线
11
至KA常闭触点
7
至KM1辅助
常开触点
9
至KM1线圈
SB1
1
电源线
(a) 实际接线
SB2
13
至KM2辅助
常开触点
15
至KM2线圈
5
至KA常闭触点
SB3
7
至KM1辅助
常开触点
9
至KM1线圈
3
正、反转公
用自锁线
11
至KA常闭触点
SB1
1
电源线
(b) 实物接线

图 3.10 用电弧联锁继电器延长转换时间的正反转控制电路按钮接线图

3.3 接触器、按钮双互锁的可逆启停控制电路

工作原理

接触器、按钮双互锁的可逆启停控制电路如图 3.11 所示。首先合上主回路断路器 QF_1、控制回路断路器 QF_2，为电路工作提供准备条件。

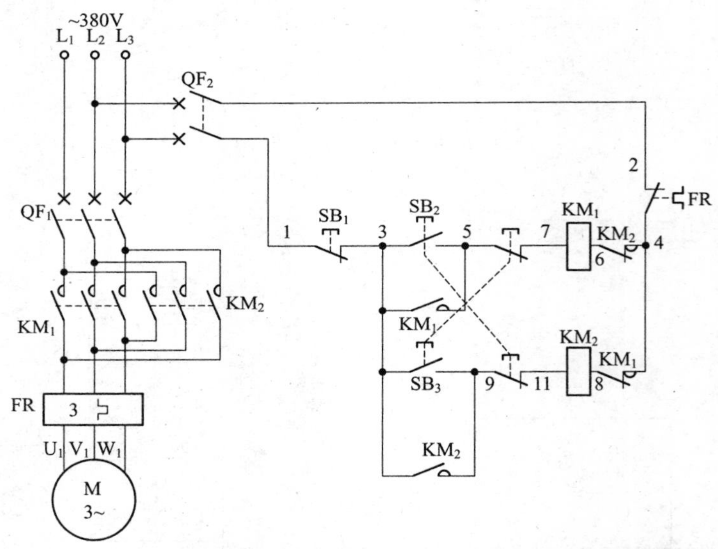

图 3.11 接触器、按钮双互锁的可逆启停控制电路

正转启动时，按下正转启动按钮 SB_2，SB_2 的一组串联在反转交流接触器 KM_2 线圈回路中的常闭触点(9-11)断开，实现按钮常闭触点互锁保护；SB_2 的另一组常开触点(3-5)闭合，正转交流接触器 KM_1 线圈得电吸合且 KM_1 辅助常开触点(3-5)闭合自锁，KM_1 三相主触点闭合，电动机得电正转运转；与此同时，KM_1 串联在反转交流接触器 KM_2 线圈回路中的辅助常闭触点(4-8)断开，实现接触器常闭触点互锁保护。

反转启动时，按下反转启动按钮 SB_3，SB_3 的一组串联在正转交流接触器 KM_1 线圈回路中起到按钮互锁保护作用的常闭触点(5-7)断开，切断正转交流接触器 KM_1 线圈回路电源，KM_1 三相主触点断开，电动机失电正转停止运转；与此同时，起到接触器互锁保护作用的 KM_1 辅助常闭触点(4-8)恢复常闭状态，为反转启动做准备。由于 SB_3 的另一组常开触点(3-9)已闭合，此时反转交流接触器 KM_2 线圈得电吸合且 KM_2 辅助常开触点(3-9)闭合自锁，KM_2 三相主触点闭合，电动机得电反转运转；与此同时，KM_2 串联在正转交流接触器 KM_1 线圈回路中起到接触器互锁保护作用的辅助常闭触点(4-6)断开，实现双互锁保护。

无论正转运转还是反转运转，欲停止时，按下停止按钮 SB_1(1-3)，正转交流接触器 KM_1 或反转交流接触器 KM_2 线圈断电释放，KM_1 或 KM_2 三相主触点断开，电动机失电停止运转。

电路布线图(图 3.12)

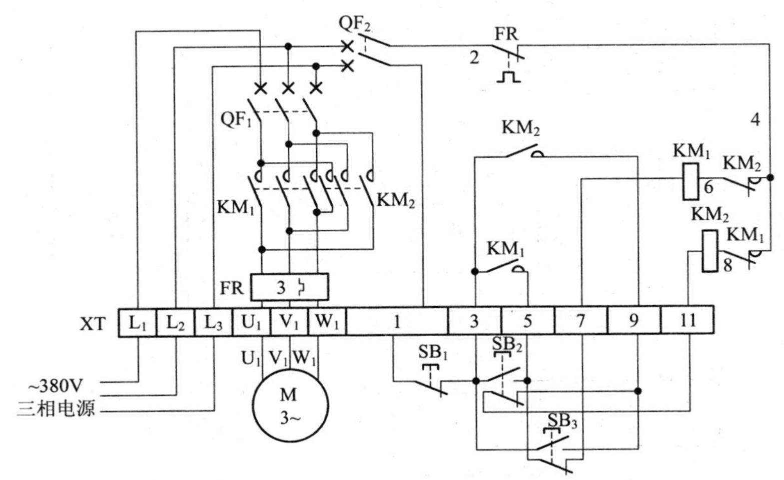

图 3.12 接触器、按钮双互锁的可逆启停控制电路布线图

从端子排 XT 上看，共有 12 个接线端子。其中，L_1、L_2、L_3 这 3 根

线是由外引入配电箱的三相380V电源，并穿管引入；U_1、V_1、W_1 这3根线是电动机线，穿管接至电动机接线盒内的 U_1、V_1、W_1 上；1、3、5、7、9、11这6根线是控制线，接至配电箱门面板上的按钮开关 SB_1、SB_2、SB_3 上。

实际接线图(图3.13)

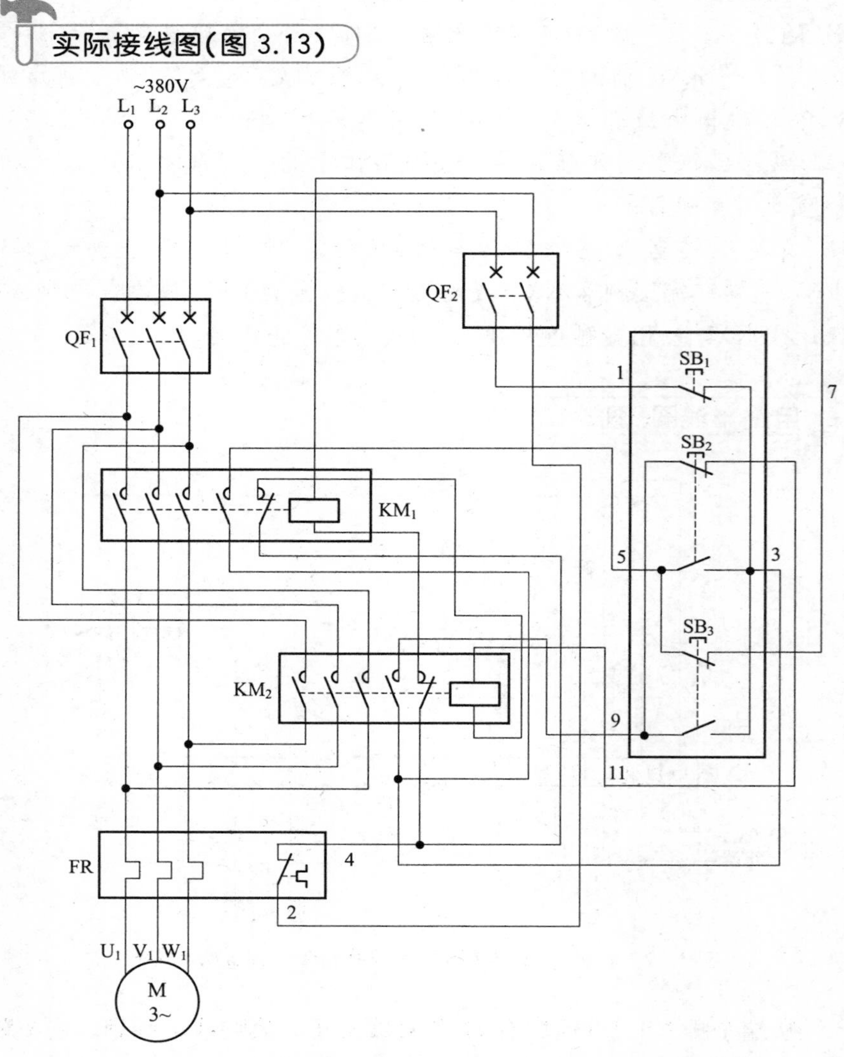

图3.13 接触器、按钮双互锁的可逆启停控制电路实际接线图

元器件安装排列图及端子图(图 3.14)

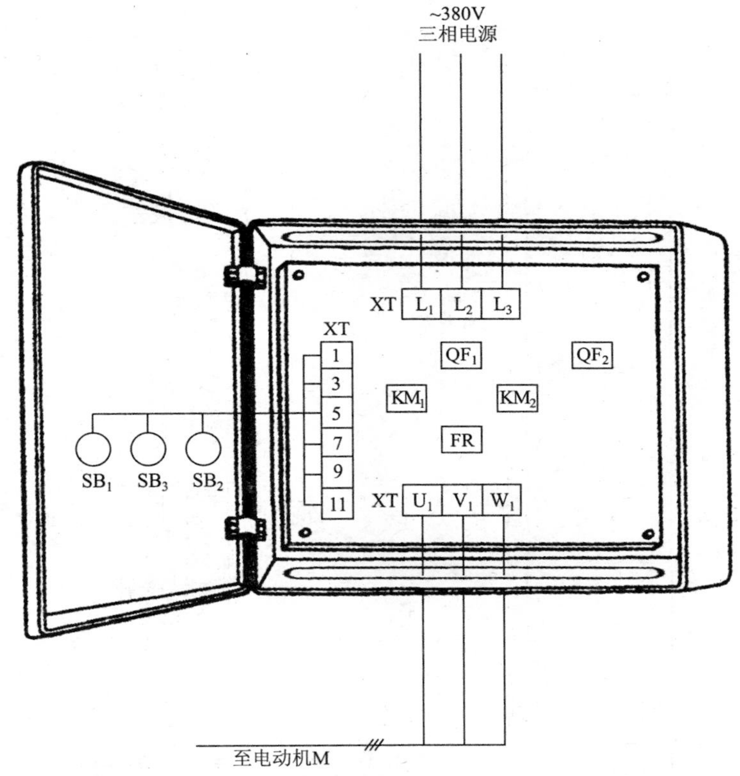

图 3.14 接触器、按钮双互锁的可逆启停控制电路元器件安装排列图及端子图

从图 3.14 可以看出,断路器 QF_1、QF_2,交流接触器 KM_1、KM_2,热继电器 FR 安装在配电箱内底板上;按钮开关 SB_1、SB_2、SB_3 安装在配电箱门面板上。

通过端子 L_1、L_2、L_3 将三相 380V 交流电源接入配电箱中;端子 U_1、V_1、W_1 接至电动机接线盒中的 U_1、V_1、W_1 上;端子 1、3、5、7、9、11 将配电箱内的元器件与配电箱门面板上的按钮开关 SB_1、SB_2、SB_3 连接起来。

按钮接线图(图 3.15)

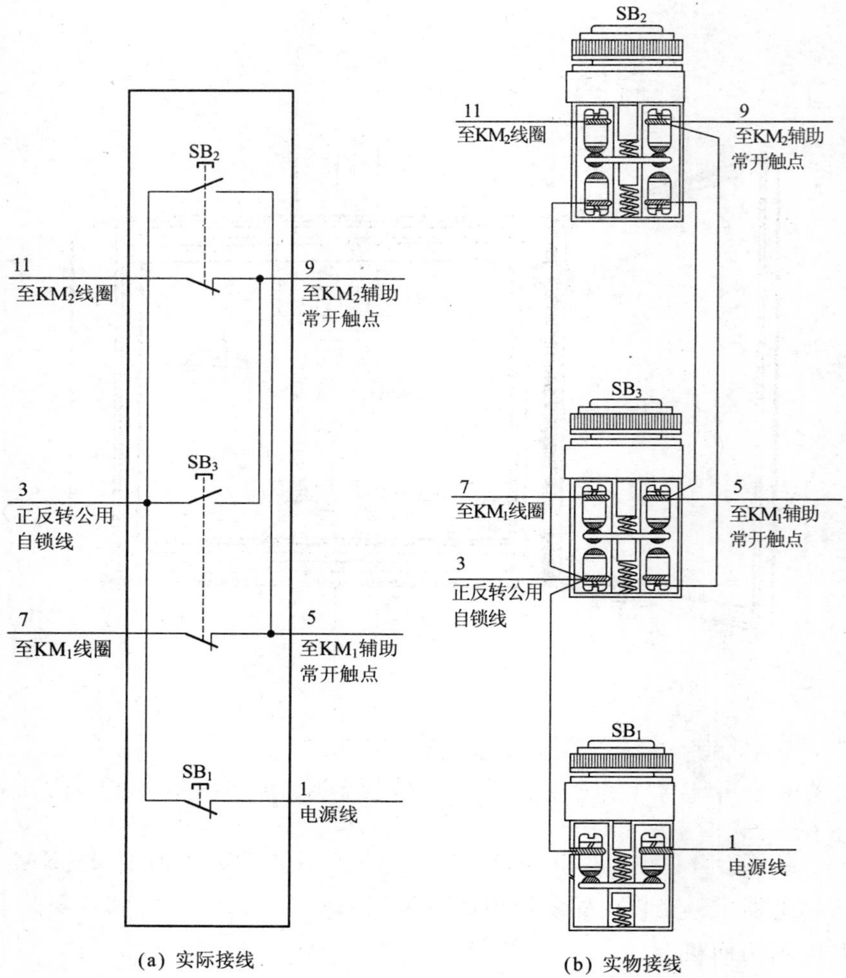

图 3.15 接触器、按钮双互锁的可逆启停控制电路按钮接线图

3.4 接触器、按钮双互锁的可逆点动控制电路

工作原理

接触器、按钮双互锁的可逆点动控制电路如图3.16所示。合上主回路断路器QF_1、控制回路断路器QF_2，为电路工作做准备。

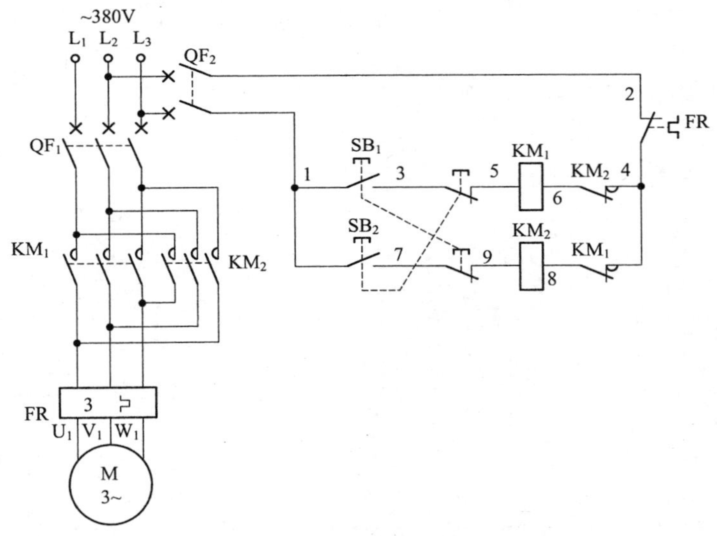

图3.16 接触器、按钮双互锁的可逆点动控制电路

正转点动时，按下正转点动按钮SB_1不松手，SB_1的一组串联在反转交流接触器KM_2线圈回路中的常闭触点(7-9)断开，起到按钮常闭触点互锁保护作用，SB_1的另一组常开触点(1-3)闭合，正转交流接触器KM_1线圈得电吸合，KM_1三相主触点闭合，电动机得电正转运转；与此同时，KM_1串联在反转交流接触器KM_2线圈回路中的辅助常闭触点(4-8)断开，起到接触器常闭触点互锁保护作用。松开正转点动按钮SB_1，正转交流接触器KM_1线圈断电释放，KM_1三相主触点断开，电动机失电停止运转，从而完成正转点动操作。

反转点动时，按下反转点动按钮 SB_2 不松手，SB_2 的一组串联在正转交流接触器 KM_1 线圈回路中的常闭触点(3-5)断开，起到按钮常闭触点互锁保护作用，SB_2 的另外一组常开触点(1-7)闭合，反转交流接触器 KM_2 线圈得电吸合，KM_2 三相主触点闭合，电动机得电反转运转；与此同时，KM_2 串联在正转交流接触器 KM_1 线圈回路中的辅助常闭触点(4-6)断开，起到接触器常闭触点互锁保护作用。松开反转点动按钮 SB_2，反转交流接触器 KM_2 线圈断电释放，KM_2 三相主触点断开，电动机失电停止运转，从而完成反转点动操作。

电路布线图(图 3.17)

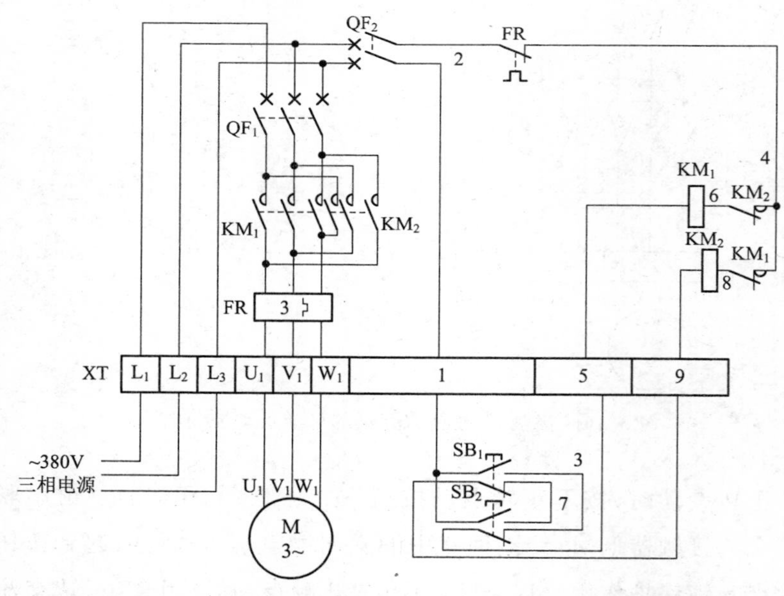

图 3.17 接触器、按钮双互锁的可逆点动控制电路布线图

从端子排 XT 上看，共有 9 个接线端子。其中，L_1、L_2、L_3 这 3 根线是由外引入配电箱的三相 380V 电源，并穿管引入；U_1、V_1、W_1 这 3 根线是电动机线，穿管接至电动机接线盒内的 U_1、V_1、W_1 上；1、5、9 这 3 根线是控制线，接至配电箱门面板上的按钮开关 SB_1、SB_2 上。

实际接线图(图 3.18)

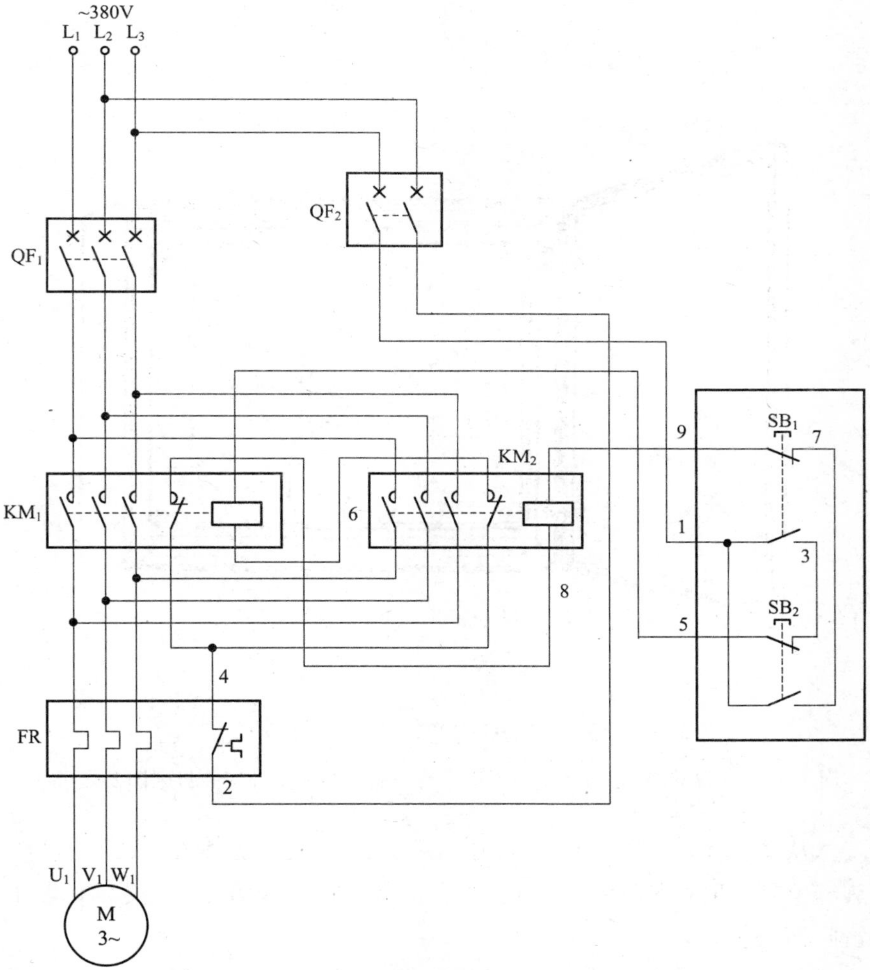

图 3.18 接触器、按钮双互锁的可逆点动控制电路实际接线图

元器件安装排列图及端子图(图3.19)

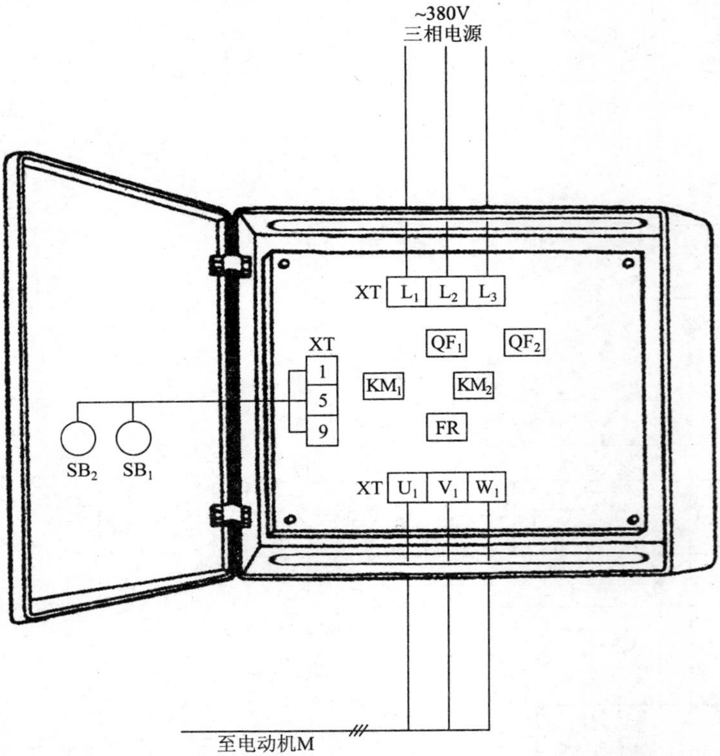

图3.19 接触器、按钮双互锁的可逆点动控制电路元器件安装排列图及端子图

从图3.19可以看出,断路器QF_1、QF_2,交流接触器KM_1、KM_2,热继电器FR安装在配电箱内底板上;按钮开关SB_1、SB_2安装在配电箱门面板上。

通过端子L_1、L_2、L_3将三相380V交流电源接入配电箱中;端子U_1、V_1、W_1接至电动机接线盒中的U_1、V_1、W_1上;端子1、5、9将配电箱内的元器件与配电箱门面板上的按钮开关SB_1、SB_2连接起来。

按钮接线图(图 3.20)

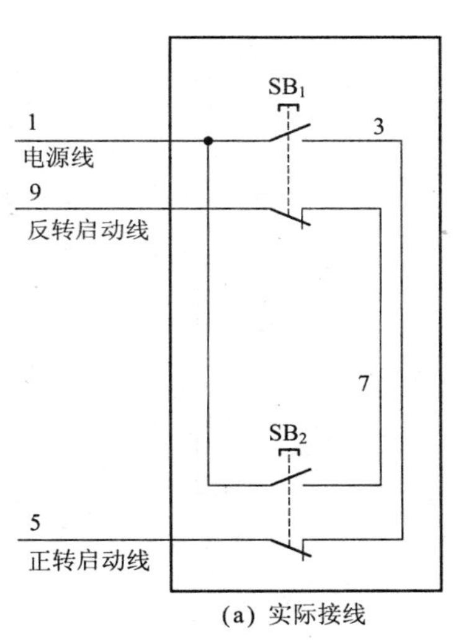

(a) 实际接线

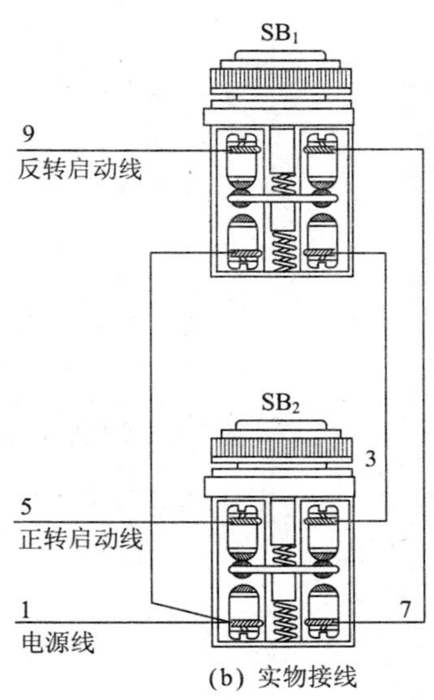

(b) 实物接线

图 3.20 接触器、按钮双互锁的可逆点动控制电路按钮接线图

3.5 只有按钮互锁的可逆启停控制电路

工作原理

只有按钮互锁的可逆启停控制电路如图 3.21 所示。首先合上主回路断路器 QF_1、控制回路断路器 QF_2,为电路工作提供准备条件。

正转启动时,按下正转启动按钮 SB_2,SB_2 的一组串联在反转交流接触器 KM_2 线圈回路中的常闭触点(9-11)断开,起互锁作用,SB_2 的另外一组常开触点(3-5)闭合,正转交流接触器 KM_1 线圈得电吸合且 KM_1 辅助常开触点(3-5)闭合自锁,KM_1 三相主触点闭合,电动机得电正转运转。

正转停止时,按下停止按钮 SB_1(1-3),正转交流接触器 KM_1 线圈

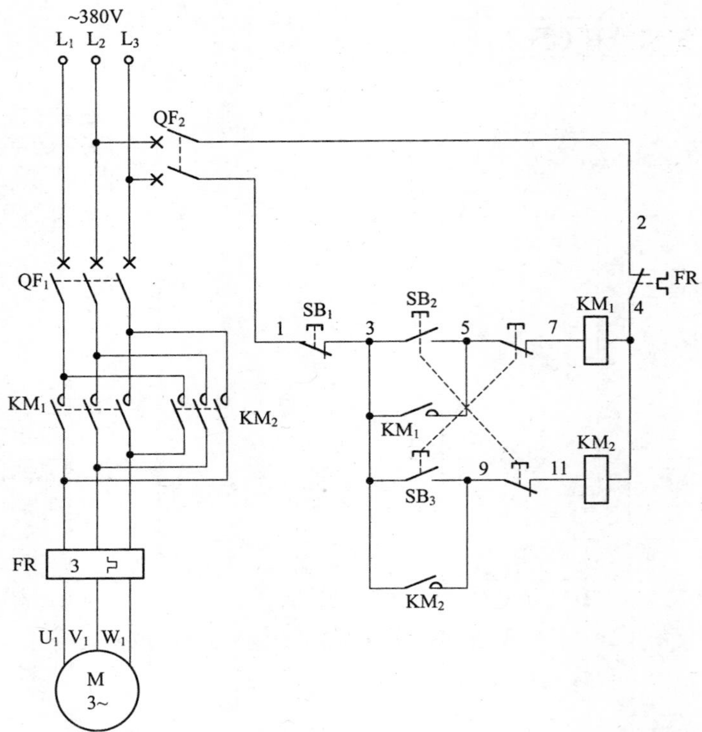

图 3.21 只有按钮互锁的可逆启停控制电路

断电释放，KM_1 三相主触点断开，电动机失电正转停止运转。

反转启动时，按下反转启动按钮 SB_3，SB_3 的一组串联在正转交流接触器 KM_1 线圈回路中的常闭触点(5-7)断开，起互锁作用，SB_3 的另外一组常开触点(3-9)闭合，反转交流接触器 KM_2 线圈得电吸合且 KM_2 辅助常开触点(3-9)闭合自锁，KM_2 三相主触点闭合，电动机得电反转运转。

反转停止时，按下停止按钮 SB_1(1-3)，反转交流接触器 KM_2 线圈断电释放，KM_2 三相主触点断开，电动机失电反转停止运转。

电路布线图(图 3.22)

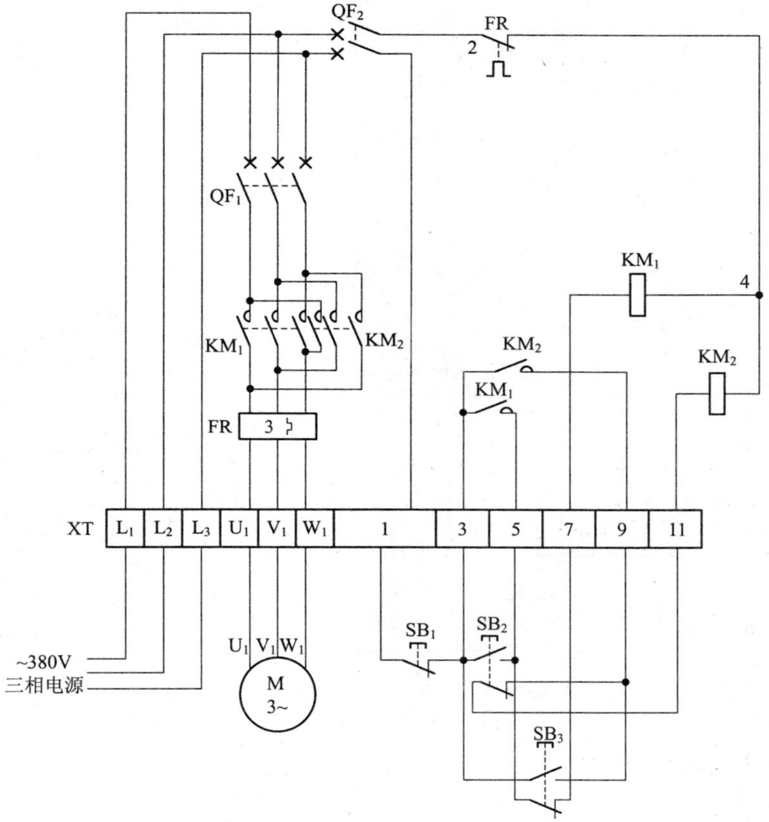

图 3.22 只有按钮互锁的可逆启停控制电路布线图

从端子排 XT 上看,共有 12 个接线端子。其中,L_1、L_2、L_3 这 3 根线是由外引入至配电箱内的三相 380V 电源,并穿管引入;U_1、V_1、W_1 这 3 根线是电动机线,穿管接至电动机接线盒内的 U_1、V_1、W_1 上;1、3、5、7、9、11 这 6 根线是控制线,接至配电箱门面板上的按钮开关 SB_1、SB_2、SB_3 上。

实际接线图(图 3.23)

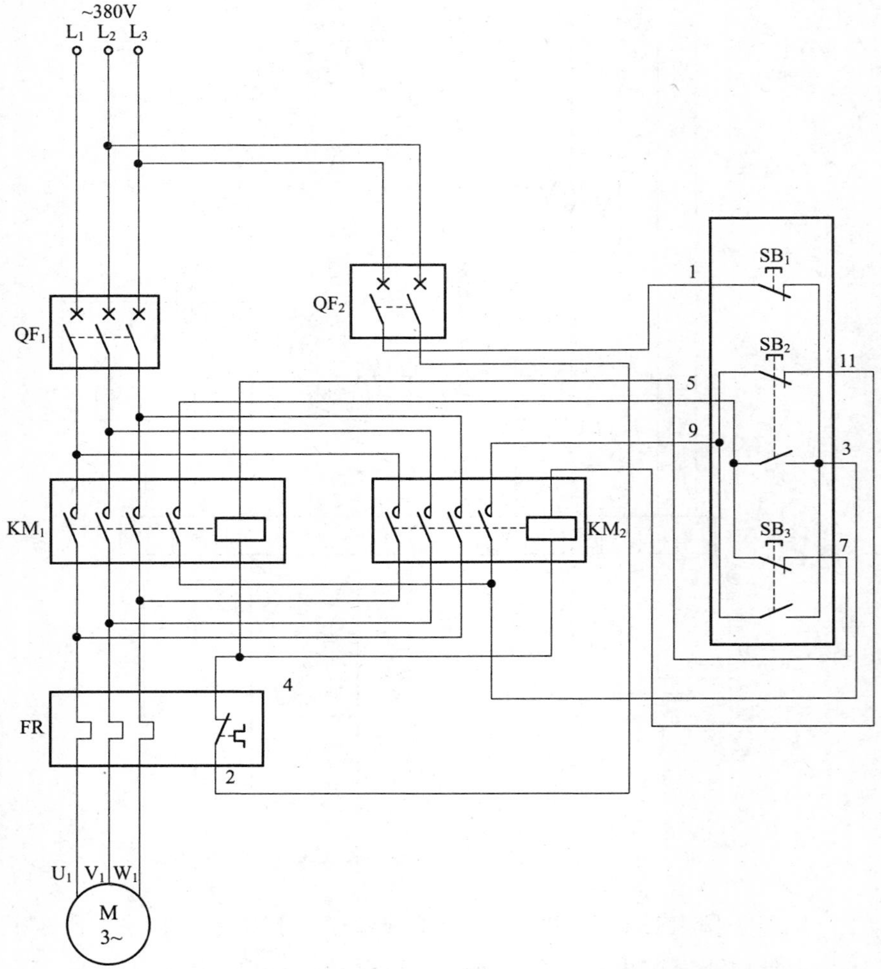

图 3.23 只有按钮互锁的可逆启停控制电路实际接线图

元器件安装排列图及端子图(图 3.24)

从图 3.24 可以看出,断路器 QF_1、QF_2,交流接触器 KM_1、KM_2,

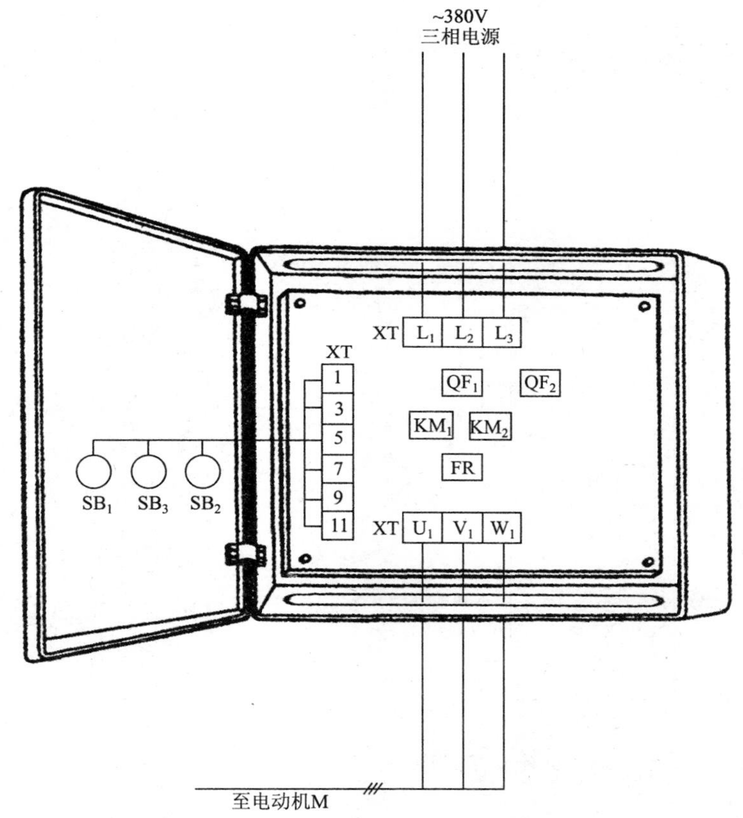

图 3.24 只有按钮互锁的可逆启停控制电路元器件安装排列图及端子图

热继电器 FR 安装在配电箱内底板上；按钮开关 SB_1～SB_3 安装在配电箱门面板上。

通过端子 L_1、L_2、L_3 将三相 380V 交流电源接入配电箱中；端子 U_1、V_1、W_1 接至电动机接线盒中的 U_1、V_1、W_1 上；端子 1、3、5、7、9、11 将配电箱内的元器件与配电箱门面板上的按钮开关 SB_1～SB_3 连接起来。

按钮接线图(图 3.25)

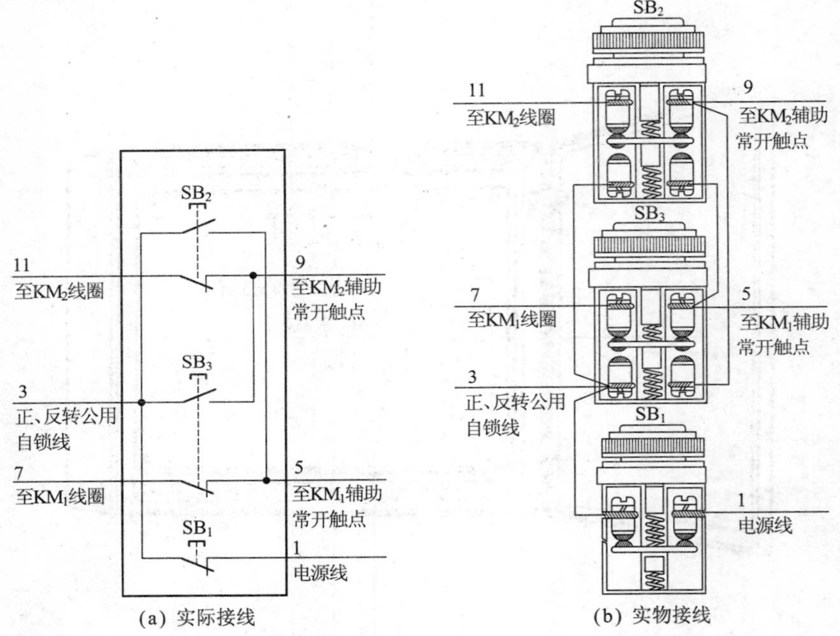

图 3.25 只有按钮互锁的可逆启停控制电路按钮接线图

3.6 只有按钮互锁的可逆点动控制电路

工作原理

只有按钮互锁的可逆点动控制电路如图 3.26 所示。合上主回路断路器 QF_1、控制回路断路器 QF_2,为电路工作做准备。

正转点动时,按下正转点动按钮 SB_1 不松手,SB_1 的一组串联在反转交流接触器 KM_2 线圈回路中的常闭触点(7-9)断开,起到互锁作用,SB_1 的另一组常开触点(1-3)闭合,正转交流接触器 KM_1 线圈得电吸合,KM_1 三相主触点闭合,电动机得电正转运转。松开正转点动按

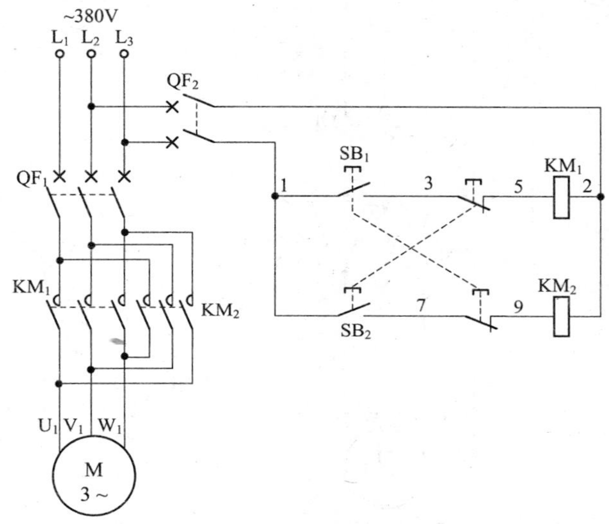

图 3.26 只有按钮互锁的可逆点动控制电路

钮 SB_1，正转交流接触器 KM_1 线圈断电释放，KM_1 三相主触点断开，电动机失电正转停止运转。

反转点动时，按下反转点动按钮 SB_2 不松手，SB_2 的一组串联在正转交流接触器 KM_1 线圈回路中的常闭触点(3-5)断开，起到互锁作用，SB_2 的另一组常开触点(1-7)闭合，反转交流接触器 KM_2 线圈得电吸合，KM_2 三相主触点闭合，电动机得电反转运转。松开反转点动按钮 SB_2，反转交流接触器 KM_2 线圈断电释放，KM_2 三相主触点断开，电动机失电反转停止运转。

电路布线图(图 3.27)

从端子排 XT 上看，共有 9 个接线端子。其中，L_1、L_2、L_3 这 3 根线是由外引入配电箱的三相 380V 电源，并穿管引入；U_1、V_1、W_1 这 3 根线是电动机线，穿管接至电动机接线盒内的 U_1、V_1、W_1 上；1、5、9 这 3 根线是控制线，接至配电箱门面板上的按钮开关 SB_1、SB_2 上。

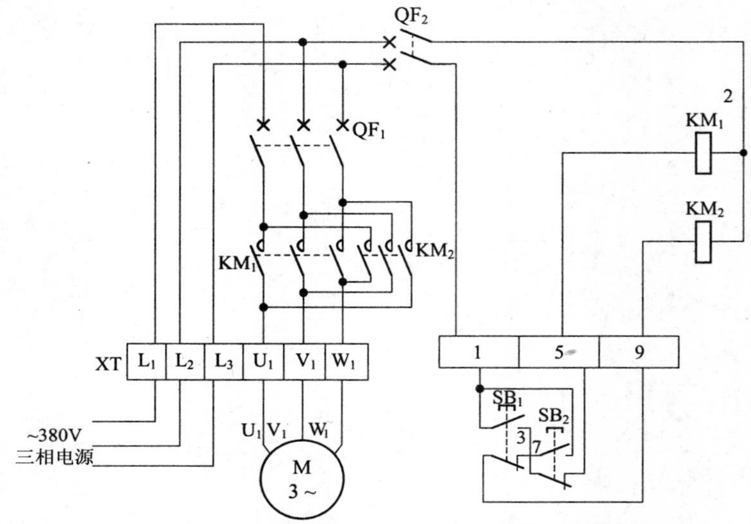

图 3.27 只有按钮互锁的可逆点动控制电路布线图

实际接线图(图 3.28)

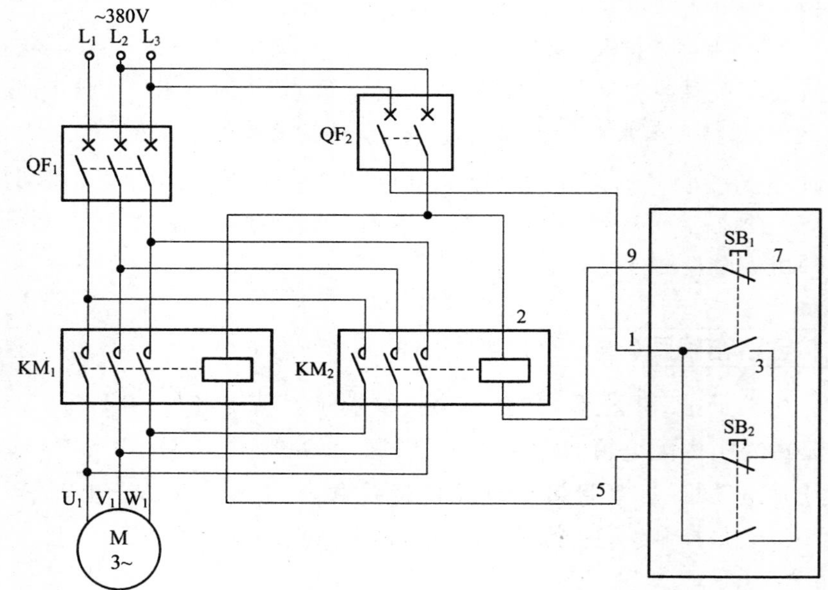

图 3.28 只有按钮互锁的可逆点动控制电路实际接线图

元器件安装排列图及端子图(图 3.29)

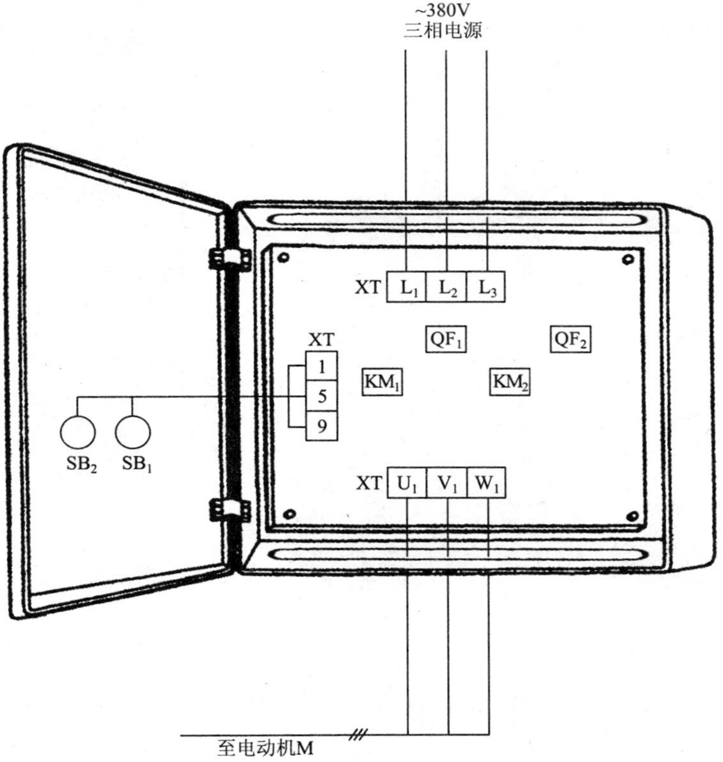

~380V
三相电源
XT L1 L2 L3
QF1 QF2
XT 1 5 9
KM1 KM2
SB2 SB1
XT U1 V1 W1
至电动机M

图 3.29 只有按钮互锁的可逆点动控制电路元器件安装排列图及端子图

从图 3.29 可以看出，断路器 QF_1、QF_2，交流接触器 KM_1、KM_2 安装在配电箱内底板上；按钮开关 SB_1、SB_2 安装在配电箱门面板上。

通过端子 L_1、L_2、L_3 将三相 380V 交流电源接入配电箱中；端子 U_1、V_1、W_1 接至电动机接线盒中的 U_1、V_1、W_1 上；端子 1、5、9 将配电箱内的元器件与配电箱门面板上的按钮开关 SB_1、SB_2 连接起来。

按钮接线图(图3.30)

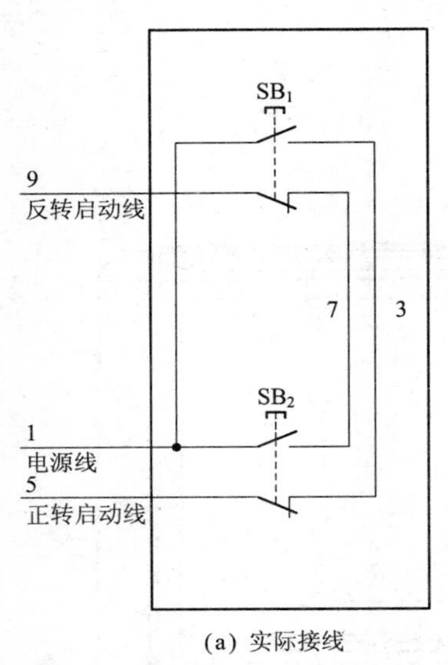

(a) 实际接线

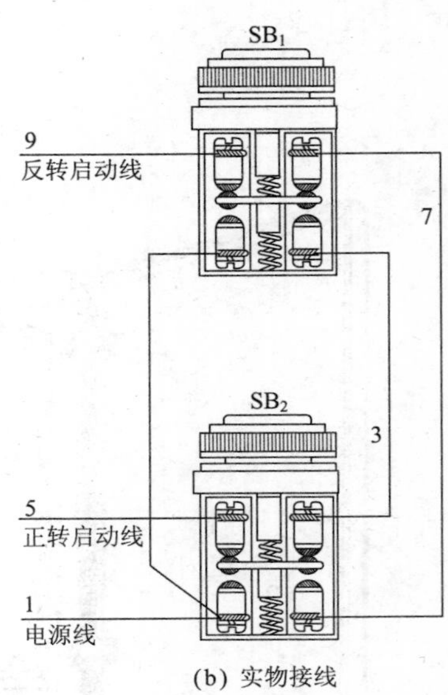

(b) 实物接线

图 3.30 只有按钮互锁的可逆点动控制电路按钮接线图

3.7 只有接触器辅助常闭触点互锁的可逆启停控制电路

工作原理

只有接触器辅助常闭触点互锁的可逆启停控制电路如图3.31所示。首先合上主回路断路器 QF_1、控制回路断路器 QF_2，为电路工作提供准备条件。

正转启动时，按下正转启动按钮 SB_2(3-5)，正转交流接触器 KM_1 线圈得电吸合且 KM_1 辅助常开触点(3-5)闭合自锁，KM_1 三相主触点闭合，电动机得电正转运转；与此同时，KM_1 串联在 KM_2 线圈回路中的辅助常闭触点(4-8)断开，起互锁作用。

正转停止时，按下停止按钮 SB_1(1-3)，正转交流接触器 KM_1 线圈

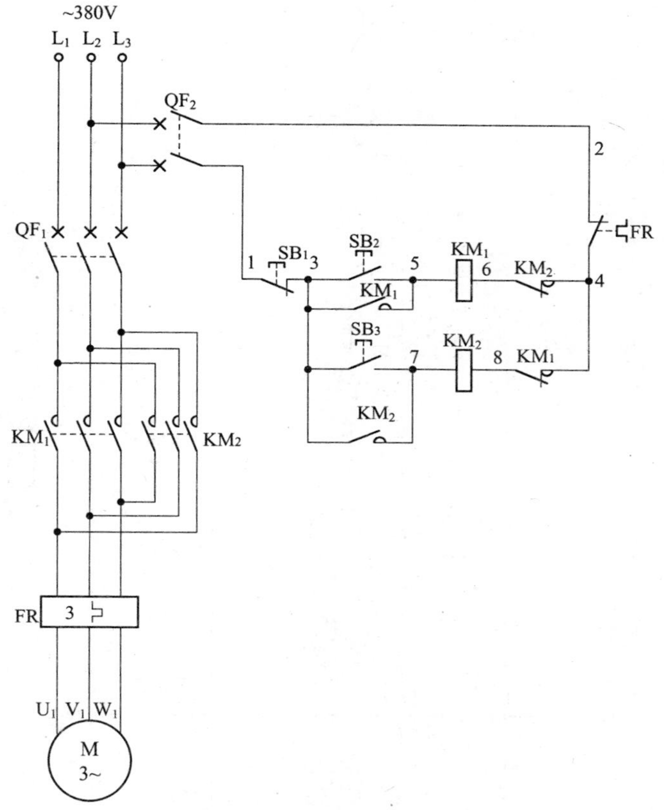

图 3.31 只有接触器辅助常闭触点互锁的可逆启停控制电路

断电释放，KM_1 三相主触点断开，电动机失电正转停止运转。

反转启动时，按下反转启动按钮 SB_3（3-7），反转交流接触器 KM_2 线圈得电吸合且 KM_2 辅助常开触点（3-7）闭合自锁，KM_2 三相主触点闭合，电动机得电反转运转；与此同时，KM_2 串联在 KM_1 线圈回路中的辅助常闭触点（4-6）断开，起互锁作用。

反转停止时，按下停止按钮 SB_1（1-3），反转交流接触器 KM_2 线圈断电释放，KM_2 三相主触点断开，电动机失电反转停止运转。

电路布线图(图 3.32)

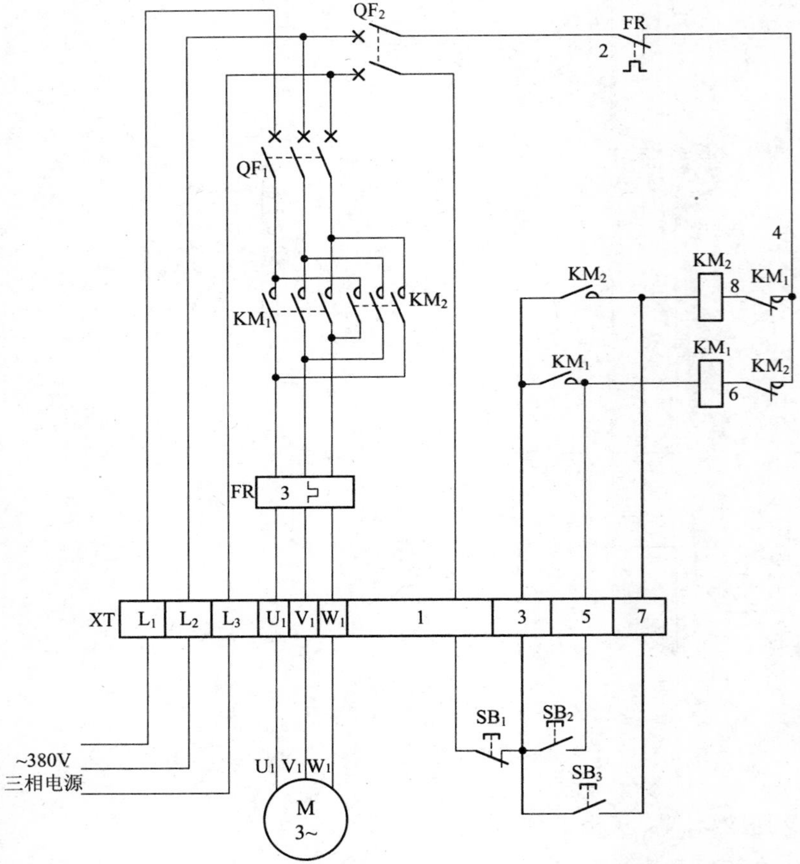

图 3.32　只有接触器辅助常闭触点互锁的可逆启停控制电路布线图

从端子排 XT 上看，共有 10 个接线端子。其中，L_1、L_2、L_3 这 3 根线是由外引入配电箱的三相 380V 电源，并穿管引入；U_1、V_1、W_1 这 3 根线是电动机线，穿管接至电动机接线盒内的 U_1、V_1、W_1 上；1、3、5、7 这 4 根线是控制线，接至配电箱门面板上的按钮开关 SB_1、SB_2、SB_3 上。

实际接线图(图 3.33)

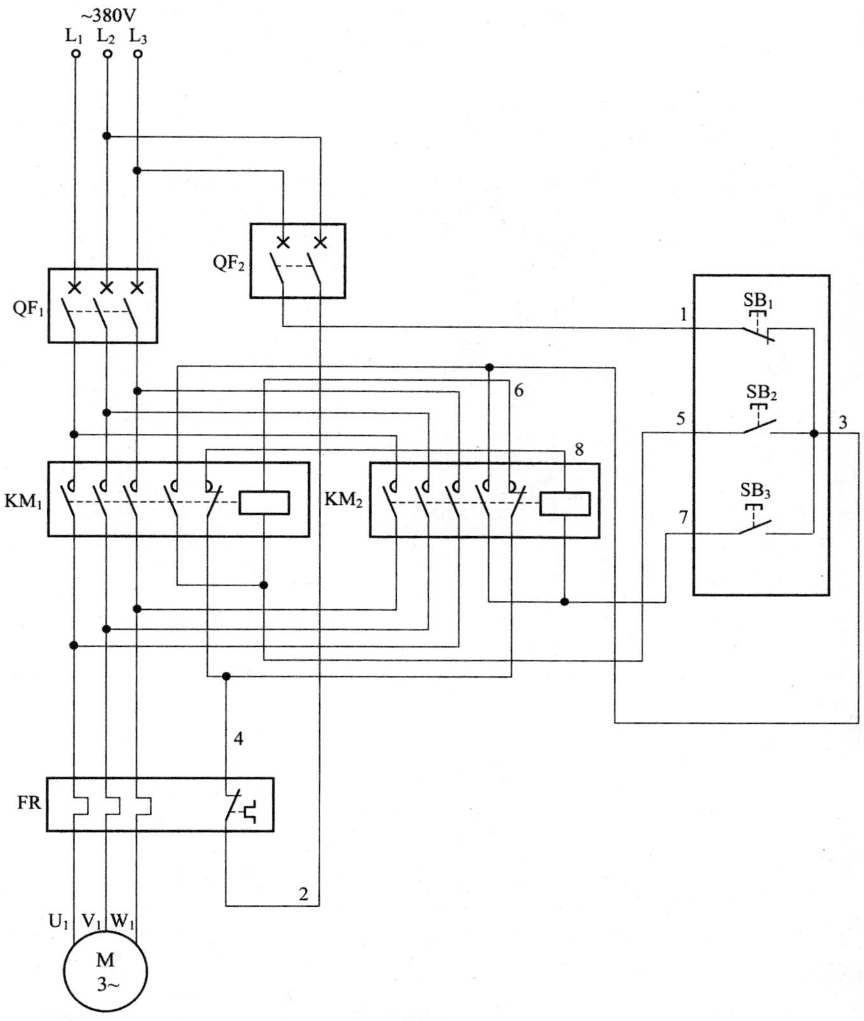

图 3.33 只有接触器辅助常闭触点互锁的可逆启停控制电路实际接线图

元器件安装排列图及端子图(图 3.34)

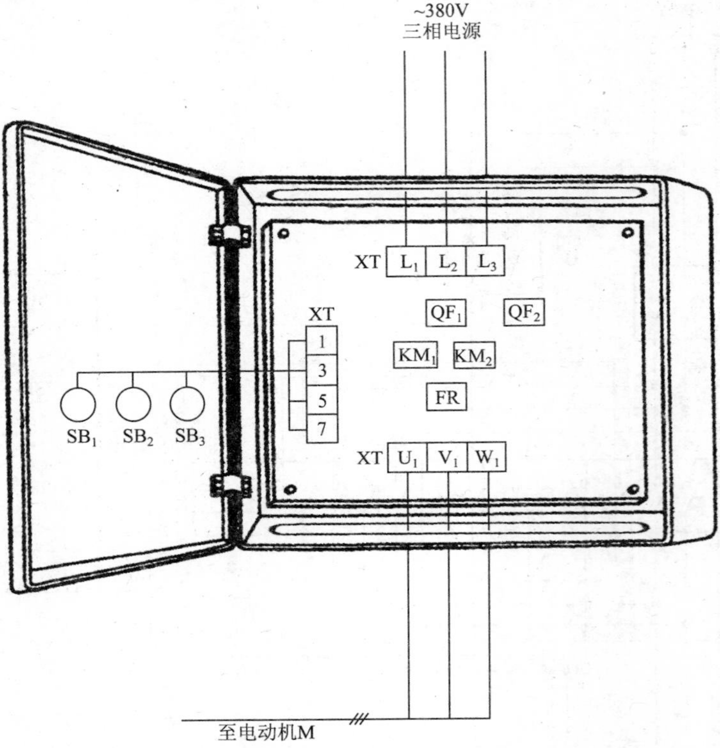

图 3.34 只有接触器辅助常闭触点互锁的可逆启停控制电路元器件安装排列图及端子图

从图 3.34 可以看出,断路器 QF_1、QF_2,交流接触器 KM_1、KM_2,热继电器 FR 安装在配电箱内底板上;按钮开关 SB_1～SB_3 安装在配电箱门面板上。

通过端子 L_1、L_2、L_3 将三相 380V 交流电源接入配电箱中;端子 U_1、V_1、W_1 接至电动机接线盒中的 U_1、V_1、W_1 上;端子 1、3、5、7 将配电箱内的元器件与配电箱门面板上的按钮开关 SB_1～SB_3 连接起来。

按钮接线图(图 3.35)

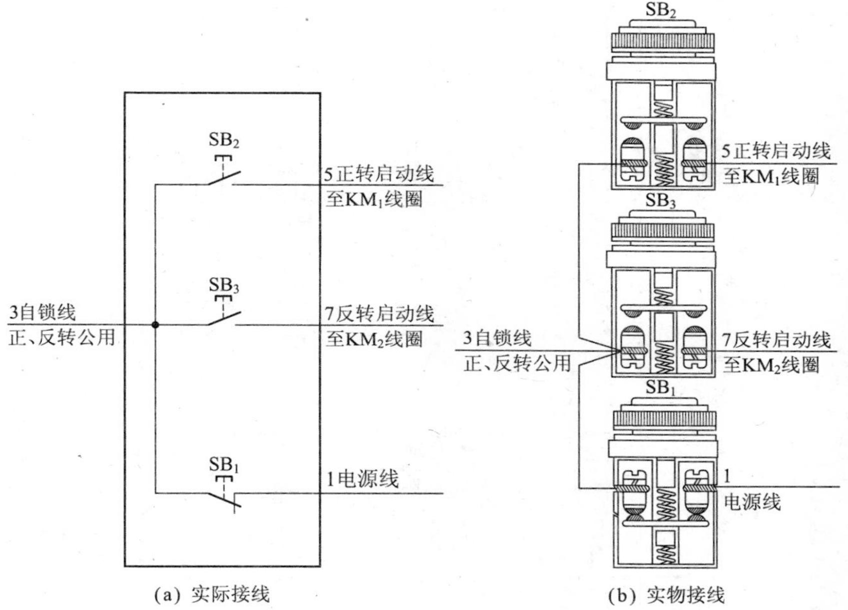

图 3.35 只有接触器辅助常闭触点互锁的可逆启停控制电路按钮接线图

3.8 只有接触器辅助常闭触点互锁的可逆点动控制电路

工作原理

只有接触器辅助常闭触点互锁的可逆点动控制电路如图 3.36 所示。合上主回路断路器 QF_1、控制回路断路器 QF_2，为电路工作做准备。

正转点动时，按下正转点动按钮 SB_1(1-3)不松手，正转交流接触器 KM_1 线圈得电吸合，KM_1 三相主触点闭合，电动机得电正转运转；与此同时，KM_1 串联在 KM_2 线圈回路中的辅助常闭触点(4-8)断开，

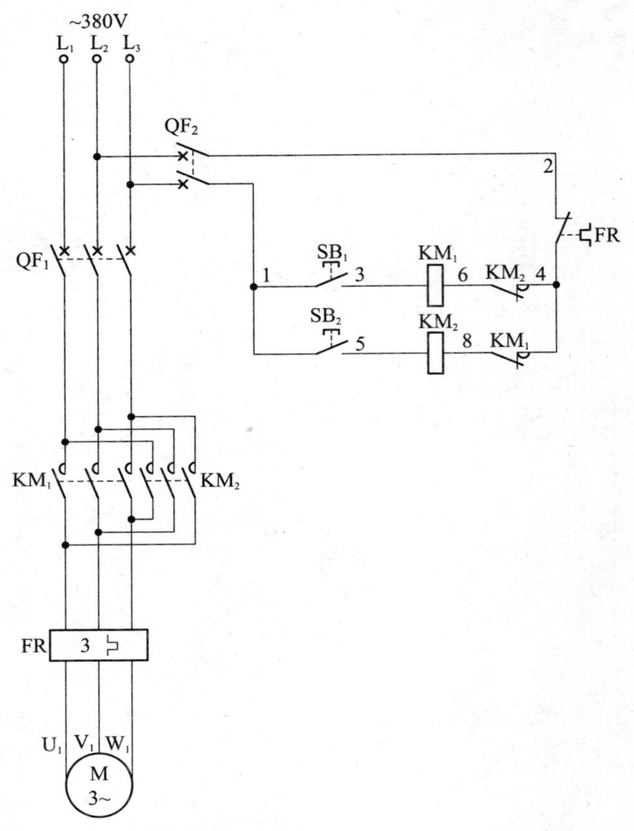

图3.36 只有接触器辅助常闭触点互锁的可逆点动控制电路

起互锁作用。松开正转点动按钮 SB_1(1-3),正转交流接触器 KM_1 线圈断电释放,KM_1 三相主触点断开,电动机失电正转停止运转。

反转点动时,按下反转点动按钮 SB_2(1-5)不松手,反转交流接触器 KM_2 线圈得电吸合,KM_2 三相主触点闭合,电动机得电反转运转;与此同时,KM_2 串联在 KM_1 线圈回路中的辅助常闭触点(4-6)断开,起互锁作用。松开反转点动按钮 SB_2(1-5),反转交流接触器 KM_2 线圈断电释放,KM_2 三相主触点断开,电动机失电反转停止运转。

电路布线图(图 3.37)

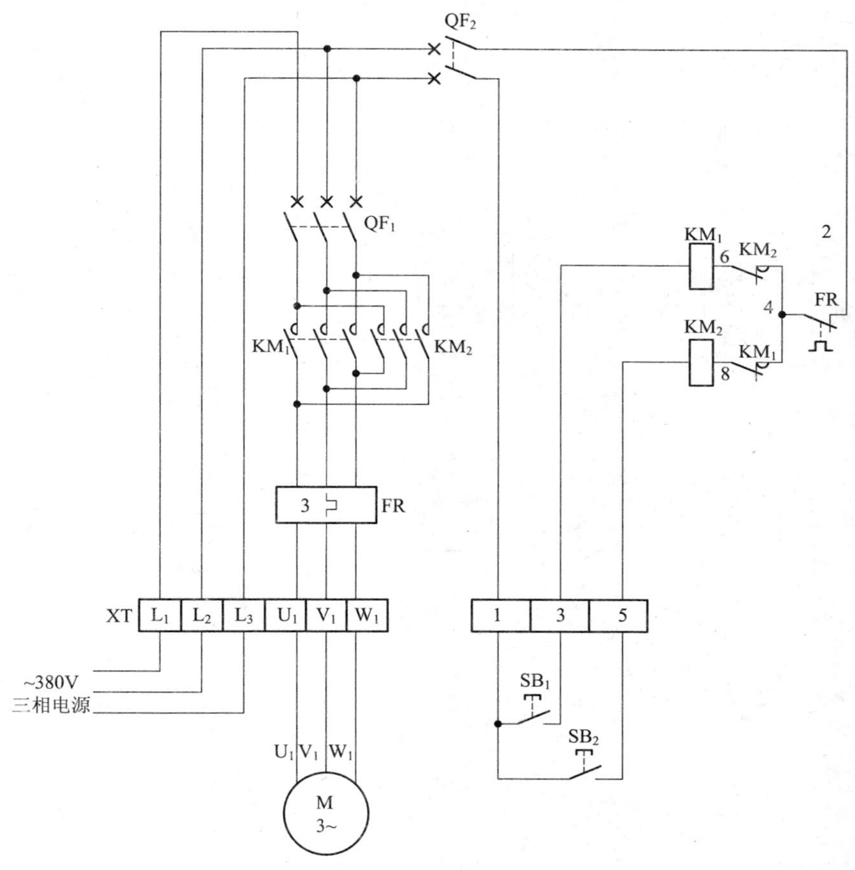

图 3.37 只有接触器辅助常闭触点互锁的可逆点动控制电路布线图

从端子排 XT 上看,共有 9 个接线端子。其中,L_1、L_2、L_3 这 3 根线是由外引入配电箱的三相 380V 电源,并穿管引入;U_1、V_1、W_1 这 3 根线是电动机线,穿管接至电动机接线盒内的 U_1、V_1、W_1 上;1、3、5 这 3 根线是控制线,接至配电箱门面板上的按钮开关 SB_1、SB_2 上。

实际接线图(图 3.38)

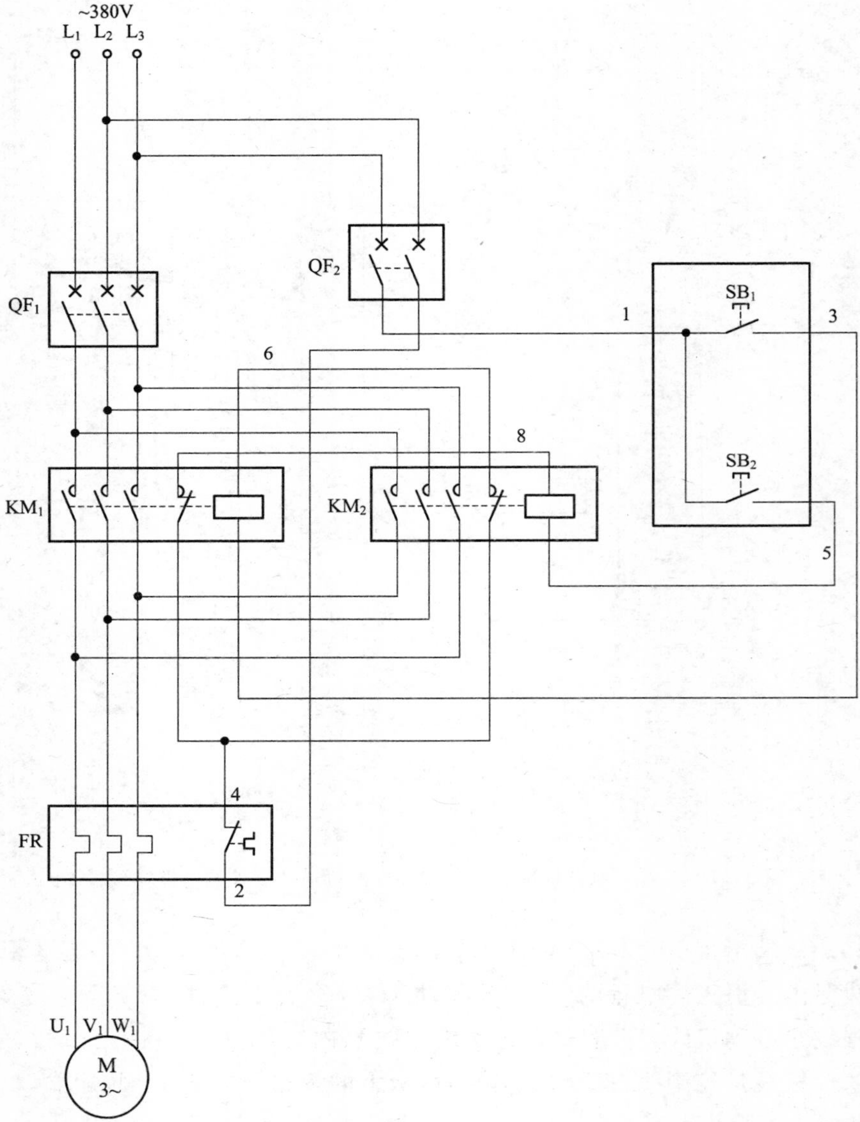

~380V
L_1 L_2 L_3
QF_2
QF_1
SB_1
1
3
6
8
SB_2
KM_1
KM_2
5
4
FR
2
U_1 V_1 W_1
M
3~

图 3.38　只有接触器辅助常闭触点互锁的可逆点动控制电路实际接线图

元器件安装排列图及端子图(图 3.39)

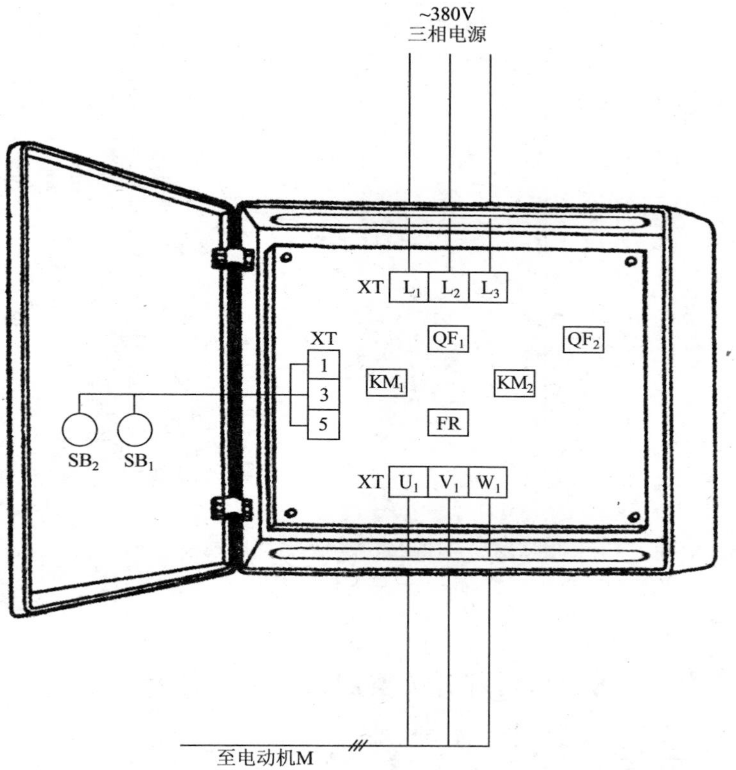

图 3.39 只有接触器辅助常闭触点互锁的可逆点动控制电路元器件安装排列图及端子图

从图 3.39 可以看出,断路器 QF_1、QF_2,交流接触器 KM_1、KM_2,热继电器 FR 安装在配电箱内底板上;按钮开关 SB_1、SB_2 安装在配电箱门面板上。

通过端子 L_1、L_2、L_3 将三相 380V 交流电源接入配电箱中;端子 U_1、V_1、W_1 接至电动机接线盒中的 U_1、V_1、W_1 上;端子 1、3、5 将配电箱内的元器件与配电箱门面板上的按钮开关 SB_1、SB_2 连接起来。

按钮接线图(图 3.40)

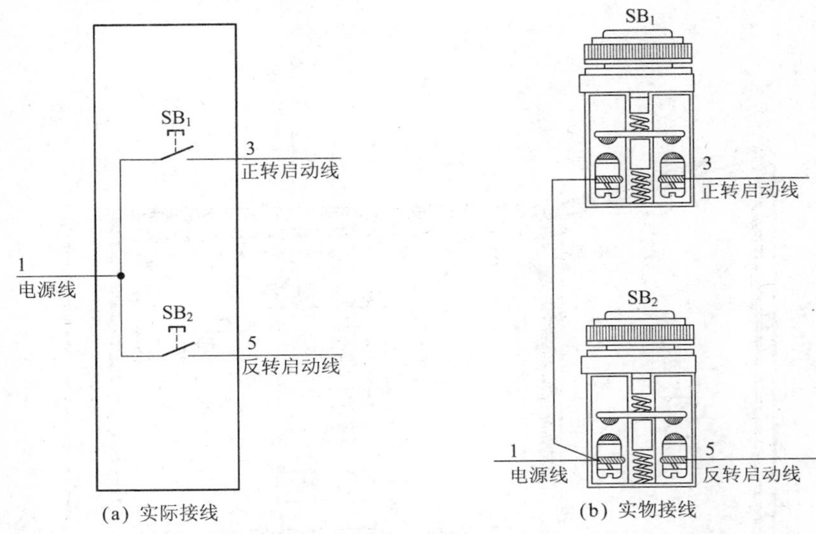

图 3.40 只有接触器辅助常闭触点互锁的可逆点动控制电路按钮接线图

3.9 仅用一只行程开关实现自动往返控制电路

工作原理

仅用一只行程开关实现自动往返控制电路如图 3.41 所示。首先合上主回路断路器 QF_1、控制回路断路器 QF_2，为电路工作提供准备条件。

启动时，按下启动按钮 SB_2(3-5)，中间继电器 KA 线圈得电吸合且 KA 常开触点(3-5)闭合自锁，为自动往返控制做准备；与此同时，行程开关 SQ 的一组常闭触点(5-7)闭合，接通了正转交流接触器 KM_1 线圈回路电源，KM_1 线圈得电吸合，KM_1 三相主触点闭合，电动机得电正转运转，拖动工作台向左移动。当工作台向左移动碰触到行程开关 SQ 时，SQ 动作转态，SQ 的一组常闭触点(5-7)断开，切断正转

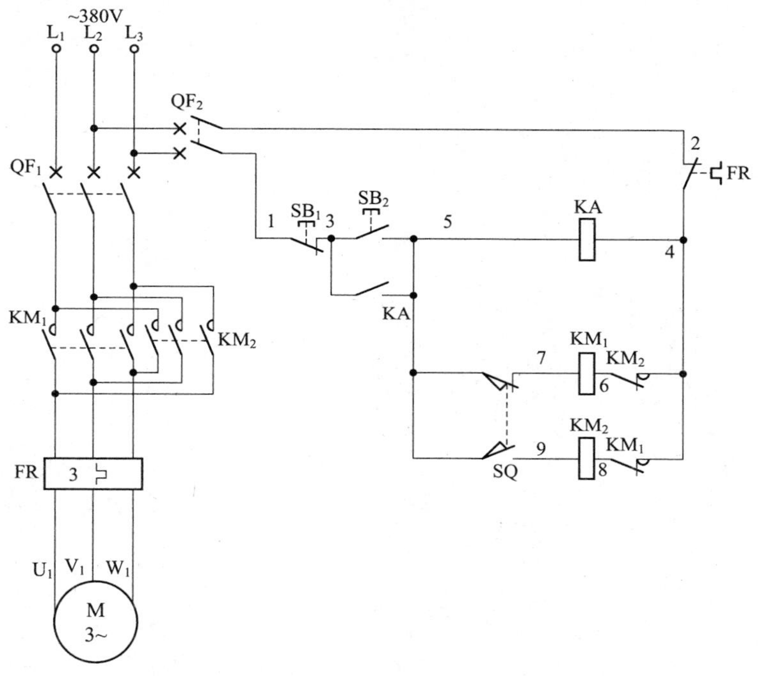

图 3.41 仅用一只行程开关实现自动往返控制电路

交流接触器 KM_1 线圈回路电源，正转交流接触器 KM_1 线圈断电释放，KM_1 三相主触点断开，电动机失电正转运转停止；与此同时，SQ 的另一组常开触点(5-9)闭合，接通反转交流接触器 KM_2 线圈回路电源，反转交流接触器 KM_2 线圈得电吸合，KM_2 三相主触点闭合，电动机得电反转运转，拖动工作台向右移动。当工作台向右移动碰触到行程开关 SQ 时，SQ 动作转态，SQ 触点恢复原始状态，SQ 的一组常开触点(5-9)断开，切断反转交流接触器 KM_2 线圈回路电源，KM_2 三相主触点断开，电动机失电反转运转停止，拖动工作台向右移动停止。正转交流接触器 KM_1 线圈在行程开关 SQ 的另一组常闭触点(5-7)的作用下又重新得电吸合，KM_1 三相主触点闭合，电动机得电正转运转，又拖动工作台向左移动……如此这般循环下去。

停止时，按下停止按钮 SB_1(1-3)，中间继电器 KA 线圈断电释放，

KA 常开自锁触点(3-5)断开，切断控制回路交流接触器 KM_1 或 KM_2 线圈回路电源，KM_1 或 KM_2 各自的三相主触点断开，电动机失电停止运转。

电路布线图(图 3.42)

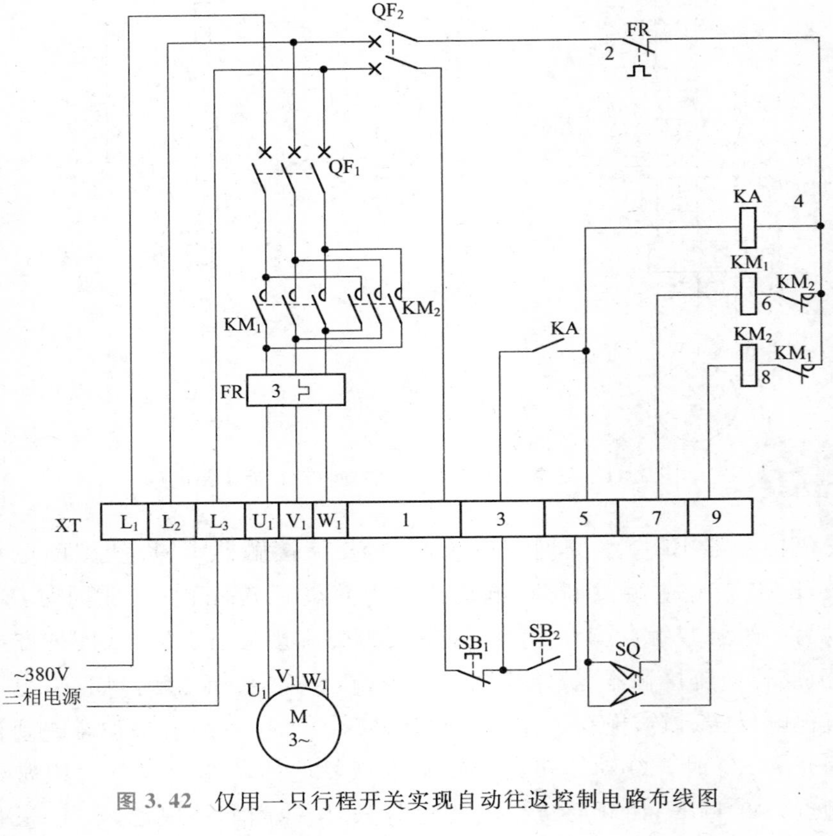

图 3.42 仅用一只行程开关实现自动往返控制电路布线图

从端子排 XT 上看，共有 11 个接线端子。其中，L_1、L_2、L_3 这 3 根线是由外引入配电箱的三相 380V 电源，并穿管引入；U_1、V_1、W_1 这 3 根线是电动机线，穿管接至电动机接线盒内的 U_1、V_1、W_1 上；1、3、5 这 3 根线是控制线，接至配电箱门面板上的按钮开关 SB_1、SB_2 上；5、7、9 这 3 根线是行程开关 SQ 的控制线，穿管接至行程开关 SQ 上。

实际接线图(图 3.43)

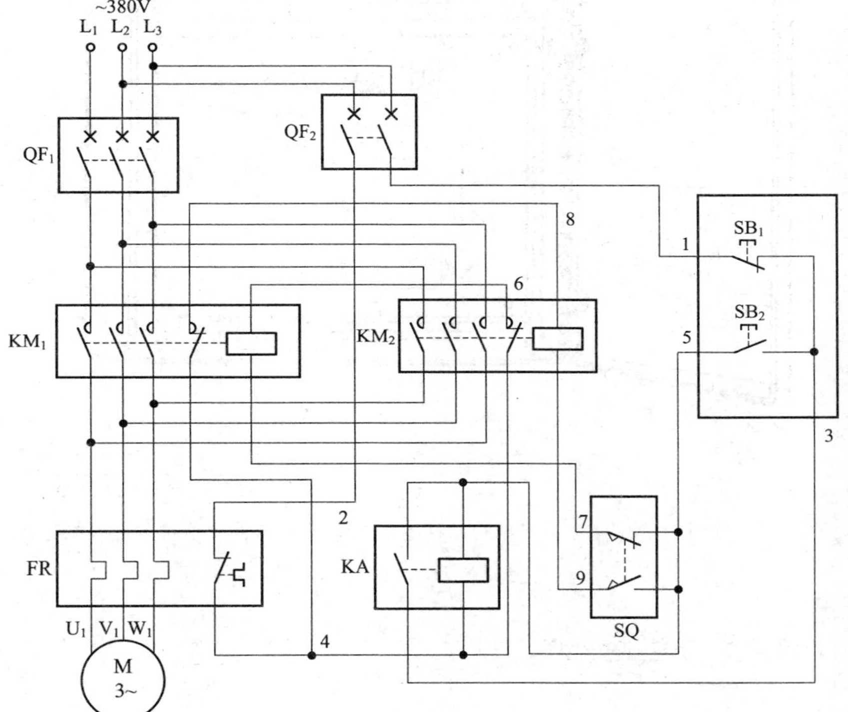

图 3.43 仅用一只行程开关实现自动往返控制电路实际接线图

元器件安装排列图及端子图(图 3.44)

从图 3.44 可以看出,断路器 QF_1、QF_2,交流接触器 KM_1、KM_2,中间继电器 KA,热继电器 FR 安装在配电箱内底板上;按钮开关 SB_1、SB_2 安装在配电箱门面板上。

通过端子 L_1、L_2、L_3 将三相 380V 交流电源接入配电箱中;端子 U_1、V_1、W_1 接至电动机接线盒中的 U_1、V_1、W_1 上;端子 1、3、5 将配电箱内的元器件与配电箱门面板上的按钮开关 SB_1、SB_2 连接起来;端子 5、7、9 接至行程开关 SQ 上。

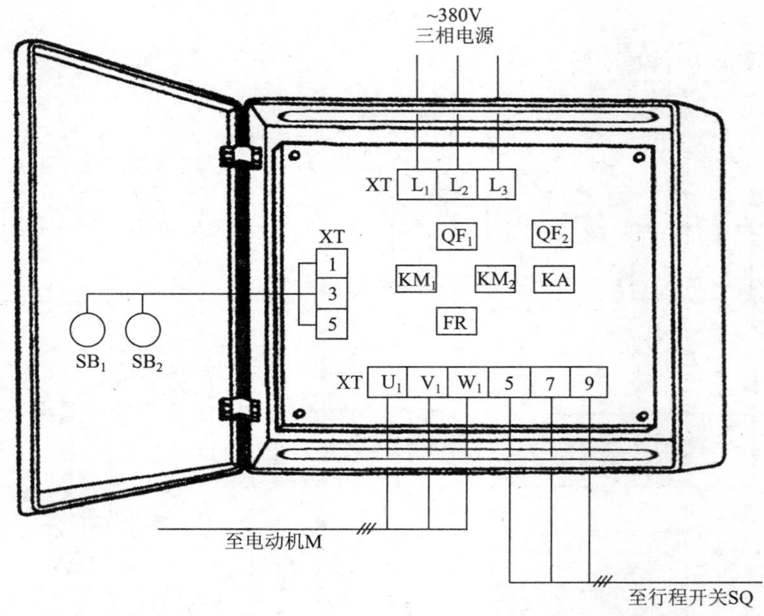

图 3.44 仅用一只行程开关实现自动往返控制电路元器件安装排列图及端子图

按钮接线图(图 3.45)

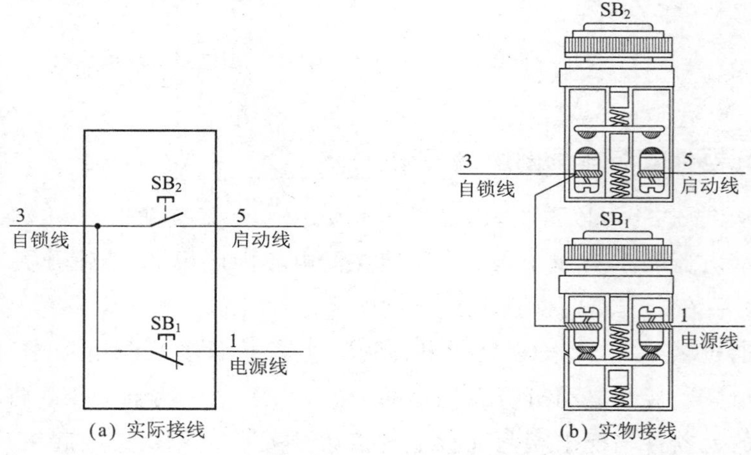

图 3.45 仅用一只行程开关实现自动往返控制电路按钮接线图

3.10 JZF-01 正反转自动控制器应用电路

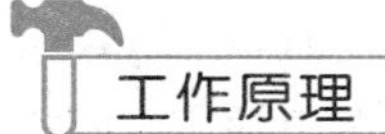

工作原理

JZF-01 正反转自动控制器应用电路如图 3.46 所示。首先合上主回路断路器 QF_1、控制回路断路器 QF_2，为电路工作提供准备条件。

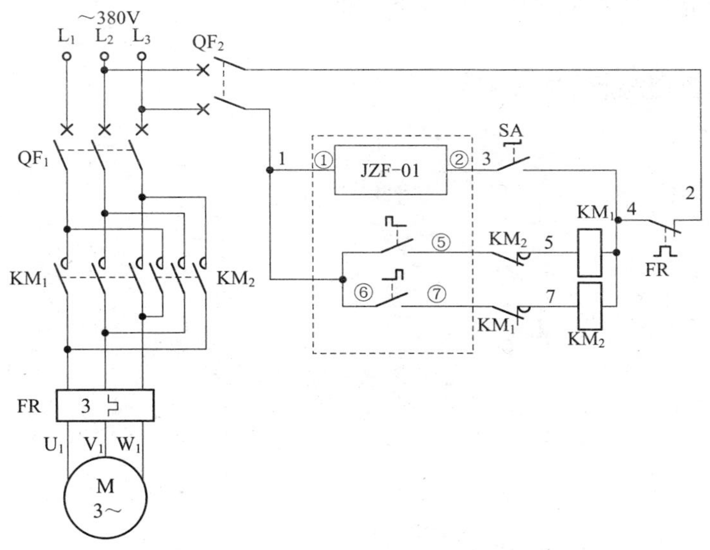

图 3.46 JZF-01 正反转自动控制器应用电路

工作时接通选择开关 SA，JZF-01 正反转自动控制器得电工作，其延时时间设置为固定式，也就是按以下动作时间循环工作，即正转运转 25s→停止 5s→反转运转 25s→停止 5s→正转运转 25s……

实际上当 JZF-01 正反转自动控制器得电工作后，其控制器端子⑤脚有输出时，正转交流接触器 KM_1 线圈得电吸合，KM_1 三相主触点闭合，电动机得电正转启动运转；电动机正转运转 25s 后，其控制器端子⑤脚无输出，正转交流接触器 KM_1 线圈断电释放，KM_1 三相主触点断开，电动机失电正转停止运转。经控制器 5s 延时后，控制器端子⑦脚有输出时，反转交流接触器 KM_2 线圈得电吸合，KM_2 三相主触点闭合，电动机得电反转启动运转；电动机反转运转 25s 后，其控制器端子⑦脚无输出，反转交流接触器 KM_2 线圈断电释放，KM_2 三相主触点断开，电动机失电反转停止运转。再经控制器 5s 延时后，控制器端子⑤脚又有输出时，正转交流接触器 KM_1 线圈又得电吸合，KM_1 三相主触点又闭合了，电动机又得电正转启动运转了……如此这般循环下去。

停止时只需断开选择开关 SA 即可。

电路布线图(图 3.47)

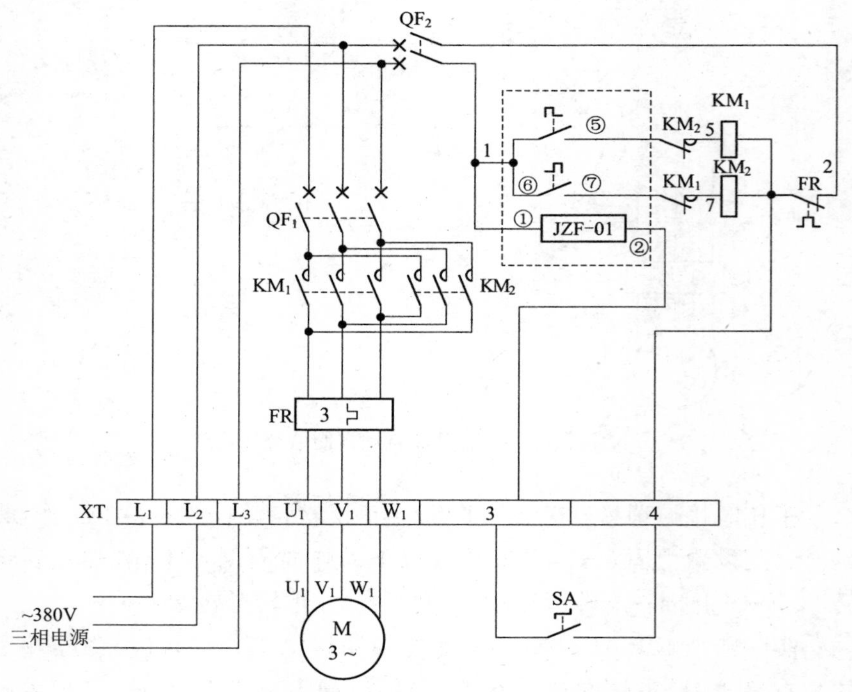

图 3.47 JZF-01 正反转自动控制器应用电路布线图

从端子排 XT 上看，共有 8 个接线端子。其中，L_1、L_2、L_3 这 3 根线是由外引入至配电箱内的三相 380V 电源，并穿管引入；U_1、V_1、W_1

这 3 根线是电动机线，穿管接至电动机接线盒内的 U_1、V_1、W_1 上；3、4 这 2 根线是控制线，接至配电箱门面板上的选择开关 SA 上。

实际接线图(图 3.48)

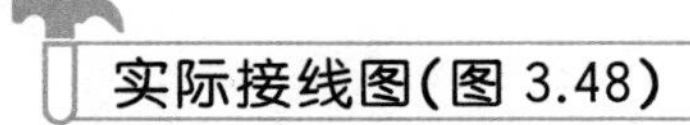

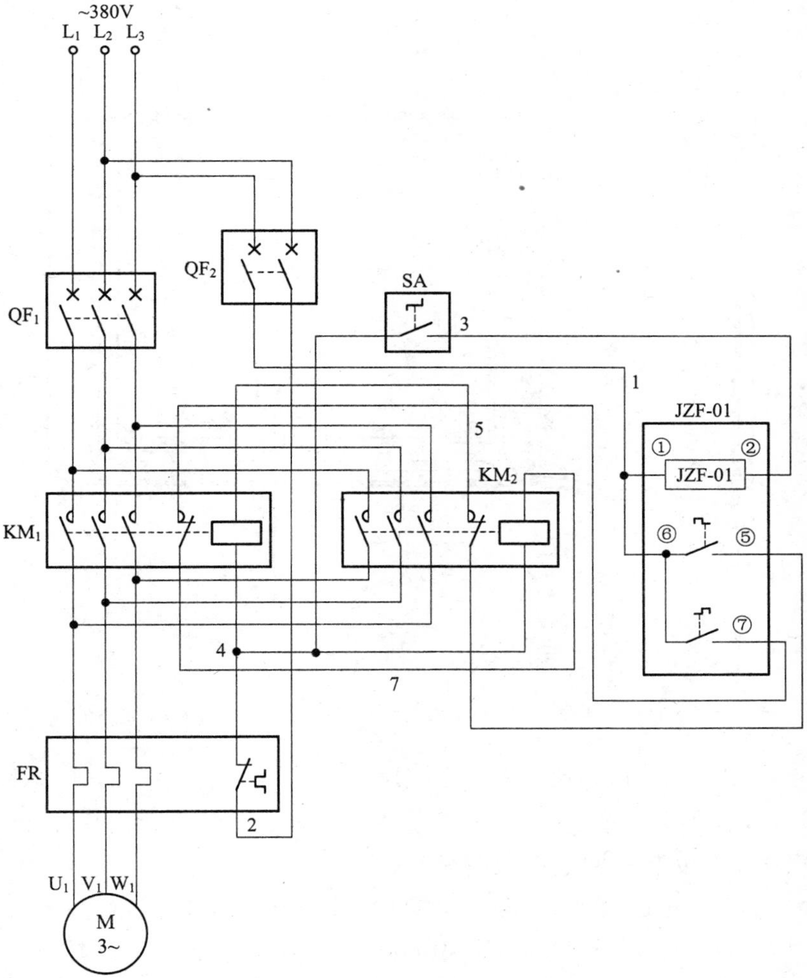

图 3.48 JZF-01 正反转自动控制器应用电路实际接线图

元器件安装排列图及端子图(图 3.49)

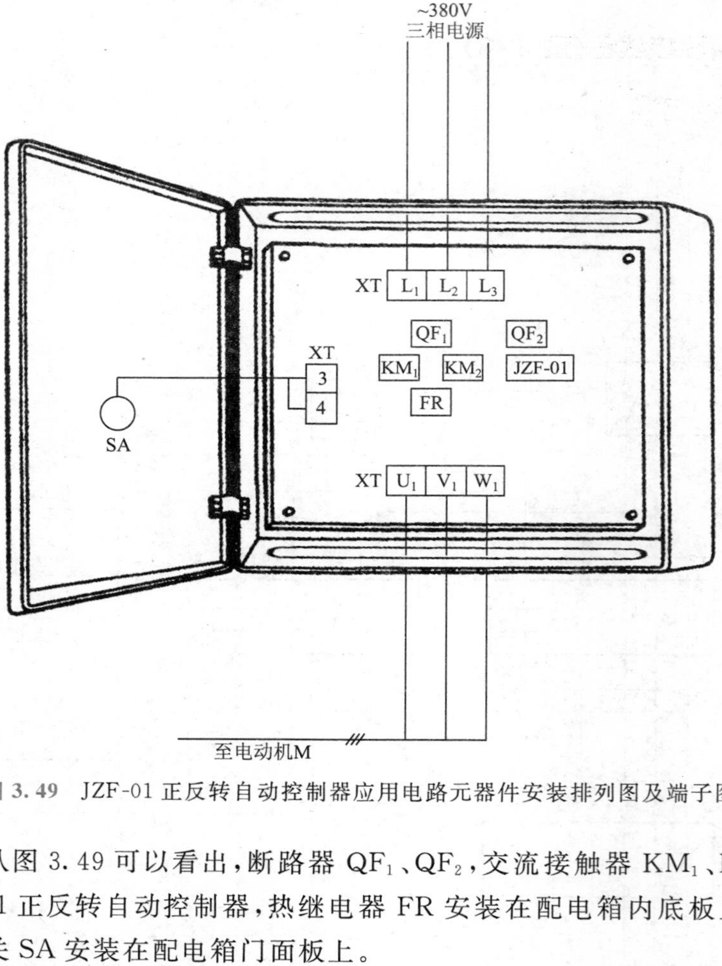

图 3.49　JZF-01 正反转自动控制器应用电路元器件安装排列图及端子图

从图 3.49 可以看出，断路器 QF_1、QF_2，交流接触器 KM_1、KM_2，JZF-01 正反转自动控制器，热继电器 FR 安装在配电箱内底板上；选择开关 SA 安装在配电箱门面板上。

通过端子 L_1、L_2、L_3 将三相 380V 交流电源接入配电箱中；端子 U_1、V_1、W_1 接至电动机接线盒中的 U_1、V_1、W_1 上；端子 3、4 将配电箱内的元器件与配电箱门面板上的选择开关 SA 连接起来。

选择开关接线图(图 3.50)

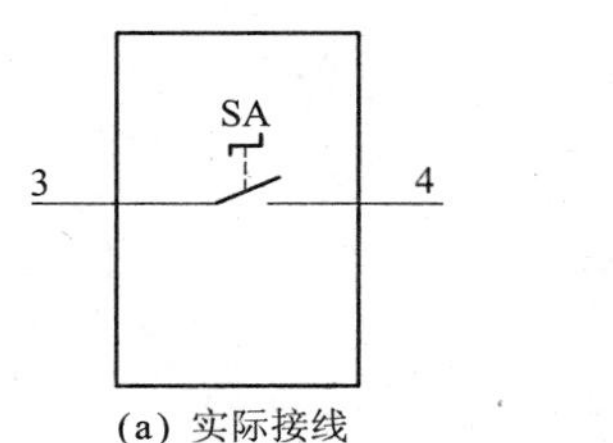

(a) 实际接线

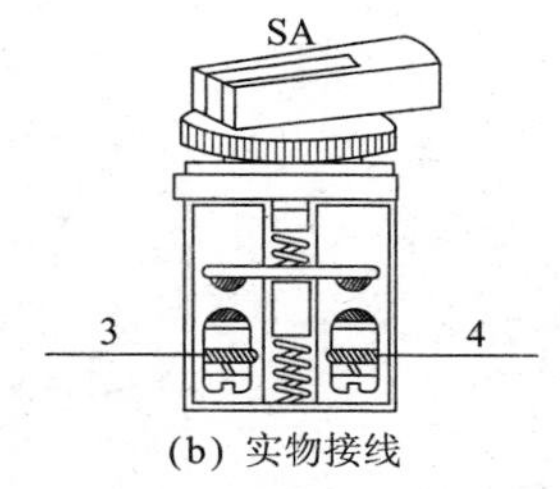

(b) 实物接线

图 3.50 JZF-01 正反转自动控制器应用电路选择开关接线图

3.11 可逆点动与启动混合控制电路

工作原理

可逆点动与启动混合控制电路如图 3.51 所示。首先合上主回路断路器 QF_1、控制回路断路器 QF_2，为电路工作提供准备条件。

正转启动时，按下正转启动按钮 SB_2，SB_2 的一组常闭触点(11-13)断开，起互锁作用；SB_2 的另一组常开触点(3-5)闭合，使交流接触器 KM_1 线圈得电吸合且 KM_1 辅助常开触点(5-9)闭合自锁，KM_1 三相主触点闭合，电动机得电正转连续运转。

正转停止时，按下停止按钮 SB_1(1-3)，交流接触器 KM_1 线圈断电释放，KM_1 三相主触点断开，电动机失电正转停止运转。

正转点动时，按下正转点动按钮 SB_3，SB_3 的一组常闭触点(3-9)断开，切断交流接触器 KM_1 线圈自锁回路，使其不能自锁；与此同时，SB_3 的另一组常开触点(3-5)闭合，接通正转交流接触器 KM_1 线圈回路电源，KM_1 三相主触点闭合，电动机得电正转启动运转。松开正转点动按钮 SB_3，正转交流接触器 KM_1 线圈断电释放，KM_1 三相主触点断开，电动机失电正转停止运转，从而完成正转点动工作。

反转启动时，按下反转启动按钮 SB_4，SB_4 的一组常闭触点(5-7)

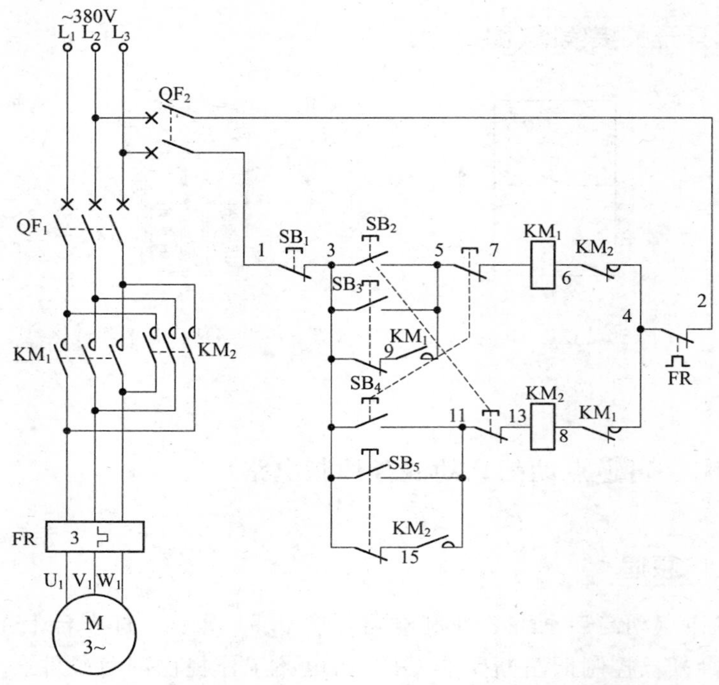

图 3.51　可逆点动与启动混合控制电路

断开，起互锁作用；SB_4 的另一组常开触点(3-11)闭合，使交流接触器 KM_2 线圈得电吸合且 KM_2 辅助常开触点(11-15)闭合自锁，KM_2 三相主触点闭合，电动机得电反转连续运转。

反转停止时，按下停止按钮 SB_1(1-3)，交流接触器 KM_2 线圈断电释放，KM_2 三相主触点断开，电动机失电反转停止运转。

反转点动时，按下反转点动按钮 SB_5，SB_5 的一组常闭触点(3-15)断开，切断交流接触器 KM_2 线圈自锁回路，使其不能自锁；与此同时，SB_5 的另一组常开触点(3-11)闭合，接通反转交流接触器 KM_2 线圈回路电源，KM_2 三相主触点闭合，电动机得电反转启动运转。松开反转点动按钮 SB_5，反转交流接触器 KM_2 线圈断电释放，KM_2 三相主触点断开，电动机失电反转停止运转，从而完成反转点动工作。

电路布线图(图 3.52)

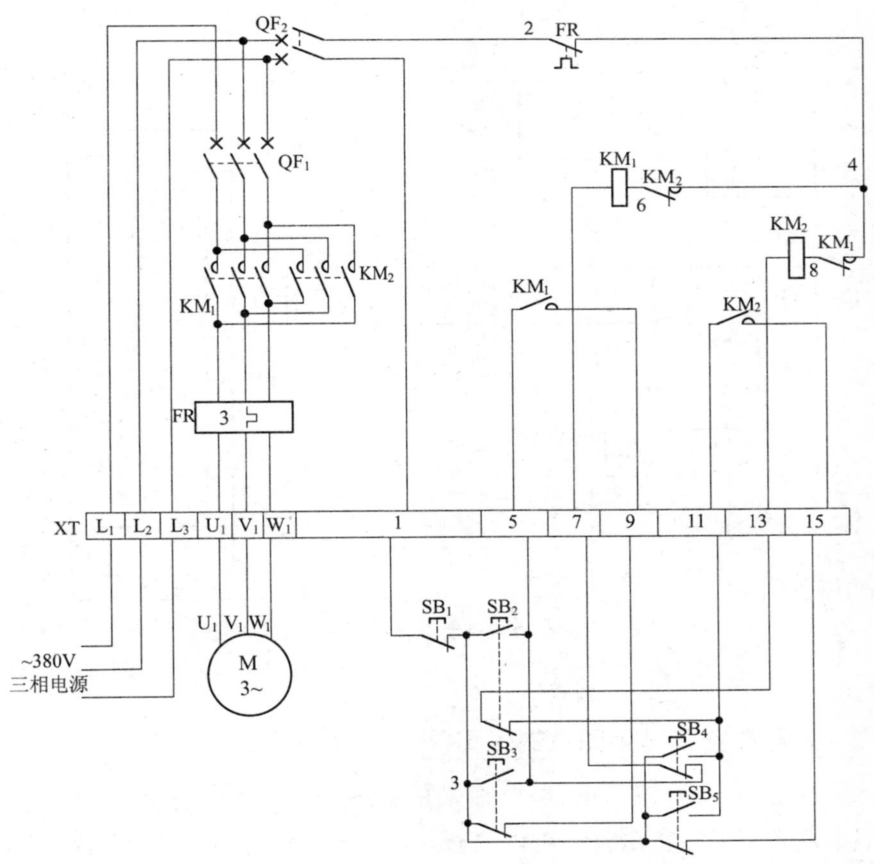

图 3.52 可逆点动与启动混合控制电路布线图

从端子排 XT 上看,共有 14 个接线端子。其中,L_1、L_2、L_3 这 3 根线是由外引入配电箱的三相 380V 电源,并穿管引入;U_1、V_1、W_1 这 3 根线是电动机线,穿管接至电动机接线盒内的 U_1、V_1、W_1 上;1、5、7、9、11、13、15 这 7 根线是控制线,接至配电箱门面板上的按钮开关 SB_1 ~SB_5 上。

实际接线图(图 3.53)

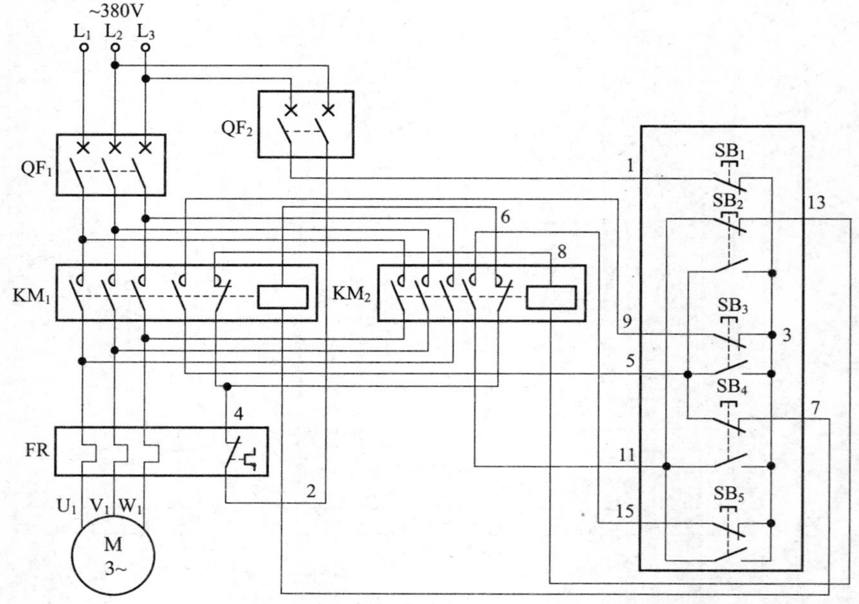

图 3.53 可逆点动与启动混合控制电路实际接线图

元器件安装排列图及端子图(图 3.54)

从图 3.54 可以看出，断路器 QF_1、QF_2，交流接触器 KM_1、KM_2，热继电器 FR 安装在配电箱内底板上；按钮开关 SB_1～SB_5 安装在配电箱门面板上。

通过端子 L_1、L_2、L_3 将三相 380V 交流电源接入配电箱中；端子 U_1、V_1、W_1 接至电动机接线盒中的 U_1、V_1、W_1 上；端子 1、5、7、9、11、13、15 将配电箱内的元器件与配电箱门面板上的按钮开关 SB_1～SB_5 连接起来。

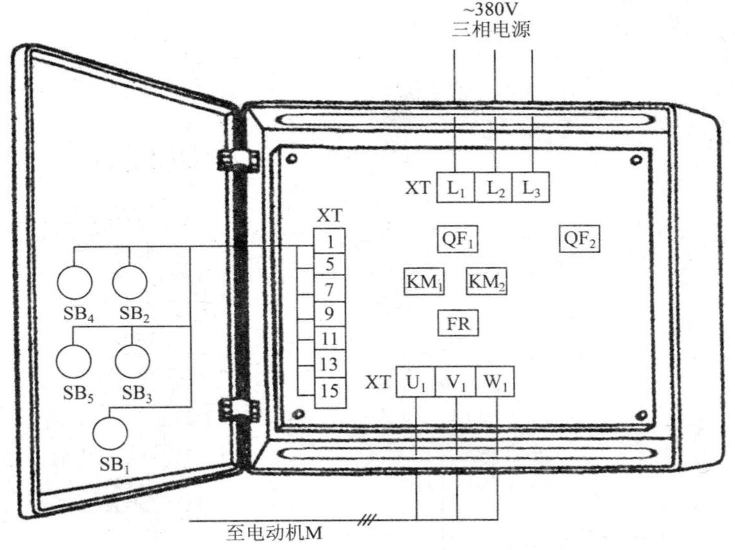

图 3.54 可逆点动与启动混合控制电路元器件安装排列图及端子图

按钮接线图(图 3.55)

3.12 防止相间短路的正反转控制电路

工作原理

防止相间短路的正反转控制电路如图 3.56 所示。首先合上主回路断路器 QF_1、控制回路断路器 QF_2,为电路工作提供准备条件。

正转启动时,按下正转启动按钮 SB_2,SB_2 的一组常闭触点(13-15)断开,切断反转交流接触器 KM_2 线圈回路电路,起到互锁作用;SB_2 的另一组常开触点(3-5)闭合,正转交流接触器 KM_1 线圈得电吸合且 KM_1 辅助常开触点(3-7)闭合自锁,KM_1 三相主触点闭合,电动机得电正转启动运转。与此同时,中间继电器 KA 线圈得电吸合,KA

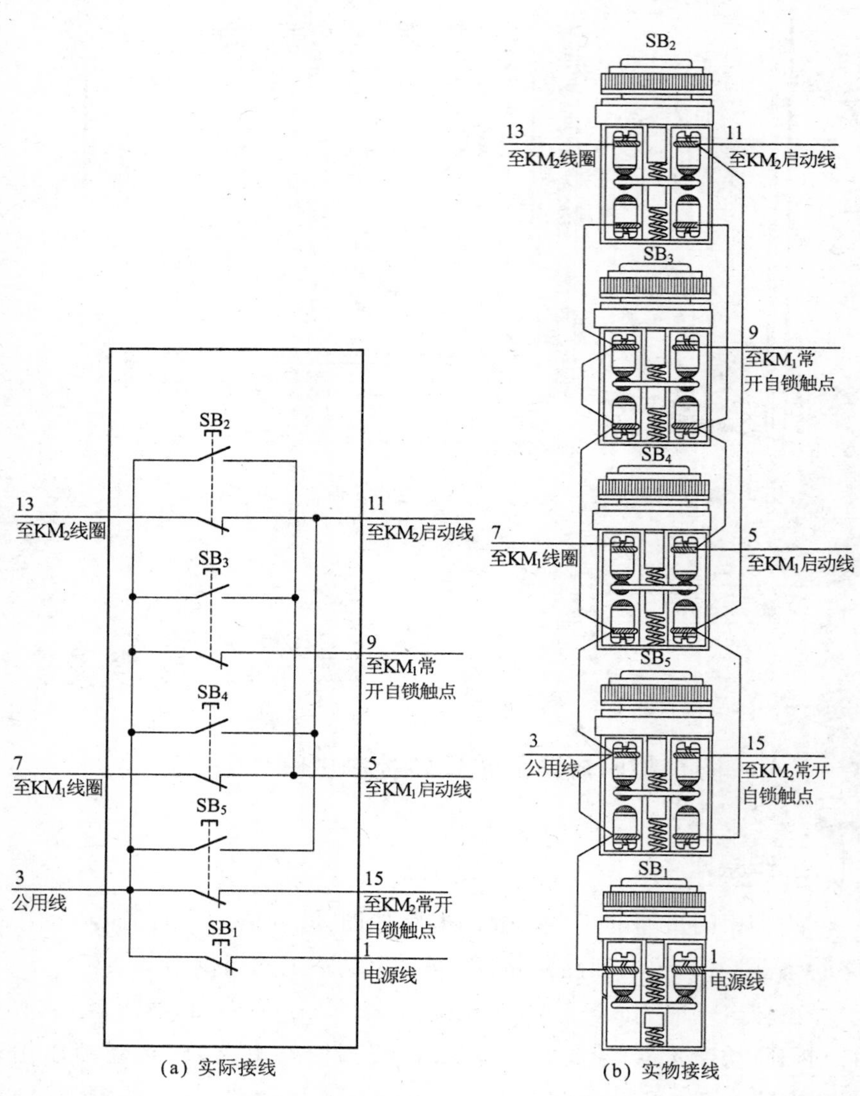

(a) 实际接线

(b) 实物接线

图 3.55 可逆点动与启动混合控制电路按钮接线图

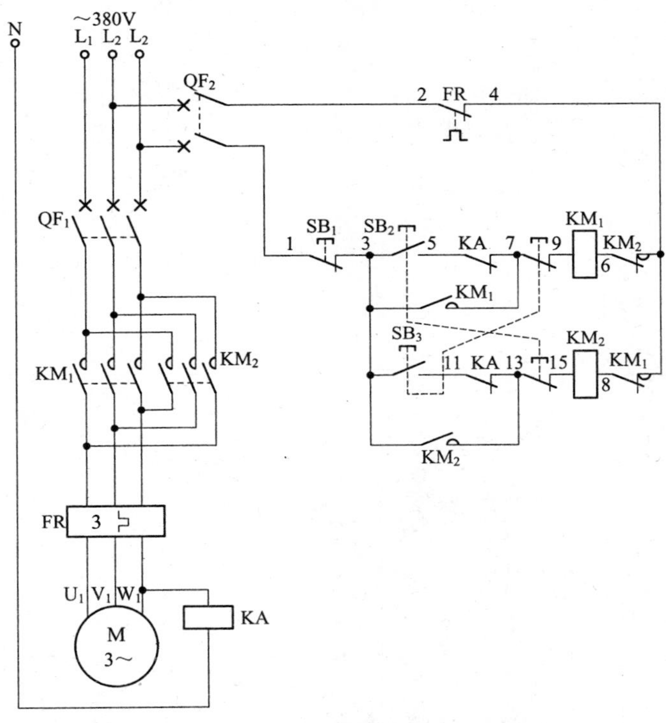

图 3.56 防止相间短路的正反转控制电路

串联在正转启动回路或反转启动回路中的两组常闭触点(5-7、11-13)断开,将限制正转启动按钮 SB_2 或反转启动按钮 SB_3 的启动操作,但不影响电路的停止工作。

电动机处于正转运转状态,欲反转操作时,按下反转启动按钮 SB_3,SB_3 的一组常闭触点(7-9)断开,切断正转交流接触器 KM_1 线圈回路电源,正转交流接触器 KM_1 线圈断电释放,KM_1 三相主触点断开,电动机失电停止运转;与此同时,中间继电器 KA 线圈也随之断电释放,KA 的两组常闭触点(5-7、11-13)恢复原始常闭状态,为反转提供通路,这样,经过中间继电器 KA 的转换,延长了正反转启动操作时间,避免了交流接触器在正反转转换时,由于转换时间很短,操作速度过快,又处于反接制动状态下直接启动,很可能因电动机启动电流过大引起弧光短路。当 KA 常闭触点(5-7、11-13)恢复常闭状态后,SB_3的另一组常开触点(3-11)[早已闭合等待与 KA 常闭触点(11-13)一起接通反转交流接触器 KM_2 线圈回路电源]接通反转交流接触器 KM_2 线圈回路电源,KM_2 线圈得电吸合且 KM_2 辅助常开触点(3-13)闭合自锁,KM_2 三相主触点闭合,电动机得电反转启动运转。

无论电动机处于正转运转还是反转运转状态,欲停止操作时,可按下停止按钮 SB_1(1-3),则正转交流接触器 KM_1 或反转交流接触器 KM_2 线圈断电释放,KM_1 或 KM_2 各自的三相主触点断开,电动机失电停止运转。

电路布线图(图 3.57)

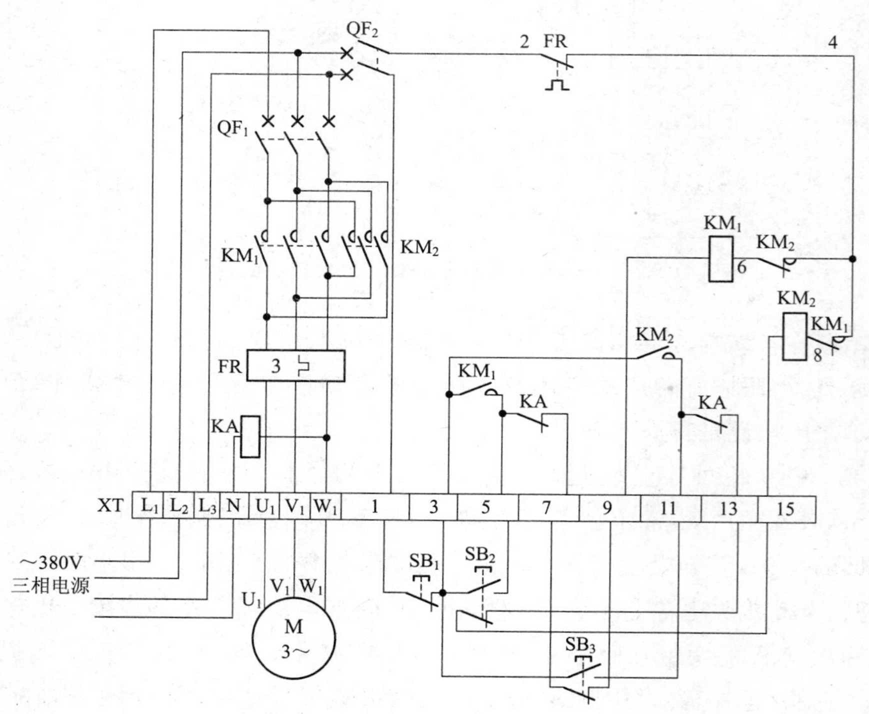

图 3.57 防止相间短路的正反转控制电路布线图

从端子排 XT 上看，共有 15 个接线端子。其中，L_1、L_2、L_3、N 这 4 根线是由外引入配电箱的三相 380V 电源，并穿管引入；U_1、V_1、W_1 这 3 根线是电动机线，穿管接至电动机接线盒内的 U_1、V_1、W_1 上；1、3、5、7、9、11、13、15 这 8 根线是控制线，接至配电箱门面板上的按钮开关 SB_1、SB_2、SB_3 上。

实际接线图(图 3.58)

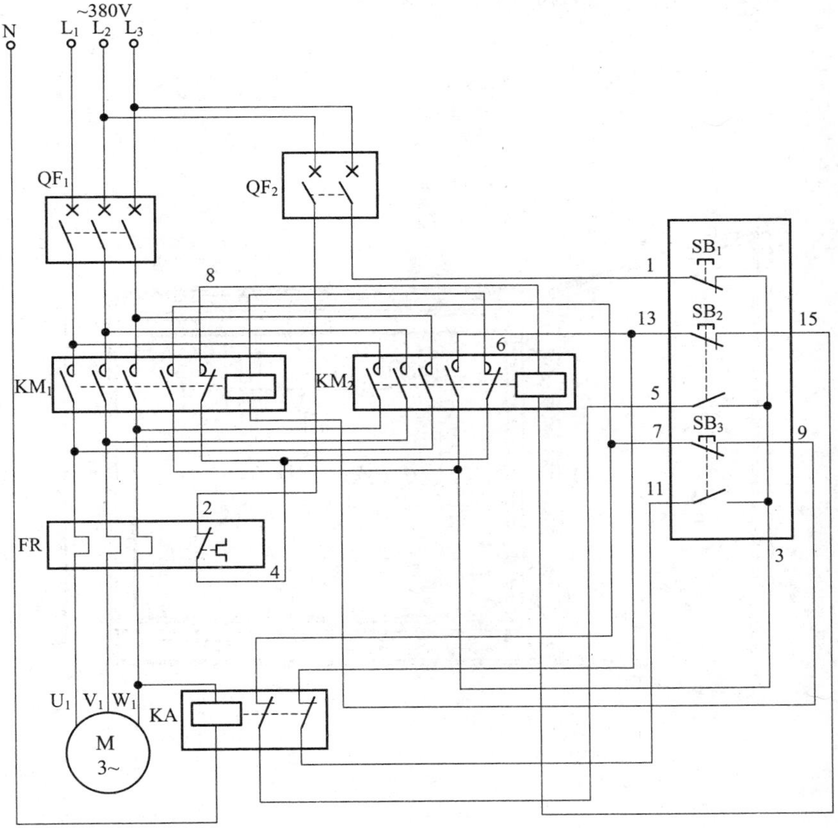

图 3.58 防止相间短路的正反转控制电路实际接线图

从图 3.58 可以看出，断路器 QF_1、QF_2，交流接触器 KM_1、KM_2，

中间继电器 KA，热继电器 FR 安装在配电箱内底板上；按钮开关 SB_1 ～SB_3 安装在配电箱门面板上。

通过端子 L_1、L_2、L_3、N 将三相 380V 交流电源接入配电箱中；端子 U_1、V_1、W_1 接至电动机接线盒中的 U_1、V_1、W_1 上；端子 1、3、5、7、9、11、13、15 将配电箱内的元器件与配电箱门面板上的按钮开关 SB_1 ～SB_3 连接起来。

元器件安装排列图及端子图(图 3.59)

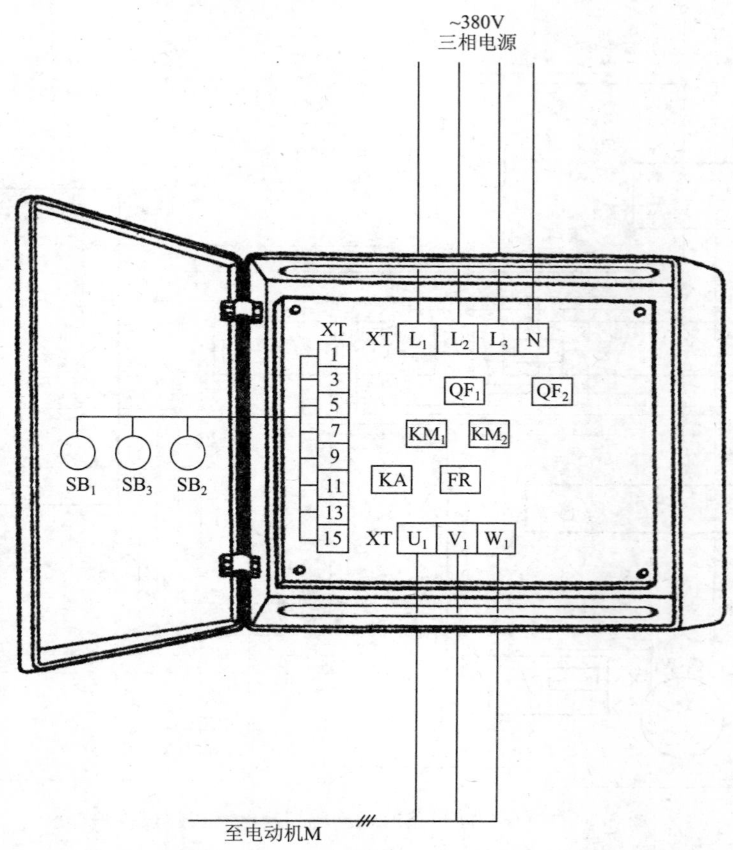

图 3.59　防止相间短路的正反转控制电路元器件安装排列图及端子图

按钮接线图(图 3.60)

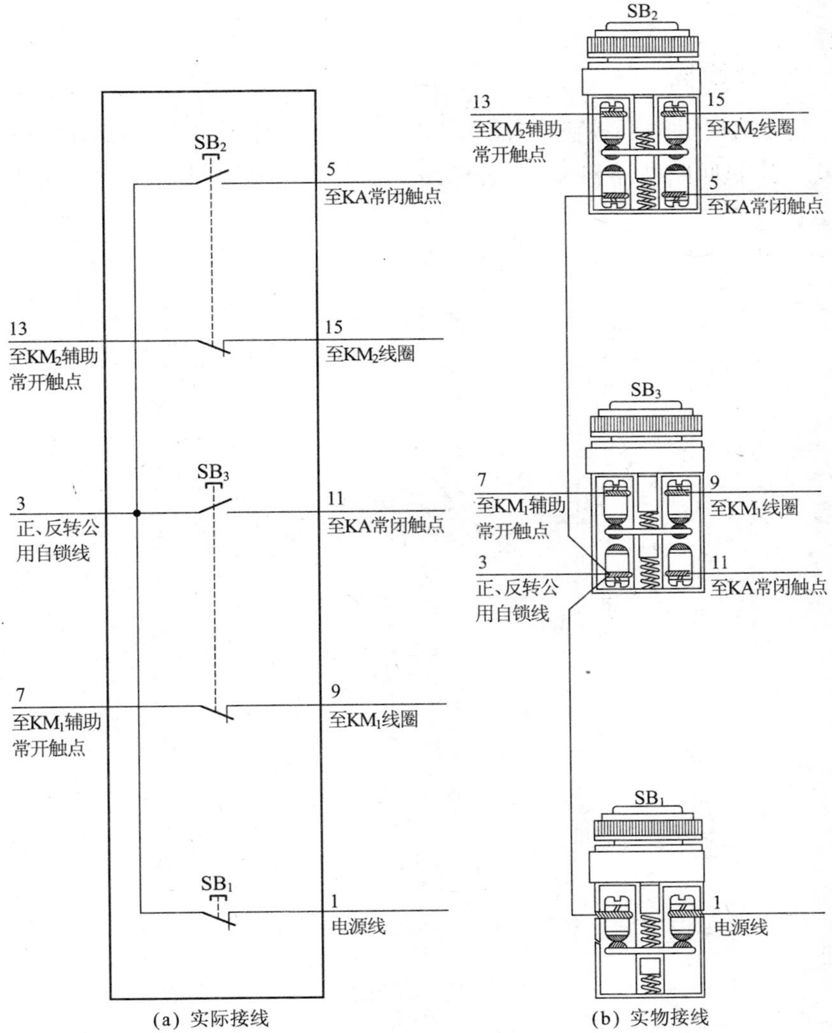

图 3.60 防止相间短路的正反转控制电路按钮接线图

3.13 自动往返循环控制电路

工作原理

自动往返循环控制电路如图 3.61 所示。首先合上主回路断路器 QF_1、控制回路断路器 QF_2，为电路工作提供准备条件。

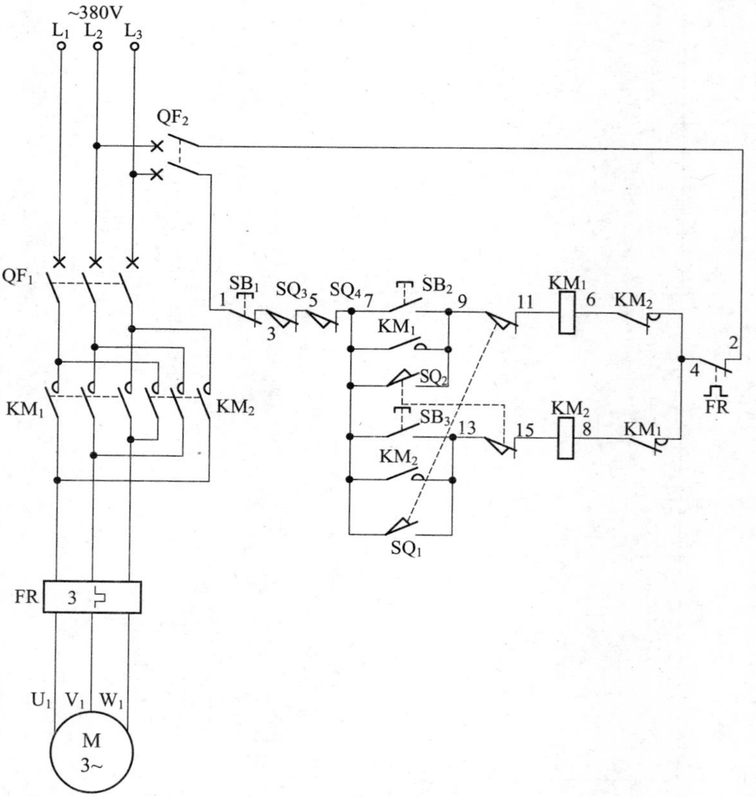

图 3.61 自动往返循环控制电路

正转启动时，按下正转启动按钮 SB_2(7-9)，正转交流接触器 KM_1 线圈得电吸合且 KM_1 辅助常开触点(7-9)闭合自锁，KM_1 三相主触点闭合，电动机得电正转运转。

正转停止时，按下停止按钮 SB_1(1-3)，正转交流接触器 KM_1 线圈断电释放，KM_1 三相主触点断开，电动机失电停止运转。

反转启动时，按下反转启动按钮 SB_3(7-13)，反转交流接触器 KM_2 线圈得电吸合且 KM_2 辅助常开触点(7-13)闭合自锁，KM_2 三相主触点闭合，电动机得电反转运转。

反转停止时，按下停止按钮 SB_1(1-3)，反转交流接触器 KM_2 线圈断电释放，KM_2 三相主触点断开，电动机失电停止运转。

自动往返控制时，按下正转启动按钮 SB_2(7-9)，正转交流接触器 KM_1 线圈得电吸合且 KM_1 辅助常开触点(7-9)闭合自锁，KM_1 三相主触点闭合，电动机得电正转运转，拖动工作台向左移动；当工作台向左移动到位，碰块触及左端行程开关 SQ_1 时，SQ_1 的一组常闭触点(9-11)断开，切断正转交流接触器 KM_1 线圈回路电源，KM_1 三相主触点断开，电动机失电正转停止运转，工作台向左移动停止；与此同时，SQ_1 的另外一组常开触点(7-13)闭合，接通反转交流接触器 KM_2 线圈回路电源，KM_2 线圈得电吸合且 KM_2 辅助常开触点(7-13)闭合自锁，KM_2 三相主触点闭合，电动机得电反转运转，拖动工作台向右移动(当碰块离开行程开关 SQ_1 后，SQ_1 恢复原始状态)。当工作台向右移动到位，碰块触及右端行程开关 SQ_2 时，SQ_2 的一组常闭触点(13-15)断开，切断反转交流接触器 KM_2 线圈回路电源，KM_2 线圈断电释放，KM_2 三相主触点断开，电动机失电反转停止运转，工作台向右移动停止；与此同时，SQ_2 的另外一组常开触点(7-9)闭合，接通正转交流接触器 KM_1 线圈回路电源，KM_1 线圈得电吸合且 KM_1 辅助常开触点(7-9)闭合自锁，KM_1 三相主触点闭合，电动机又得电正转运转了，拖动工作台向左移动(当碰块离开行程开关 SQ_2 后，SQ_2 恢复原始状态)……如此这般循环下去。

电路布线图(图 3.62)

从端子排 XT 上看，共有 13 个接线端子。其中，L_1、L_2、L_3 这 3 根

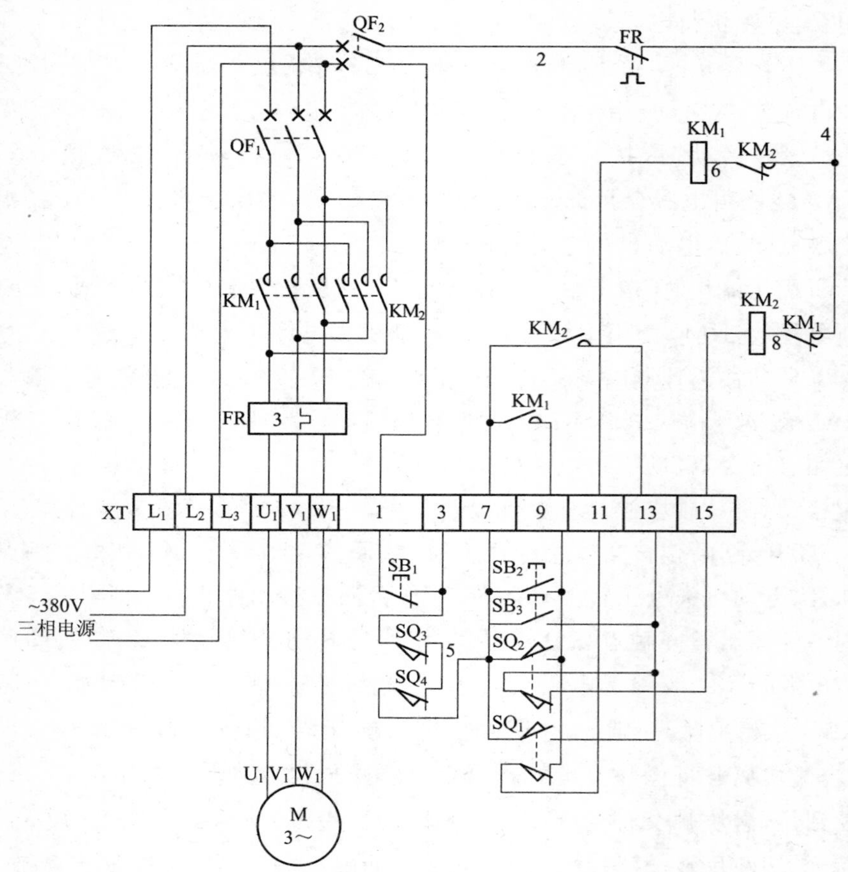

图 3.62　自动往返循环控制电路布线图

线是由外引入配电箱的三相380V电源，并穿管引入；U_1、V_1、W_1 这3根线是电动机线，穿管接至电动机接线盒内的 U_1、V_1、W_1 上；1、3、7、9、13这5根线是按钮控制线，接至配电箱门面板上的按钮开关 SB_1、SB_2、SB_3 上；3、7、9、11、13、15这6根线是行程开关控制线，可将 SQ_1、SQ_3，SQ_2、SQ_4 这2组分别穿管接至行程开关 SQ_1、SQ_3，SQ_2、SQ_4 上。

实际接线图(图 3.63)

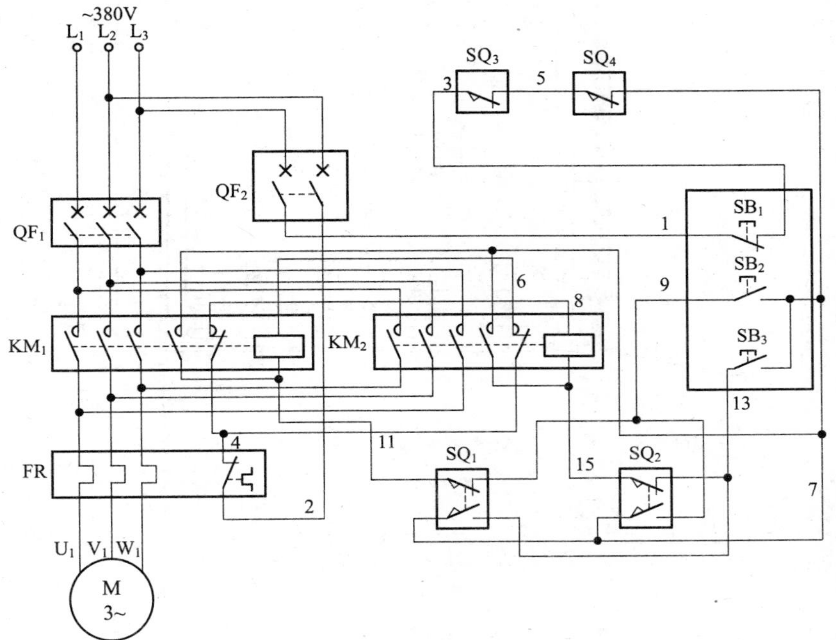

图 3.63 自动往返循环控制电路实际接线图

元器件安装排列图及端子图(图 3.64)

从图 3.64 可以看出，断路器 QF_1、QF_2，交流接触器 KM_1、KM_2，热继电器 FR 安装在配电箱内底板上；按钮开关 SB_1～SB_3 安装在配电箱门面板上。

通过端子 L_1、L_2、L_3 将三相 380V 交流电源接入配电箱中；端子 U_1、V_1、W_1 接至电动机接线盒中的 U_1、V_1、W_1 上；端子 1、3、7、9、13 将配电箱内的元器件与配电箱门面板上的按钮开关 SB_1、SB_2、SB_3 连接起来；端子 3、7、9、11、13、15 分别接至行程开关 SQ_1～SQ_4 上。

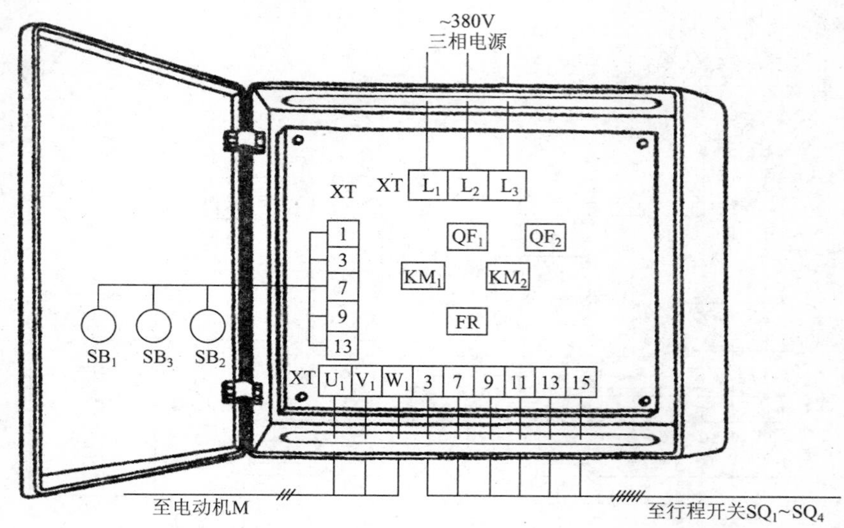

图 3.64 自动往返循环控制电路元器件安装排列图及端子图

按钮及行程开关接线图(图 3.65、图 3.66)

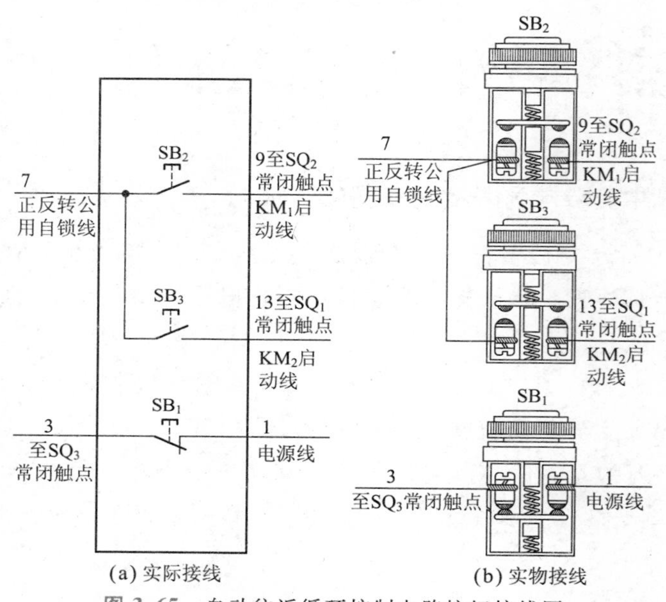

(a) 实际接线 (b) 实物接线

图 3.65 自动往返循环控制电路按钮接线图

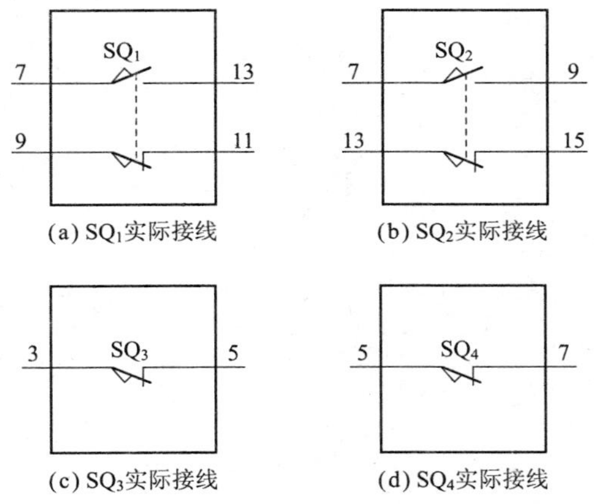

(a) SQ_1实际接线 (b) SQ_2实际接线

(c) SQ_3实际接线 (d) SQ_4实际接线

图 3.66 自动往返循环控制电路行程开关实际接线图

3.14 利用转换开关预选的正反转启停控制电路

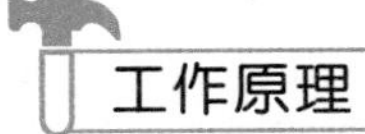

工作原理

利用转换开关预选的正反转启停控制电路如图 3.67 所示。合上主回路断路器 QF_1、控制回路断路器 QF_2，为电路工作做准备。

正转启动时，首先将预选正反转转换开关 SA(4-6)置于上端闭合，为正转启动运转做准备。按下启动按钮 SB_2(3-5)，正转交流接触器 KM_1 线圈得电吸合且 KM_1 辅助常开触点(3-5)闭合自锁，KM_1 三相主触点闭合，电动机得电正转运转。KM_1 线圈得电吸合后，KM_1 串联在反转交流接触器 KM_2 线圈回路中的辅助常闭触点(5-9)断开，起互锁保护作用。

正转停止时，按下停止按钮 SB_1(1-3)或将预选正反转转换开关 SA 置于下端(4-6 断开后又闭合)后再返回到上端时，正转交流接触器 KM_1 线圈断电释放，KM_1 三相主触点断开，电动机失电正转运转停止。

反转启动时，首先将预选正反转转换开关 SA(4-8)置于下端闭

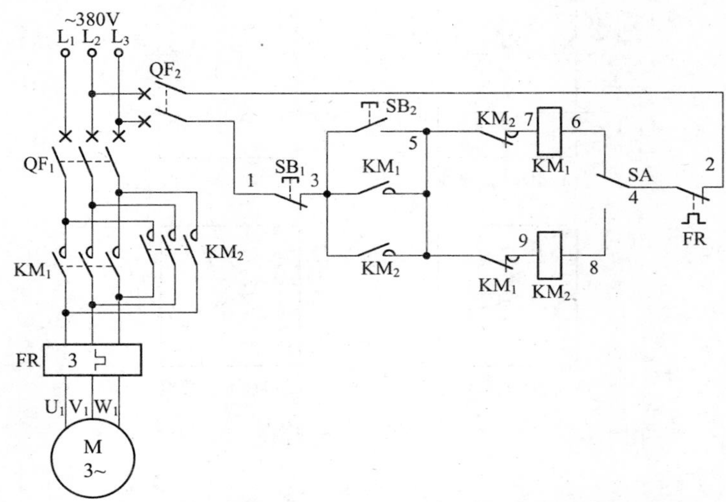

图3.67 利用转换开关预选的正反转启停控制电路

合,为反转启动运转做准备。按下启动按钮 SB_2(3-5),反转交流接触器 KM_2 线圈得电吸合且 KM_2 辅助常开触点(3-5)闭合自锁,KM_2 三相主触点闭合,电动机得电反转运转。KM_2 线圈得电吸合后,KM_2 串联在正转交流接触器 KM_1 线圈回路中的辅助常闭触点(5-7)断开,起互锁保护作用。

反转停止时,按下停止按钮 SB_1(1-3)或将预选正反转转换开关 SA 置于上端(4-8 断开后又闭合)后再返回到下端时,反转交流接触器 KM_2 线圈断电释放,KM_2 三相主触点断开,电动机失电反转运转停止。

电路布线图(图3.68)

从端子排 XT 上看,共有 12 个接线端子。其中,L_1、L_2、L_3 这 3 根线是由外引入配电箱的三相 380V 电源,并穿管引入;U_1、V_1、W_1 这 3 根线是电动机线,穿管接至电动机接线盒内的 U_1、V_1、W_1 上;1、3、4、5、6、8 这 6 根线是控制线,分别接至配电箱门面板上的按钮开关 SB_1、SB_2 和转换开关 SA 上。

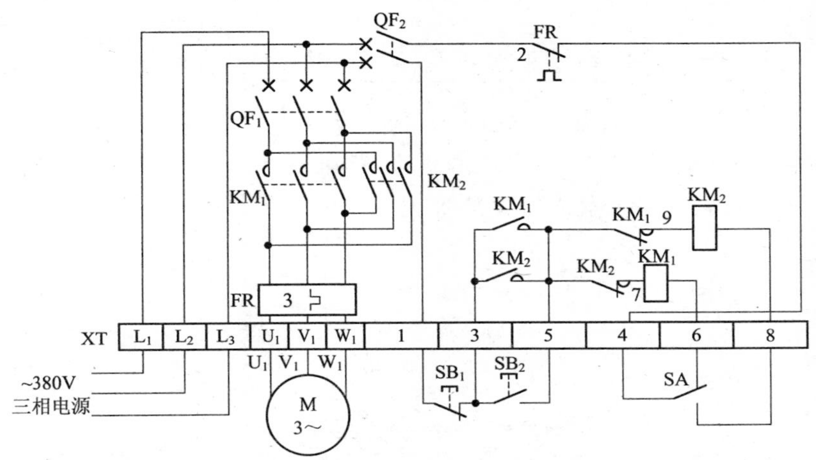

图 3.68 利用转换开关预选的正反转启停控制电路布线图

实际接线图(图 3.69)

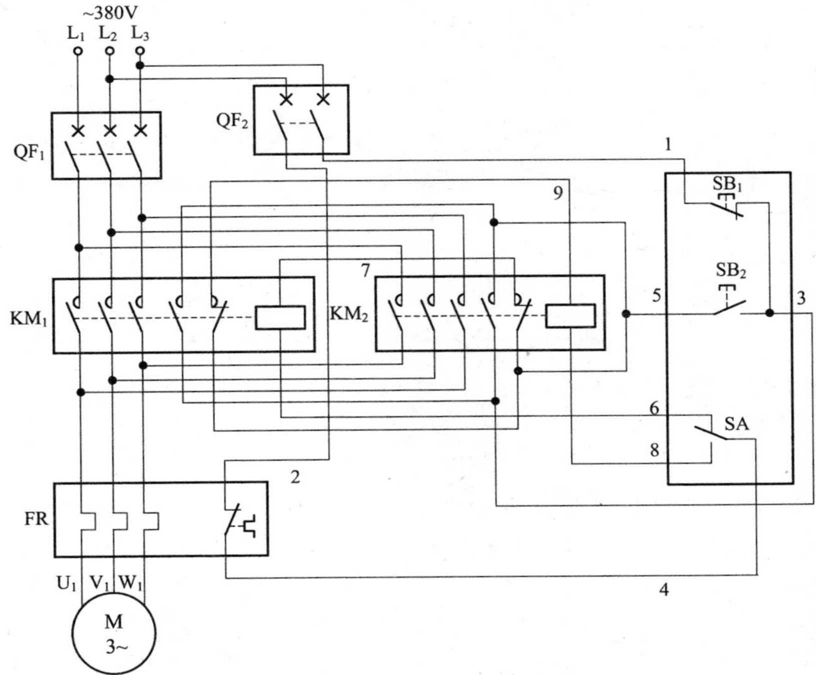

图 3.69 利用转换开关预选的正反转启停控制电路实际接线图

元器件安装排列图及端子图(图 3.70)

从图 3.70 可以看出，断路器 QF_1、QF_2，交流接触器 KM_1、KM_2，热继电器 FR 安装在配电箱内底板上；按钮开关 SB_1、SB_2 和转换开关 SA 安装在配电箱门面板上。

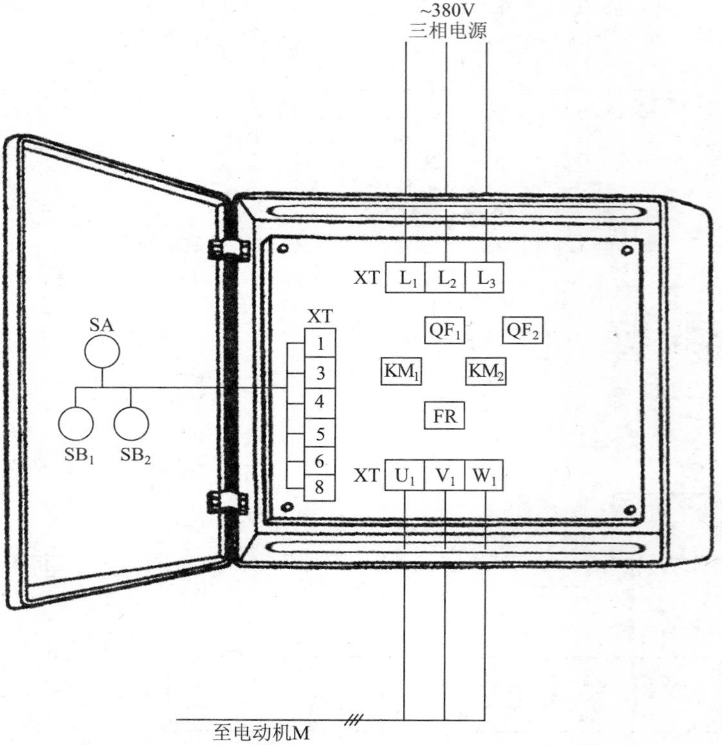

图 3.70 利用转换开关预选的正反转启停控制电路元器件安装排列图及端子图

通过端子 L_1、L_2、L_3 将三相 380V 交流电源接入配电箱中；端子 U_1、V_1、W_1 接至电动机接线盒中的 U_1、V_1、W_1 上；端子 1、3、4、5、6、8 将配电箱内的元器件与配电箱门面板上的按钮开关 SB_1、SB_2 及转换开关 SA 连接起来。

按钮及转换开关接线图(图 3.71)

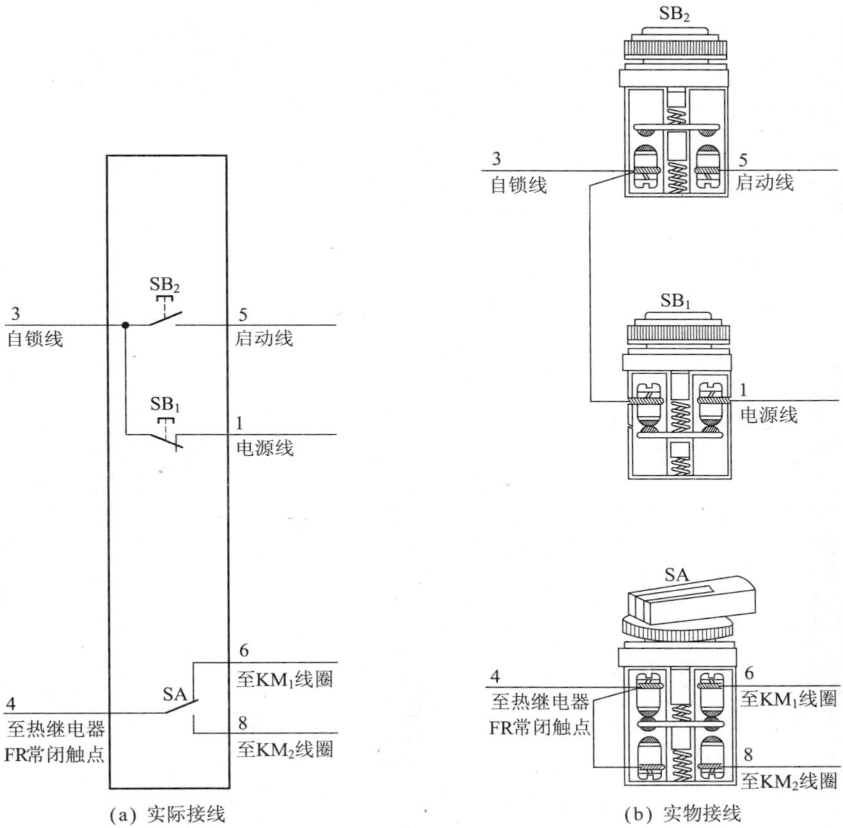

SB₂ 3 自锁线 5 启动线 SB₁ 1 电源线 6 至KM_1线圈 SA 4 至热继电器 FR常闭触点 8 至KM_2线圈

(a) 实际接线

SB₂ 3 自锁线 5 启动线 SB₁ 1 电源线 SA 4 至热继电器 FR常闭触点 6 至KM_1线圈 8 至KM_2线圈

(b) 实物接线

图 3.71 利用转换开关预选的正反转启停控制电路按钮及转换开关接线图

3.15 仅用 4 根导线控制的正反转启停电路

工作原理

通常的正反转按钮互锁控制电路需从按钮开关上引出 5 根以上导线,本例中仅用 4 根导线,即 1[#]、3[#]、7[#]、11[#]线(图 3.72)。

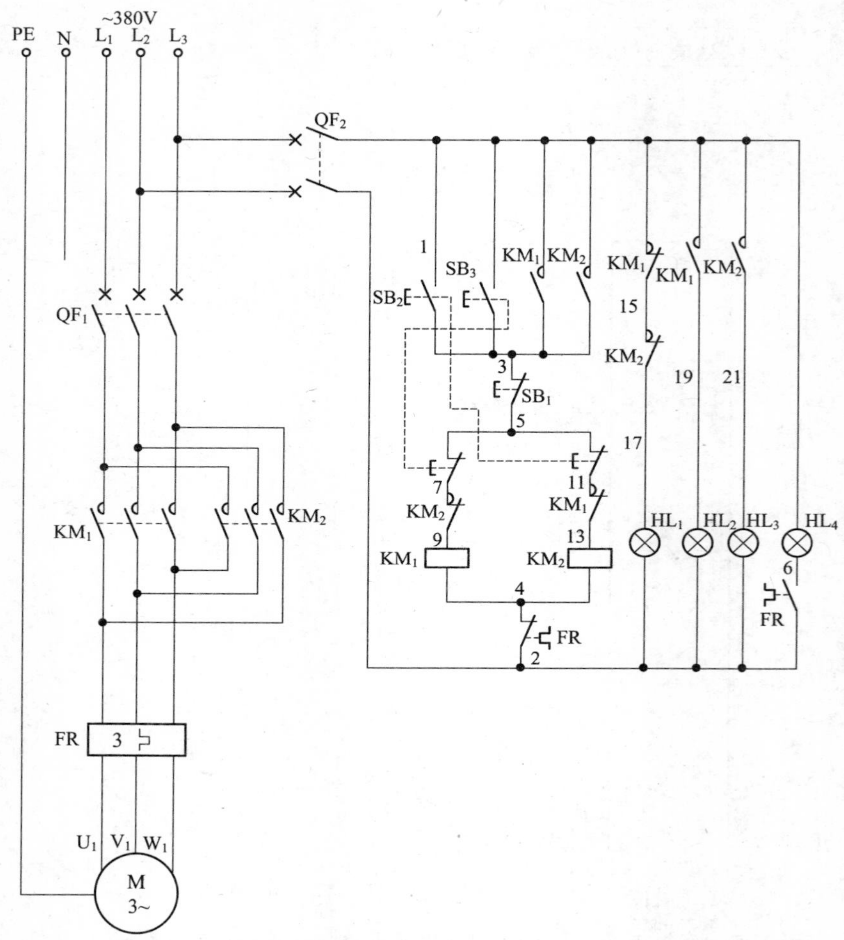

图 3.72 仅用 4 根导线控制的正反转启停电路

正转启动时，按下正转启动按钮 SB_2，SB_2 的一组常闭触点(5-11)断开，切断反转交流接触器 KM_2 线圈的回路电源，起到按钮互锁作用；SB_2 的另一组常开触点(1-3)闭合，接通正转交流接触器 KM_1 线圈的回路电源，KM_1 线圈得电吸合且 KM_1 辅助常开触点(1-3)闭合自锁，KM_1 三相主触点闭合，电动机得电正转启动运转。与此同时，KM_1 的一组辅助常闭触点(11-13)断开，切断反转交流接触器 KM_2 线圈的回路电源，起到接触器常闭触点互锁作用，KM_1 的另一组辅助常闭触点(1-15)断开，指示灯 HL_1 灭，KM_1 的另一组辅助常开触点(1-19)闭合，指示灯 HL_2 亮，说明电动机已正转运转了。

反转启动时，按下反转启动按钮 SB_3，SB_3 的一组常闭触点(5-7)断开，切断正转交流接触器 KM_1 线圈的回路电源，使正转交流接触器 KM_1 线圈断电释放，KM_1 三相主触点断开，电动机失电正转运转停止；KM_1 所有辅助常开、常闭触点恢复原始状态。与此同时，反转交流接触器 KM_2 线圈在反转启动按钮 SB_3 的一组常开触点(1-3)的作用下得电吸合，且 KM_2 辅助常开触点(1-3)闭合自锁，KM_2 三相主触点闭合，电动机得电反转启动运转；KM_2 的一组辅助常闭触点(7-9)断开，切断正转交流接触器 KM_1 线圈的回路电源，起到接触器常闭触点互锁作用，KM_2 的另一组辅助常闭触点(15-17)断开，指示灯 HL_1 灭，KM_2 的另一组辅助常开触点(1-21)闭合，指示灯 HL_3 亮，说明电动机已反转运转了。

停止时，无论电动机处于正转还是反转运转状态，只要按下停止按钮 SB_1(3-5)，都会切断其控制电动机电源的交流接触器 KM_1 或 KM_2 线圈的回路电源，使 KM_1 或 KM_2 线圈断电释放，KM_1 或 KM_2 各自的三相主触点断开，电动机失电停止运转。同时指示灯 HL_2 或 HL_3 灭，HL_1 亮，说明电动机已停止运转了。

电路布线图(图3.73)

从端子排XT上看，共有17个接线端子。其中，L_1、L_2、L_3、N、PE这5根线是由外引入配电箱的三相380V电源，并穿管引入；U_1、V_1、W_1、PE这4根线是电动机线，穿管接至电动机接线盒内的 U_1、V_1、W_1 及外壳上；1、3、7、11、17、19、21、2、6这9根线是控制线，接至配电箱门面板上的按钮开关 SB_1～SB_3 以及指示灯 HL_1～HL_4 上。

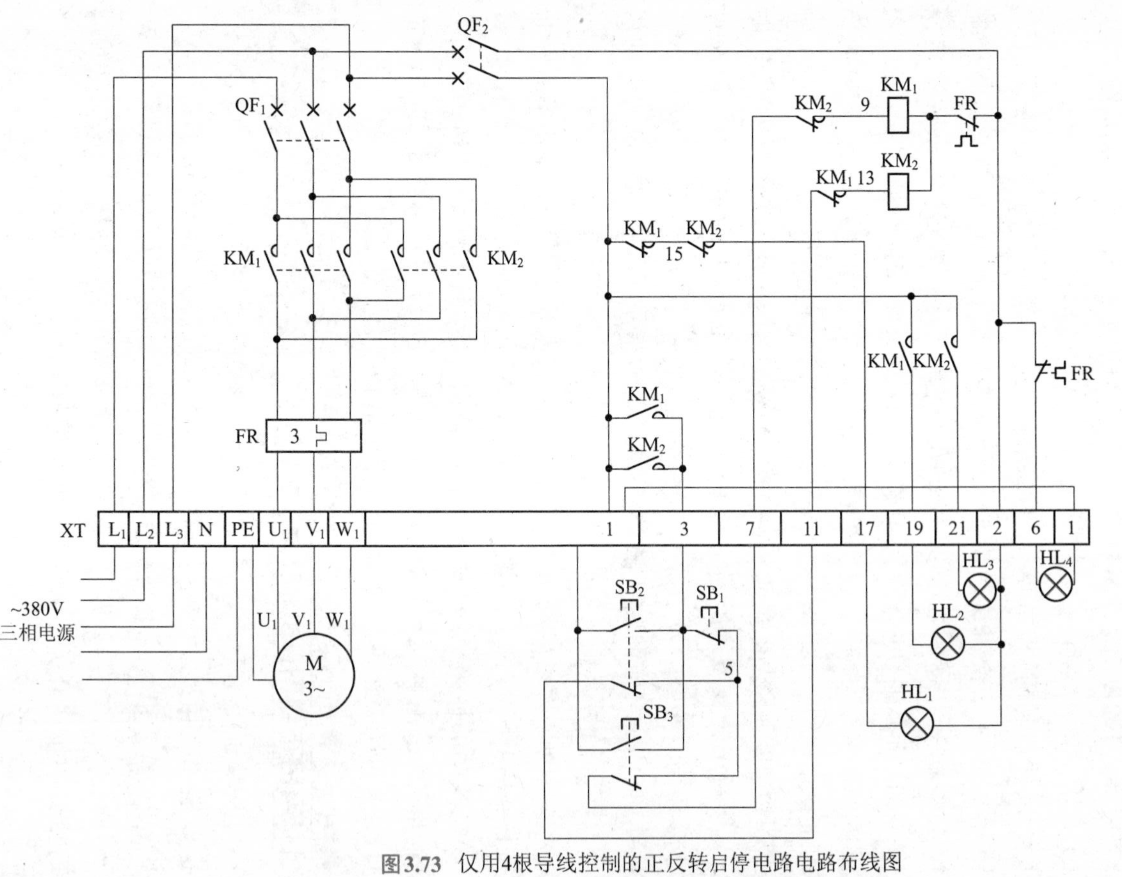

图3.73 仅用4根导线控制的正反转启停电路电路布线图

实际接线图(图3.74)

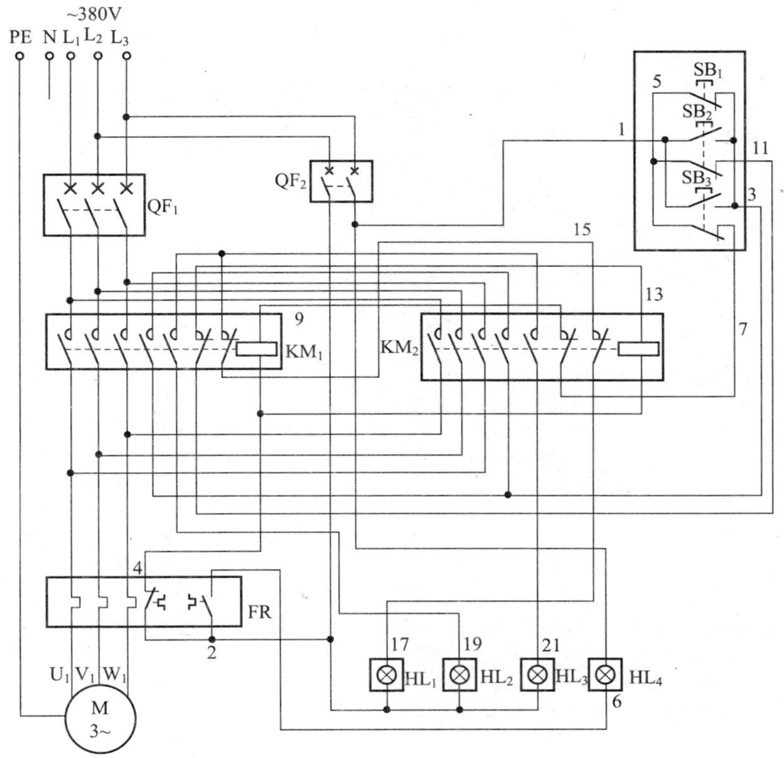

图3.74 仅用4根导线控制的正反转启停电路实际接线图

元器件安装排列图及端子图(图3.75)

从图3.75可以看出,断路器 QF_1、QF_2,交流接触器 KM_1、KM_2,热继电器FR安装在配电箱内底板上;按钮开关 SB_1~SB_3 以及指示灯 HL_1~HL_4 安装在配电箱门面板上。

通过端子 L_1、L_2、L_3、N、PE将三相380V交流电源接入配电箱中;端子 U_1、V_1、W_1、PE接至电动机接线盒中的 U_1、V_1、W_1 及外壳上;端子1、3、7、11、17、19、21、2、6将配电箱内的元器件与配电箱门面

板上的按钮开关 $SB_1 \sim SB_3$ 以及指示灯 $HL_1 \sim HL_4$ 连接起来。

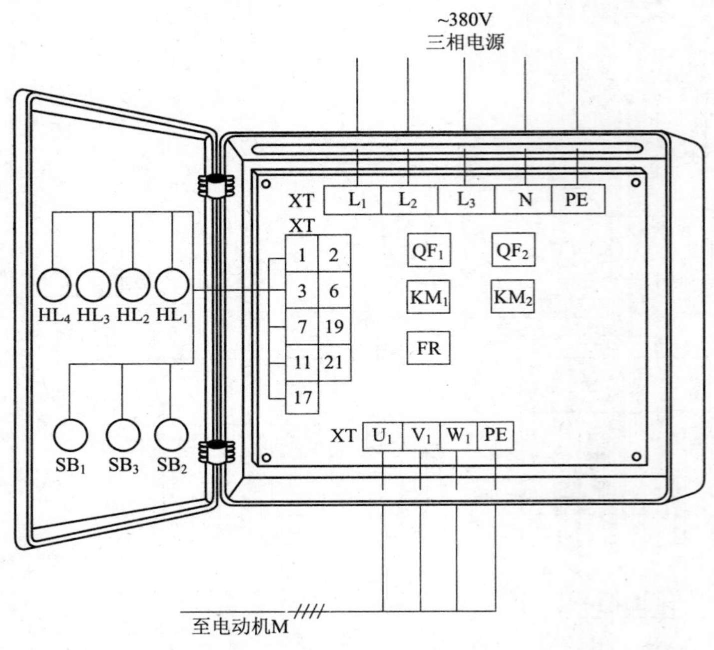

图 3.75 仅用 4 根导线控制的正反转启停电路元器件安装排列图及端子图

第4章 电动机制动电路

4.1 单向运转反接制动控制电路

工作原理

单向运转反接制动控制电路如图4.1所示。首先合上主回路断路器 QF_1、控制回路断路器 QF_2，为电路工作提供准备条件。

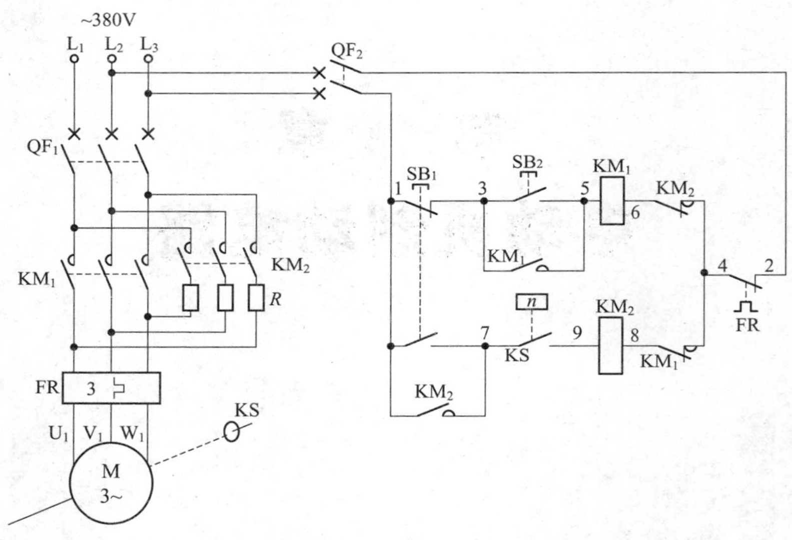

图4.1 单向运转反接制动控制电路

启动时，按下启动按钮 SB_2(3-5)，交流接触器 KM_1 线圈得电吸合且 KM_1 辅助常开触点(3-5)闭合自锁，同时 KM_1 串联在制动用交流接触器 KM_2 线圈回路中的辅助常闭触点(4-8)断开，对制动控制电路进行互锁；在 KM_1 线圈得电吸合的同时，KM_1 三相主触点闭合，电动机得电启动运转。当电动机的转速升至120r/min后，速度继电器KS常开触点(7-9)闭合，为停止时反接制动做准备。

制动时，将停止兼制动按钮 SB_1 按到底，SB_1 的一组常闭触点(1-3)断开，切断了交流接触器 KM_1 线圈回路电源，KM_1 线圈断电释放，

KM_1 三相主触点断开，电动机失电仍靠惯性继续转动；与此同时，SB_1 的另外一组常开触点(1-7)闭合，由于 KM_1 线圈已断电释放，KM_1 串联在 KM_2 线圈回路中的互锁辅助常闭触点(4-8)恢复常闭状态，此时交流接触器 KM_2 线圈得电吸合且 KM_2 辅助常开触点(1-7)闭合自锁，KM_2 三相主触点闭合，串联限流电阻器 R 对电动机进行反接制动，使电动机迅速停止下来，当电动机的转速低至 100r/min 时，速度继电器 KS 常开触点(7-9)断开，切断反接制动交流接触器 KM_2 线圈回路电源，KM_2 线圈断电释放，KM_2 三相主触点断开，电动机反接制动电源解除，从而完成反接制动控制。

自由停机时，轻轻按下停止按钮 SB_1(1-3)，交流接触器 KM_1 线圈断电释放，KM_1 三相主触点断开，电动机失电仍靠惯性继续转动，处于自由停机状态。

电路布线图(图 4.2)

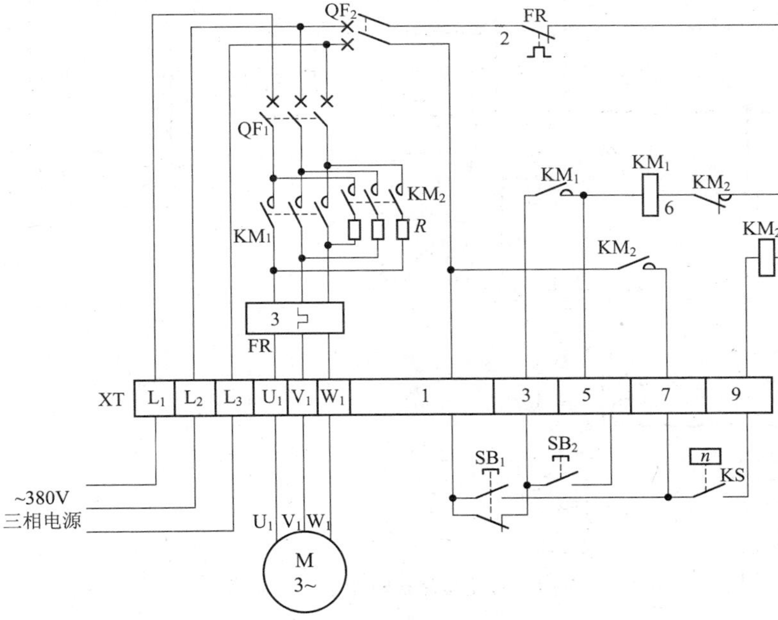

图 4.2 单向运转反接制动控制电路布线图

从端子排XT上看，共有12个接线端子。其中，L_1、L_2、L_3 这3根线是由外引入配电箱的三相380V电源，并穿管引入；U_1、V_1、W_1 这3根线是电动机线，穿管接至电动机接线盒内的 U_1、V_1、W_1 上；1、3、5、7这4根线是控制线，接至配电箱门面板上的按钮开关 SB_1、SB_2 上；7、9这2根线是速度继电器控制线，穿管接至速度继电器KS常开触点上。

实际接线图(图4.3)

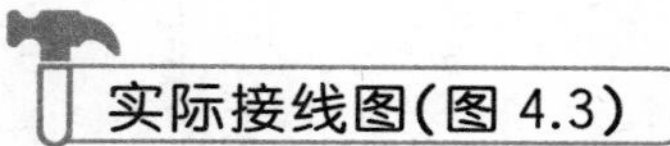

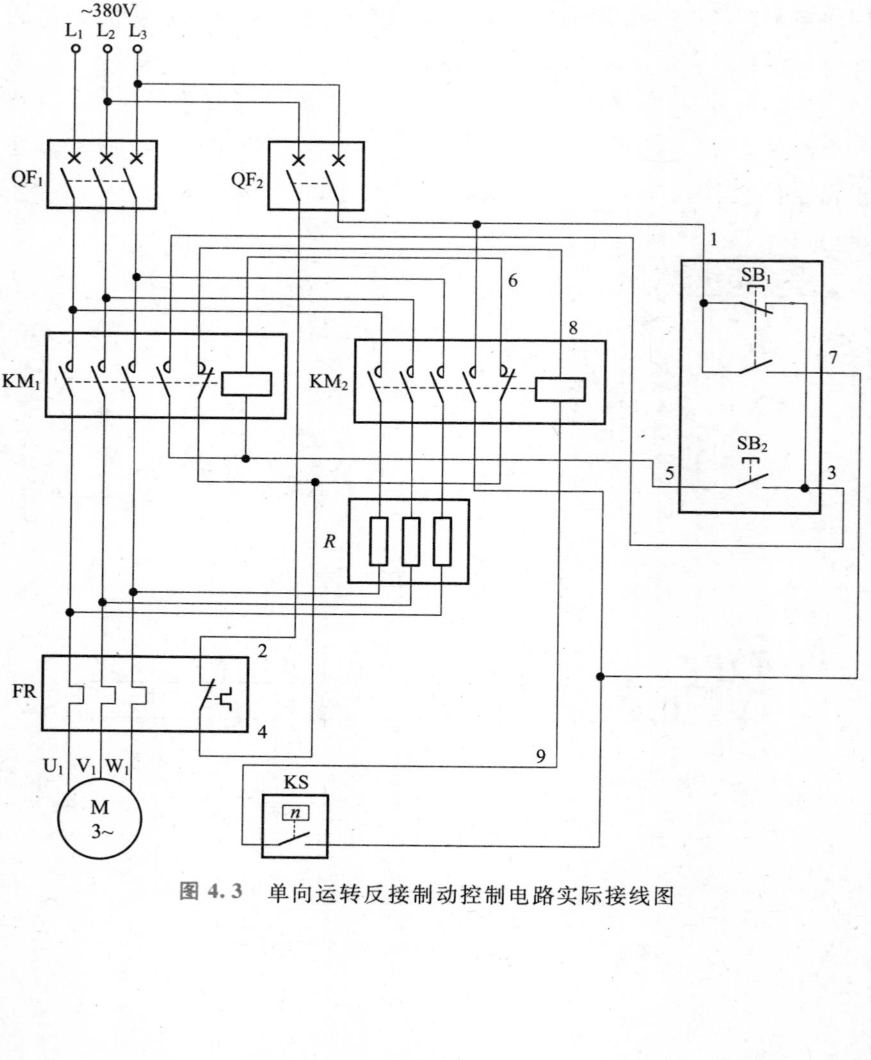

图4.3 单向运转反接制动控制电路实际接线图

元器件安装排列图及端子图(图 4.4)

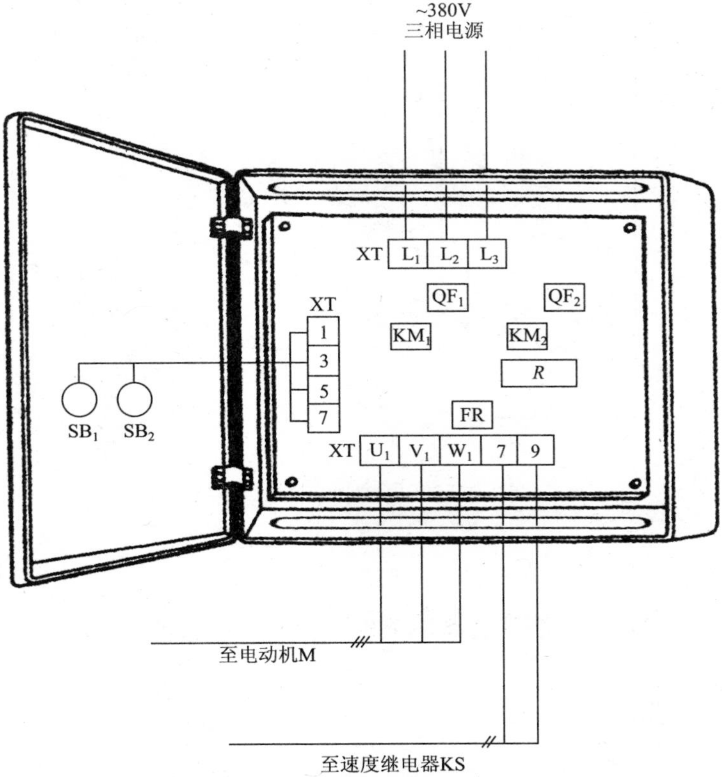

图 4.4 单向运转反接制动控制电路元器件安装排列图及端子图

从图 4.4 可以看出，断路器 QF_1、QF_2，交流接触器 KM_1、KM_2，热继电器 FR 安装在配电箱内底板上；制动电阻器 R 安装在配电箱内底板位置；按钮开关 SB_1、SB_2 安装在配电箱门面板上。

通过端子 L_1、L_2、L_3 将三相 380V 交流电源接入配电箱中；端子 U_1、V_1、W_1 接至电动机接线盒中的 U_1、V_1、W_1 上；端子 1、3、5、7 将配电箱内的元器件与配电箱门面板上的按钮开关 SB_1、SB_2 连接起来；端子 7、9 接至速度继电器 KS 常开触点上。

按钮接线图(图 4.5)

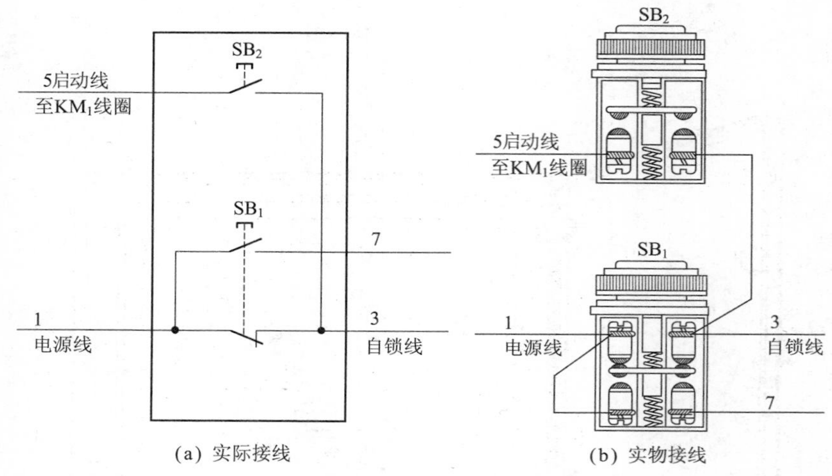

(a) 实际接线　　(b) 实物接线

图 4.5　单向运转反接制动控制电路按钮接线图

4.2 不用速度继电器的单向运转反接制动控制电路

工作原理

不用速度继电器的单向运转反接制动控制电路如图 4.6 所示。

启动时，按下启动按钮 SB_2(3-5)，交流接触器 KM_1 线圈得电吸合且 KM_1 辅助常开触点(3-5)闭合，KM_1 三相主触点闭合，电动机得电启动运转；与此同时，KM_1 串联在 KM_2 线圈回路中的辅助常闭触点(11-13)首先断开，起到互锁保护作用。

制动时，将停止按钮 SB_1 按到底，SB_1 的一组常闭触点(1-3)断开，切断交流接触器 KM_1 线圈回路电源，KM_1 线圈断电释放，KM_1 三相主触点断开，电动机失电但仍靠惯性继续转动；与此同时，KM_1 辅助常闭触点(11-13)恢复常闭状态，为接通 KM_2 和 KT 线圈回路做准备。在按下停止按钮 SB_1 的同时，SB_1 的另一组常开触点(1-9)闭合，接通

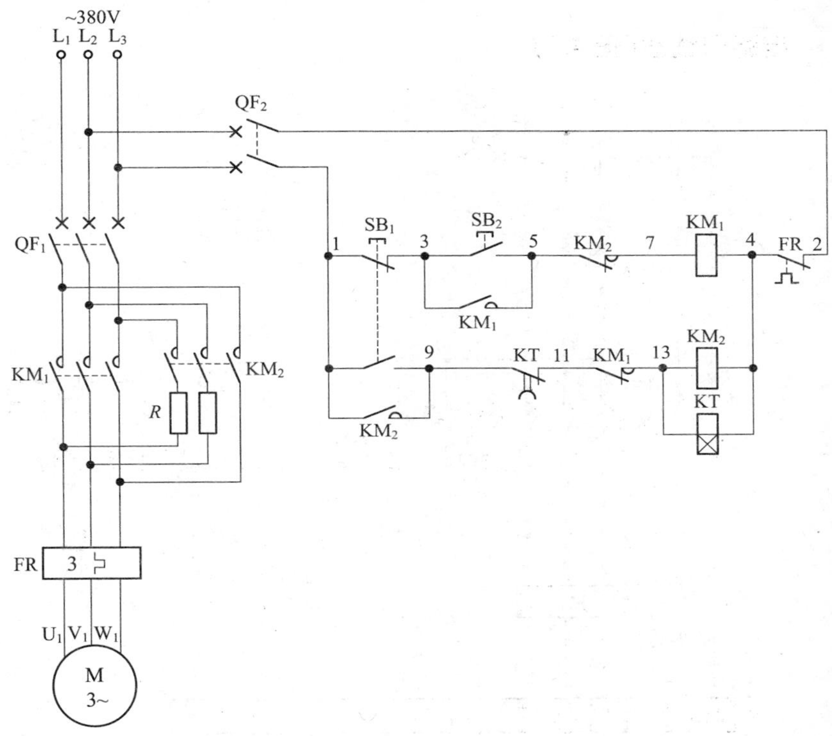

图 4.6　不用速度继电器的单向运转反接制动控制电路

了交流接触器 KM_2 和得电延时时间继电器 KT 线圈回路电源，KM_2、KT 线圈得电吸合且 KM_2 辅助常开触点(1-9)闭合自锁，同时 KT 开始延时；这时 KM_2 三相主触点闭合，电动机绕组串联不对称限流电阻 R 后反转运转，电动机接入反接制动电源后转速骤降。经 KT 一段时间延时后，KT 得电延时断开的常闭触点(1-9)断开，切断交流接触器 KM_2 和得电延时时间继电器 KT 线圈回路电源，KM_2、KT 线圈断电释放，KM_2 三相主触点断开，解除通入电动机绕组内的反接制动电源，电动机反接制动过程结束。

电路布线图(图 4.7)

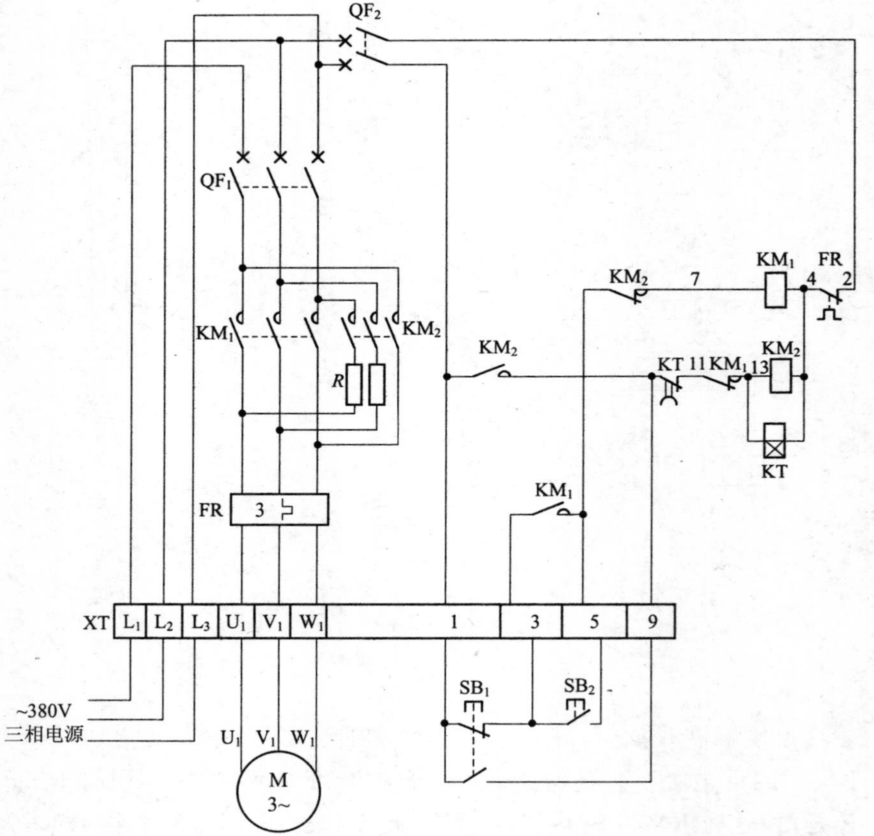

图 4.7 不用速度继电器的单向运转反接制动控制电路布线图

从端子排 XT 上看,共有 10 个接线端子。其中,L_1、L_2、L_3 这 3 根线是由外引入配电箱的三相 380V 电源,并穿管引入;U_1、V_1、W_1 这 3 根线是电动机线,穿管接至电动机接线盒内的 U_1、V_1、W_1 上;1、3、5、9 这 4 根线是控制线,接至配电箱门面板上的按钮开关 SB_1、SB_2 上。

实际接线图(图 4.8)

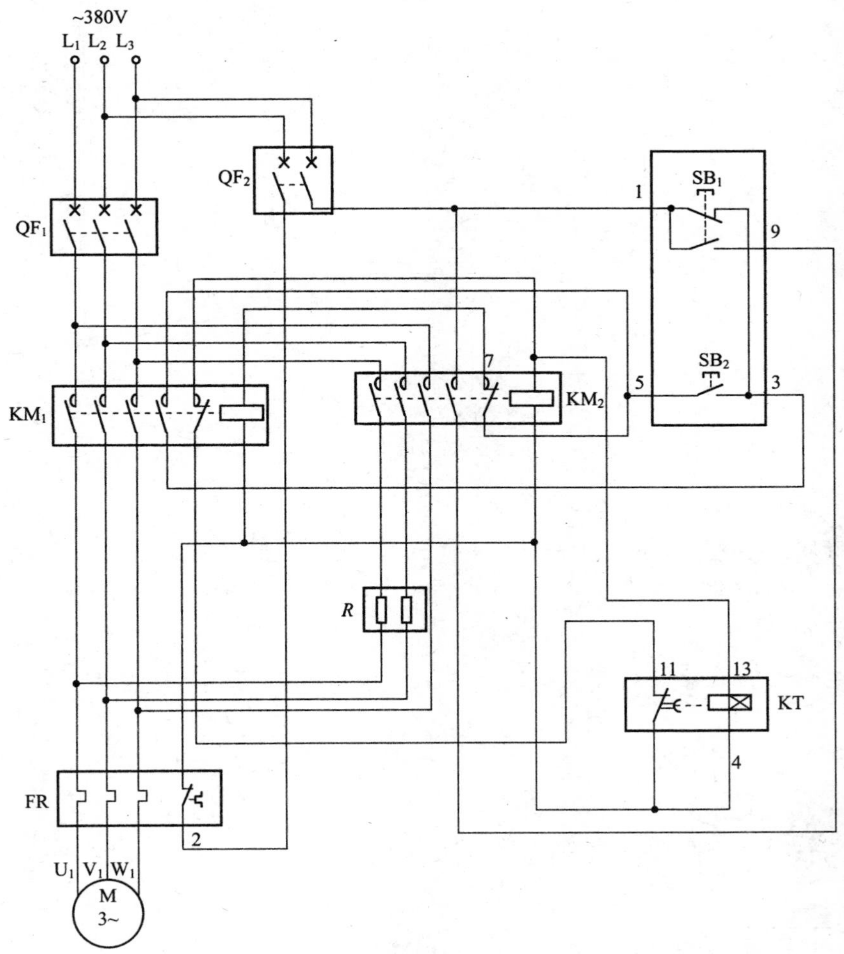

图 4.8 不用速度继电器的单向运转反接制动控制电路实际接线图

元器件安装排列图及端子图(图 4.9)

从图 4.9 可以看出，断路器 QF_1、QF_2，交流接触器 KM_1、KM_2，得电延时时间继电器 KT，电阻器 R，热继电器 FR 安装在配电箱内底板

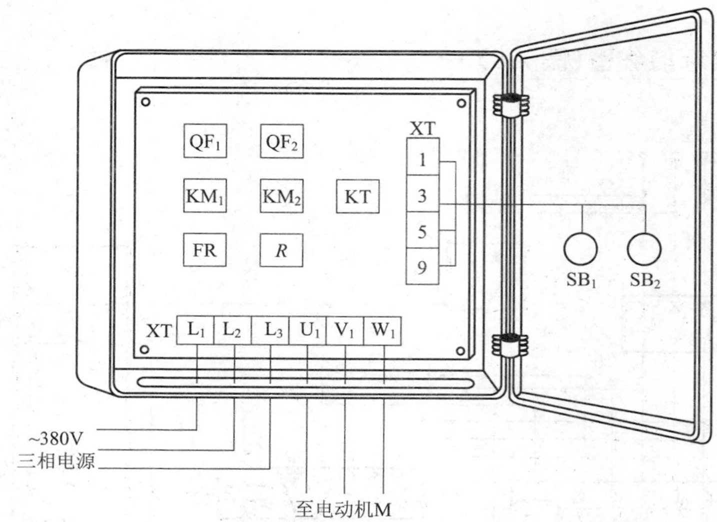

图 4.9　不用速度继电器的单向运转反接制动控制电路元器件安装排列图及端子图

或底部位置上；按钮开关 SB_1、SB_2 安装在配电箱门面板上。

通过端子 L_1、L_2、L_3 将三相 380V 交流电源接入配电箱中；端子 U_1、V_1、W_1 接至电动机接线盒中的 U_1、V_1、W_1 上；端子 1、3、5、9 将配电箱内的元器件与配电箱门面板上的按钮开关 SB_1、SB_2 连接起来。

4.3 直流能耗制动控制电路

工作原理

直流能耗制动控制电路如图 4.10 所示。首先合上主回路断路器 QF_1、控制回路断路器 QF_3、制动回路断路器 QF_2，为电路工作提供准备条件。

启动时，按下启动按钮 SB_2(3-5)，交流接触器 KM_1 线圈得电吸合且 KM_1 辅助常开触点(3-5)闭合自锁，KM_1 三相主触点闭合，电动机

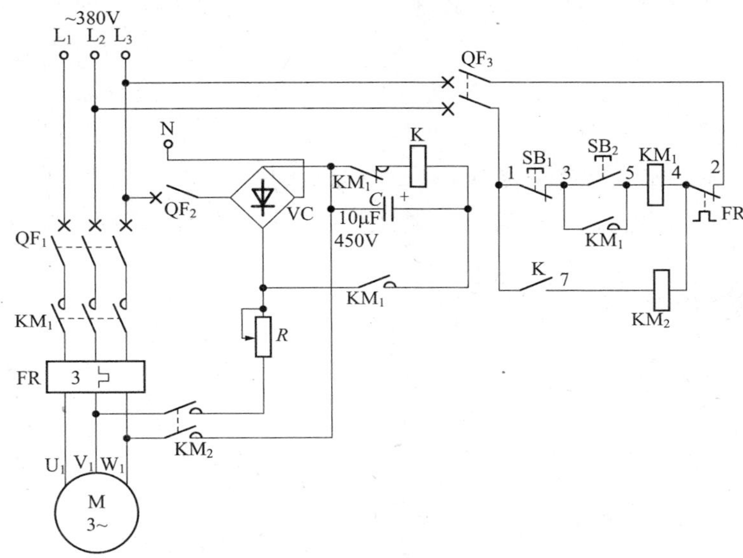

图 4.10 直流能耗制动控制电路

得电运转工作；与此同时，KM_1 辅助常闭触点断开，切断小型灵敏继电器 K 线圈回路电源，使 K 线圈不能得电吸合，而 KM_1 串联在制动回路中的辅助常开触点闭合，给电容器 C 充电。

制动时，按下停止按钮 SB_1(1-3)，交流接触器 KM_1 线圈断电释放，KM_1 三相主触点断开，切断了电动机三相电源，但电动机仍靠惯性继续转动做自由停机。由于 KM_1 辅助常闭触点闭合，使电容器 C 放电，接通了小型灵敏继电器 K 线圈回路电源，K 线圈得电吸合，K 串联在制动交流接触器 KM_2 线圈回路中的常开触点(1-7)闭合，使制动交流接触器 KM_2 线圈得电吸合，KM_2 三相主触点闭合，将直流电源通入电动机绕组内，产生一静止磁场，从而使电动机迅速制动停止下来。在交流接触器 KM_1 辅助常闭触点闭合的同时，电容器 C 开始对小型灵敏继电器 K 线圈(阻值为 3500Ω)放电，当电容器 C 上的电压逐渐降低至最小值时(也就是制动延时时间)，小型灵敏继电器 K 线圈断电释放，K 常开触点(1-7)断开，切断了 KM_2 线圈回路电源，KM_2 主触点断开，切断直流电源，能耗制动结束。改变电容器 C 的值就可改变能耗制动时间。整流器 VC 选用 4 只反向击穿电压大于 500V 的整流二极管，其电流则通过计算得出（因电动机功率不同所需电流制动电流也不相同，需计算得出）。

将制动断路器 QF_2 断开，制动电源被切除，所以当按下停止按钮 SB_1（1-3）时，电动机失电后仍靠惯性转动而自由停止（无制动控制）。

电路布线图（图 4.11）

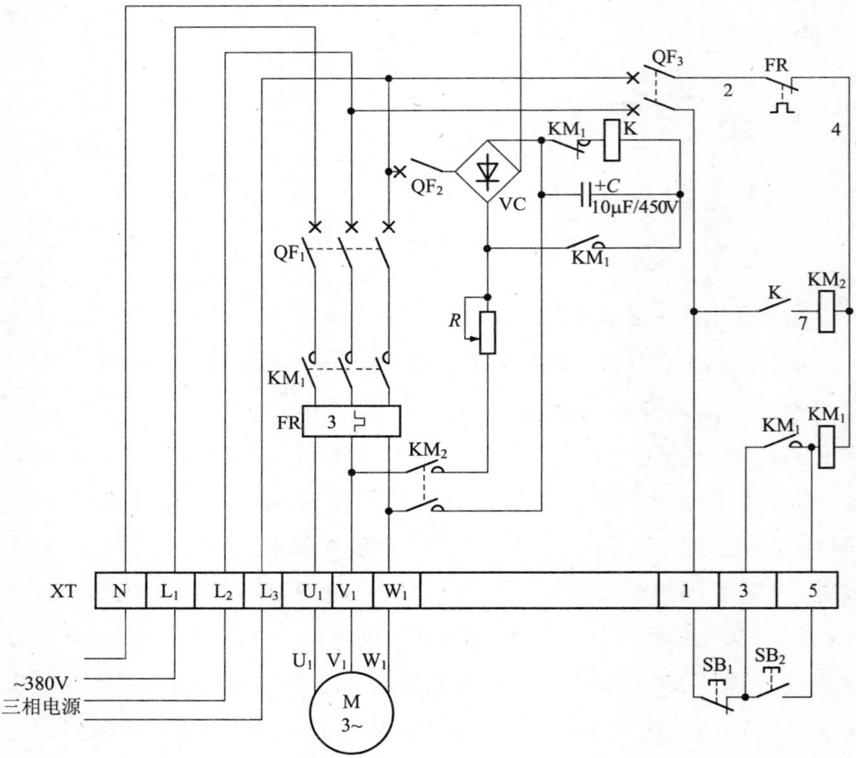

图 4.11 直流能耗制动控制电路布线图

从端子排 XT 上看，共有 10 个接线端子。其中，L_1、L_2、L_3、N 这 4 根线是由外引入配电箱的三相 380V 电源，并穿管引入；U_1、V_1、W_1 这

3 根线是电动机线，穿管接至电动机接线盒内的 U_1、V_1、W_1 上；1、3、5 这 3 根线是控制线，接至配电箱门面板上的按钮开关 SB_1、SB_2 上。

实际接线图(图 4.12)

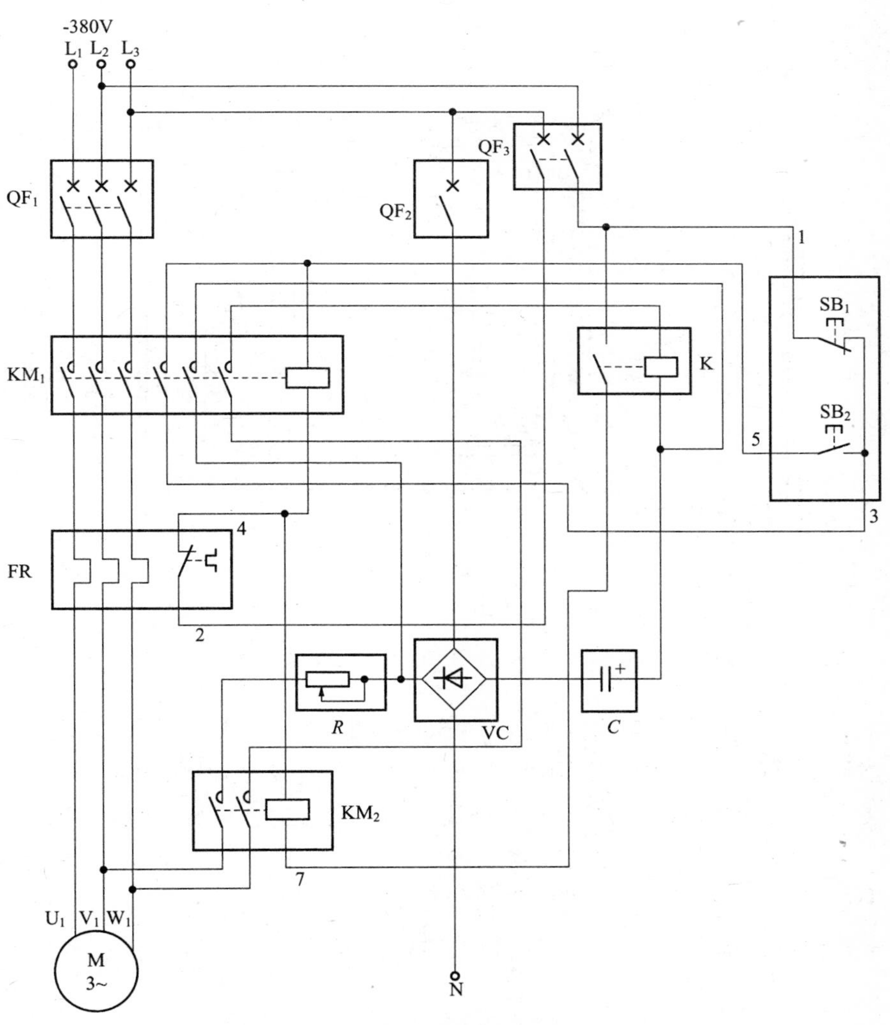

图 4.12 直流能耗制动控制电路实际接线图

元器件安装排列图及端子图(图 4.13)

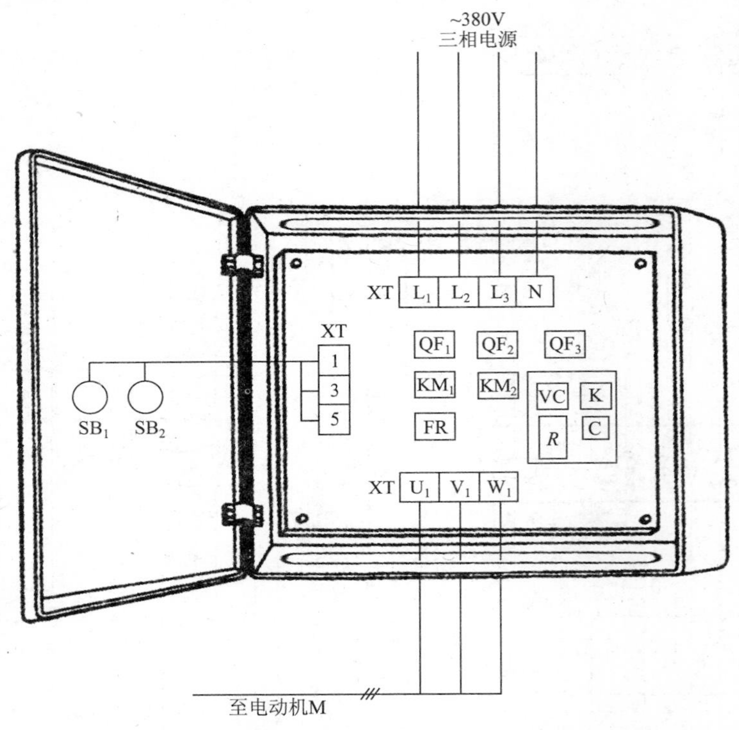

图 4.13 直流能耗制动控制电路元器件安装排列图及端子图

从图 4.13 可以看出，断路器 QF_1～QF_3，交流接触器 KM_1、KM_2，整流桥 VC，电容器 C，电阻器 R，小型灵敏继电器 K，热继电器 FR 安装在配电箱内底板上；按钮开关 SB_1、SB_2 安装在配电箱门面板上。

通过端子 L_1、L_2、L_3、N 将三相 380V 交流电源接入配电箱中；端子 U_1、V_1、W_1 接至电动机接线盒中的 U_1、V_1、W_1 上；端子 1、3、5 将配电箱内的元器件与配电箱门面板上的按钮开关 SB_1、SB_2 连接起来。

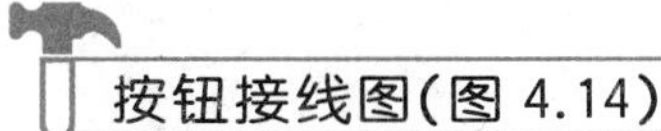

按钮接线图(图 4.14)

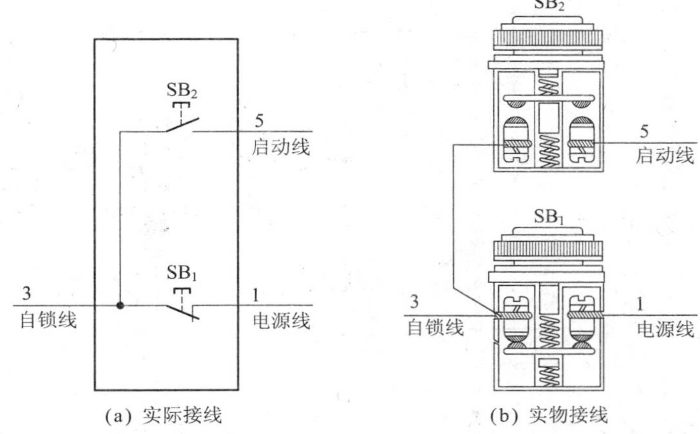

图 4.14 直流能耗制动控制电路按钮接线图

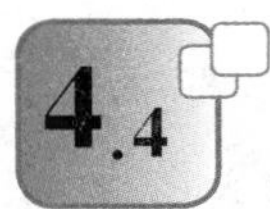

4.4 单管整流能耗制动控制电路

工作原理

单管整流能耗制动控制电路如图 4.15 所示。首先合上主回路断路器 QF_1、控制回路断路器 QF_2,为电路工作提供准备条件。

启动时,按下启动按钮 SB_2(3-5),交流接触器 KM_1 和失电延时时间继电器 KT 线圈均得电吸合且 KM_1 辅助常开触点(3-5)闭合自锁。需要注意的是,KM_1 线圈得电吸合时,KM_1 串联在交流接触器 KM_2 线圈回路中的辅助常闭触点(4-8)先断开,起到互锁保护作用。KM_1、KT 线圈得电吸合自锁后,KT 失电延时断开的常开触点(1-7)立即闭合,为停止时进行能耗制动做好准备;与此同时,KM_1 三相主触点闭合,电动机得电运转工作。

制动时,按下停止按钮 SB_1(1-3),交流接触器 KM_1、失电延时时间继电器 KT 线圈均断电释放,KT 开始延时,KM_1 三相主触点断开,

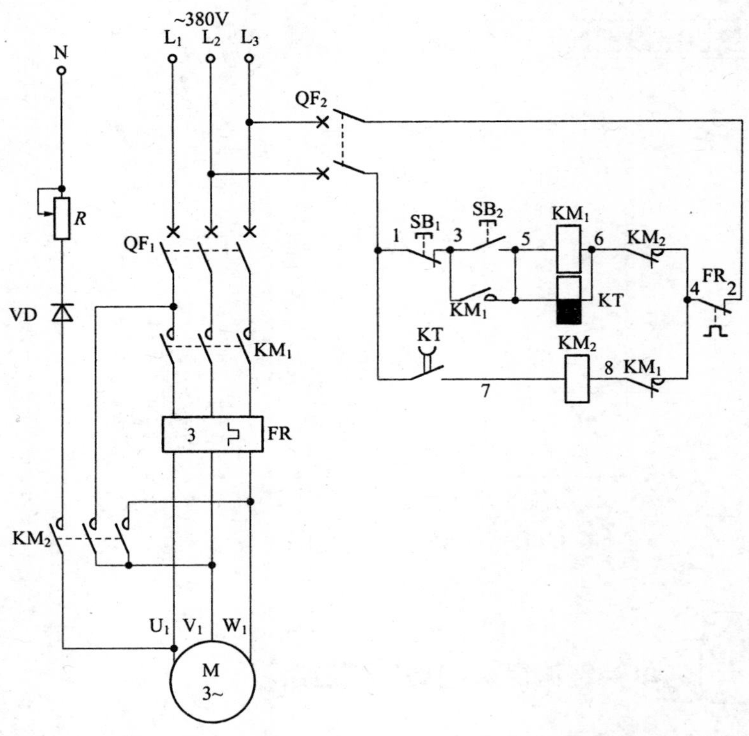

图 4.15 单管整流能耗制动控制电路

电动机绕组失电仍靠惯性继续转动；与此同时，KM_1 串联在交流接触器 KM_2 线圈回路中的辅助常闭触点(4-8)恢复常闭状态，使交流接触器 KM_2 线圈得电吸合，KM_2 三相主触点闭合，将制动直流电源通入电动机绕组内，使其产生一制动静止磁场，让电动机立即停止下来，从而完成能耗制动工作，经 KT 一段时间延时后(其延时间可根据实际情况而定，通常为 1～3s)，KT 失电延时断开的常开触点(1-7)恢复常开状态，切断交流接触器 KM_2 线圈回路电源，KM_2 线圈断电释放，KM_2 三相主触点断开，切除制动直流电源，至此，能耗制动结束。

电路布线图(图 4.16)

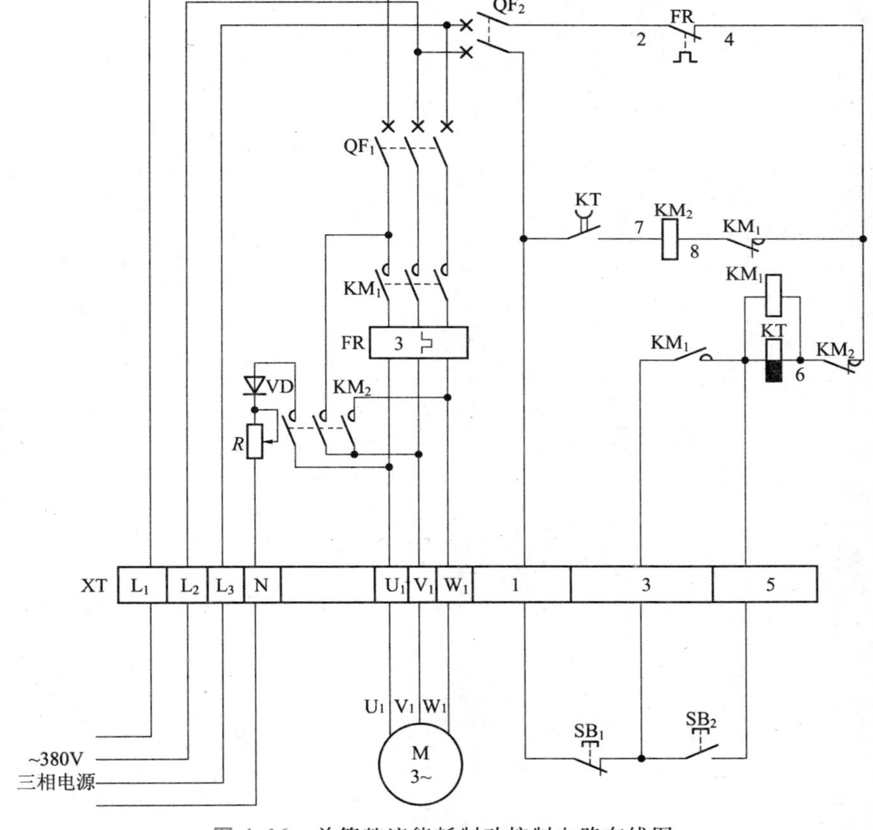

图 4.16 单管整流能耗制动控制电路布线图

从端子排 XT 上看,共有 10 个接线端子。其中,L_1、L_2、L_3、N 这 4 根线是由外引入配电箱的三相 380V 电源,并穿管引入;U_1、V_1、W_1 这 3 根线是电动机线,穿管接至电动机接线盒内的 U_1、V_1、W_1 上;1、3、5 这 3 根线是控制线,接至配电箱门面板上的按钮开关 SB_1、SB_2 上。

实际接线图(图 4.17)

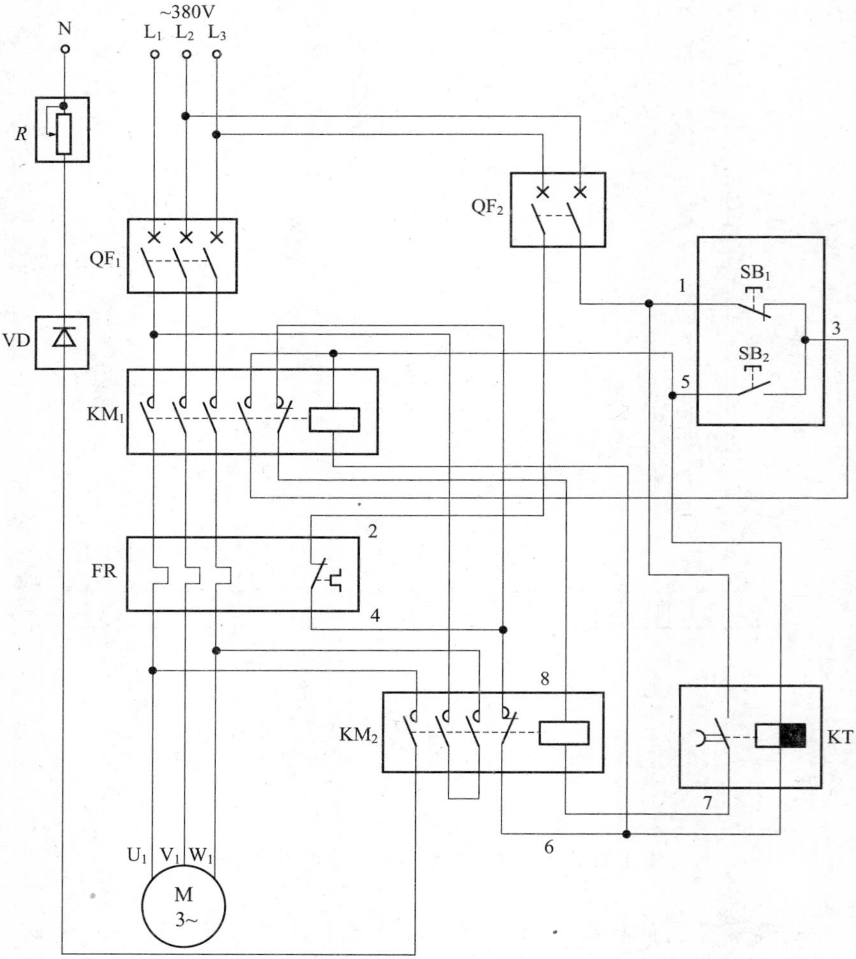

图 4.17 单管整流能耗制动控制电路实际接线图

元器件安装排列图及端子图(图 4.18)

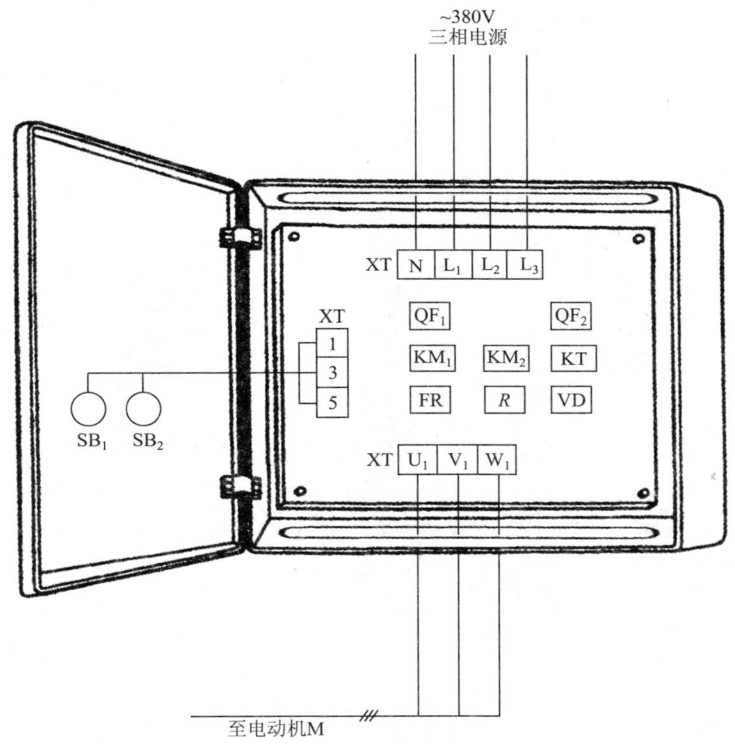

图 4.18 单管整流能耗制动控制电路元器件安装排列图及端子图

从图 4.18 可以看出,断路器 QF_1、QF_2,交流接触器 KM_1、KM_2,失电延时时间继电器 KT,热继电器 FR,整流二极管 VD,电阻器 R 安装在配电箱内底板上;按钮开关 SB_1、SB_2 安装在配电箱门面板上。

通过端子 L_1、L_2、L_3、N 将三相 380V 交流电源接入配电箱中;端子 U_1、V_1、W_1 接至电动机接线盒中的 U_1、V_1、W_1 上;端子 1、3、5 将配电箱内的元器件与配电箱门面板上的按钮开关 SB_1、SB_2 连接起来。

按钮接线图(图 4.19)

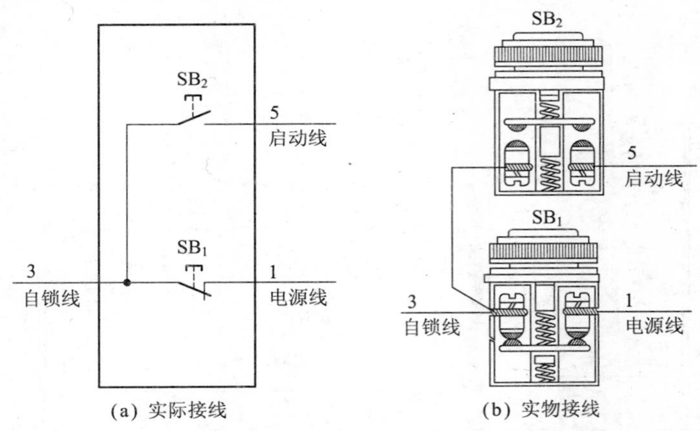

图 4.19 单管整流能耗制动控制电路按钮接线图

4.5 全波整流单向能耗制动控制电路

工作原理

全波整流单向能耗制动控制电路如图 4.20 所示。首先合上主回路断路器 QF_1、制动回路断路器 QF_2、控制回路断路器 QF_3,为电路工作提供准备条件。

启动时,按下启动按钮 SB_2(3-5),交流接触器 KM_1 线圈得电吸合且 KM_1 辅助常开触点(3-5)闭合自锁,KM_1 三相主触点闭合,电动机得电启动运转。

自由停车时,轻轻按下停止按钮 SB_1,SB_1 的一组常闭触点(1-3)断开,交流接触器 KM_1 线圈断电释放,KM_1 三相主触点断开,电动机失电处于自由停车状态,也就是说,电动机虽然失电但仍在惯性的作用下逐渐缓慢地停止下来。

若需制动停车,则将停止按钮 SB_1 按到底,SB_1 的一组常闭触点

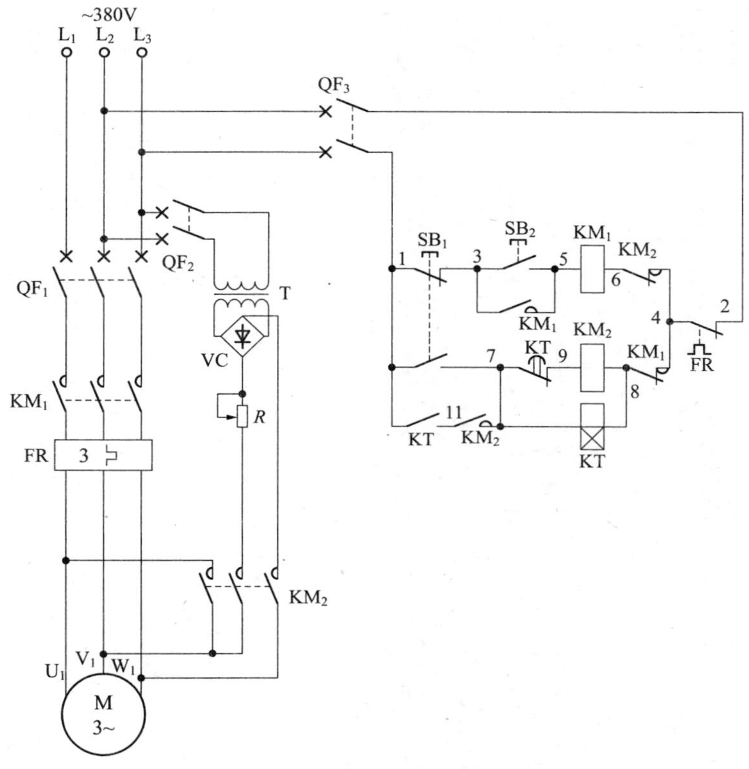

图 4.20 全波整流单向能耗制动控制电路

(1-3)断开,交流接触器 KM_1 线圈断电释放,KM_1 三相主触点断开,电动机失电处于自由停车状态;与此同时,SB_1 的另一组常开触点(1-7)闭合,交流接触器 KM_2 和得电延时时间继电器 KT 线圈同时得电吸合,KM_2 辅助常开触点(7-11)和 KT 不延时瞬动常开触点(1-11)共同闭合自锁,KM_2 三相主触点闭合,电动机绕组内通入直流电源,电动机在直流电源的作用下产生静止制动磁场使电动机快速停止下来,进行能耗制动控制。经 KT 一段时间延时后,KT 得电延时断开的常闭触点(9-11)断开,自动切断制动控制回路电源,电动机能耗制动过程结束。

电路布线图(图 4.21)

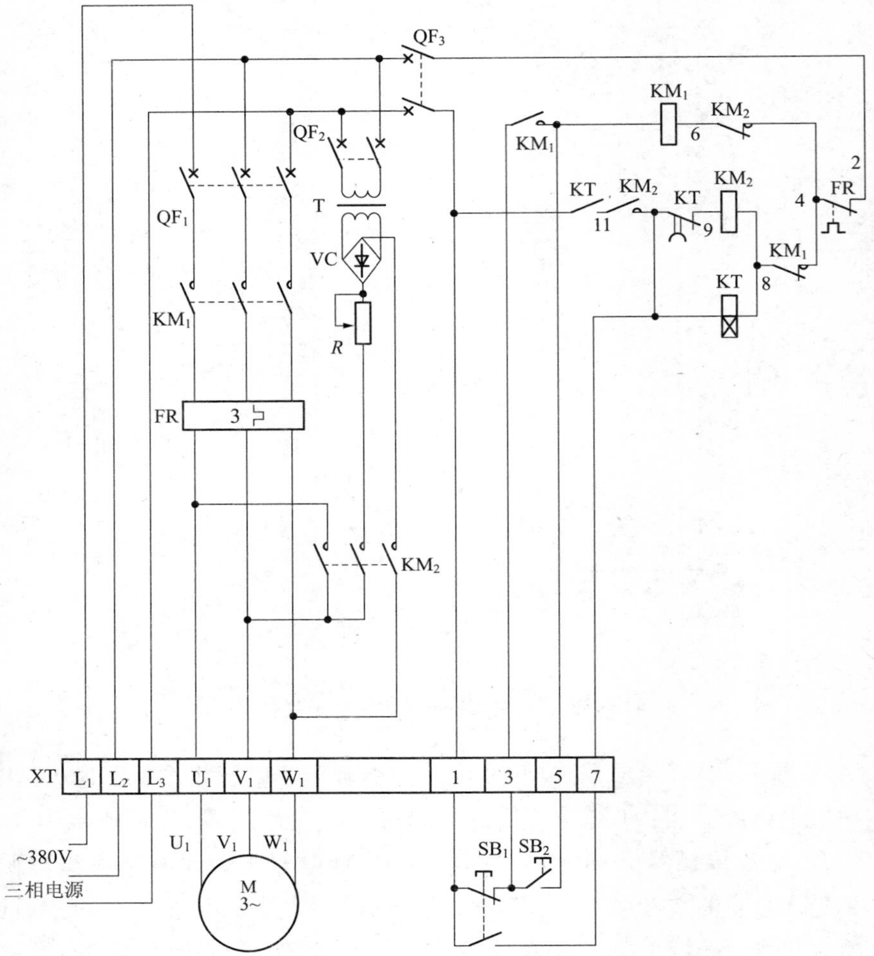

图 4.21 全波整流单向能耗制动控制电路布线图

从端子排 XT 上看，共有 10 个接线端子。其中，L_1、L_2、L_3 这 3 根线是由外引入配电箱的三相 380V 电源，并穿管引入；U_1、V_1、W_1 这 3 根是电动机线，穿管接至电动机线盒内的 U_1、V_1、W_1 上；1、3、5、7 这 4 根线是控制线，接至配电箱门面板上的按钮开关 SB_1、SB_2 上。

实际接线图(图 4.22)

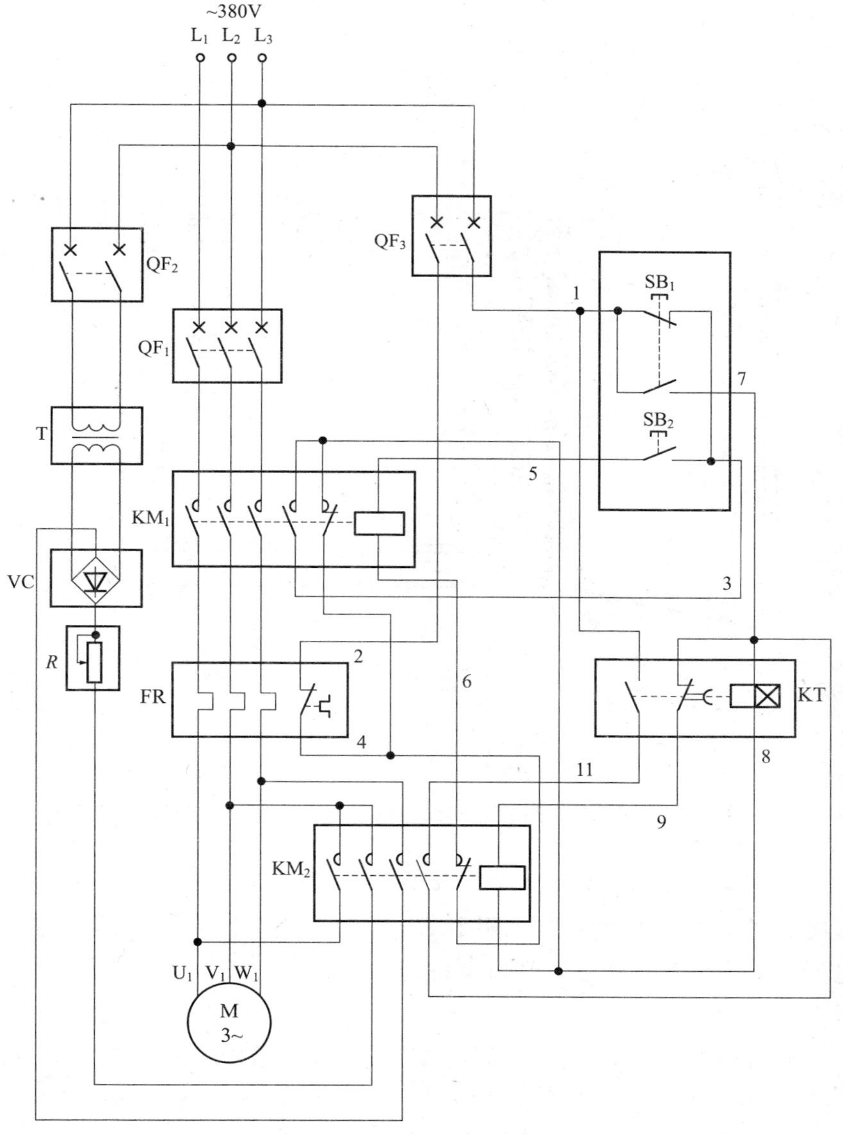

图 4.22 全波整流单向能耗制动控制电路实际接线图

元器件安装排列图及端子图(图 4.23)

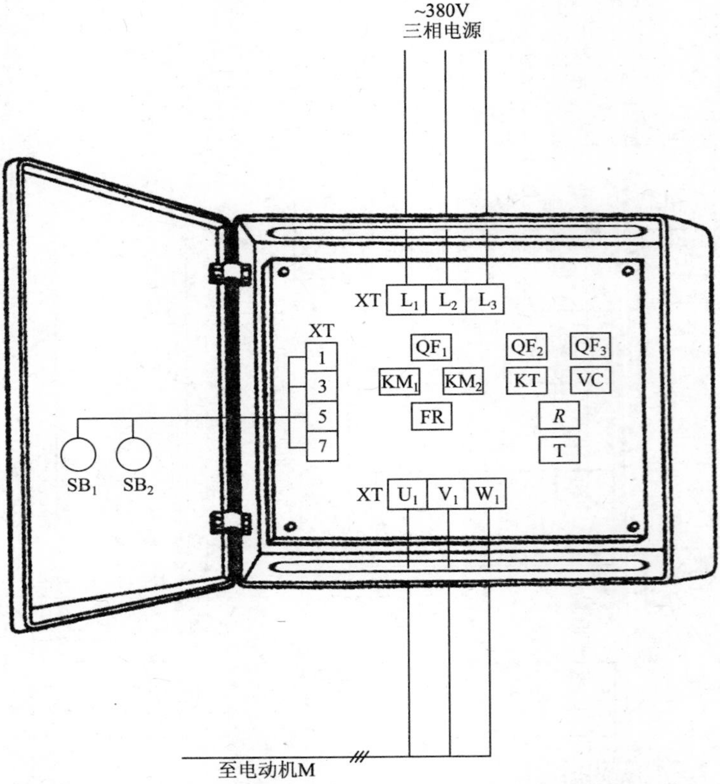

图 4.23 全波整流单向能耗制动控制电路元器件安装排列图及端子图

从图 4.23 可以看出，断路器 $QF_1 \sim QF_3$，交流接触器 KM_1、KM_2，得电延时时间继电器 KT，电阻器 R，整流桥 VC，控制变压器 T，热继电器 FR 安装在配电箱内底板上；按钮开关 SB_1、SB_2 安装在配电箱面板上。

通过端子 L_1、L_2、L_3 将三相 380V 交流电源接入配电箱中；端子 U_1、V_1、W_1 接至电动机接线盒中的 U_1、V_1、W_1 上；端子 1、3、5、7 将配电箱内的元器件与配电箱门面板上的按钮开关 SB_1、SB_2 连接起来。

按钮接线图(图 4.24)

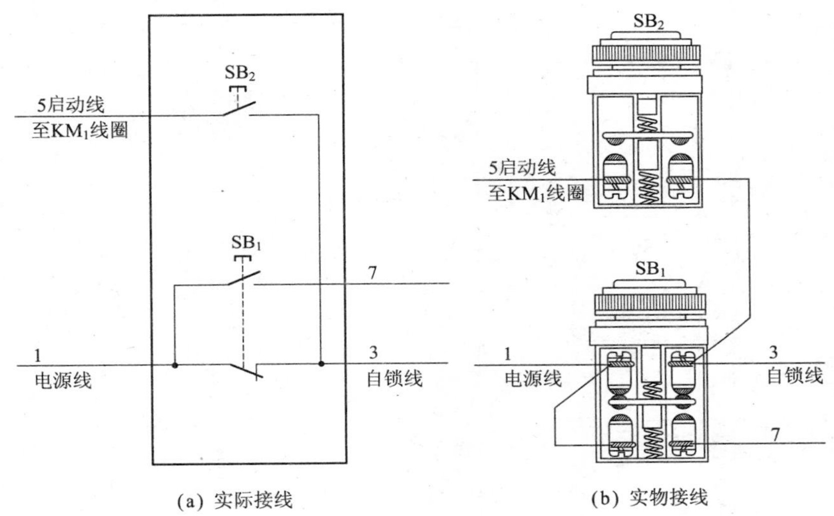

(a) 实际接线　　(b) 实物接线

图 4.24　全波整流单向能耗制动控制电路按钮接线图

4.6 双向运转反接制动控制电路

工作原理

双向运转反接制动控制电路如图 4.25 所示。首先合上主回路断路器 QF_1、控制回路断路器 QF_2,为电路工作提供准备条件。

正转启动时,按下正转启动按钮 SB_2(5-7),交流接触器 KM_1 线圈得电吸合且 KM_1 辅助常开触点(5-7)闭合自锁,KM_1 三相主触点闭合,电动机得电正转启动运转。当电动机转速大于 120r/min 时,速度继电器 KS 动作,KS_2 常开触点(9-11)闭合,为反接制动做准备。KM_1 线圈得电吸合后,KM_1 串联在中间继电器 KA 线圈回路中的辅助常开触点(1-15)闭合,为正转反接制动做准备。

正转自由停车时,轻轻按下停止按钮 SB_1,SB_1 的一组常闭触点

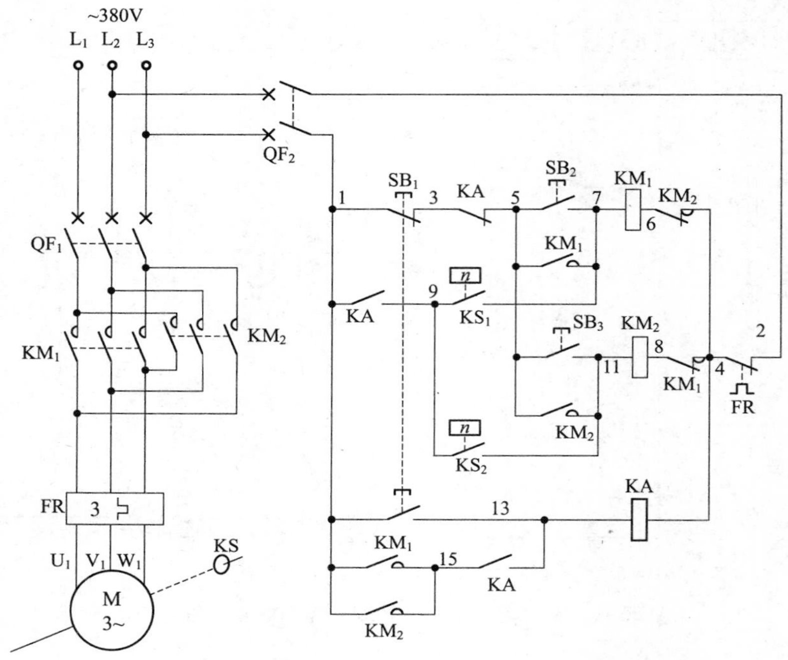

图 4.25　双向运转反接制动控制电路

(1-3)断开，交流接触器 KM_1 线圈断电释放，KM_1 三相主触点断开，电动机失电正转停止运转，电动机处于无制动自由停车状态。由于 SB_1 的常开触点(1-13)行程大于 SB_1 的常闭触点(1-3)，所以轻轻按下时，其常开触点(1-13)不会闭合。

电动机正转启动运转后，欲进行反接制动时，将停止按钮 SB_1 按到底，SB_1 的一组常闭触点(1-3)断开，切断交流接触器 KM_1 线圈回路电源，KM_1 线圈断电释放，KM_1 三相主触点断开，电动机失电但仍靠惯性继续转动。与此同时，SB_1 的一组常开触点(1-13)闭合，接通中间继电器 KA 线圈回路电源，KA 线圈得电吸合且 KA 常开触点(13-15)闭合自锁，KA 串联在速度继电器常开触点(7-9、9-11)回路中的常开触点(1-9)闭合，为电动机反接制动做准备。此时，速度继电器 KS_2 控制常开触点(9-11)仍处于闭合状态，交流接触器 KM_2 线圈得电吸合，KM_2 三相主触点闭合，电动机得电反转启动运转，使电动机在刚刚正转失电停止后又突然加上反相序的三相电源，电动机的转速迅速降下来。当电动机的转速低至 100r/min 时，速度继电器 KS_2 常开触点(9-11)恢复常开状态，交流接触器 KM_2 线圈断电释放，KM_2 三相主触点断开，电动机失电停止运转，至此，完成正转运转反接制动过程。

反转启动运转时，按下反转启动按钮 SB_3(5-11)，交流接触器 KM_2 线圈得电吸合且 KM_2 辅助常开触点(5-11)闭合自锁，KM_2 三相主触点闭合，电动机得电反转启动运转。当电动机转速大于 120r/min 时，速度继电器 KS 动作，其 KS_1 常开触点(7-9)闭合，为反接制动做准备。KM_2 线圈得电吸合后，KM_2 串联在中间继电器 KA 线圈回路中的辅助常开触点(1-15)闭合，为反转反接制动做准备。

反转自由停车时，轻轻按下停止按钮 SB_1，交流接触器 KM_2 线圈断电释放，KM_2 三相主触点断开，电动机失电反转停止运转，电动机处于无制动自由停车状态。

电动机反转启动运转后，欲进行反接制动时，将停止按钮 SB_1 按到底，SB_1 的一组常闭触点(1-3)断开，切断交流接触器 KM_2 线圈回路电源，KM_2 线圈断电释放，KM_2 三相主触点断开，电动机失电但仍靠惯性继续转动；与此同时，SB_1 的另一组常开触点(1-13)闭合，接通中间继电器 KA 线圈回路电源，KA 线圈得电吸合且 KA 常开触点(13-15)闭合自锁，KA 串联在速度继电器常开触点(7-9、9-11)回路中的常开触点(1-9)闭合，为电动机反接制动做准备。此时，速度继电器 KS_1 控制常开触点(7-9)仍处于闭合状态，交流接触器 KM_1 线圈得电吸合，KM_1 三相主触点闭合，电动机得电正转启动运转，使电动机在刚刚反转失电停止后又突然加上正相序的三相电源，电动机的转速迅速降下来。当电动机的转速低至 100r/min 时，速度继电器 KS_1 常开触点(7-9)恢复常开状态，交流接触器 KM_1 线圈断电释放，KM_1 三相主触点断开，电动机失电停止运转，至此，完成反转运转反接制动过程。

电路布线图(图 4.26)

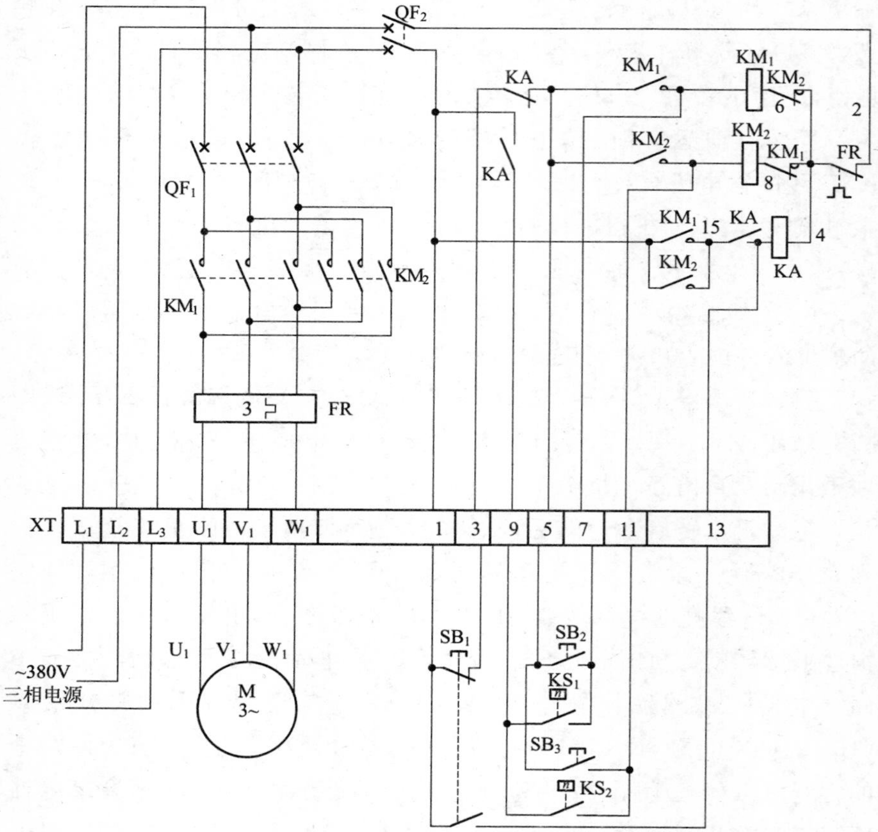

图 4.26 双向运转反接制动控制电路布线图

从端子排 XT 上看,共有 13 个接线端子。其中,L_1、L_2、L_3 这 3 根线是由外引入配电箱的三相 380V 电源,并穿管引入;U_1、V_1、W_1 这 3 根线是电动机线,穿管接至电动机接线盒内的 U_1、V_1、W_1 上;1、3、5、7、9、11、13 这 7 根线是控制线,接至配电箱门面板上的按钮开关 SB_1～SB_3 上;7、9、11 这 3 根线是速度继电器控制线,外引至电动机同轴的速度继电器 KS_1、KS_2 触点上。

实际接线图(图 4.27)

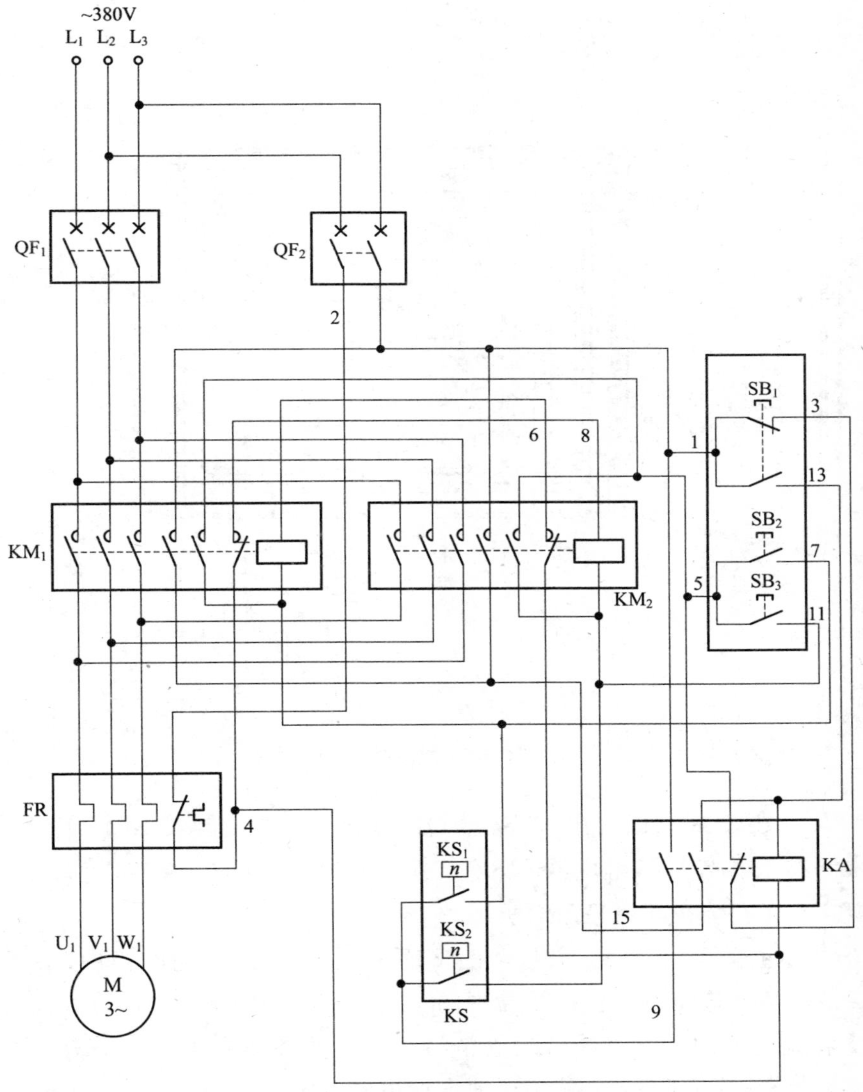

图 4.27 双向运转反接制动控制电路实际接线图

元器件安装排列图及端子图(图 4.28)

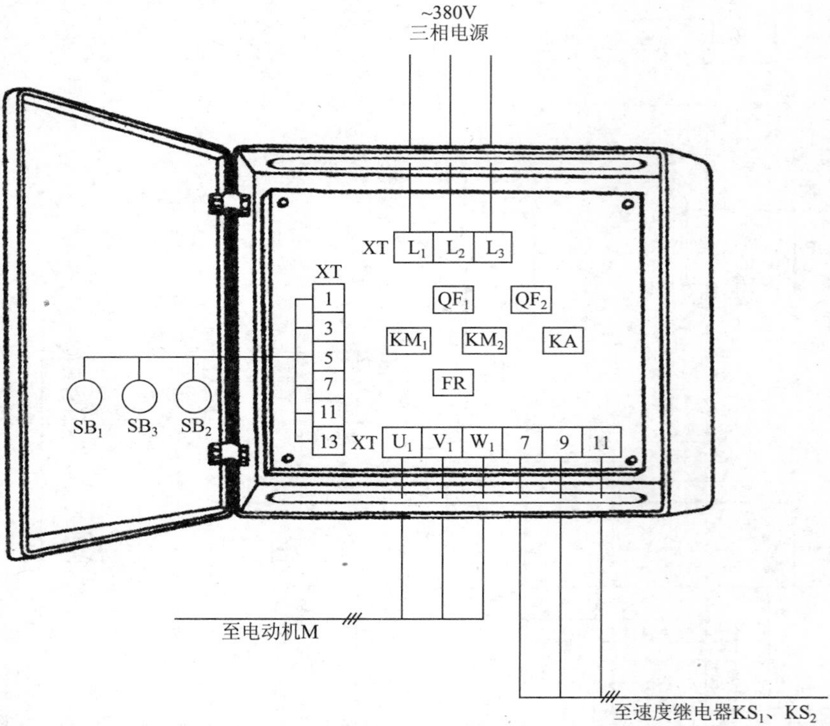

图 4.28 双向运转反接制动控制电路元器件安装排列图及端子图

从图 4.28 可以看出，断路器 QF_1、QF_2，交流接触器 KM_1、KM_2，中间继电器 KA，热继电器 FR 安装在配电箱内底板上；按钮开关 SB_1、SB_2、SB_3 安装在配电箱门面板上。

通过端子 L_1、L_2、L_3 将三相 380V 交流电源接入配电箱中；端子 U_1、V_1、W_1 接至电动机接线盒中的 U_1、V_1、W_1 上；端子 1、3、5、7、11、13 将配电箱内的元器件与配电箱门面板上的按钮开关 SB_1、SB_2、SB_3 连接起来；端子 7、9、11 外接至速度继电器 KS_1、KS_2 上。

按钮接线图(图 4.29)

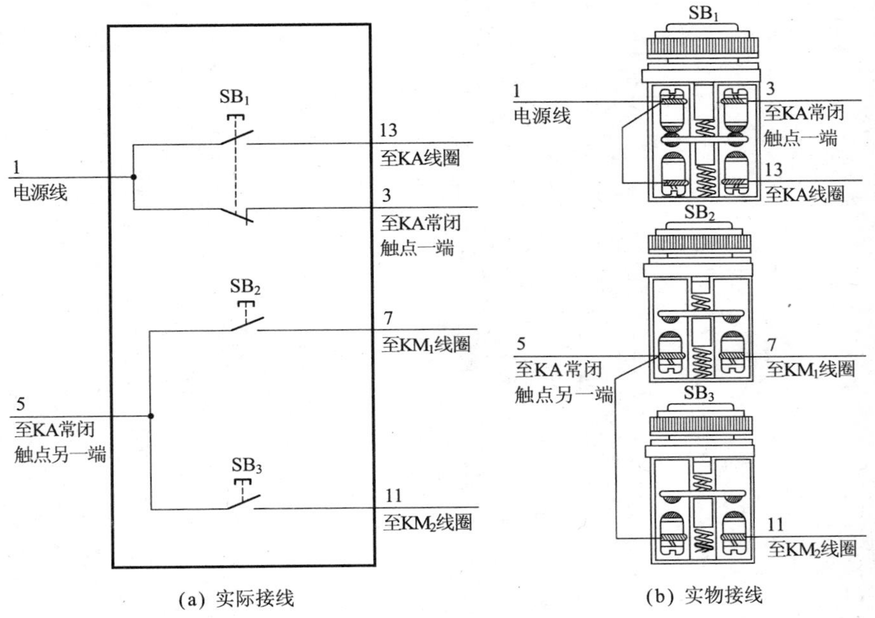

图 4.29　双向运转反接制动控制电路按钮接线图

4.7 采用不对称电阻的单向运转反接制动控制电路

工作原理

采用不对称电阻的单向运转反接制动控制电路如图 4.30 所示。

启动时,按下启动按钮 SB_2(3-5),交流接触器 KM_1 线圈得电吸合且 KM_1 辅助常开触点(3-5)闭合自锁,KM_1 辅助常闭触点(11-13)断开,起互锁作用,KM_1 三相主触点闭合,电动机得电正转启动运转。当电动机的转速达到 120r/min 时,速度继电器 KS 常开触点(9-11)闭合,为反接制动做准备。

制动时,将停止按钮 SB_1 按到底,SB_1 的一组常闭触点(1-3)断开,

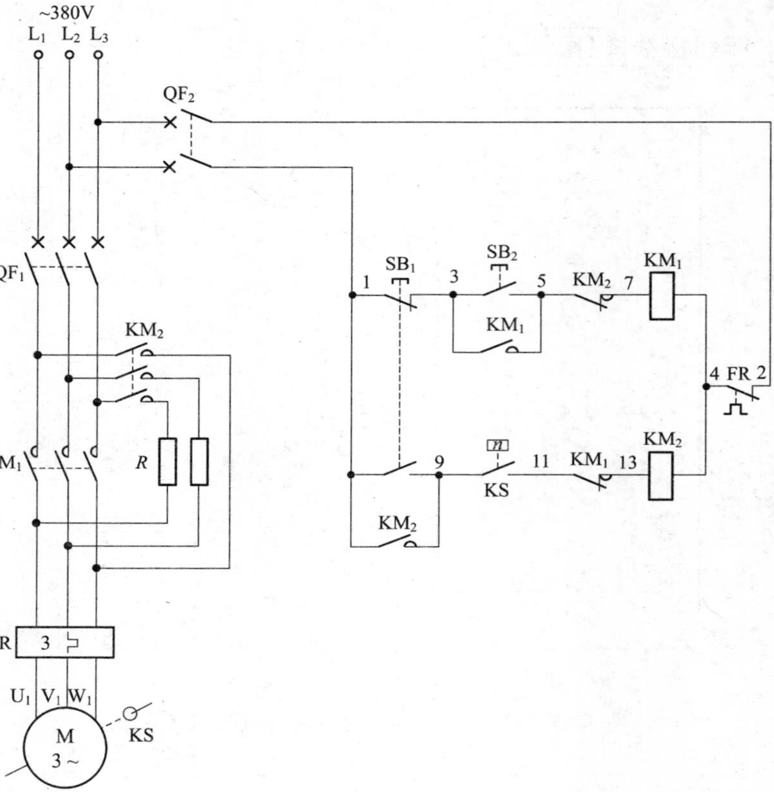

图 4.30 采用不对称电阻的单向运转反接制动控制电路

切断交流接触器 KM_1 线圈的回路电源，KM_1 线圈断电释放，KM_1 三相主触点断开，电动机失电但仍靠惯性继续转动；与此同时，KM_1 辅助常闭触点(11-13)恢复常闭状态，与早已闭合的 KS 常开触点(9-11)及已闭合的 SB_1 的另一组常开触点(1-9)共同使交流接触器 KM_2 线圈得电吸合且 KM_2 辅助常开触点(1-9)闭合自锁，KM_2 三相主触点闭合，串入不对称电阻 R 给电动机提供反转电源，也就是反接制动电源。这样，原来仍靠惯性转动的电动机加上了反转电源，电动机的转速会迅速降下来。当电动机的转速低至100r/min时，速度继电器 KS 常开触点(9-11)断开，切断交流接触器 KM_2 线圈回路电源，KM_2 线圈断电释放，KM_2 三相主触点断开，切断电动机反转电源，也就是反接制动电源解除，制动过程结束。

电路中不对称电阻 R 的作用是在进行反接制动时限制对电动机的反接制动电流。

电路布线图(图 4.31)

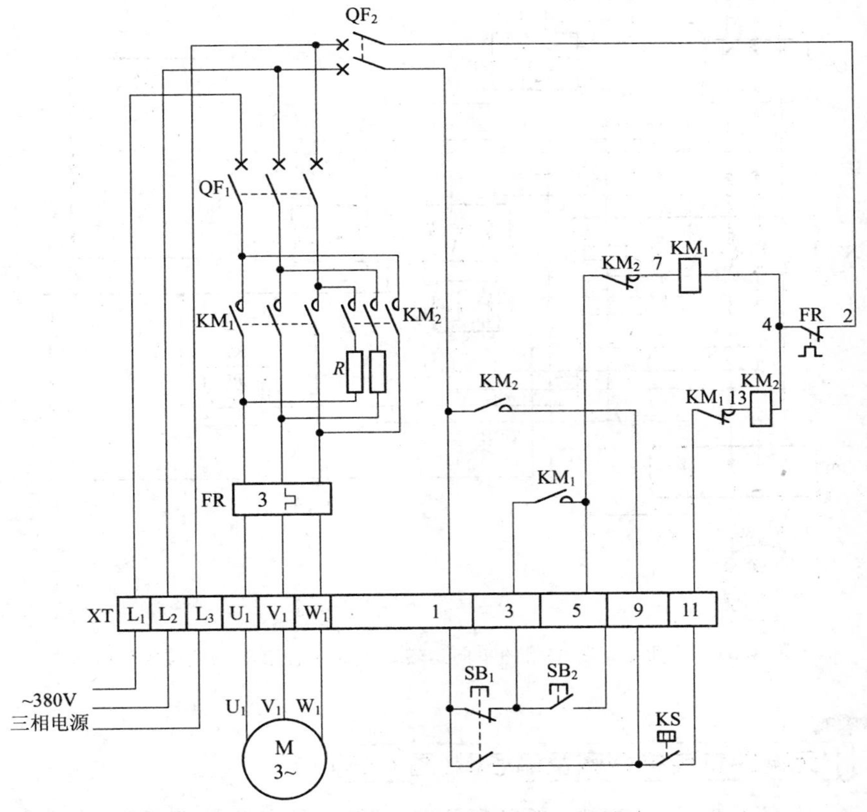

图 4.31 采用不对称电阻的单向运转反接制动控制电路布线图

从端子排 XT 上看，共有 11 个接线端子。其中，L_1、L_2、L_3 这 3 根线是由外引入配电箱的三相 380V 电源，并穿管引入；U_1、V_1、W_1 这 3 根线是电动机线，穿管接至电动机接线盒内的 U_1、V_1、W_1 上；1、3、5、9

这 4 根线是控制线，接至配电箱门面板上的按钮开关 SB_1、SB_2 上；9、11 这 2 根线是速度继电器控制线，穿管外接至速度继电器 KS 上。

实际接线图（图 4.32）

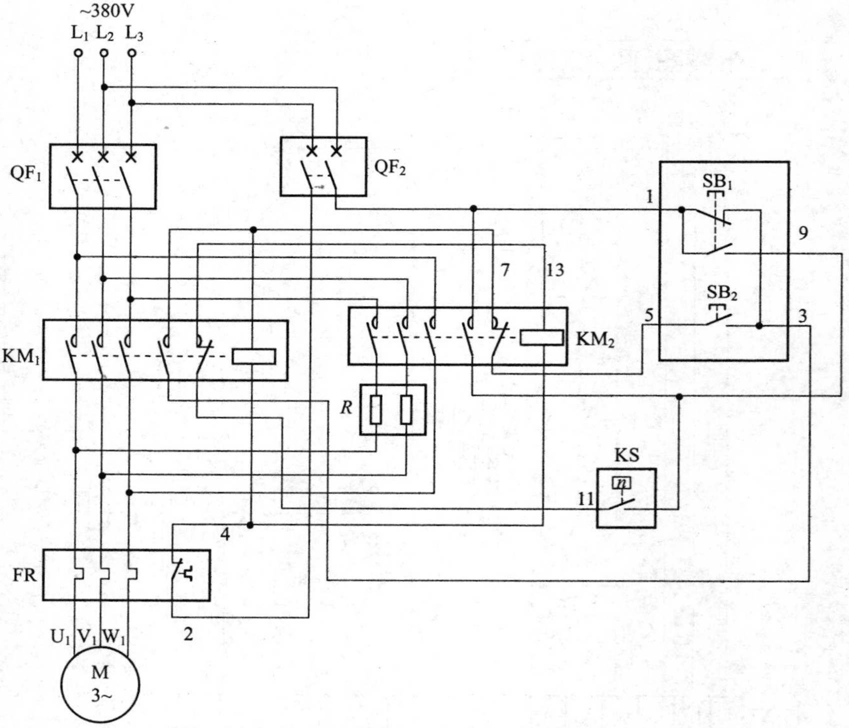

图 4.32　采用不对称电阻的单向运转反接制动控制电路实际接线图

元器件安装排列图及端子图（图 4.33）

从图 4.33 可以看出，断路器 QF_1、QF_2，交流接触器 KM_1、KM_2，电阻器 R，热继电器 FR 安装在配电箱内底板或底部位置上；按钮开关 SB_1、SB_2 安装在配电箱门面板上；速度继电器 KS 外接至电动机处。

通过端子 L_1、L_2、L_3 将三相 380V 交流电源接入配电箱中；端子 U_1、V_1、W_1 接至电动机接线盒中的 U_1、V_1、W_1 上；端子 1、3、5、9 将配

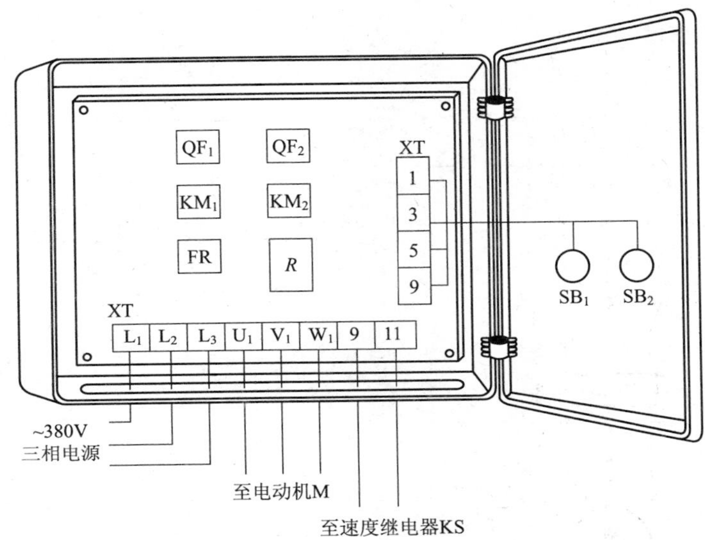

图 4.33 采用不对称电阻的单向运转反接制动控制电路元器件安装排列图及端子图

电箱内的元器件与配电箱门面板上的按钮开关 SB_1、SB_2 连接起来；端子 9、11 外接至速度继电器 KS 上。

4.8 电磁抱闸制动控制电路

工作原理

电磁抱闸制动控制电路如图 4.34 所示。首先合上主回路断路器 QF_1、控制回路断路器 QF_2，为电路工作提供准备条件。

启动时，按下启动按钮 SB_2(3-5)，交流接触器 KM 线圈得电吸合且 KM 辅助常开触点(3-5)闭合自锁，KM 三相主触点闭合，电磁抱闸线圈得电松闸打开，电动机得电启动运转。

停止时，按下停止按钮 SB_1(1-3)，交流接触器 KM 线圈断电释放，KM 三相主触点断开，电动机失电停止运转且电磁抱闸线圈失电，其机械部分对电动机进行制动。

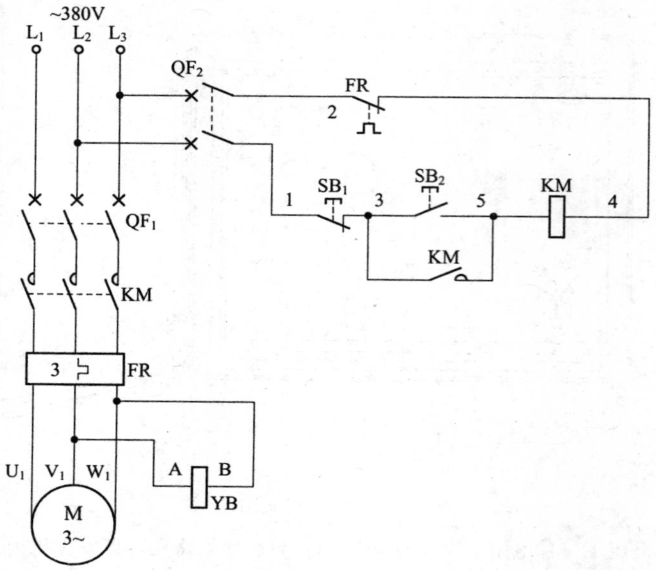

图 4.34 电磁抱闸制动控制电路

电路布线图(图 4.35)

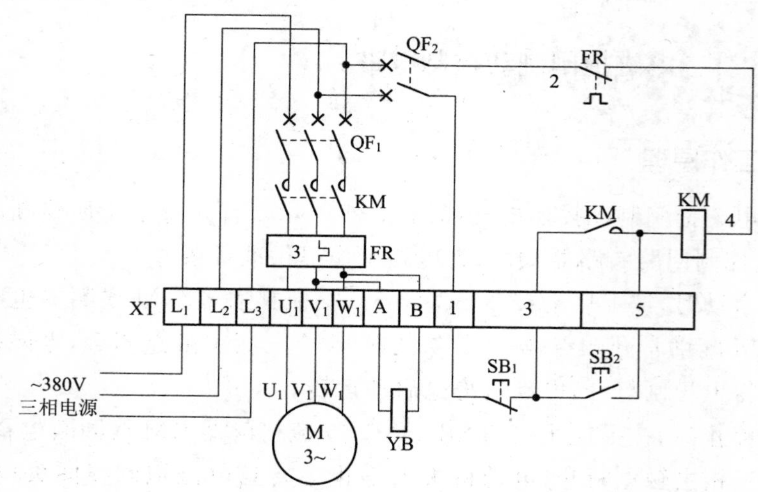

图 4.35 电磁抱闸制动控制电路布线图

从端子排 XT 上看，共有 11 个接线端子。其中，L_1、L_2、L_3 这 3 根线是由外引入配电箱的三相 380V 电源，并穿管引入；U_1、V_1、W_1 这 3 根线是电动机线，穿管接至电动机接线盒内的 U_1、V_1、W_1 上，并从端子 A、B 上接出 2 根线连至电磁抱闸 YB 线圈上；1、3、5 这 3 根线是控制线，接至配电箱门面板上的按钮开关 SB_1、SB_2 上。

实际接线图(图 4.36)

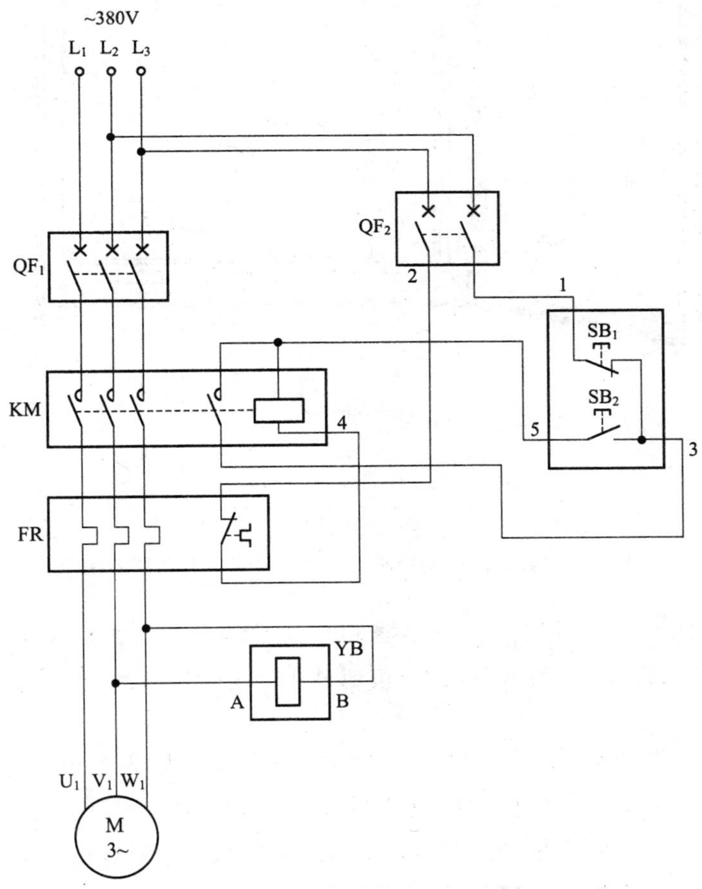

图 4.36 电磁抱闸制动控制电路实际接线图

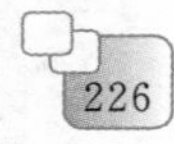

元器件安装排列图及端子图(图 4.37)

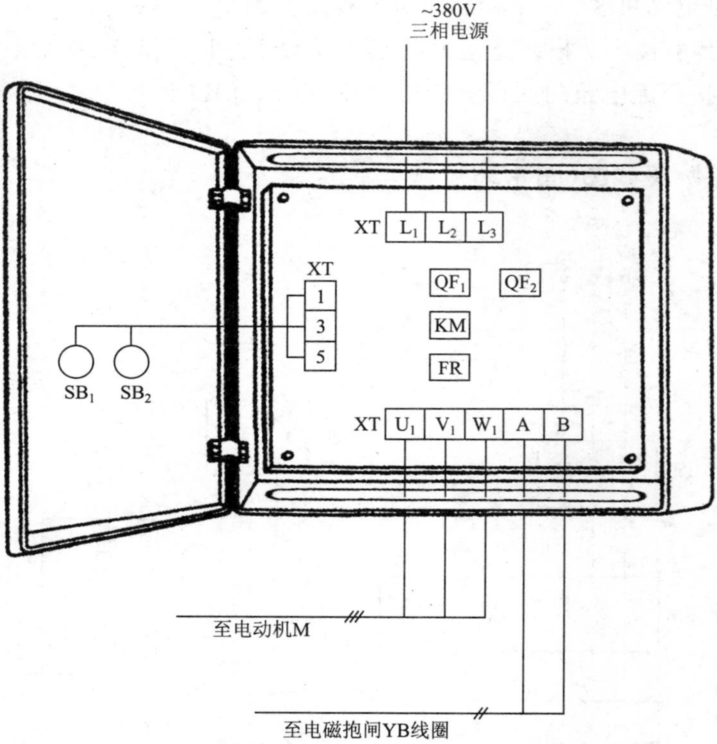

图 4.37 电磁抱闸制动控制电路元器件安装排列图及端子图

从图 4.37 可以看出，断路器 QF_1、QF_2，交流接触器 KM，热继电器 FR 安装在配电箱内底板上；按钮开关 SB_1、SB_2 安装在配电箱门面板上。

通过端子 L_1、L_2、L_3 将三相 380V 交流电源接入配电箱中；端子 U_1、V_1、W_1 接至电动机接线盒中的 U_1、V_1、W_1 上，再从端子 A、B 引出 2 根线接至电磁抱闸线圈 YB 上；端子 1、3、5 将配电箱内的元器件与配电箱门面板上的按钮开关 SB_1、SB_2 连接起来。

按钮接线图(图 4.38)

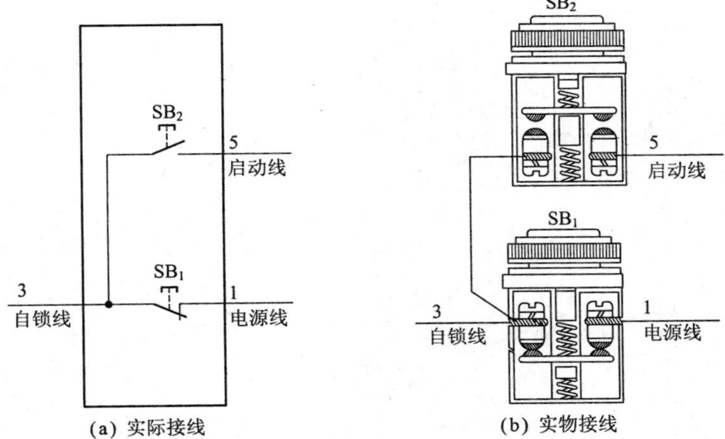

(a) 实际接线　　(b) 实物接线

图 4.38 电磁抱闸制动控制电路按钮接线图

第5章 电动机保护电路

5.1 防止抽水泵空抽保护电路

工作原理

防止抽水泵空抽保护电路如图5.1所示。

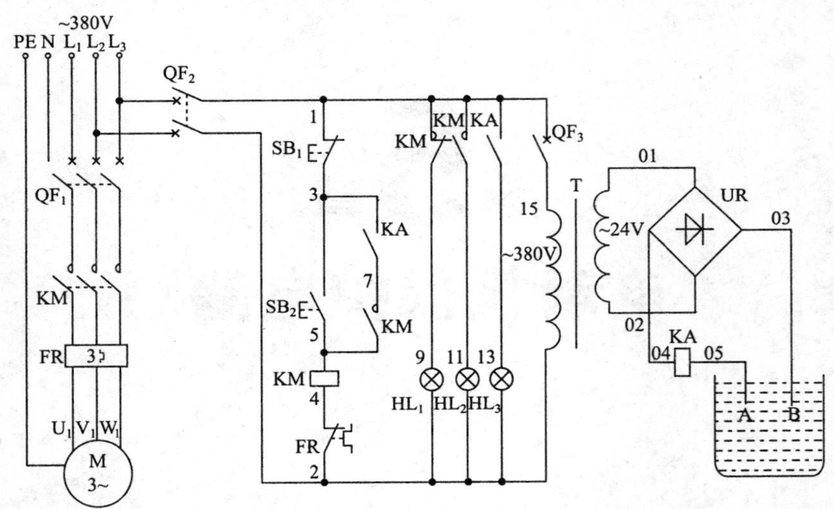

图5.1 防止抽水泵空抽保护电路

合上主回路保护断路器QF_1、控制回路保护断路器QF_2、控制变压器保护断路器QF_3，电动机停止兼电源指示灯HL_1亮，说明电动机已停止运转且电源有电，若此时指示灯HL_3亮，则说明水池内有水。

若水池有水，探头A、B被水短接，小型灵敏继电器KA线圈得电吸合，KA的两组常开触点均闭合，其中一组常开触点(1-13)闭合，为水池有水指示，另一组常开触点(3-7)闭合，作为KM自锁信号，为允许自锁提供条件。

启动时，按下启动按钮SB_2(3-5)，交流接触器KM线圈得电吸合且KM辅助常开触点(5-7)闭合自锁，KM三相主触点闭合，水泵电动机得电启动运转，带动水泵进行抽水；同时指示灯HL_1灭，HL_2亮，说明水泵电动机已运转了。

当水池内无水时，探头 A、B 悬空，小型灵敏继电器 KA 线圈断电释放，KA 的一组常开触点(3-7)断开，切断交流接触器 KM 线圈的回路电源，KM 线圈断电释放，KM 三相主触点断开，水泵电动机失电停止运转，水泵停止抽水；与此同时，指示灯 HL_2 灭、HL_1 亮，说明水泵电动机已停止运转了；KA 的另外一组常开触点(1-13)断开，指示灯 HL_3 灭，说明水池已无水。通过以上控制可有效地防止抽水泵空抽，起到保护作用。

电路布线图(图 5.2)

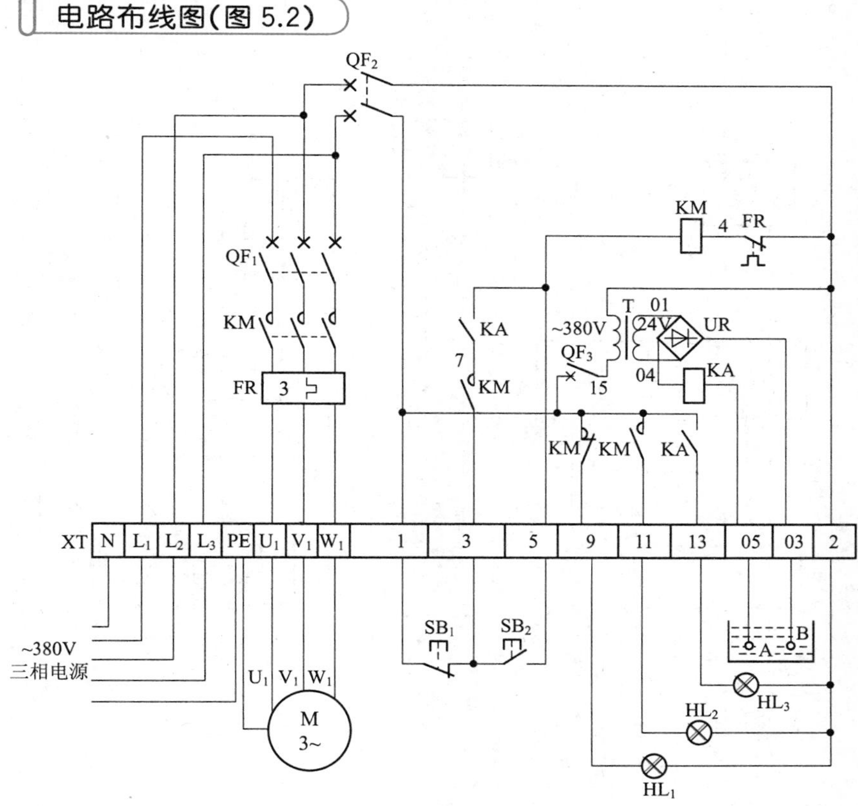

图 5.2 防止抽水泵空抽保护电路布线图

从端子排 XT 上看，共有 17 个接线端子。其中，L_1、L_2、L_3、N、PE 这 5 根线是由外引入配电箱的三相 380V 电源，并穿管引入；U_1、V_1、W_1、PE 这 4 根线是电动机线，穿管接至电动机接线盒内的 U_1、V_1、W_1 端子及外壳上；1、3、5、9、11、13、2 这 7 根线是控制线，接至配电箱门面板上的按钮开关 SB_1、SB_2 及指示灯 HL_1～HL_3 上；05、03 这 2 根线是探头线，穿管接至水池处。

实际接线图(图 5.3)

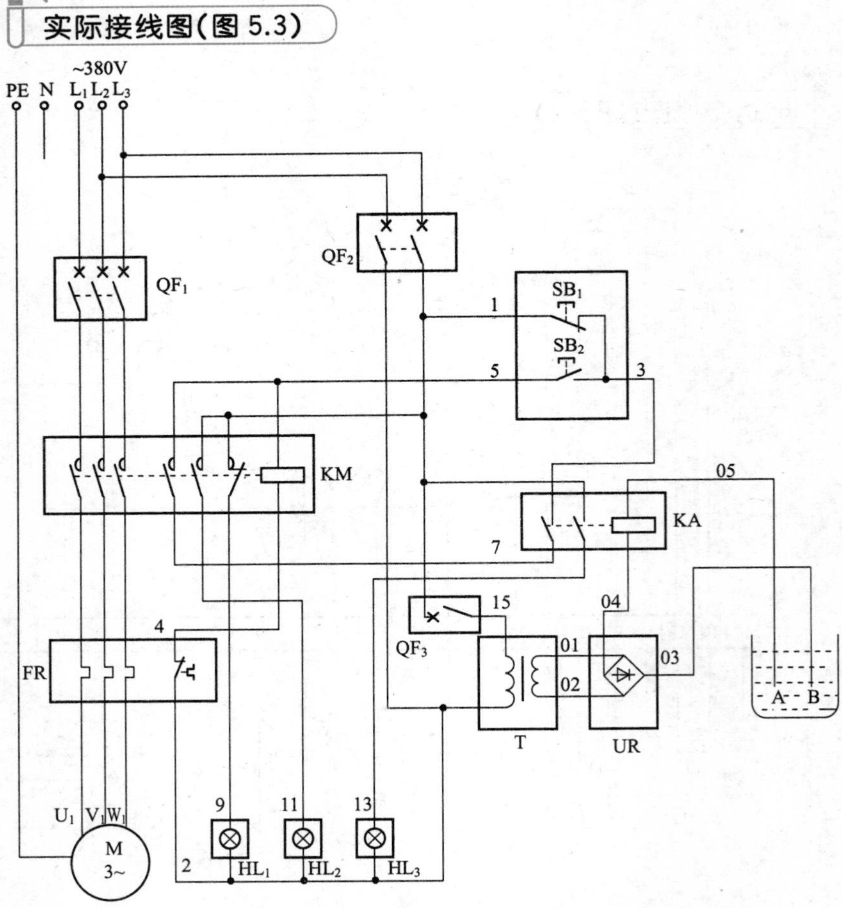

图 5.3 防止抽水泵空抽保护电路实际接线图

元器件安装排列图及端子图(图 5.4)

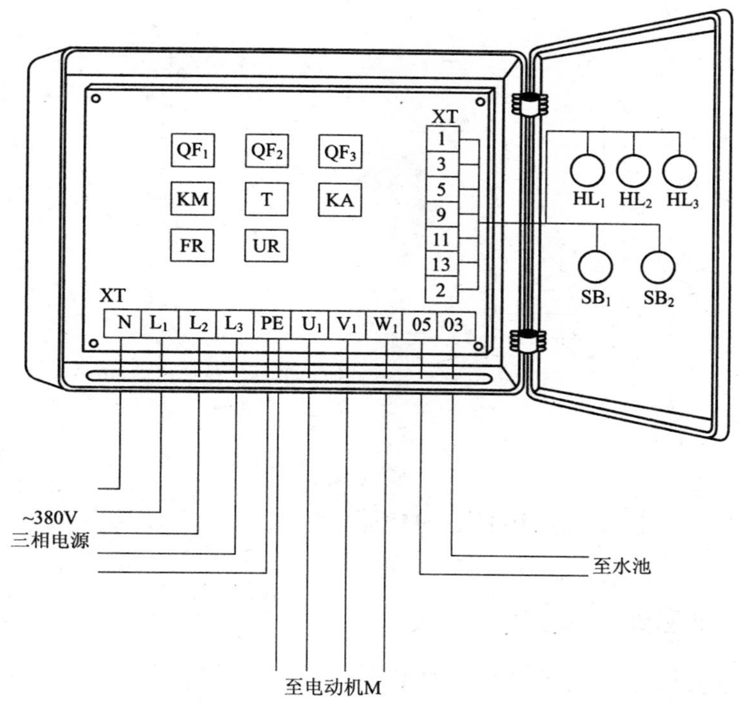

图 5.4 防止抽水泵空抽保护电路元器件安装排列图及端子图

从图 5.4 可以看出,断路器 QF_1～QF_3,交流接触器 KM,小型灵敏继电器 KA,变压器 T,整流桥 UR,热继电器 FR 安装在配电箱内底板上;按钮开关 SB_1、SB_2 及指示灯 HL_1～HL_3 安装在配电箱门面板上。

通过端子 L_1、L_2、L_3、N、PE 将三相 380V 交流电源接入配电箱中;端子 U_1、V_1、W_1、PE 接至电动机接线盒中的 U_1、V_1、W_1 及外壳上;端子 1、3、5、9、11、13、2 将配电箱内的元器件与配电箱门面板上的按钮开关 SB_1、SB_2 及指示灯 HL_1～HL_3 连接起来;端子 05、03 接至水池处。

按钮接线图(图 5.5)

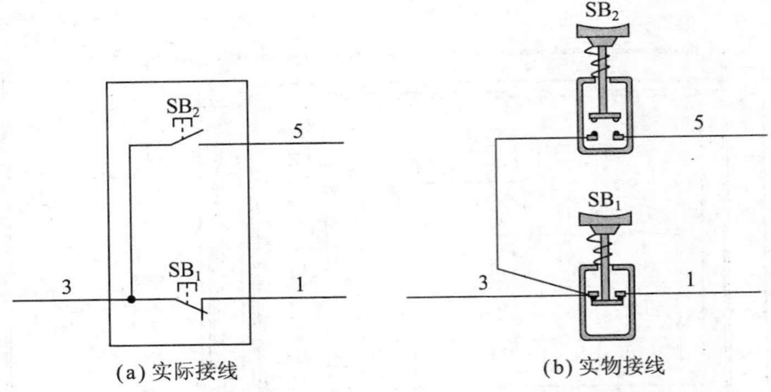

图 5.5 防止抽水泵空抽保护电路按钮接线图

5.2 电动机过电流保护电路

工作原理

电动机过电流保护电路如图 5.6 所示。

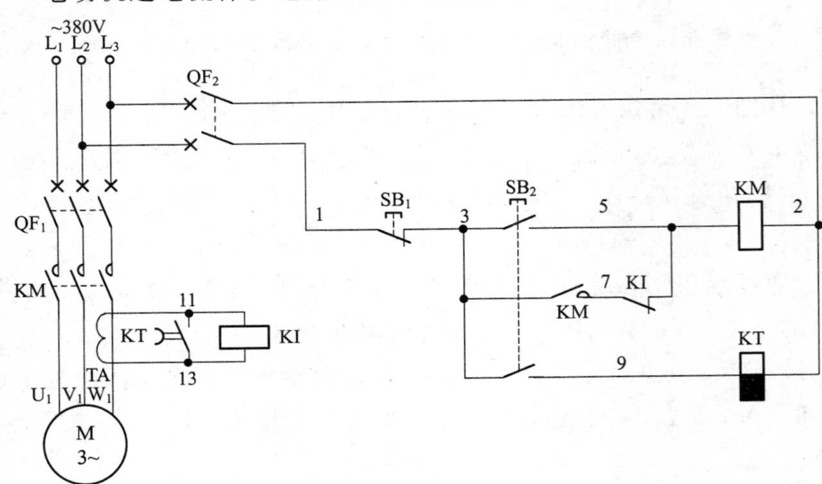

图 5.6 电动机过电流保护电路

启动时，按下启动按钮 SB_2 后又松开，SB_2 的一组常开触点(3-5)闭合，交流接触器 KM 线圈得电吸合；与此同时，SB_2 的另一组常开触点(3-9)闭合，得失电延时时间继电器 KT 线圈得电吸合后又断电释放并开始延时，KT 失电延时断开的常开触点(11-13)立即闭合，将过电流继电器 KI 线圈短接起来，以防止在启动时，由于电动机启动电流很大，造成过电流继电器 KI 线圈吸合而出现误动作。此时，KM 辅助常开触点(3-7)闭合，与 KI 常闭触点(5-7)共同组成 KM 线圈的自锁回路，KM 三相主触点闭合，电动机得电启动运转。经 KT 一段时间延时，电动机启动后，其电流降为额定电流，KT 失电延时断开的常开触点(11-13)断开，过电流继电器投入工作，为电动机出现过电流时起到保护作用做准备。

电动机正常启动运转后，出现过电流时，电流互感器 TA 感应到电流增大，使电流继电器 KI 线圈吸合动作，KI 串联在交流接触器 KM 线圈回路中的常闭触点(5-7)断开，切断其自锁回路，KM 线圈断电释放，KM 三相主触点断开，电动机失电停止运转，从而起到过电流保护作用。

电路布线图(图 5.7)

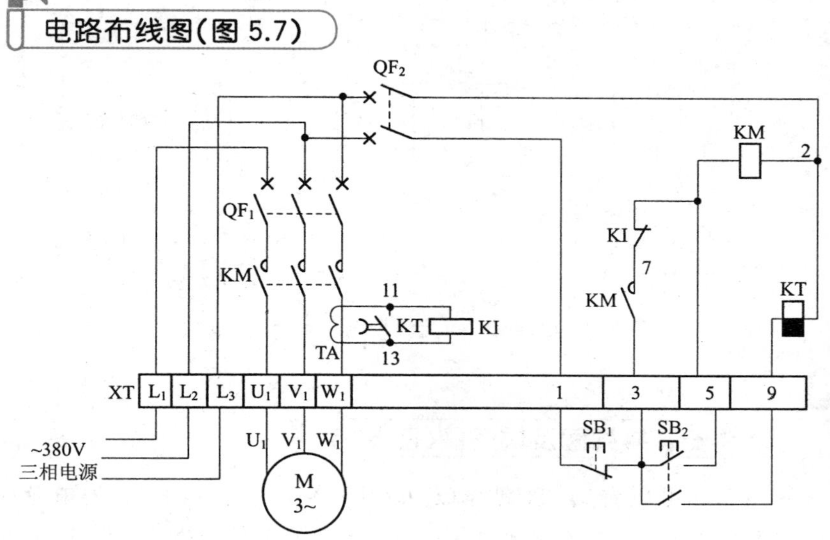

图 5.7　电动机过电流保护电路布线图

从端子排 XT 上看，共有 10 个接线端子。其中，L_1、L_2、L_3 这 3 根线是由外引入配电箱的三相 380V 电源，并穿管引入；U_1、V_1、W_1 这 3 根线是电动机线，穿管接至电动机接线盒内的 U_1、V_1、W_1 上；1、3、5、9 这 4 根线是控制线，接至配电箱门面板上的按钮开关 SB_1、SB_2 上。

实际接线图（图 5.8）

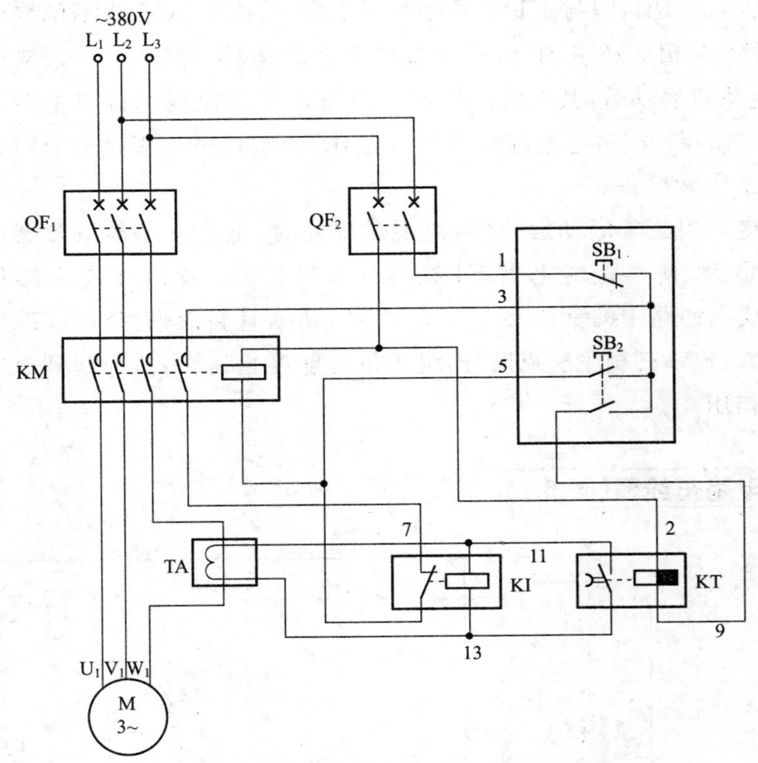

图 5.8 电动机过电流保护电路实际接线图

元器件安装排列图及端子图（图 5.9）

从图 5.9 可以看出，断路器 QF_1、QF_2，交流接触器 KM，失电延时时间继电器 KT，电流互感器 TA，电流继电器 KI，热继电器 FR 安装

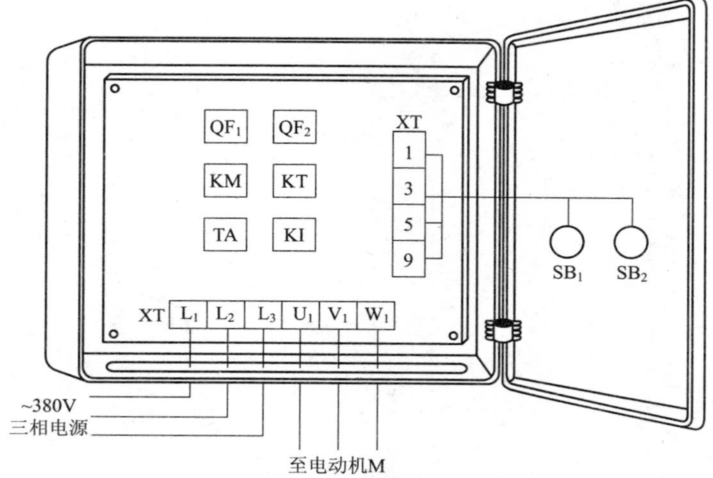

图 5.9 电动机过电流保护电路元器件安装排列图及端子图

在配电箱内底板上；按钮开关 SB_1、SB_2 安装在配电箱门面板上。

通过端子 L_1、L_2、L_3 将三相 380V 交流电源接入配电箱中；端子 U_1、V_1、W_1 接至电动机接线盒中的 U_1、V_1、W_1 上；端子 1、3、5、9 将配电箱内的元器件与配电箱门面板上的按钮开关 SB_1、SB_2 连接起来。

5.3 电动机断相保护电路

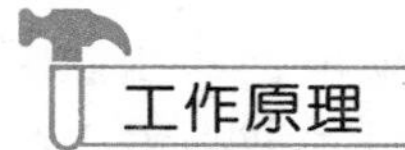

工作原理

电动机断相保护电路如图 5.10 所示。

启动时，按下启动按钮 SB_2(3-5)，交流接触器 KM 线圈得电吸合，KM 三相主触点闭合，电动机得电启动运转，若此时三相电源无缺相，则三只中间继电器 KA_1、KA_2、KA_3 线圈均得电吸合，KA_1、KA_2、KA_3 各自的常开触点(7-9、9-11、5-11)均闭合，与已闭合的 KM 辅助常开触点(3-7)共同自锁，电动机正常启动运转。同时 KM 辅助常闭触点(1-13)断开，指示灯 HL_1 灭，KM 辅助常开触点(1-15)闭合，指示灯 HL_2

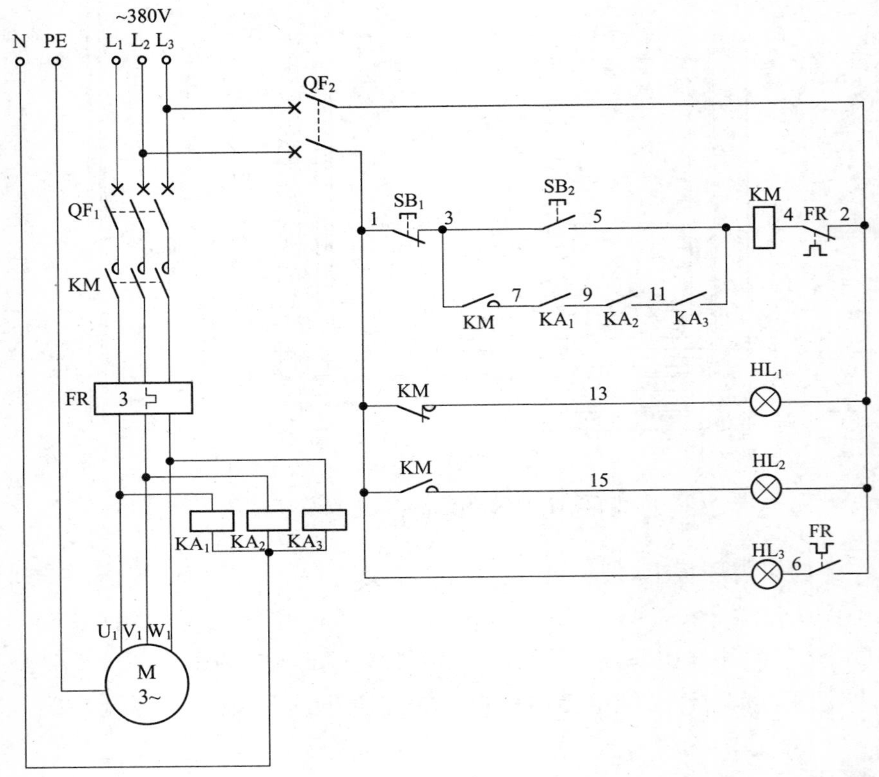

图 5.10 电动机断相保护电路

亮，说明电动机已启动运转了。

当三相电源出现断相时，接在断相回路中的中间继电器的线圈断电释放，其串联在KM自锁回路中的常开触点断开，切断吸合工作的交流接触器KM线圈回路电源，KM线圈断电释放，KM三相主触点断开，电动机失电停止运转，起到断相保护作用。

电路布线图(图5.11)

从端子排XT上看，共有15个接线端子。其中，L_1、L_2、L_3、N、PE这5根线是由外引入配电箱的三相380V电源，并穿管引入；U_1、V_1、

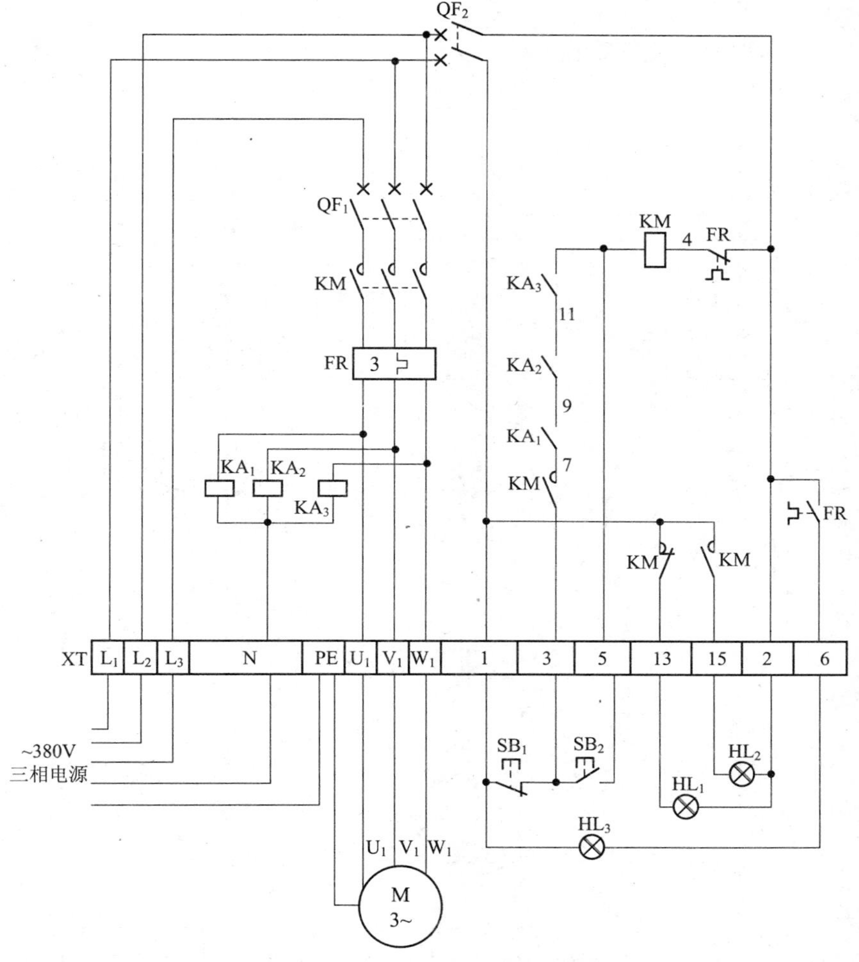

图 5.11　电动机断相保护电路布线图

W_1、PE 这 4 根线是电动机线，穿管接至电动机接线盒内的 U_1、V_1、W_1 及外壳上；1、3、5、13、15、2、6 这 7 根线是控制线，接至配电箱门面板上的按钮开关 SB_1、SB_2 及指示灯 HL_1～HL_3 上。

实际接线图(图 5.12)

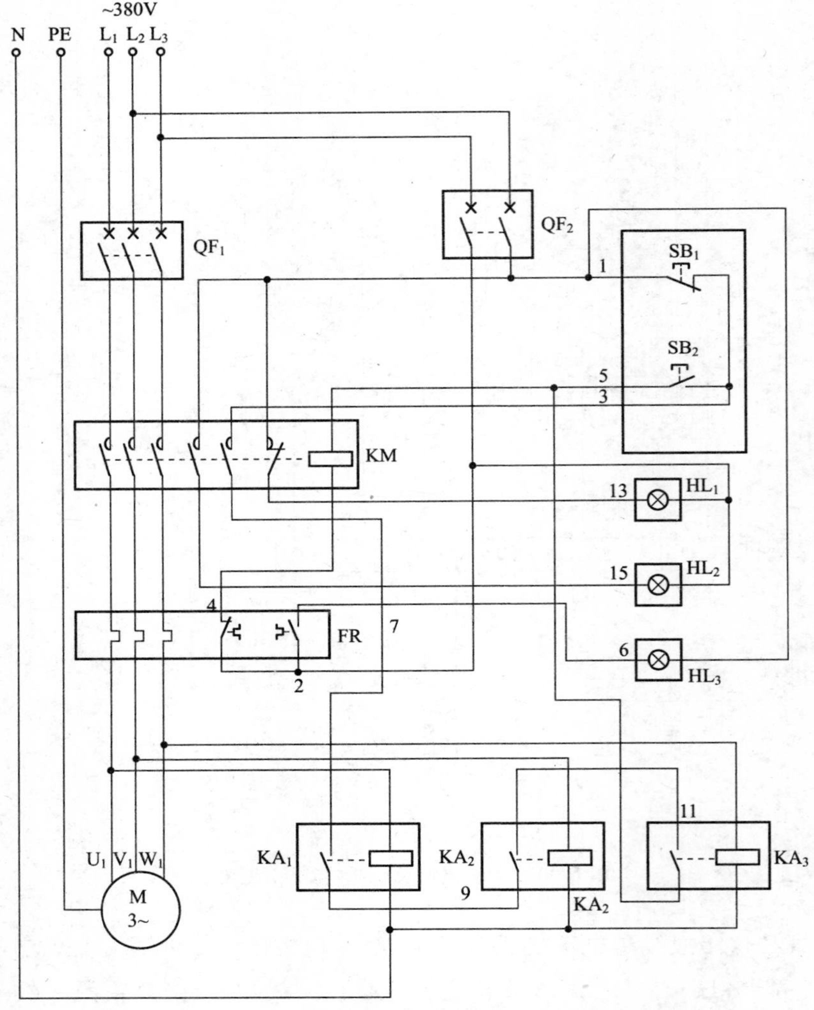

图 5.12 电动机断相保护电路实际接线图

元器件安装排列图及端子图(图 5.13)

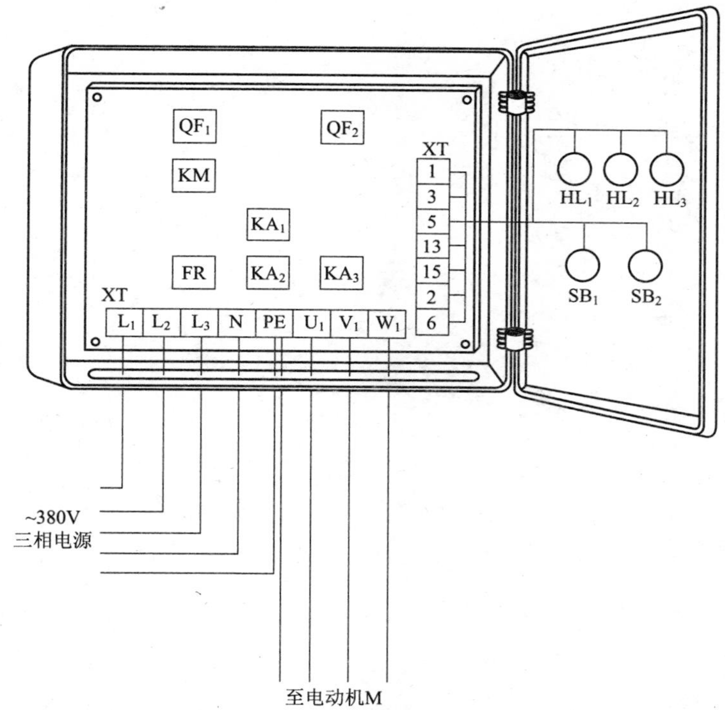

图 5.13 电动机断相保护电路元器件安装排列图及端子图

从图 5.13 可以看出，断路器 QF_1、QF_2，交流接触器 KM，中间继电器 KA_1、KA_2、KA_3，热继电器 FR 安装在配电箱内底板上；按钮开关 SB_1、SB_2 及指示灯 HL_1～HL_3 安装在配电箱门面板上。

通过端子 L_1、L_2、L_3、N、PE 将三相 380V 交流电源接入配电箱中；端子 U_1、V_1、W_1、PE 接至电动机接线盒中的 U_1、V_1、W_1 及外壳上；端子 1、3、5、13、15、2、6 将配电箱内的元器件与配电箱门面板上的按钮开关 SB_1、SB_2 及指示灯 HL_1～HL_3 连接起来。

开机信号预警电路

开机信号预警电路如图 5.14 所示。

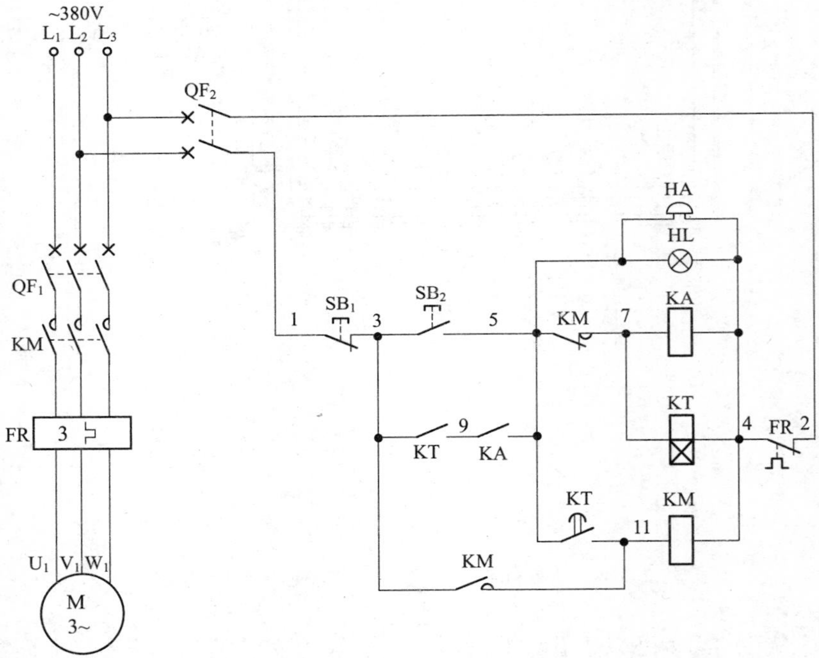

图 5.14 开机信号预警电路

开机时，按下启动按钮 SB_2(3-5)，中间继电器 KA 和得电延时时间继电器 KT 线圈均得电吸合，且 KT 不延时瞬动常开触点(3-9)与中间继电器 KA 常开触点(5-9)均闭合串联组成自锁回路，KT 开始延时。此时，预警电铃 HA 响、预警灯 HL 亮，以告知人们设备就要启动开机了。

经 KT 一段时间延时后，KT 得电延时闭合的常开触点(5-11)闭合，接通交流接触器 KM 线圈回路电源，KM 线圈得电吸合且 KM 辅助常开触点(3-11)闭合自锁,KM 三相主触点闭合,电动机得电启动运转;与此同时,KM 辅助常闭触点(5-7)断开,切断中间继电器 KA 和得电延时时间继电器 KT 线圈回路电源,KA 和 KT 线圈断电释放,其各自的所有触点恢复原始状态,预警电铃 HA 停止鸣响,预警灯 HL 熄灭,解除预警信号。

电路布线图(图 5.15)

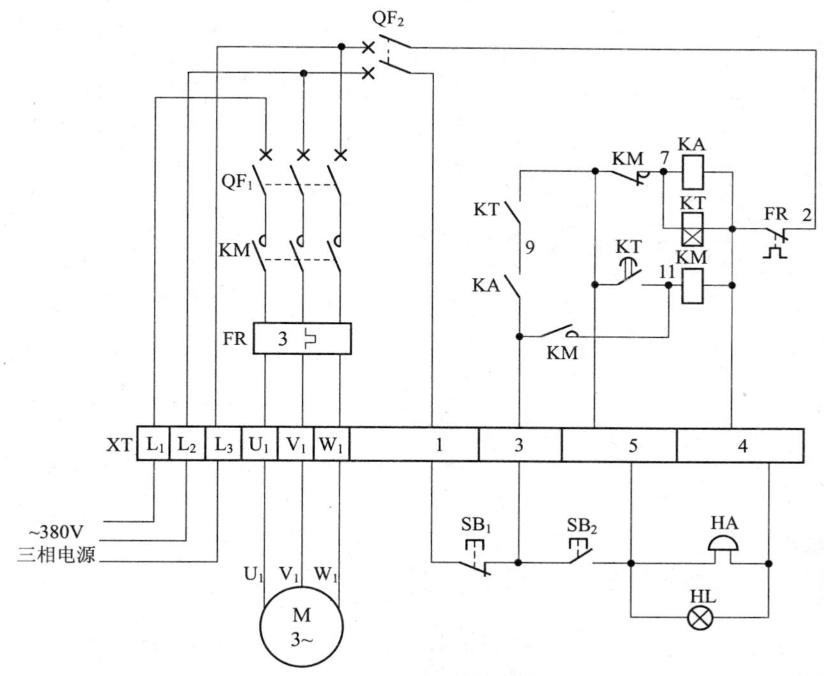

图 5.15 开机信号预警电路布线图

从端子排 XT 上看,共有 10 个接线端子。其中,L_1、L_2、L_3 这 3 根线是由外引入配电箱的三相 380V 电源,并穿管引入;U_1、V_1、W_1 这 3 根线是电动机线,穿管接至电动机接线盒内的 U_1、V_1、W_1 上;1、3、5、4 这 4 根线是控制线,接至配电箱门面板上的按钮开关 SB_1、SB_2,预警电铃 HA,预警灯 HL 上。

实际接线图(图5.16)

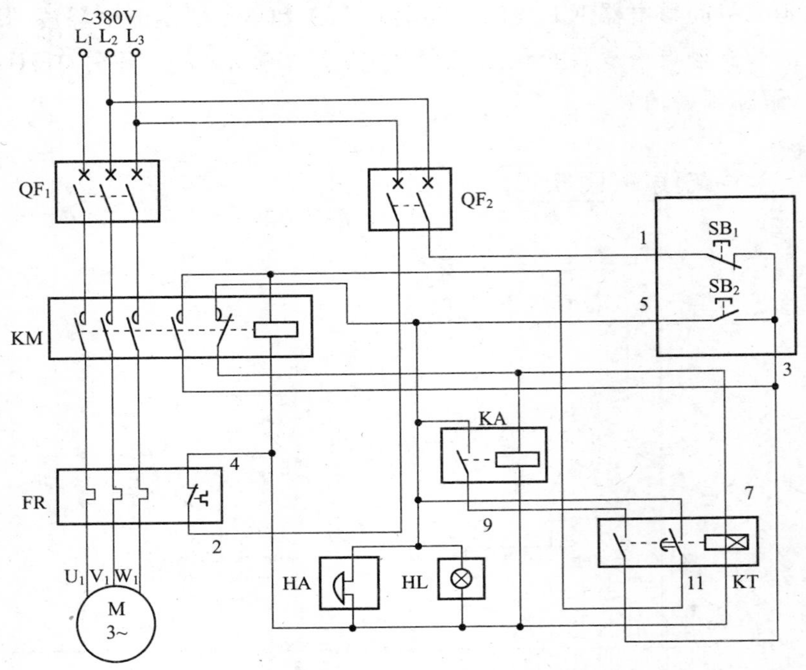

图5.16 开机信号预警电路实际接线图

元器件安装排列图及端子图(图5.17)

从图5.17可以看出,断路器 QF_1、QF_2,交流接触器KM,中间继电器KA,得电延时时间继电器KT,热继电器FR安装在配电箱内底板上;按钮开关 SB_1、SB_2,预警灯HL,预警电铃HA,安装在配电箱门面板上。

通过端子 L_1、L_2、L_3 将三相380V交流电源接入配电箱中;端子 U_1、V_1、W_1 接至电动机接线盒中的 U_1、V_1、W_1 上;端子1、3、5、4将配电箱内的元器件与配电箱门面板上的按钮开关 SB_1、SB_2,预警灯HL,预警电铃HA连接起来。

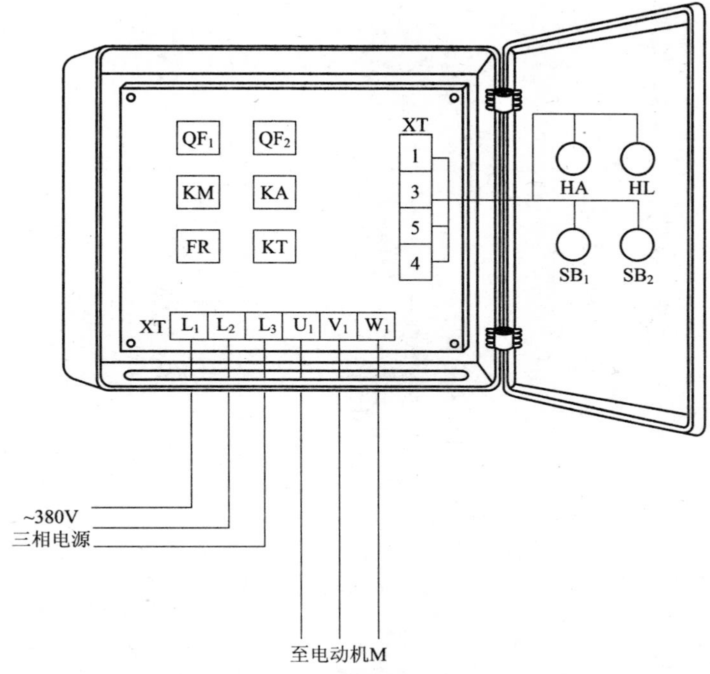

图 5.17　开机信号预警电路元器件安装排列图及端子图

5.5 XJ2 断相与相序保护器电路

XJ2 断相与相序保护器电路如图 5.18 所示。首先合上主回路断路器 QF_1 和控制回路断路器 QF_2，为电路工作提供准备条件。

若电源相序正常，XJ2 断相与相序保护器工作正常，其端子 7、8 常闭触点处于闭合状态，为控制回路工作做准备。启动时，按下启动按钮 SB_2，其常开触点(5-7)闭合，接通交流接触器 KM 线圈回路电源，KM 线圈得电吸合且 KM 辅助常开触点(5-7)闭合自锁，KM 三相主触点闭合，电动机得电启动运转。

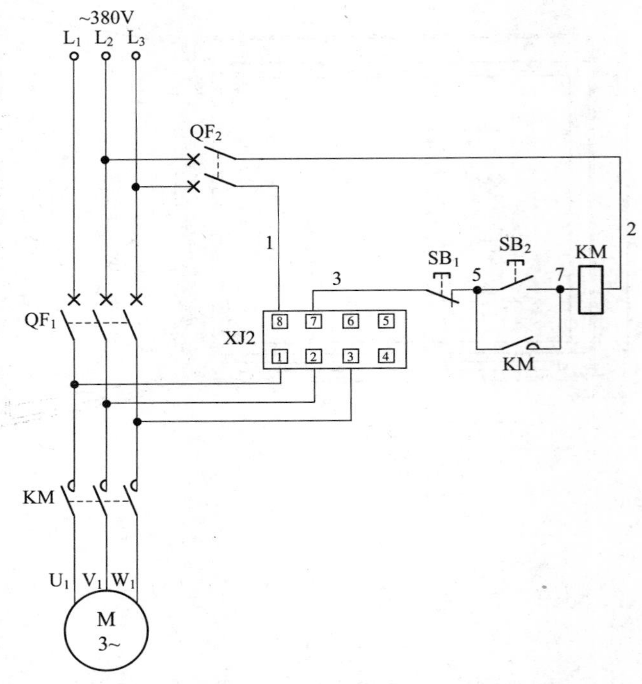

图 5.18 XJ2 断相与相序保护器电路

当电动机回路出现断相或错相时，XJ2 断相与相序保护器动作，其内部继电器动作，端子 7、8 常闭触点立即断开，切断交流接触器 KM 线圈回路电源，KM 线圈断电释放，KM 辅助常开触点(5-7)断开，解除自锁，KM 三相主触点断开，电动机失电停止运转，从而起到保护作用。

电路布线图(图 5.19)

从端子排 XT 上看，共有 9 个接线端子。其中，L_1、L_2、L_3 这 3 根线是由外引入配电箱的三相 380V 电源，并穿管引入；U_1、V_1、W_1 这 3 根线是电动机线，穿管接至电动机接线盒内的 U_1、V_1、W_1 上；3、5、7 这 3 根线是控制线，接至配电箱门面板上的按钮开关 SB_1、SB_2 上。

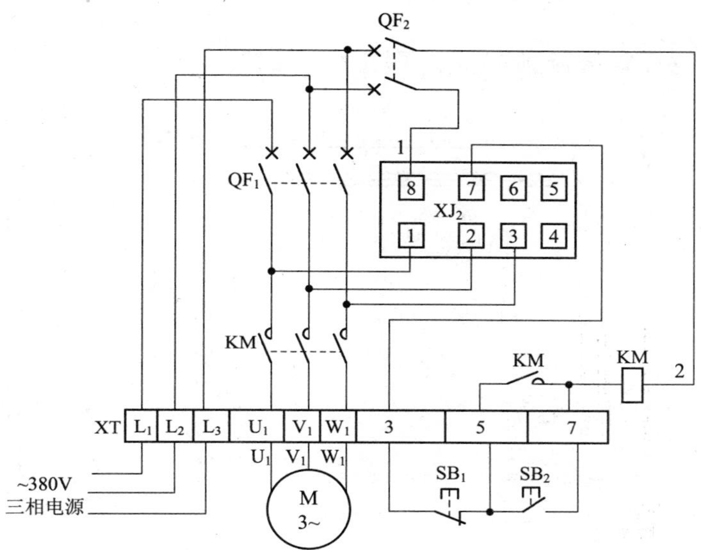

图 5.19　XJ2 断相与相序保护器电路布线图

实际接线图(图 5.20)

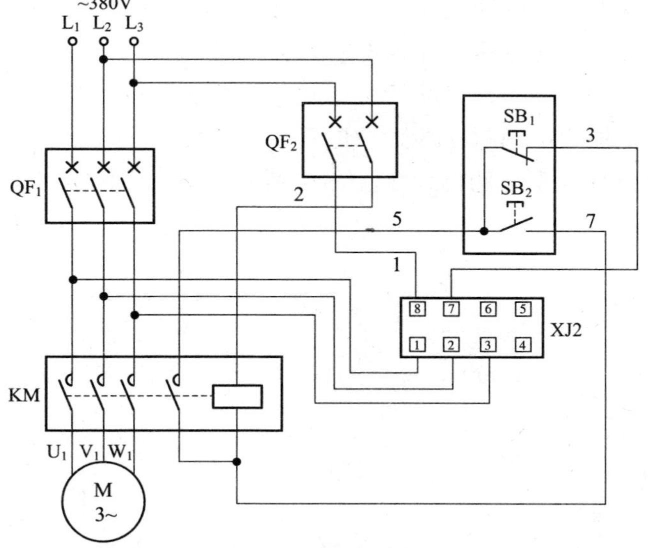

图 5.20　XJ2 断相与相序保护器电路实际接线图

元器件安装排列图及端子图(图 5.21)

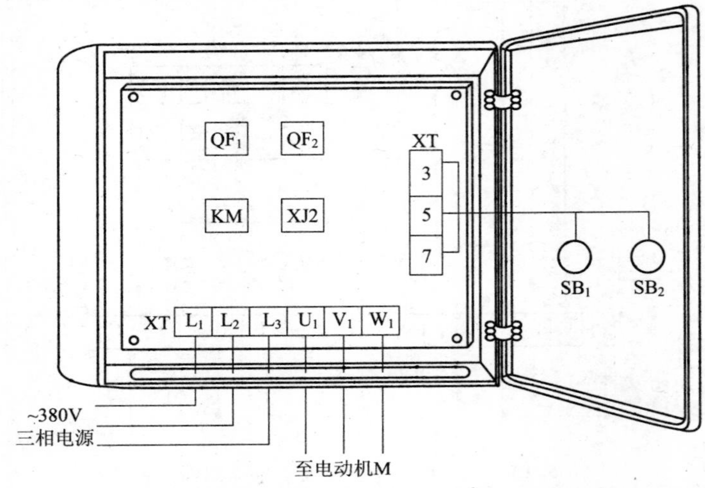

图 5.21 XJ2 断相与相序保护器电路元器件安装排列图及端子图

从图 5.21 可以看出,断路器 QF_1、QF_2,交流接触器 KM,XJ2 断相与相序保护器,热继电器 FR 安装在配电箱内底板上;按钮开关 SB_1、SB_2 安装在配电箱门面板上。

通过端子 L_1、L_2、L_3 将三相 380V 交流电源接入配电箱中;端子 U_1、V_1、W_1 接至电动机接线盒中的 U_1、V_1、W_1 上;端子 3、5、7 将配电箱内的元器件与配电箱门面板上的按钮开关 SB_1、SB_2 连接起来。

第6章 供排水电路

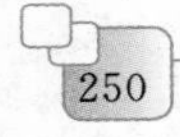

6.1 可任意手动启停的自动补水控制电路

工作原理

本电路实际上就是利用电接点压力表来实现的自动补水控制电路(图6.1)。它与其他同类电路不同之处是,在压力上限与下限之间可任意对控制电路进行手动启停操作。

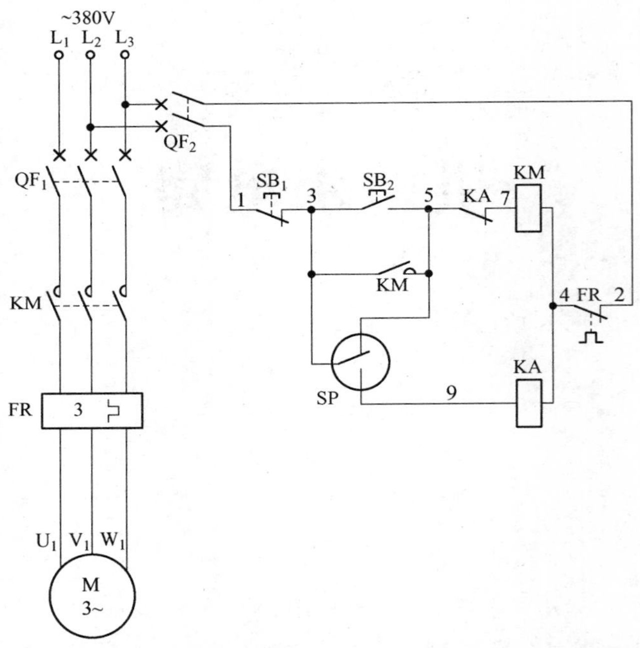

图6.1 可任意手动启停的自动补水控制电路

需要注意的是,当压力低于下限时电路能自动启动、当压力高于上限时电路能自动停止。

电路布线图(图6.2)

从端子排XT上看,共有10个接线端子。其中,L_1、L_2、L_3 这3根

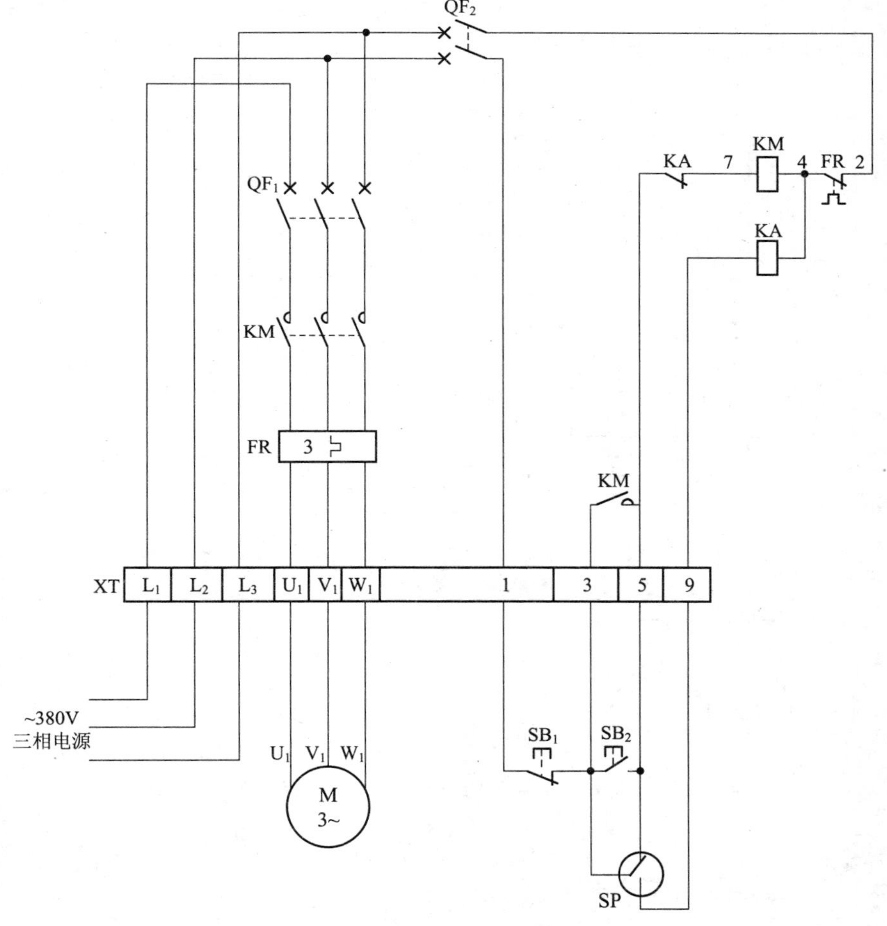

图 6.2 可任意手动启停的自动补水控制电路布线图

线是由外引入配电箱的三相 380V 电源，并穿管引入；U_1、V_1、W_1 这 3 根线是电动机线，穿管接至电动机接线盒内的 U_1、V_1、W_1 上；1、3、5 这 3 根线是控制线，接至配电箱门面板上的按钮开关 SB_1、SB_2 上；3、5、9 这 3 根线是电接点压力表 SP 控制线，穿管外接至电接点压力表上。

实际接线图(图 6.3)

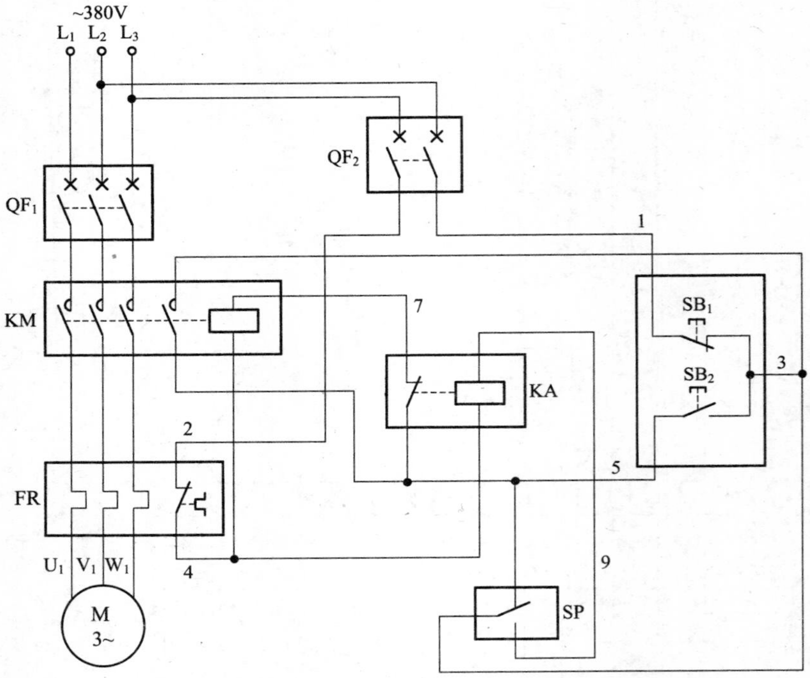

图 6.3 可任意手动启停的自动补水控制电路实际接线图

元器件安装排列图及端子图(图 6.4)

从图 6.4 可以看出,断路器 QF_1、QF_2,交流接触器 KM,中间继电器 KA,热继电器 FR 安装在配电箱内底板上;按钮开关 SB_1、SB_2 安装在配电箱门面板上。

通过端子 L_1、L_2、L_3 将三相 380V 交流电源接入配电箱中;端子 U_1、V_1、W_1 接至电动机接线盒中的 U_1、V_1、W_1 上;端子 3、5、9 外接至电接点压力表上;端子 1、3、5 将配电箱内的元器件与配电箱门面板上的按钮开关 SB_1、SB_2 连接起来。

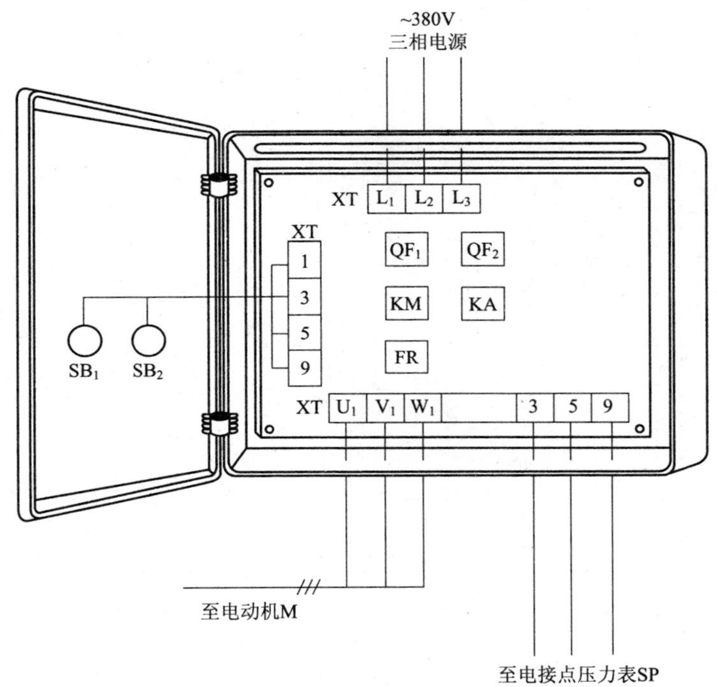

图 6.4 可任意手动启停的自动补水控制电路元器件安装排列图及端子图

6.2 具有手动/自动控制功能的排水控制电路

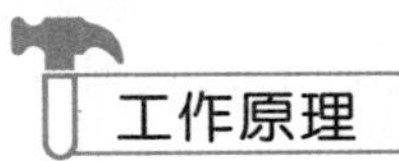

工作原理

本例采用 JYB714 电子式液位继电器控制排水，具有手动/自动双重控制，电路如图 6.5 所示。

自动控制时，将自动/手动选择开关 SA 置于自动位置，SA(1-3)闭合，利用 JYB714 电子式液位继电器进行自动控制。当水位升至高水位时，液位继电器 JYB714 的内部继电器线圈断电释放，其③、④脚内部继电器常闭触点恢复常闭状态，交流接触器 KM 线圈得电吸合，KM 三相主触点闭合，电动机得电运转，水泵进行排水。

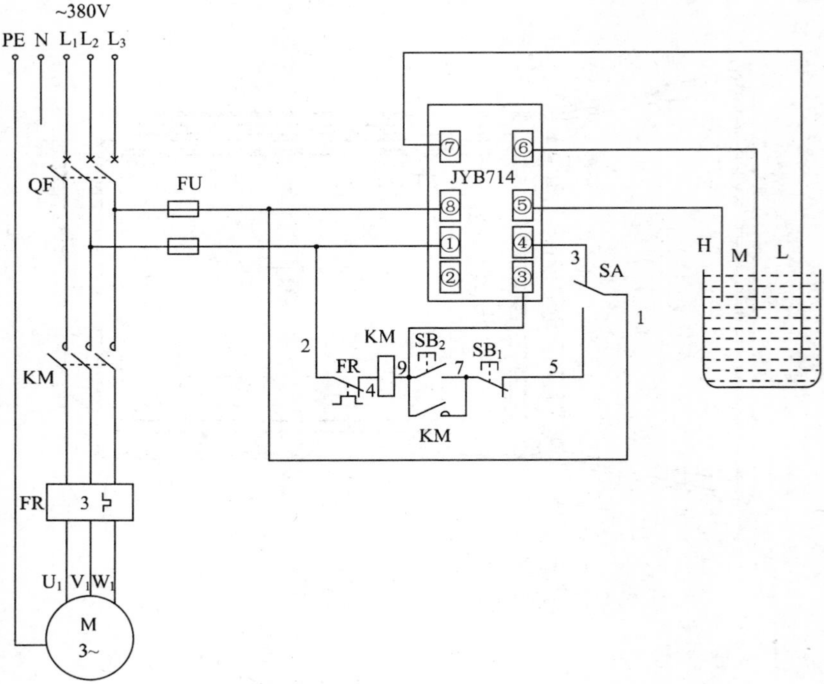

图 6.5 具有手动/自动控制功能的排水控制电路

当液位降至低水位时，液位继电器 JYB714 的内部继电器线圈得电吸合，其③、④脚断开，切断交流接触器 KM 线圈回路电源，KM 线圈断电释放，水泵电动机失电停止排水。至此，实现自动排水控制。

手动控制时，将自动/手动选择开关 SA 置于手动位置，SA(1-3)断开、(1-5)闭合，按下启动按钮 SB_2(7-9)，交流接触器 KM 线圈得电吸合，KM 辅助常开触点(7-9)闭合自锁，KM 三相主触点闭合，电动机得电运转，水泵进行排水。

需手动停止时，按下停止按钮 SB_1(5-7)，交流接触器 KM 线圈断电释放，KM 三相主触点断开，电动机失电停止运转，水泵停止排水。

电路布线图(图 6.6)

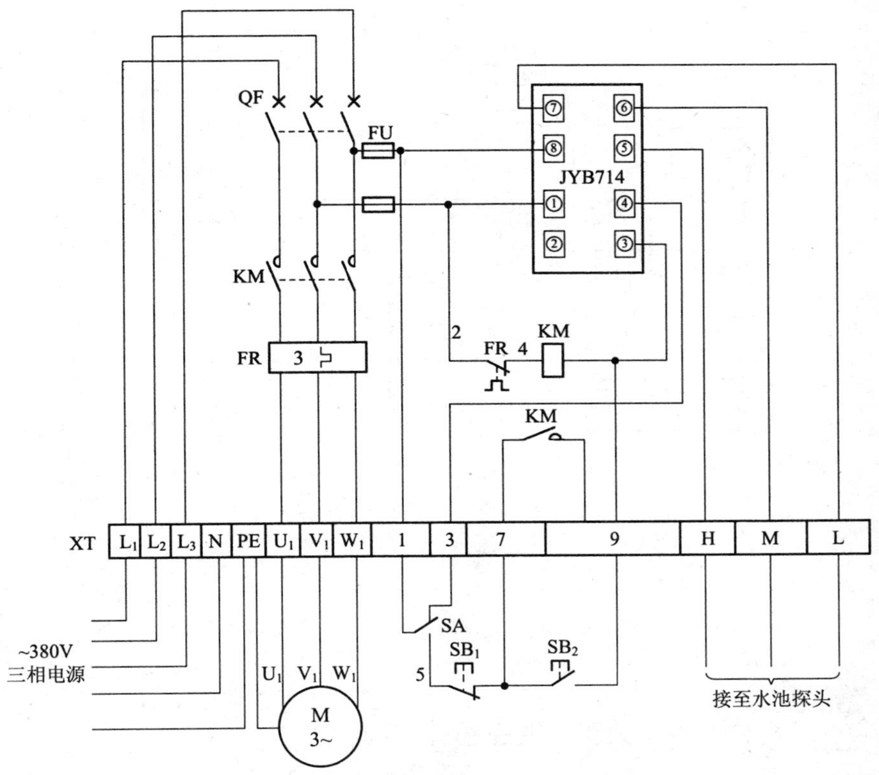

图 6.6 具有手动/自动控制功能的排水控制电路布线图

从端子排 XT 上看,共有 15 个接线端子。其中,L_1、L_2、L_3、N、PE 这 5 根线是由外引入配电箱的三相 380V 电源,并穿管引入;U_1、V_1、W_1、PE 这 4 根线是电动机线,穿管接至电动机接线盒内的 U_1、V_1、W_1、PE 上;1、3、7、9 这 4 根线是控制线,接至配电箱门面板上的按钮开关 SB_1、SB_2 以及选择开关 SA 上;H、M、L 这 3 根线是水位探头线,穿管接至水池探头上。

实际接线图(图6.7)

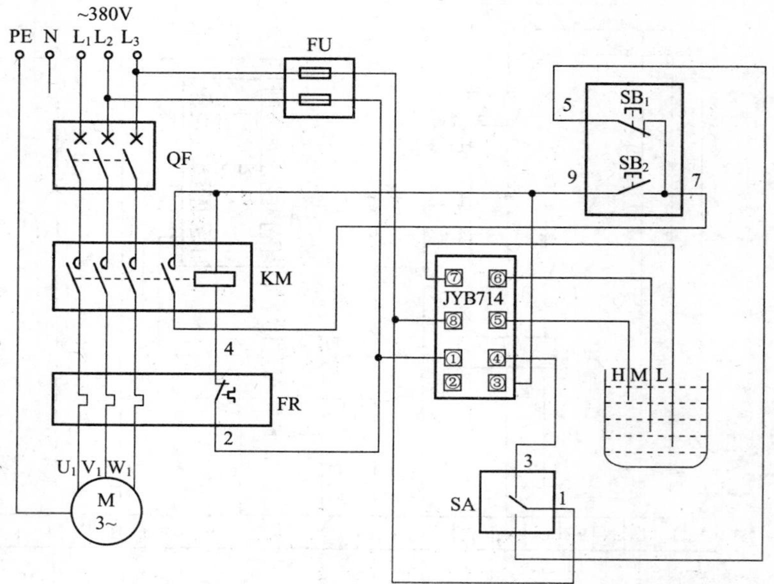

图6.7 具有手动/自动控制功能的排水控制电路实际接线图

元器件安装排列图及端子图(图6.8)

从图6.8可以看出,断路器 QF_1、熔断器FU、交流接触器KM、液位继电器JYB714、热继电器FR安装在配电箱内底板上;按钮开关 SB_1、SB_2 及选择开关SA安装在配电箱门面板上。

通过端子 L_1、L_2、L_3、N、PE将三相380V交流电源接入配电箱中;端子 U_1、V_1、W_1、PE接至电动机接线盒中的 U_1、V_1、W_1 及外壳上;端子H、M、L外接至水池探头上;端子1、3、7、9将配电箱内的元器件与配电箱门面板上的按钮开关 SB_1、SB_2 及选择开关SA连接起来。

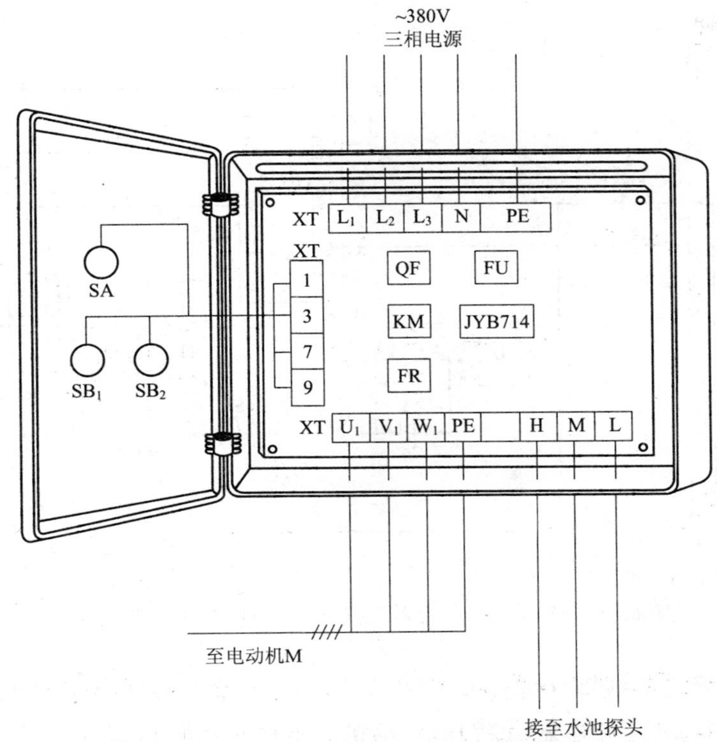

图 6.8 具有手动/自动控制功能的排水控制电路元器件安装排列图及端子图

6.3 具有手动操作定时、自动控制功能的供水控制电路

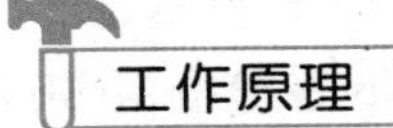

本例采用 JYB714 液位继电器完成液位控制，具有手动操作定时及自动控制功能，电路如图 6.9 示。

自动控制时，将手动/自动选择开关置于自动位置，SA(1-3)闭合。当蓄水池处于低水位时，液位继电器内部继电器动作，其②、③脚(内部常开触点)闭合，交流接触器 KM 线圈得电吸合，KM 三相主触点闭合，电动机得电运转，水泵开始供水。当水位升至高水位时，液位继电

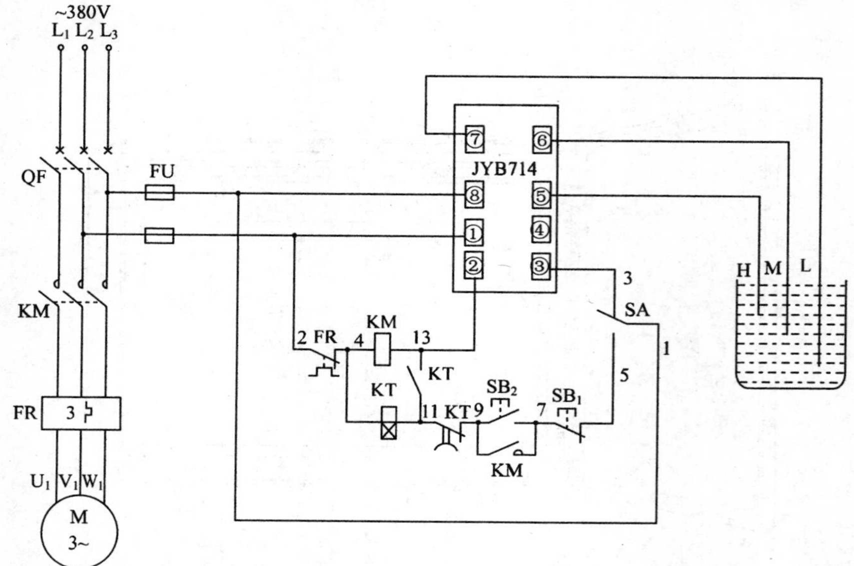

图 6.9 具有手动操作定时、自动控制功能的供水控制电路

器内部继电器线圈断电释放，其②、③脚断开，交流接触器 KM 线圈断电释放，KM 三相主触点断开，电动机失电停止运转，水泵停止供水。

手动启停及定时停止控制时，将手动/自动选择开关置于手动位置，SA(1-5)闭合。启动时，按下启动按钮 SB_2(7-9)，得电延时时间继电器 KT 线圈得电吸合且 KT 开始延时，KT 不延时瞬动常开触点(11-13)闭合，交流接触器 KM 线圈得电吸合，KM 辅助常开触点(7-9)闭合自锁，KM 三相主触点闭合，电动机得电运转，水泵进行供水。

在 KT 延时时间内，若要手动停止水泵供水，则按下停止按钮 SB_1(5-7)，交流接触器 KM 线圈断电释放，KM 三相主触点断开，电动机失电停止运转，水泵停止供水。

水泵电动机手动启动运转后，可按照预先设定的时间进行自动定时控制，经 KT 一段时间延时后，KT 得电延时断开的常闭触点(9-11)断开，切断交流接触器 KM、得电延时时间继电器 KT 线圈回路电源，KM、KT 线圈断电释放，KM 三相主触点断开，电动机失电停止运转，水泵自动停止供水。

电路布线图(图 6.10)

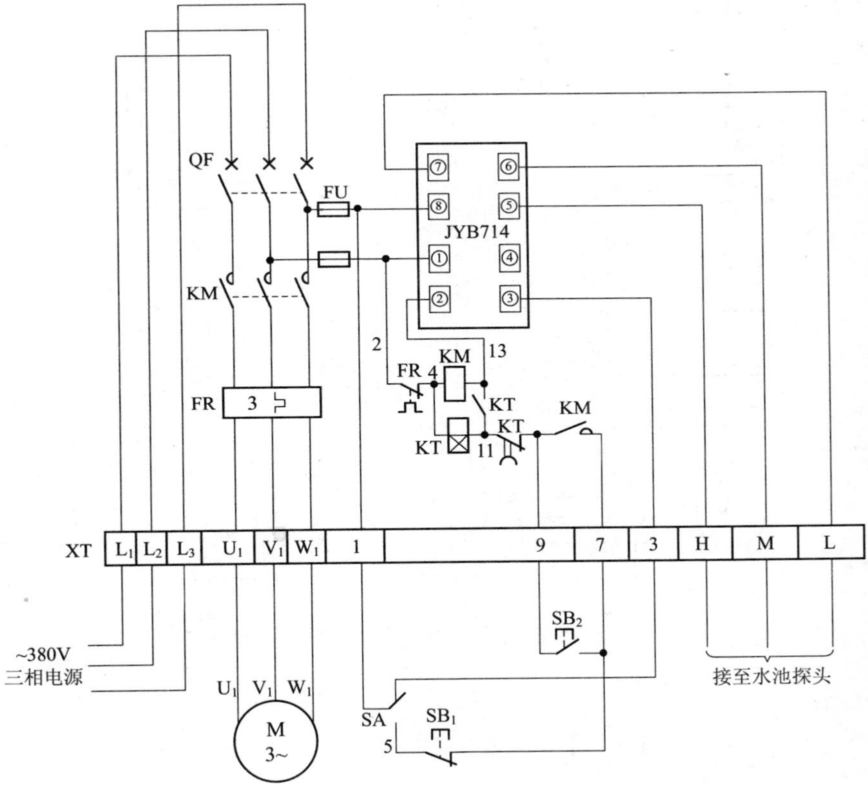

图 6.10 具有手动操作定时、自动控制功能的供水控制电路布线图

从端子排 XT 上看,共有 13 个接线端子。其中,L_1、L_2、L_3 这 3 根线是由外引入配电箱的三相 380V 电源,并穿管引入;U_1、V_1、W_1 这 3 根线是电动机线,穿管接至电动机接线盒内的 U_1、V_1、W_1 上;1、3、7、9 这 4 根线是控制线,接至配电箱门面板上的按钮开关 SB_1、SB_2 以及选择开关 SA 上;H、M、L 这 3 根线是水位探头线,穿管接至水池探头上。

实际接线图(图6.11)

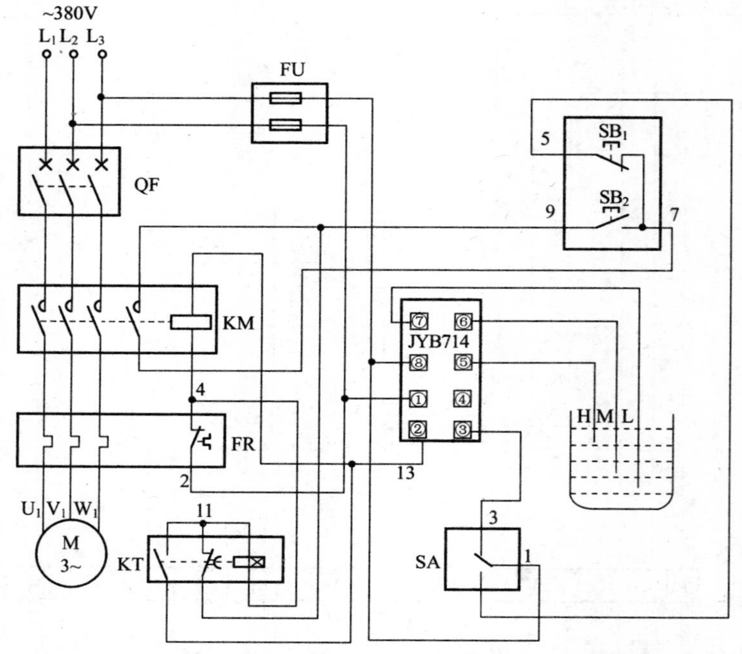

图6.11 具有手动操作定时、自动控制功能的供水控制电路实际接线图

元器件安装排列图及端子图(图6.12)

从图6.12可以看出,断路器QF、熔断器FU、交流接触器KM、热继电器FR、液位继电器JYB714、得电延时时间继电器KT安装在配电箱内底板上;按钮开关SB_1、SB_2以及选择开关SA安装在配电箱门面板上。

通过端子L_1、L_2、L_3将三相380V交流电源接入配电箱中;端子U_1、V_1、W_1接至电动机接线盒中的U_1、V_1、W_1上;端子H、M、L接至水池探头上;端子1、3、7、9将配电箱内的元器件与配电箱门面板上的按钮开关SB_1、SB_2以及选择开关SA连接起来。

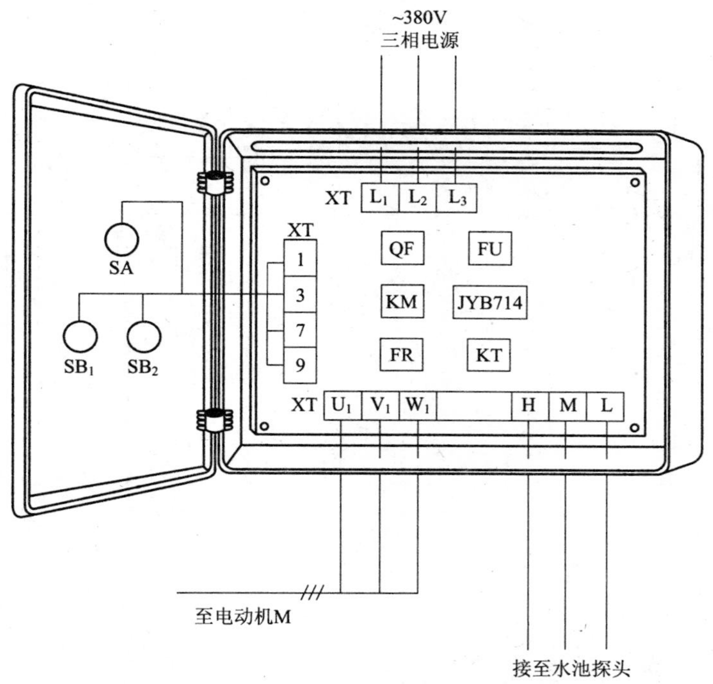

图 6.12 具有手动操作定时、自动控制功能的供水控制电路元器件安装排列图及端子图

6.4 具有手动操作定时、自动控制功能的排水控制电路

具有手动操作定时、自动控制功能的排水控制电路6.13所示。

自动控制时，将手动/自动选择开关SA置于自动位置，SA(1-3)闭合，为自动控制做准备。高水位时，液位继电器JYB714内部继电器线圈断电释放，内部常闭触点恢复常闭状态，③、④脚接通，交流接触器KM线圈得电吸合，KM三相主触点闭合，电动机得电运转，水泵排水。低水位时，液位继电器JYB714内部继电器线圈得电吸合，内部常

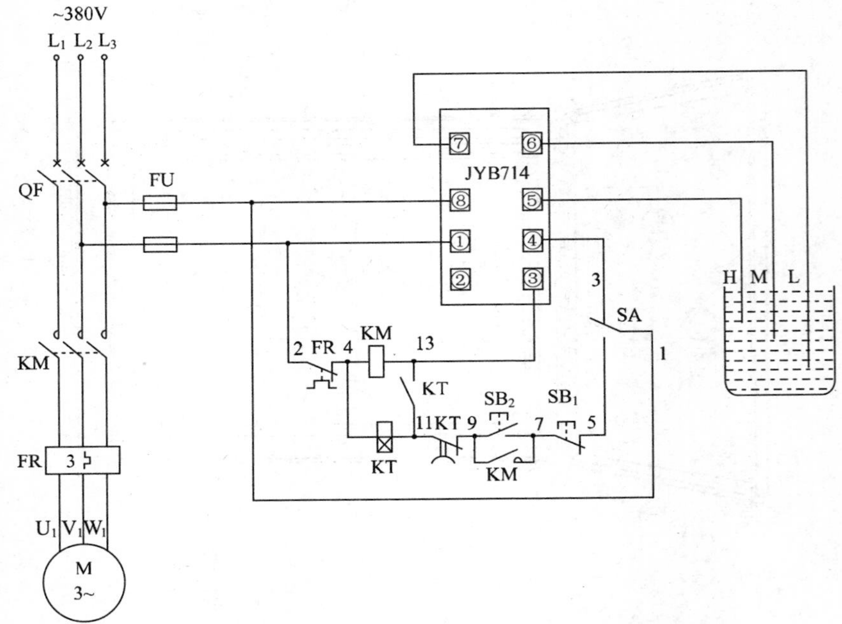

图 6.13 具有手动操作定时、自动控制功能的排水控制电路

闭触点断开，切断交流接触器 KM 线圈回路电源，KM 三相主触点断开，电动机失电停止运转，水泵停止排水。

手动定时控制时，将手动/自动选择开关 SA 置于手动位置，SA(1-5)闭合，为手动定时控制做准备。按下启动按钮 SB_2(7-9)，得电延时时间继电器 KT 线圈得电吸合且 KT 开始延时，KT 不延时瞬动常开触点(11-13)闭合，使交流接触器 KM 线圈得电吸合，KM 辅助常开触点(7-9)闭合自锁，KM 三相主触点闭合，电动机得电运转，水泵排水。在 KT 延时时间内，若欲停止排水，则按下停止按钮 SB_1(5-7)，交流接触器 KM 线圈断电释放，KM 三相主触点断开，电动机失电停止运转，水泵停止排水。经 KT 一段时间延时后，KT 得电延时断开的常闭触点(9-11)断开，切断得电延时时间继电器 KT、交流接触器 KM 线圈回路电源，KT、KM 线圈断电释放，KM 三相主触点断开，电动机失电停止运转，水泵停止排水。

电路布线图(图 6.14)

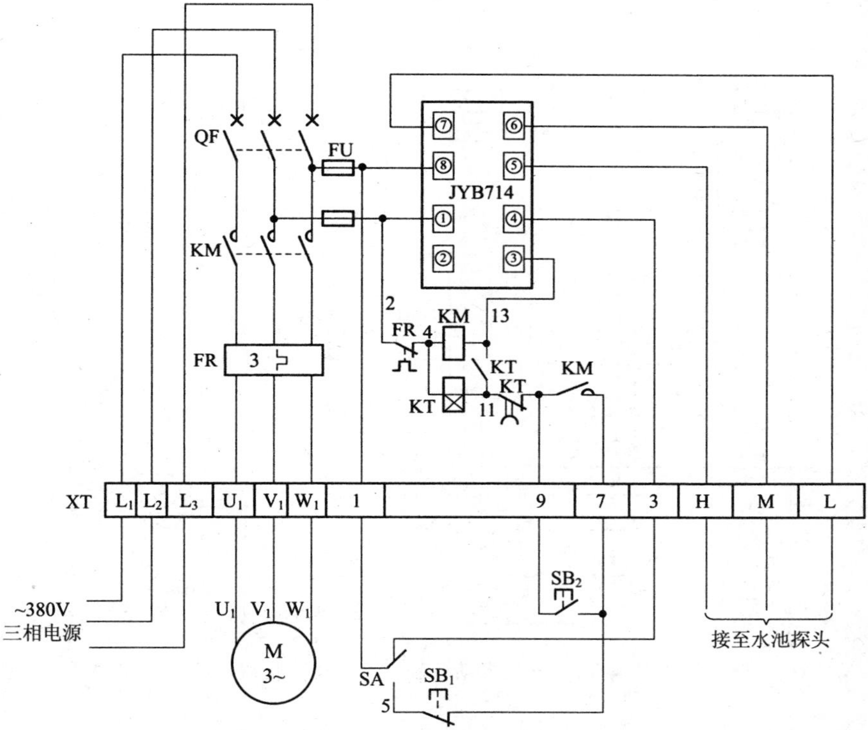

图 6.14 具有手动操作定时、自动控制功能的排水控制电路布线图

从端子排 XT 上看,共有 13 个接线端子。其中,L_1、L_2、L_3 这 3 根线是由外引入配电箱的三相 380V 电源,并穿管引入;U_1、V_1、W_1 这 3 根线是电动机线,穿管接至电动机接线盒内的 U_1、V_1、W_1 上;1、3、7、9 这 4 根线是控制线,接至配电箱门面板上的按钮开关 SB_1、SB_2 以及选择开关 SA 上;H、M、L 这 3 根线是水位探头线,穿管接至水池探头上。

实际接线图(图6.15)

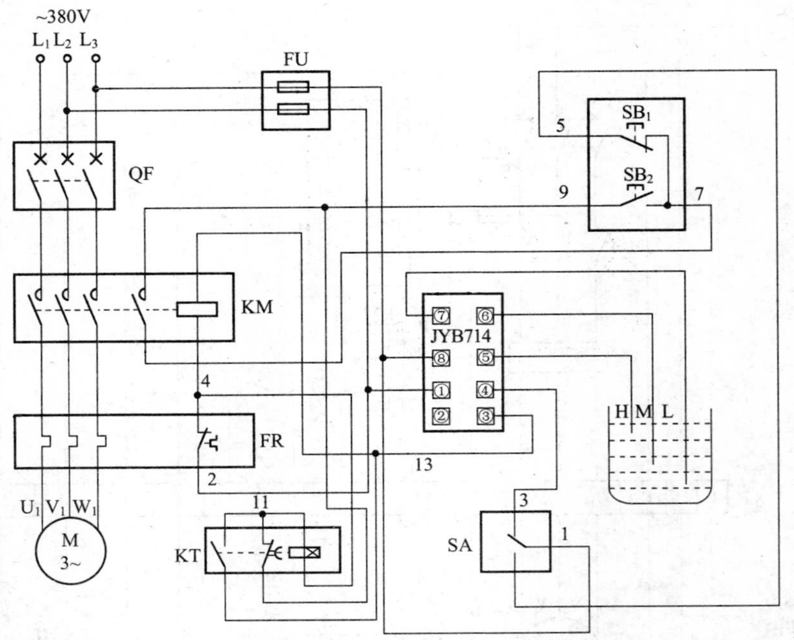

图6.15 具有手动操作定时、自动控制功能的排水控制电路实际接线图

元器件安装排列图及端子图(图6.16)

从图6.16可以看出，断路器QF、熔断器FU、交流接触器KM、热继电器FR、液位继电器JYB714、得电延时时间继电器KT安装在配电箱内底板上；按钮开关SB_1、SB_2以及选择开关SA安装在配电箱门面板上。

通过端子L_1、L_2、L_3将三相380V交流电源接入配电箱中；端子U_1、V_1、W_1接至电动机接线盒中的U_1、V_1、W_1上；端子H、M、L接至水池探头上；端子1、3、7、9将配电箱内的元器件与配电箱门面板上的按钮开关SB_1、SB_2以及选择开关SA连接起来。

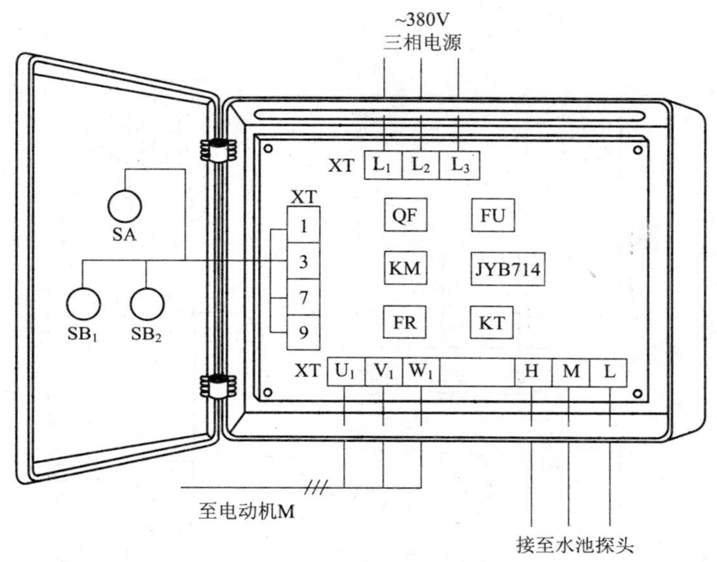

图 6.16　具有手动操作定时、自动控制功能的排水控制电路元器件安装排列图及端子图

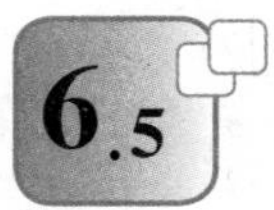

6.5 供水泵故障时备用泵自投电路

工作原理

供水泵故障时备用泵自投电路如图 6.17 所示。

低水位时，JYB714 电子式液位继电器内部继电器线圈得电吸合，其常开触点闭合，主泵电动机 M_1 控制交流接触器 KM_1 线圈回路的内部触点②、③闭合，KM_1 线圈得电吸合，KM_1 三相主触点闭合，主泵电动机 M_1 得电运转，供水泵向水箱内供水；与此同时，KM_1 辅助常闭触点(1-3)断开，切断得电延时时间继电器 KT 线圈电路电源，KT 线圈不能得电吸合，主泵电动机 M_1 正常运转。

主泵电动机 M_1 运转过程中出现故障时，电动机电流增大，热继电器 FR_1 动作，FR_1 控制常闭触点(2-4)断开，切断主泵控制交流接触

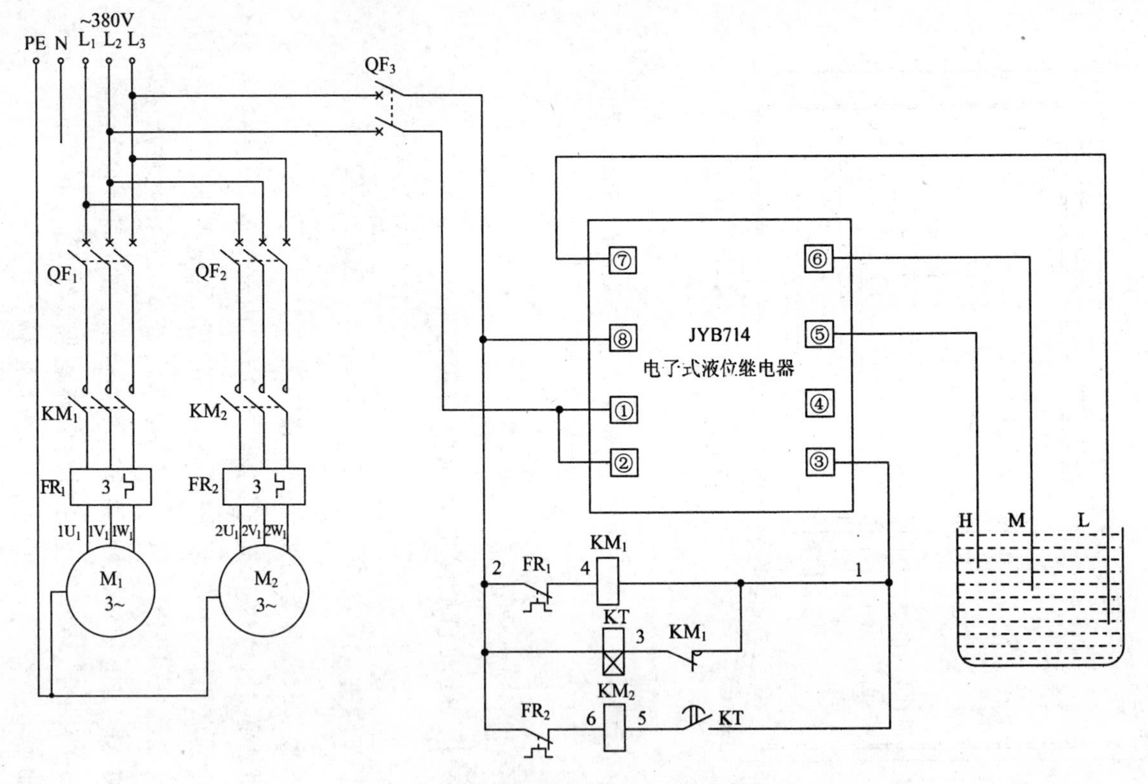

图6.17 供水泵故障时备用泵自投电路

器 KM_1 线圈回路电源，KM_1 线圈断电释放，KM_1 三相主触点断开，故障主泵电动机 M_1 失电停止运转；KM_1 辅助常闭触点(1-3)恢复常闭状态，接通得电延时时间继电器 KT 线圈回路电源，KT 线圈得电吸合且开始延时。

经 KT 一段时间延时后，KT 得电延时闭合的常开触点(1-5)闭合，接通备用泵电动机 M_2 控制交流接触器 KM_2 线圈回路电源，KM_2 线圈得电吸合，其三相主触点闭合，备用泵电动机 M_2 得电运转，供水泵向水箱内继续供水。

无论是主泵还是备用泵，当水箱内水位升至高水位时，JYB714 电子式液位继电器内部继电器线圈断电释放，其常开触点恢复常开状态，②、③脚断开，切断供水泵电动机控制交流接触器线圈回路电源，使水泵电动机失电停止运转。

电路布线图(图 6.18)

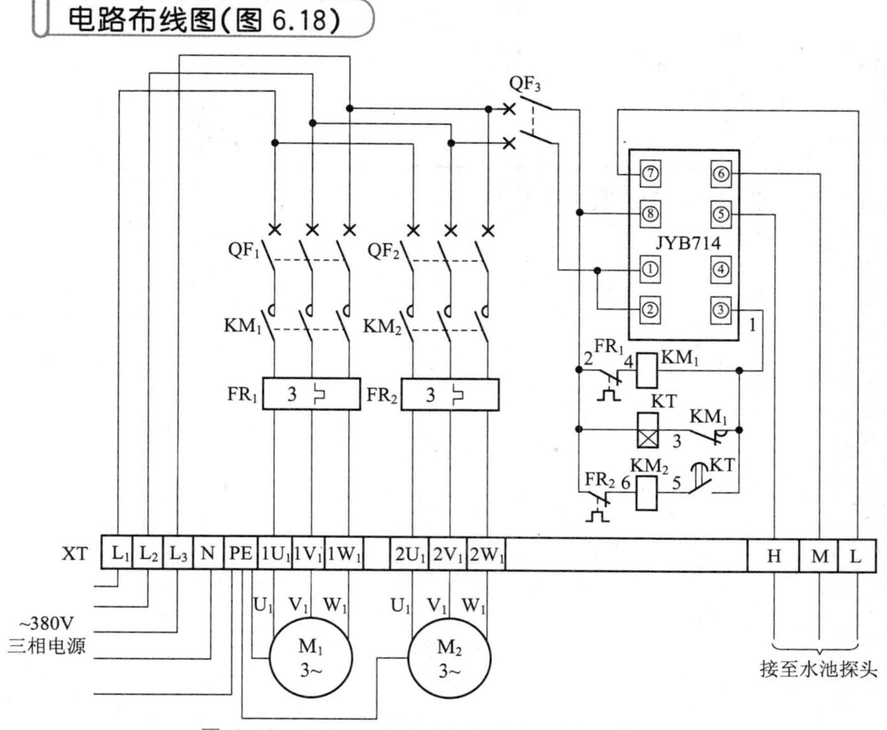

图 6.18 供水泵故障时备用泵自投电路布线图

从端子排 XT 上看，共有 14 个接线端子。其中，L_1、L_2、L_3、N、PE 这 5 根线是由外引入配电箱的三相 380V 电源，并穿管引入；$1U_1$、$1V_1$、$1W_1$、PE 这 4 根线是电动机 M_1 线，穿管接至电动机 M_1 接线盒内的 U_1、V_1、W_1 及外壳上；$2U_1$、$2V_1$、$2W_1$、PE 这 4 根线是电动机 M_2 线，穿管接至电动机 M_2 接线盒内的 U_1、V_1、W_1 及外壳上。H、M、L 这 3 根线是水位探头控制线，穿管接至水池水位探头上。

实际接线图(图 6.19)

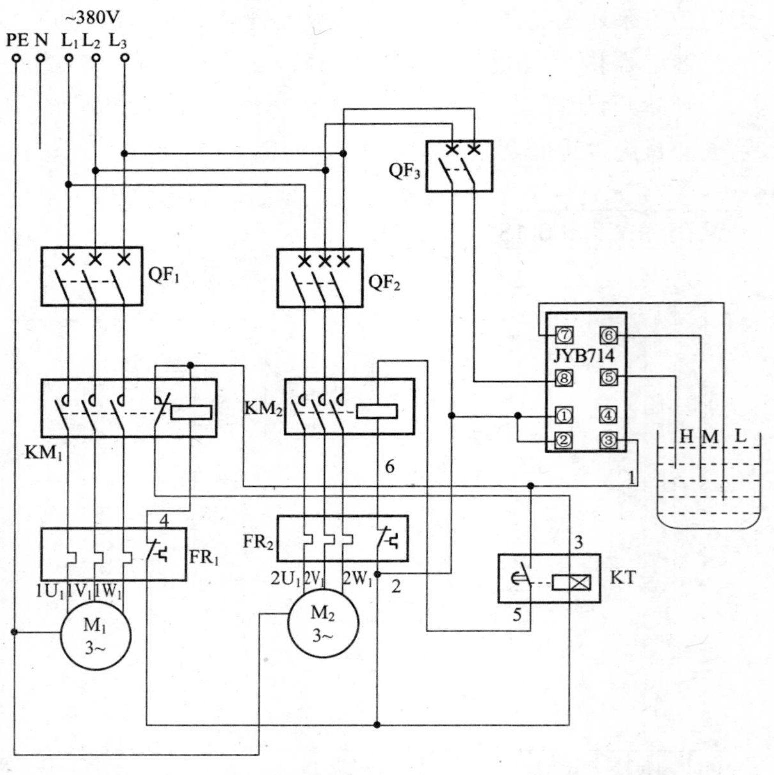

图 6.19 供水泵故障时备用泵自投电路实际接线图

元器件安装排列图及端子图(图 6.20)

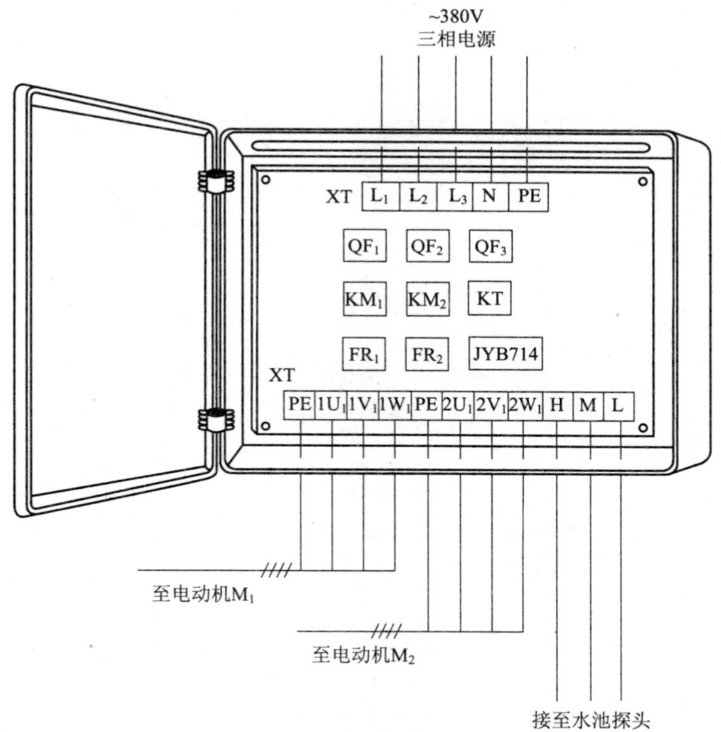

图 6.20 供水泵故障时备用泵自投电路元器件安装排列图及端子图

从图 6.20 可以看出，断路器 QF_1、QF_2、QF_3，交流接触器 KM_1、KM_2，热继电器 FR_1、FR_2，液位继电器 JYB714，得电延时时间继电器 KT 安装在配电箱内底板上。

通过端子 L_1、L_2、L_3、N、PE 将三相 380V 交流电源接入配电箱中；端子 $1U_1$、$1V_1$、$1W_1$、PE 接至电动机 M_1 接线盒中的 U_1、V_1、W_1 及外壳上；端子 $2U_1$、$2V_1$、$2W_1$、PE 接至电动机 M_2 接线盒中的 U_1、V_1、W_1 及外壳上；端子 H、M、L 接至水池水位探头上。

6.6 供水泵手动/自动控制电路

供水泵手动/自动控制电路如图 6.21 所示。

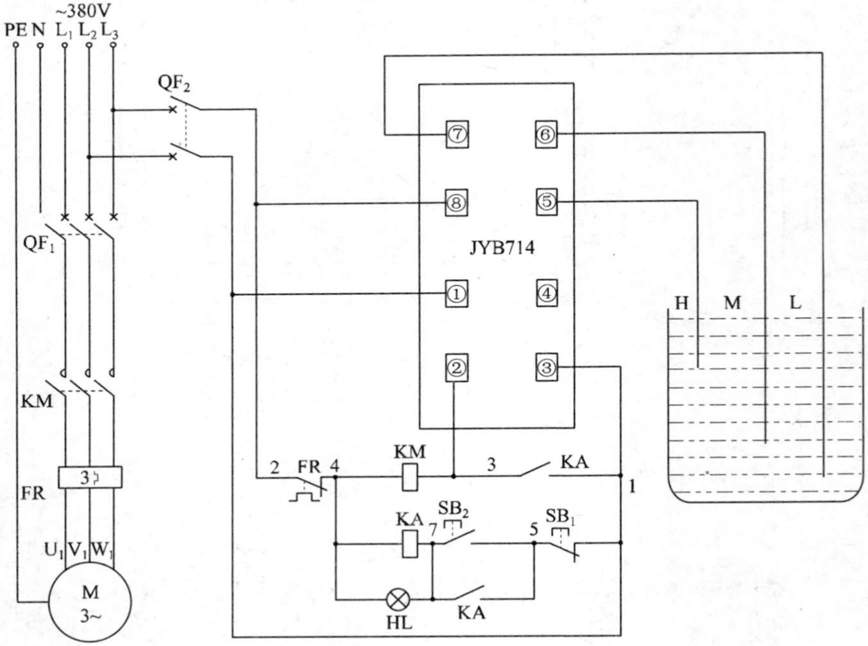

图 6.21 供水泵手动/自动控制电路

自动控制时，当水池水位低至中水位 M 以下，液位继电器 JYB714 内部继电器线圈吸合动作，其连至底座端子②、③上的常开触点闭合，接通交流接触器 KM 线圈回路电源，KM 线圈得电吸合，KM 三相主触点闭合，供水泵电动机得电运转，带动供水泵向水池内供水；当水池内水位升至高水位 H 时，液位继电器 JYB714 内部继电器线圈断电释放，其连至底座端子②、③上的常开触点断开，切断交流接触器 KM 线圈回路电源，KM 线圈断电释放，KM 三相主触点断开，供水泵电动机失电停止运转，供水泵停止向水池内供水，从而完成自动供水控制。

手动控制时，按下启动按钮 SB_2（5-7），中间继电器 KA 线圈得电吸合且 KA 的两组常开触点（5-7，1-3）闭合自锁，接通交流接触器 KM 线圈回路电源，KM 线圈得电吸合，KM 三相主触点闭合，供水泵电动机得电运转，带动供水泵向水池内供水，同时指示灯 HL 亮，说明供水泵已运转工作了。停止时，按下停止按钮 SB_1（1-5），中间继电器 KA 线圈断电释放，KA 的两组常开触点（5-7、1-3）断开，切断交流接触器 KM 线圈回路电源，KM 线圈断电释放，KM 三相主触点断开，供水泵电动机失电停止运转，供水泵停止向水池内供水，同时指示灯 HL 灭，说明供水泵已停止运转工作了，从而完成手动供水控制。

电路布线图（图 6.22）

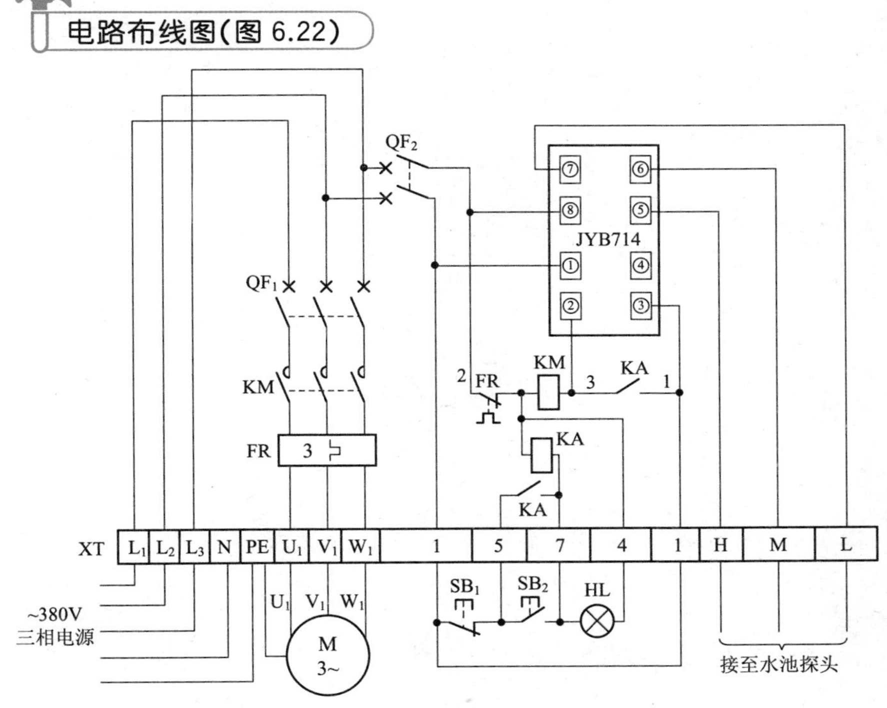

图 6.22 供水泵手动/自动控制电路布线图

从端子排 XT 上看，共有 15 个接线端子。其中，L_1、L_2、L_3、N、PE 这 5 根线是由外引入配电箱的三相 380V 电源，并穿管引入；U_1、V_1、W_1、PE 这 4 根线是电动机线，穿管接至电动机接线盒内的 U_1、V_1、W_1 及外壳上；1、5、7、4 这 4 根线是控制线，接至配电箱门面板上的按钮开关 SB_1、SB_2 以及指示灯 HL 上；H、M、L 这 3 根线是水位探头线，穿管接至水池水位探头上。

实际接线图(图 6.23)

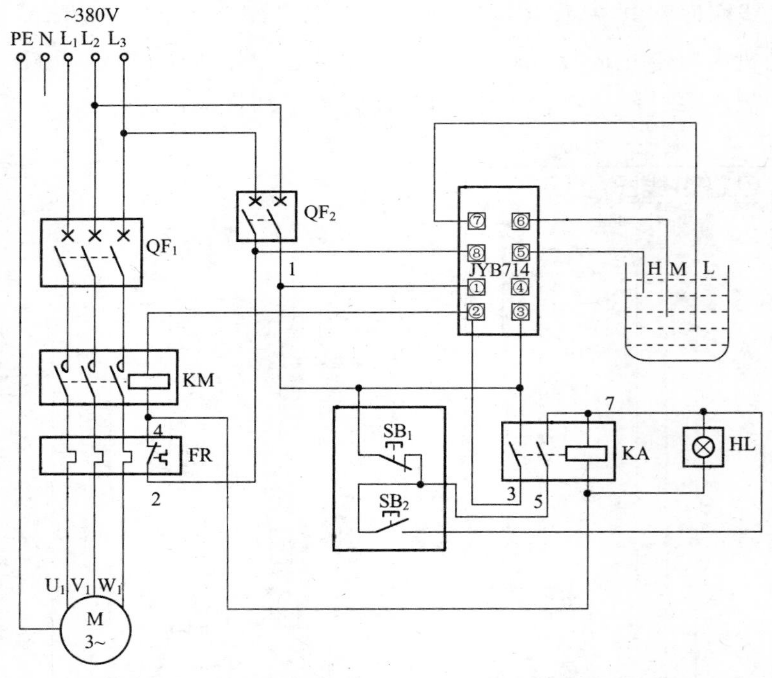

图 6.23 供水泵手动/自动控制电路实际接线图

元器件安装排列图及端子图(图 6.24)

从图 6.24 可以看出，断路器 QF_1、QF_2，交流接触器 KM，中间继电器 KA，液位继电器 JYB714，热继电器 FR 安装在配电箱内底板上；

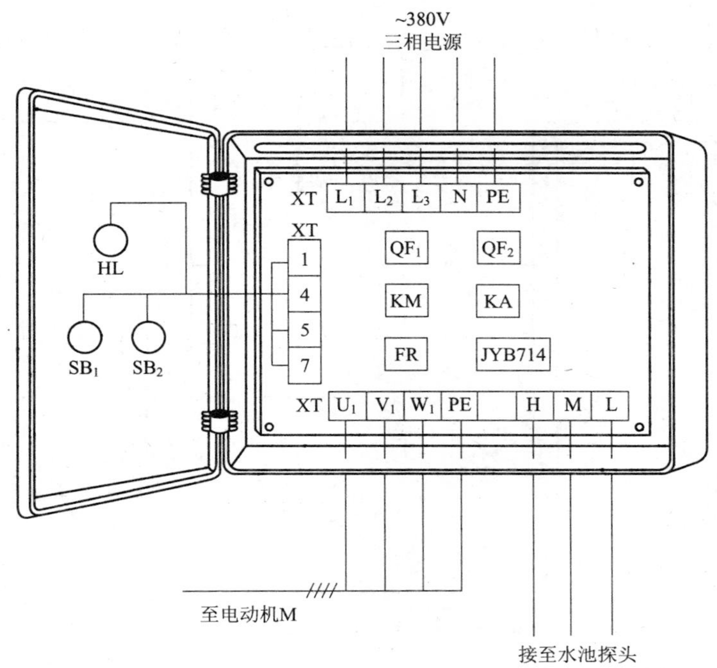

图 6.24 供水泵手动/自动控制电路元器件安装排列图及端子图

按钮开关 SB_1、SB_2 以及指示灯 HL，安装在配电箱门面板上。

通过端子 L_1、L_2、L_3、N、PE 将三相 380V 交流电源接入配电箱中；端子 U_1、V_1、W_1、PE 接至电动机接线盒中的 U_1、V_1、W_1 及外壳上；端子 H、M、L 接至水池探头上；端子 1、5、7、4 将配电箱内的元器件与配电箱门面板上的按钮开关 SB_1、SB_2 以及指示灯 HL 连接起来。

6.7 排水泵手动/自动控制电路

工作原理

排水泵手动/自动控制电路如图 6.25 所示。

手动排水时，按下排水启动按钮 SB_2（1-5），中间继电器 KA 线圈

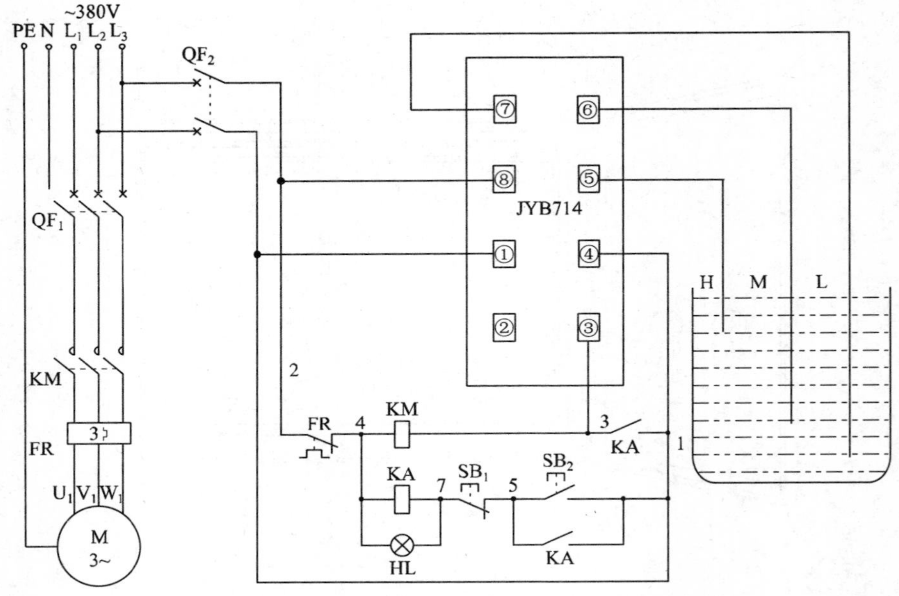

图 6.25 排水泵手动/自动控制电路

得电吸合且KA的一组常开触点(1-5)闭合自锁,同时指示灯HL亮,说明已进行手动排水操作了。在KA线圈得电吸合的同时,KA的另外一组常开触点(1-3)也闭合,使交流接触器KM线圈得电吸合,KM三相主触点闭合,电动机得电运转工作,拖动排水泵由水池向外排水。需停止排水时,按下排水停止按钮SB_1(5-7),中间继电器KA、交流接触器KM线圈均断电释放,KM三相主触点断开,电动机失电停止运转,排水泵停止排水,同时指示灯HL灭,说明手动排水操作结束了,从而实现手动排水控制。

自动排水控制,当水池内的水升至高水位,探头探测高水位信号,使液位继电器JYB714内部继电器线圈断电释放,内部继电器连至底座端子③、④上的常闭触点恢复常闭状态,接通交流接触器KM线圈回路电源,KM线圈得电吸合,KM三相主触点闭合,电动机得电运转工作,拖动排水泵由水池向外自动排水。当水池内水位降至中水位以下时,探头探测出中水位以下信号,使液位继电器JYB714内部继电器线圈得电吸合，内部继电器连至底座端子③、④上的常闭触点断开，切断交流接触器 KM 线圈回路电源，KM 线圈断电释放，KM 三相主触点断开，电动机失电停止运转，排水泵自动停止排水，从而实现自动排水控制。

电路布线图(图 6.26)

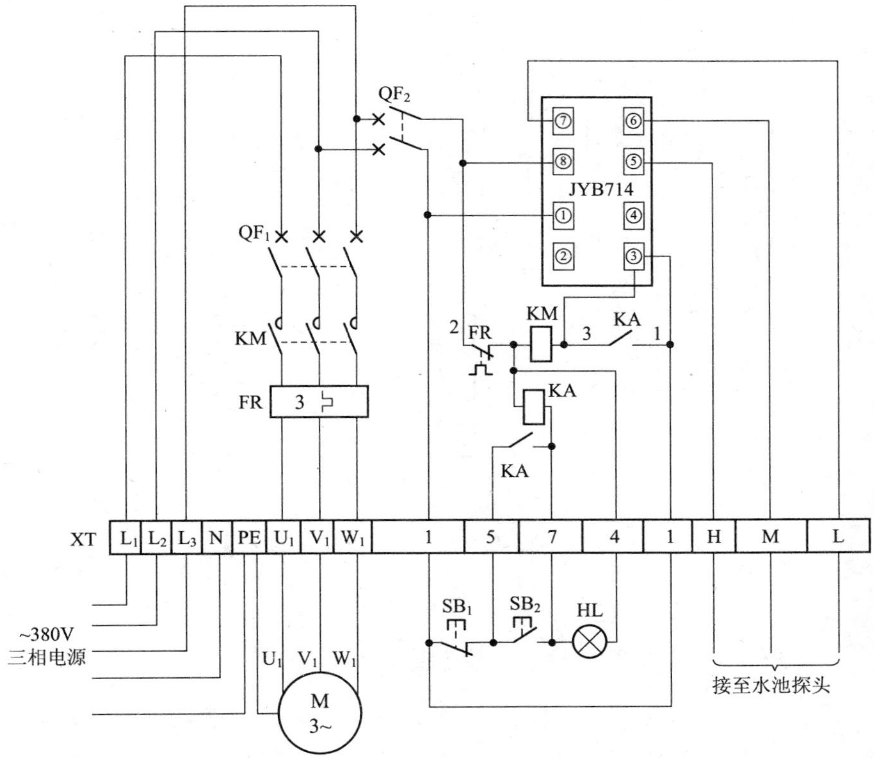

图 6.26 排水泵手动/自动控制电路布线图

从端子排 XT 上看，共有 15 个接线端子。其中，L_1、L_2、L_3、N、PE 这 5 根线是由外引入配电箱的三相 380V 电源，并穿管引入；U_1、V_1、W_1、PE 这 4 根线是电动机线，穿管接至电动机接线盒内的 U_1、V_1、W_1 及外壳上；1、5、7、4 这 4 根线是控制线，接至配电箱门面板上的按钮开

关 SB_1、SB_2 以及指示灯 HL 上；H、M、L 这 3 根线是水池水位探头线，穿管接至水池水位探头上。

实际接线图(图 6.27)

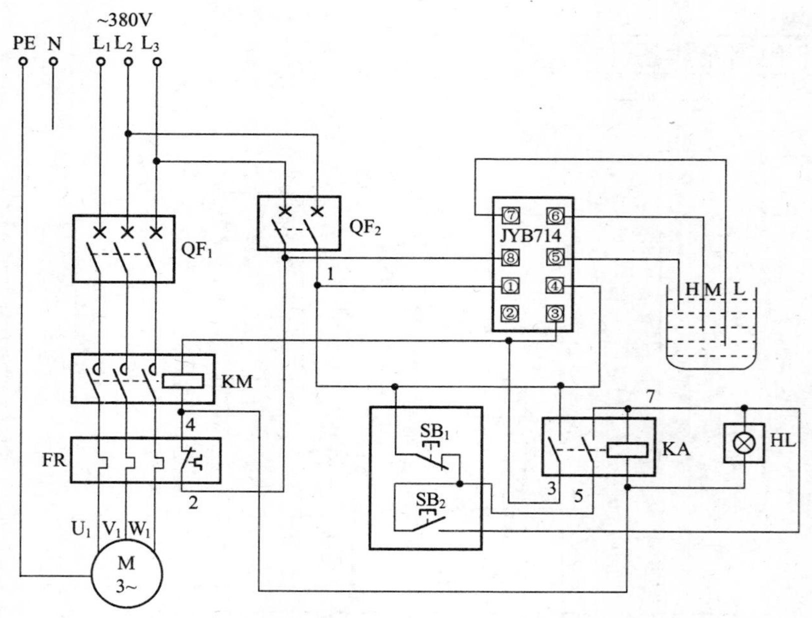

图 6.27 排水泵手动/自动控制电路实际接线图

元器件安装排列图及端子图(图 6.28)

从图 6.28 可以看出，断路器 QF_1、QF_2，交流接触器 KM，中间继电器 KA，液位继电器 JYB714，热继电器 FR 安装在配电箱内底板上；按钮开关 SB_1、SB_2 以及指示灯 HL 安装在配电箱门面板上。

通过端子 L_1、L_2、L_3、N、PE 将三相 380V 交流电源接入配电箱中；端子 U_1、V_1、W_1、PE 接至电动机接线盒中的 U_1、V_1、W_1 及外壳上；端子 H、M、L 接至水池探头上；端子 1、5、7、4 将配电箱内的元器件与配电箱门面板上的按钮开关 SB_1、SB_2 以及指示灯 HL 连接起来。

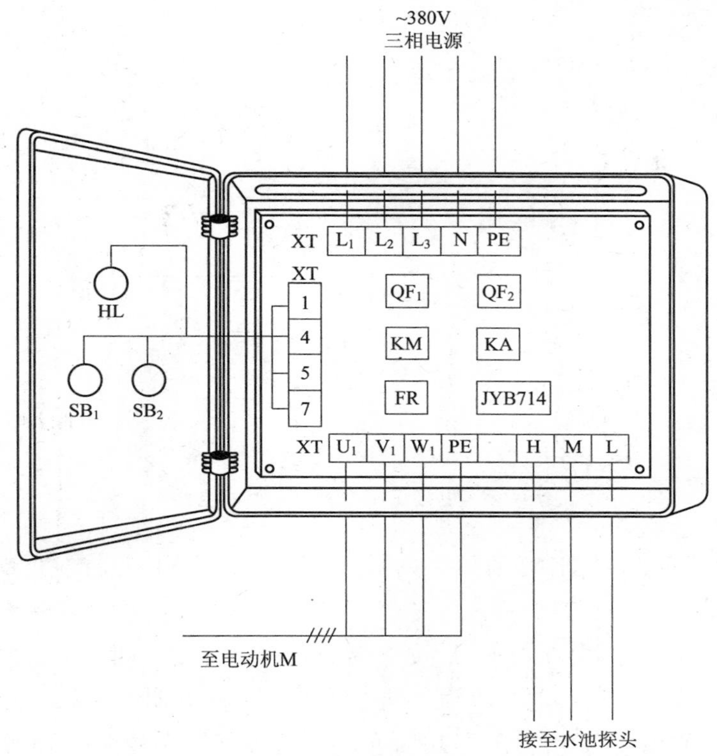

图 6.28 排水泵手动/自动控制电路元器件安装排列图及端子图

6.8 电接点压力表自动控制电路

工作原理

电接点压力表自动控制电路如图 6.29 所示。

手动控制时，将选择开关 SA 置于手动位置，其触点(1-3)闭合。启动时，按下启动按钮 SB_2，其常开触点(5-7)闭合，接通交流接触器 KM 线圈回路电源，KM 线圈得电吸合且 KM 辅助常开触点(5-7)闭合自锁，KM 三相主触点闭合，水泵电动机得电启动运转，带动水泵打水

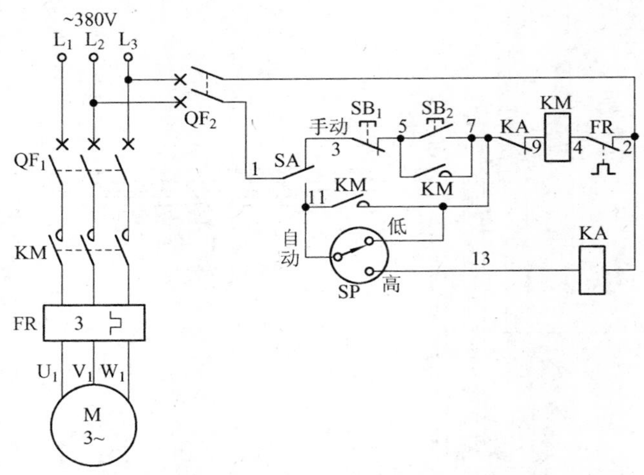

图 6.29 电接点压力表自动控制电路

工作。图 6.29 中,KM 的另一只辅助常开触点(7-11)只有在自动时才有效。

停止时有两种方式,一是按下停止按钮 SB_1(3-5)即可;二是在设置压力上限时,利用电接点压力表 SP 使中间继电器 KA 线圈得电吸合,KA 常闭触点(7-9)断开,切断交流接触器 KM 线圈回路电源,KM 三相主触点断开,从而使水泵电动机失电自动停止运转。

自动控制时,将选择开关 SA 置于自动位置,其触点(1-11)闭合。当电接点压力表压力低于下限时,SP 触点(7-11)闭合,使交流接触器 KM 线圈得电吸合,KM 辅助常开触点(7-11)闭合自锁,KM 三相主触点闭合,水泵电动机得电启动运转,带动小泵打水工作。随着压力的逐渐增大,当压力大于 SP 上限时,SP 触点(11-13)闭合,接通中间继电器 KA 线圈回路电源,KA 常闭触点(7-9)断开,切断交流接触器 KM 线圈回路电源,KM 线圈断电释放,KM 三相主触点断开,水泵电动机失电停止运转,水泵停止打水,从而实现自动控制。

电路布线图(图 6.30)

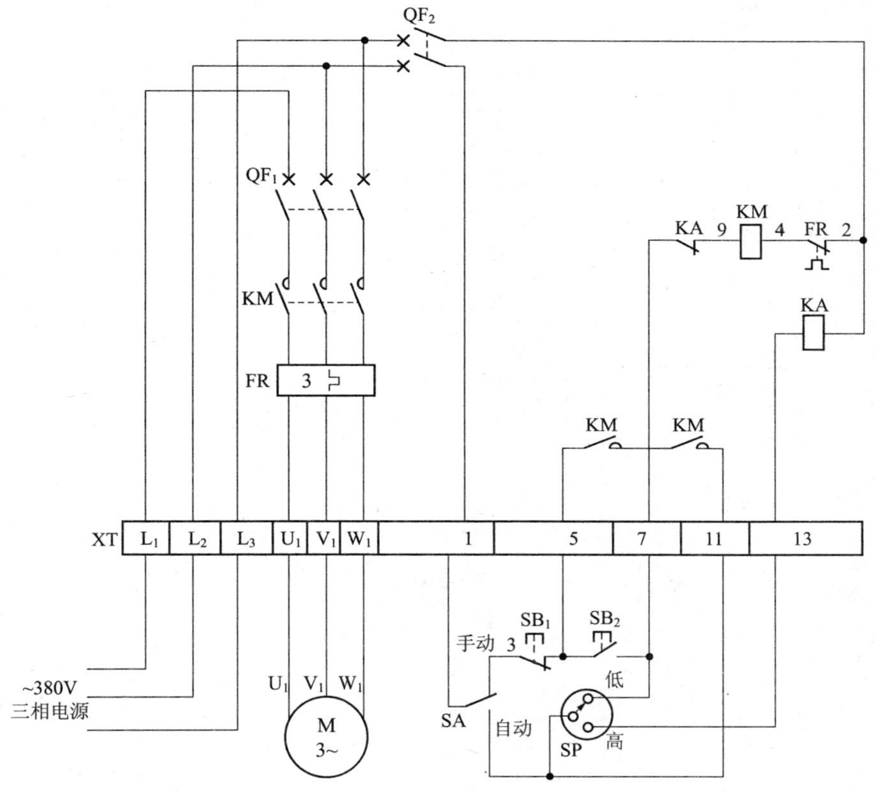

图 6.30 电接点压力表自动控制电路布线图

从端子排 XT 上看，共有 11 个接线端子。其中，L_1、L_2、L_3 这 3 根线是由外引入配电箱的三相 380V 电源，并穿管引入；U_1、V_1、W_1 这 3 根线是电动机线，穿管接至电动机接线盒内的 U_1、V_1、W_1 上；7、11、13 这 3 根线是电接点压力表控制线，穿管接至接点压力表 SP 上；1、5、7、11 这 4 根线是控制线，接至配电箱门面板上的按钮开关 SB_1、SB_2 以及选择开关 SA 上。

实际接线图(图6.31)

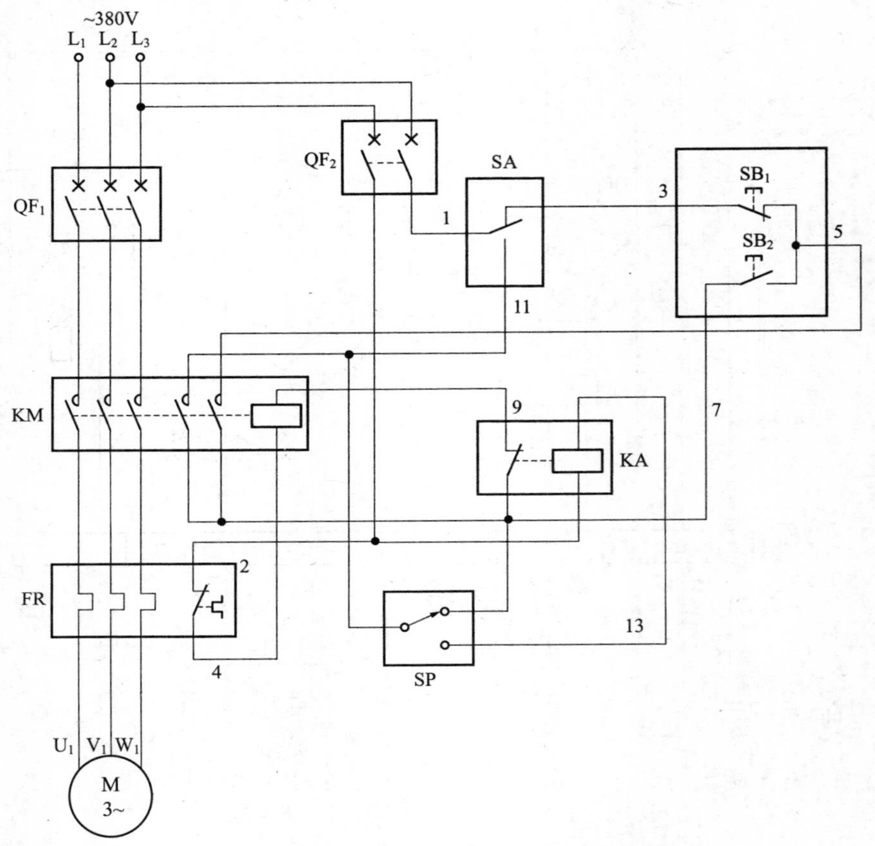

图6.31 电接点压力表自动控制电路实际接线图

元器件安装排列图及端子图(图6.32)

从图6.32可以看出，断路器 QF_1、QF_2，交流接触器KM，中间继电器KA，热继电器FR安装在配电箱内底板上；按钮开关 SB_1、SB_2 以及选择开关SA安装在配电箱门面板上。

通过端子 L_1、L_2、L_3 将三相380V交流电源接入配电箱中；端子

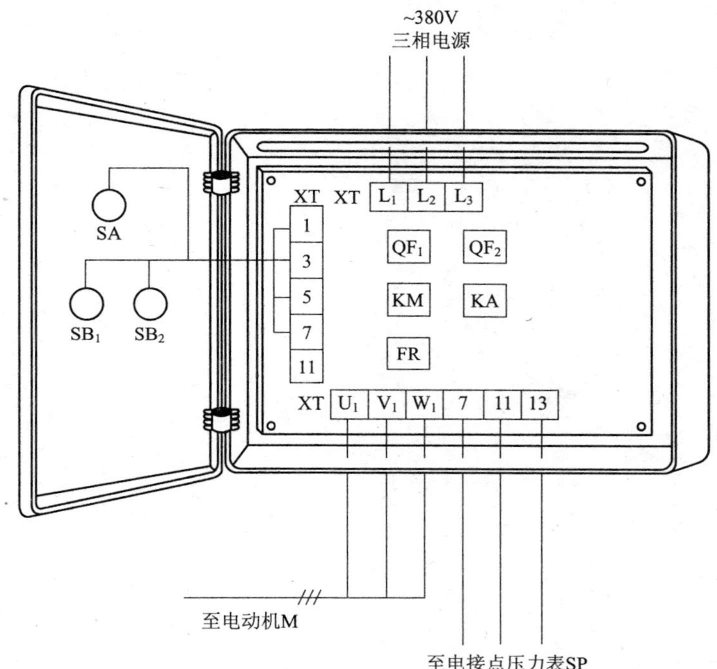

图 6.32 电接点压力表自动控制电路元器件安装排列图及端子图

U_1、V_1、W_1 接至电动机接线盒中的 U_1、V_1、W_1 上；端子 7、11、13 外接至电接点压力表 SP 上；端子 1、5、7、11 将配电箱内的元器件与配电箱门面板上的按钮开关 SB_1、SB_2 以及选择开关 SA 连接起来。

第7章 得电延时头及失电延时头应用电路

7.1 得电延时头配合接触器控制电抗器降压启动电路

工作原理

得电延时头配合接触器控制电抗器降压启动电路如图 7.1 所示。

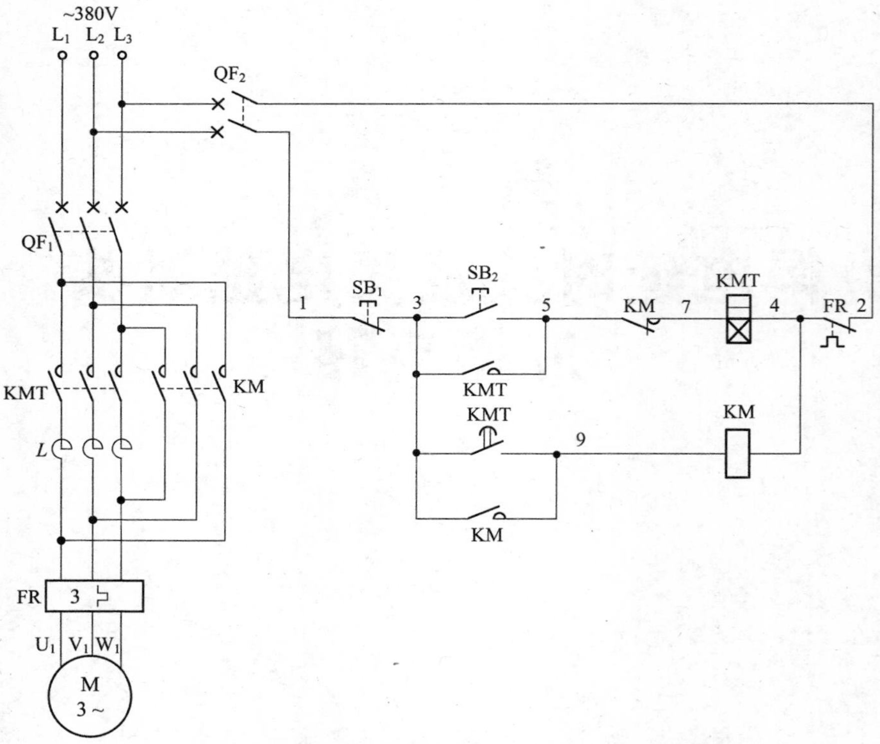

图 7.1 得电延时头配合接触器控制电抗器降压启动电路

启动时，按下启动按钮 SB_2(3-5)，带得电延时头的交流接触器 KMT 线圈得电吸合且 KMT 辅助常开触点(3-5)闭合自锁；与此同时，KMT 开始延时，KMT 三相主触点闭合，电动机串电抗器 L 进行降压启动。经过 KMT 一段时间延时后，电动机转速接近额定转速，KMT 得电延时闭合的常开触点(3-9)闭合，接通了交流接触器 KM 线圈回路电源，KM线圈得电吸合且KM辅助常开触点(3-9)闭合自锁，KM辅助常闭触点(5-7)断开，切断了KMT线圈回路电源，KMT线圈断电释放，KMT三相主触点断开，切断降压启动电抗器 L 的电源；与此同时，KM三相主触点闭合，电动机得电全压运转。

电路布线图(图7.2)

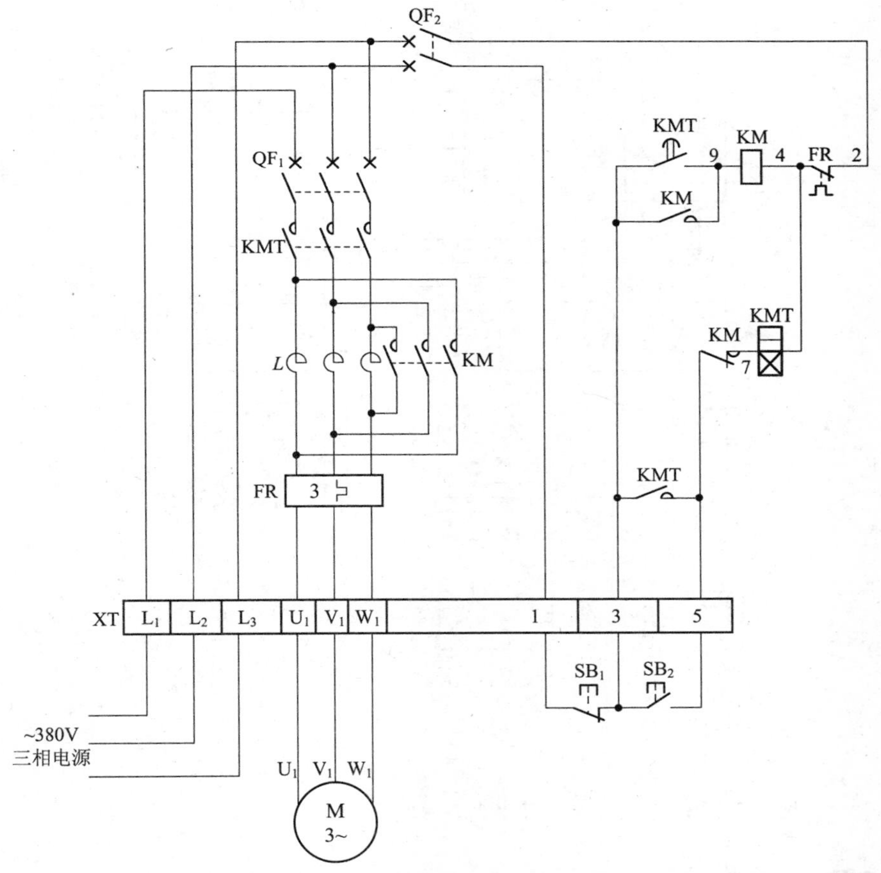

图7.2　得电延时头配合接触器控制电抗器降压启动电路布线图

从端子排XT上看，共有9个接线端子。其中，L_1、L_2、L_3 这3根线是由外引入配电箱的三相 380V 电源，并穿管引入；U_1、V_1、W_1 这 3 根线是电动机线，穿管接至电动机接线盒内的 U_1、V_1、W_1 上；1、3、5 这 3 根线是控制线，接至配电箱门面板上的按钮开关 SB_1、SB_2 上。

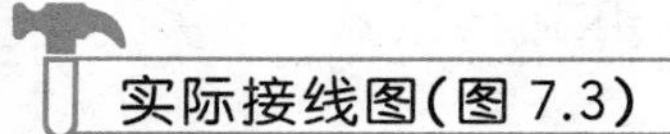

实际接线图(图 7.3)

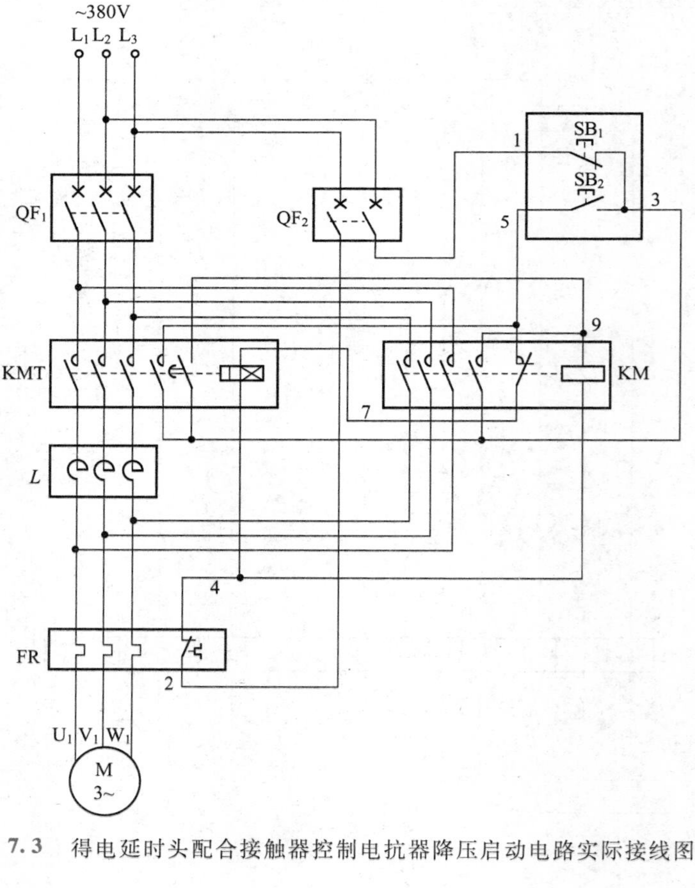

图 7.3 得电延时头配合接触器控制电抗器降压启动电路实际接线图

元器件安装排列图及端子图(图 7.4)

从图 7.4 可以看出，断路器 QF_1、QF_2，交流接触器 KM，带得电延

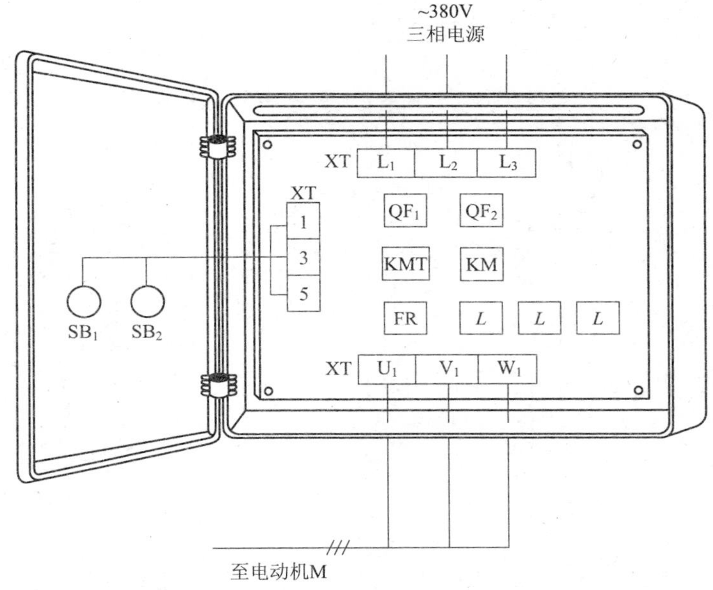

图 7.4 得电延时头配合接触器控制电抗器降压启动电路元器件安装排列图及端子图

时头的交流接触器 KMT，热继电器 FR，电抗器 L 安装在配电箱内底板上；按钮开关 SB_1、SB_2 安装在配电箱门面板上。

通过端子 L_1、L_2、L_3 将三相 380V 交流电源接入配电箱中；端子 U_1、V_1、W_1 接至电动机接线盒中的 U_1、V_1、W_1 上；端子 1、3、5 将配电箱内的元器件与配电箱门面板上的按钮开关 SB_1、SB_2 连接起来。

7.2 得电延时头配合接触器完成延边三角形降压启动控制电路

工作原理

得电延时头配合接触器完成延边三角形降压启动控制电路如图 7.5 所示。

启动时，按下启动按钮 SB_2（3-5），带得电延时头的交流接触器

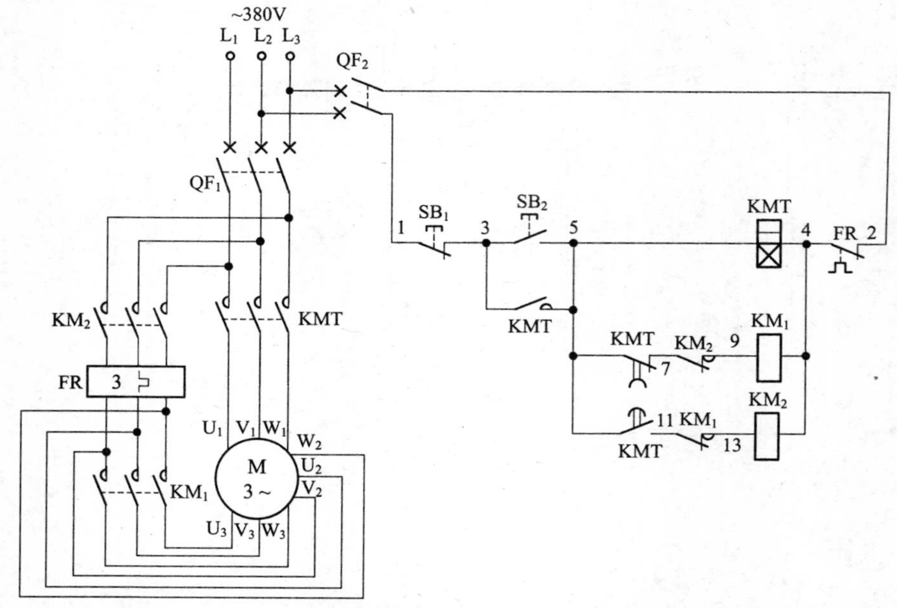

图 7.5 得电延时头配合接触器完成延边三角形降压启动控制电路

KMT 和交流接触器 KM_1 线圈均得电吸合，且 KMT 辅助常开触点(3-5)闭合自锁，KMT 开始延时。KM_1 辅助常闭触点(11-13)断开，起互锁保护作用。与此同时，KMT 和 KM_1 各自的三相主触点闭合，电动机绕组连接成延边三角形进行降压启动。当电动机的转速逐渐升高后，也就是 KMT 的延时时间结束，KMT 得电延时断开的常闭触点(5-7)断开，切断 KM_1 线圈回路电源，KM_1 线圈断电释放，KM_1 三相主触点断开，解除电动机绕组延边三角形连接；同时 KMT 得电延时闭合的常开触点(5-11)闭合，接通了交流接触器 KM_2 线圈回路电源，KM_2 线圈得电吸合，KM_2 三相主触点闭合，电动机绕组接成三角形正常运转。

停止时，按下停止按钮 SB_1(1-3)，带得电延时头的交流接触器 KMT 和交流接触器 KM_2 线圈均断电释放，KMT 和 KM_2 各自的三相主触点均断开，电动机失电停止运转。

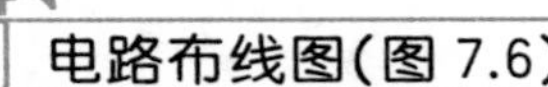

电路布线图(图 7.6)

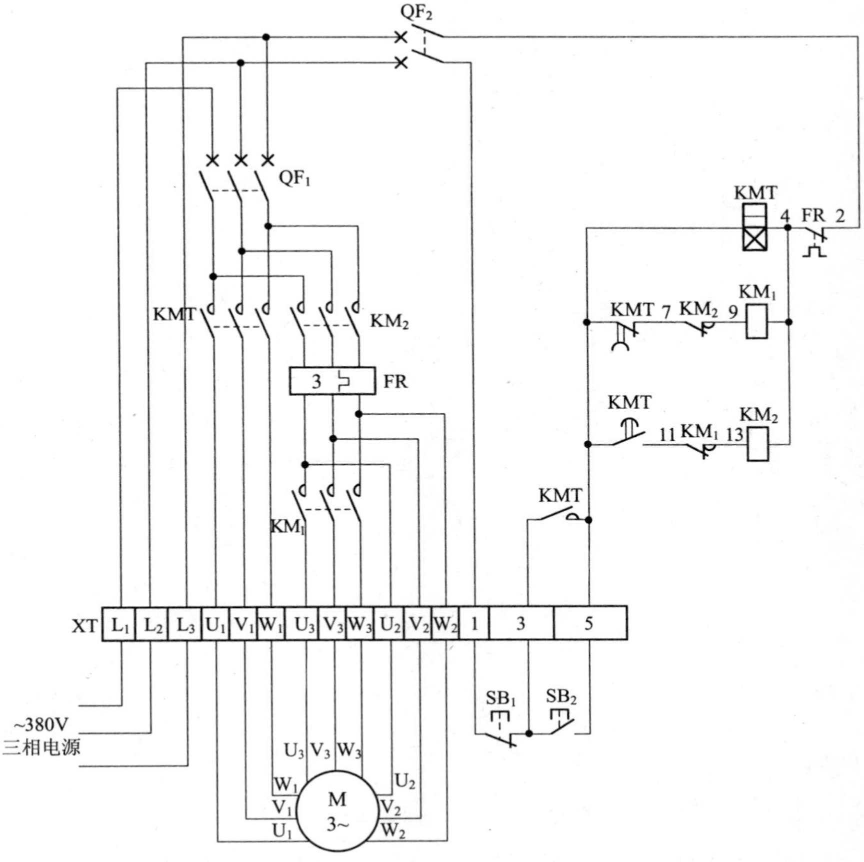

图 7.6 得电延时头配合接触器完成延边三角形降压启动控制电路布线图

从端子排 XT 上看,共有 15 个接线端子。其中,L_1、L_2、L_3 这 3 根线是由外引入配电箱的三相 380V 电源,并穿管引入;U_1、V_1、W_1,U_3、V_3、W_3,U_2、V_2、W_2 这 9 根线是电动机线,穿管接至电动机接线盒内的 U_1、V_1、W_1,U_3、V_3、W_3,U_2、V_2、W_2 上;1、3、5 这 3 根线是控制线,接至配电箱门面板上的按钮开关 SB_1、SB_2 上。

实际接线图(图7.7)

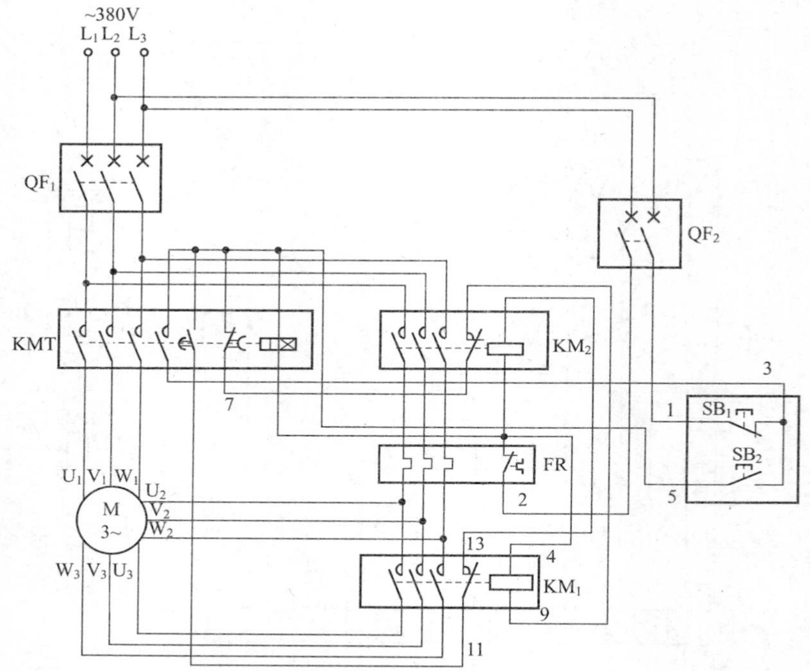

图7.7 得电延时头配合接触器完成延边三角形降压启动控制电路实际接线图

元器件安装排列图及端子图(图7.8)

从图7.8可以看出,断路器 QF_1、QF_2,交流接触器 KM_1、KM_2,带得电延时头的交流接触器 KMT,热继电器 FR 安装在配电箱内底板上;按钮开关 SB_1、SB_2 安装在配电箱门面板上。

通过端子 L_1、L_2、L_3 将三相380V交流电源接入配电箱中;端子 U_1、V_1、W_1、U_3、V_3、W_3、U_2、V_2、W_2 接至电动机接线盒中的 U_1、V_1、W_1、U_3、V_3、W_3、U_2、V_2、W_2 上;端子1、3、5将配电箱内的元器件与配电箱门面板上的按钮开关 SB_1、SB_2 连接起来。

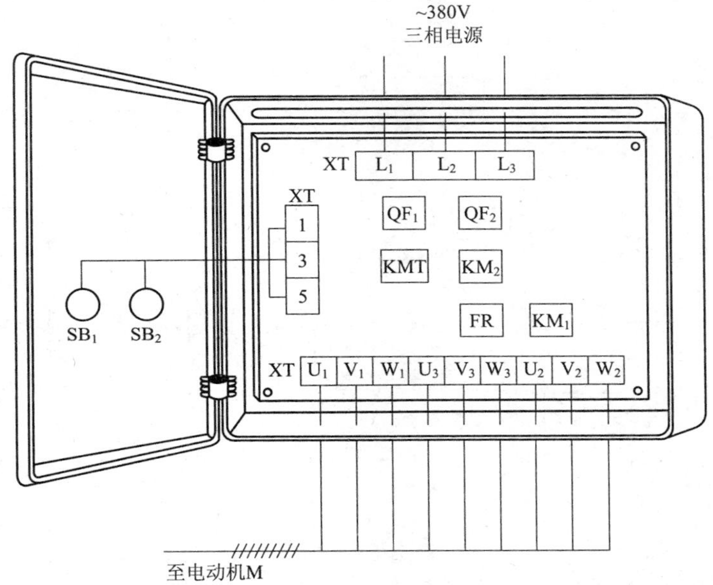

图 7.8 得电延时头配合接触器完成延边三角形降压启动控制电路元器件安装排列图及端子图

7.3 得电延时头配合接触器完成双速电动机自动加速控制电路

工作原理

得电延时头配合接触器完成双速电动机自动加速控制电路如图7.9所示。

启动时，按下启动按钮 SB_2(3-5)，带得电延时头的交流接触器KMT线圈得电吸合且KMT辅助常开触点(3-5)闭合自锁，KMT辅助常闭触点(13-15)断开，起互锁作用；KMT三相主触点闭合，电动机得电，绕组接成△形低速运转。KMT线圈得电吸合后，KMT开始延时。经KMT一段时间延时后，KMT得电延时闭合的常开触点(3-13)闭合，使中间继电器KA线圈得电吸合，KA常开触点(3-13)闭合

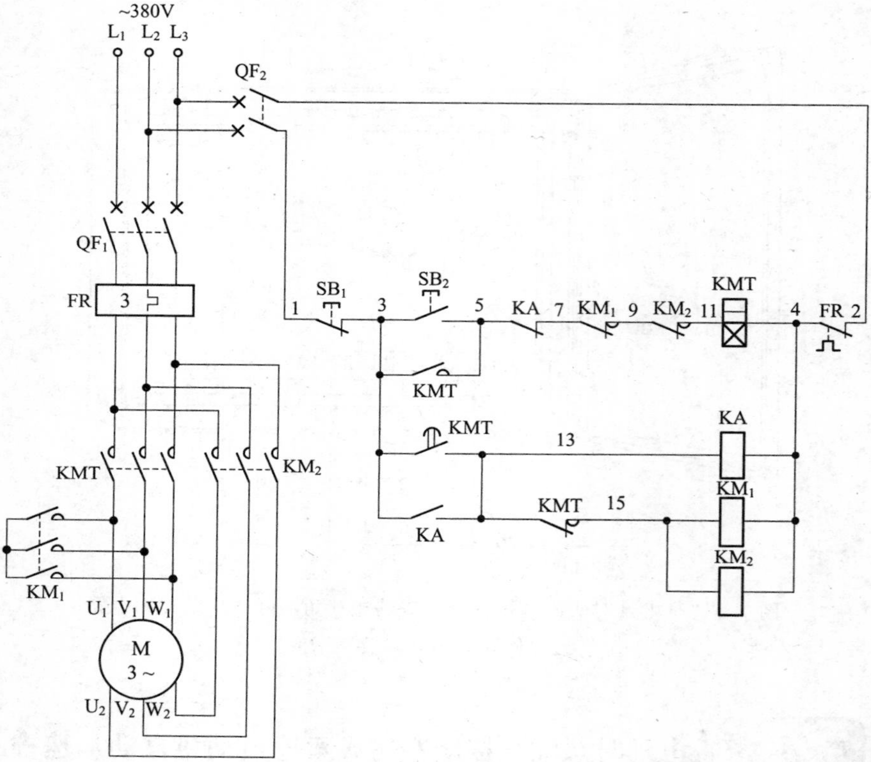

图 7.9 得电延时头配合接触器完成双速电动机自动加速控制电路

自锁，KA 常闭触点(5-7)断开，切断了 KMT 线圈回路电源，KMT 线圈断电释放，KMT 三相主触点断开，电动机失电绕组△形连接解除，电动机低速运转停止；与此同时，交流接触器 KM_1 和 KM_2 线圈均得电吸合，KM_1 和 KM_2 各自的辅助常闭触点(7-9、9-11)断开，起互锁作用；KM_1、KM_2 各自的三相主触点闭合，电动机得电绕组接成 2Y形，电动机由低速自动加速到高速运转。

停止时，按下停止按钮 SB_1(1-3)，交流接触器 KM_1 和 KM_2 线圈断电释放，KM_1 和 KM_2 各自的三相主触点断开，电动机失电停止运转。

电路布线图(图 7.10)

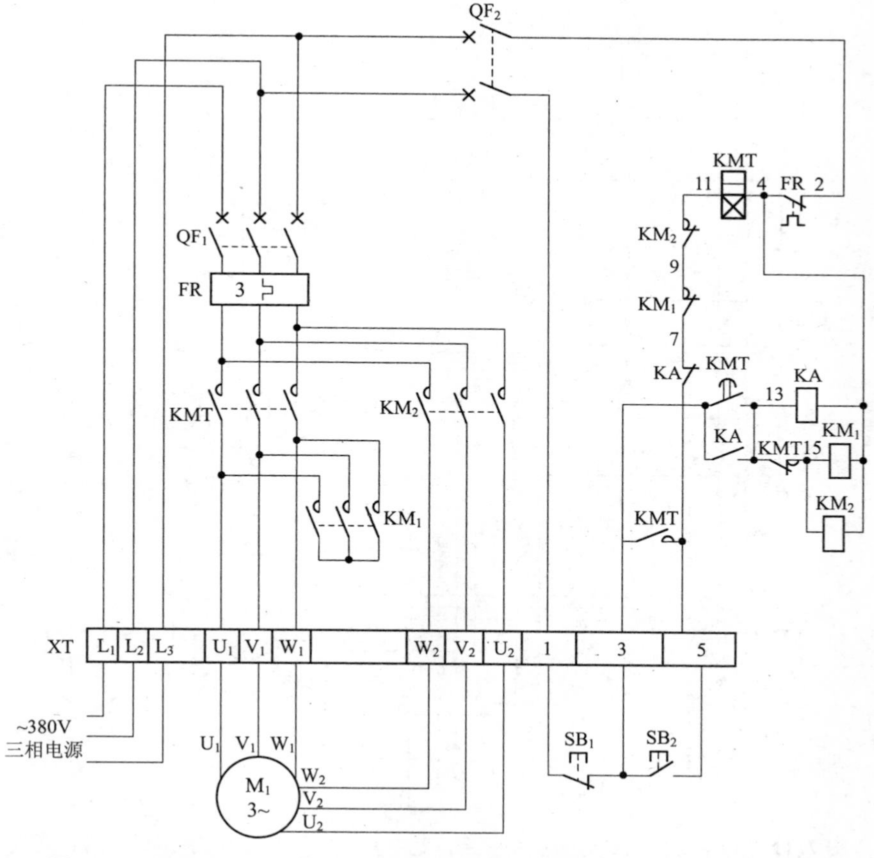

图 7.10 得电延时头配合接触器完成双速电动机自动加速控制电路布线图

从端子排 XT 上看,共有 12 个接线端子。其中,L_1、L_2、L_3 这 3 根线是由外引入配电箱的三相 380V 电源,并穿管引入;U_1、V_1、W_1、U_2、V_2、W_2 这 6 根线是电动机线,穿管接至电动机接线盒内的 U_1、V_1、W_1、U_2、V_2、W_2 上;1、3、5 这 3 根线是控制线,接至配电箱门面板上的按钮开关 SB_1、SB_2 上。

实际接线图(图 7.11)

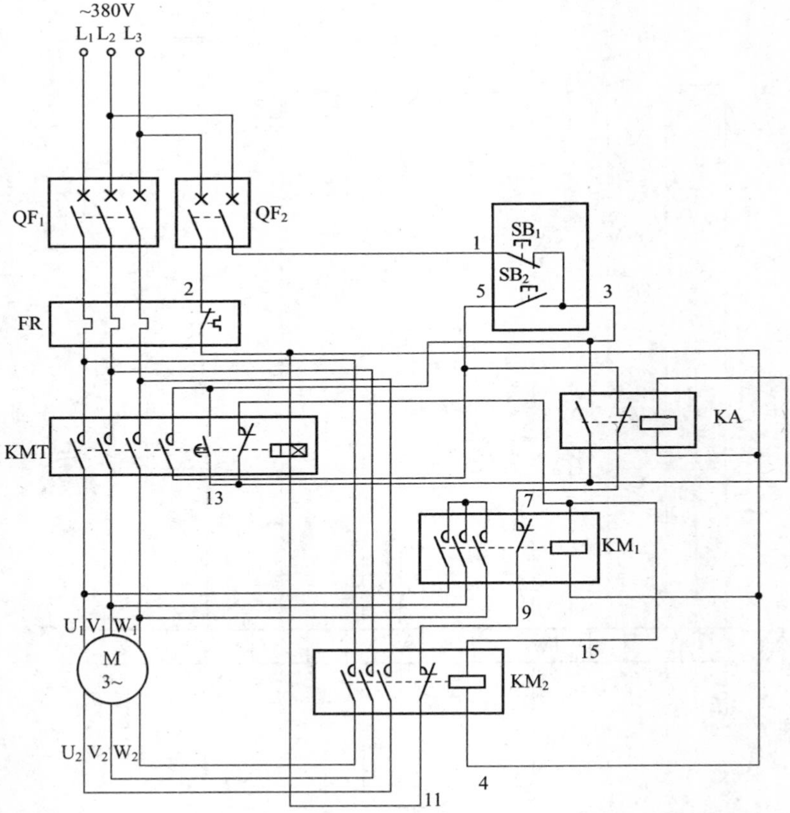

图 7.11 得电延时头配合接触器完成双速电动机自动加速控制电路实际接线图

元器件安装排列图及端子图(图 7.12)

从图 7.12 可以看出，断路器 QF_1、QF_2，交流接触器 KM_1、KM_2，带得电延时头的交流接触器 KMT，热继电器 FR，中间继电器 KA 安装在配电箱内底板上；按钮开关 SB_1、SB_2 安装在配电箱门面板上。

通过端子 L_1、L_2、L_3 将三相 380V 交流电源接入配电箱中；端子

U_1、V_1、W_1、U_2、V_2、W_2 接至电动机接线盒中的 U_1、V_1、W_1、U_2、V_2、W_2 上；端子 1、3、5 将配电箱内的元器件与配电箱门面板上的按钮开关 SB_1、SB_2 连接起来。

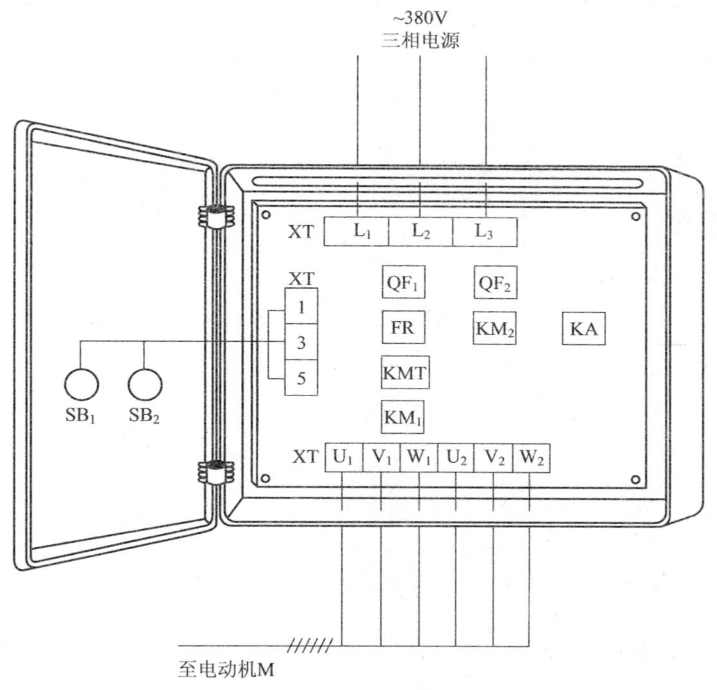

图 7.12 得电延时头配合接触器完成双速电动机自动加速控制电路元器件安装排列图及端子图

7.4 得电延时头配合接触器式继电器完成开机预警控制电路

工作原理

得电延时头配合接触器式继电器完成开机预警控制电路如图 7.13 所示。

开机时，按下启动按钮 SB_2(3-5)，带得电延时头的接触器式继电

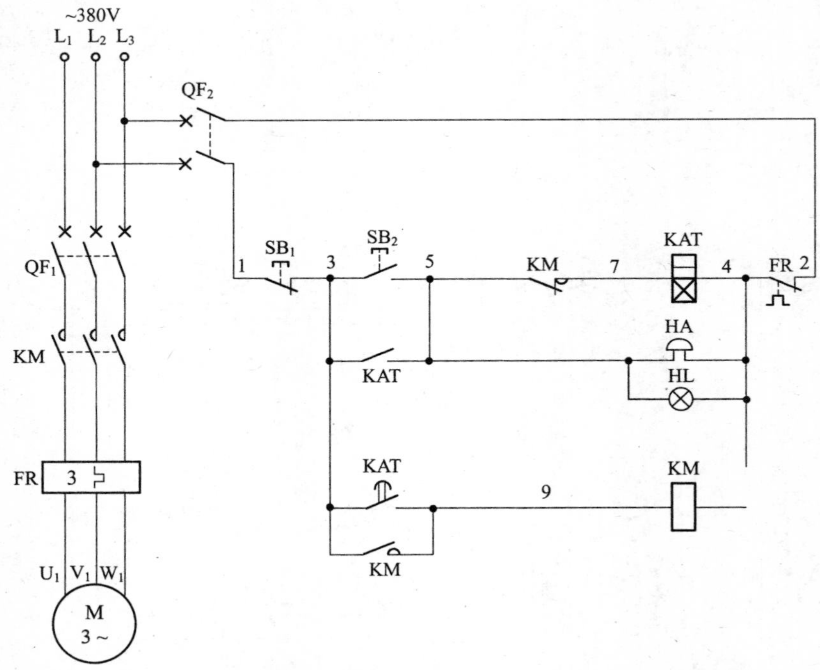

图 7.13 得电延时头配合接触器式继电器完成开机预警控制电路

器 KAT 线圈得电吸合且 KAT 常开触点(3-5)闭合自锁,KAT 开始延时;与此同时,预警电铃 HA 响,预警灯 HL 亮,以告知此机正在开机。经过 KAT 一段时间延时后,KAT 得电延时闭合的常开触点(3-9)闭合,接通了交流接触器 KM 线圈回路电源,KM 线圈得电吸合且 KM 辅助常开触点(3-9)闭合自锁,KM 三相主触点闭合,电动机得电启动运转;与此同时,KM 串联在 KAT 线圈回路中的辅助常闭触点(5-7)断开,切断了 KAT 线圈回路电源,KAT 线圈断电释放,KAT 所有触点恢复原始状态,预警电铃 HA 停止鸣响,预警灯 HL 熄灭。

停机时,按下停止按钮 SB_1(1-3),交流接触器 KM 线圈断电释放,KM 三相主触点断开,电动机失电停止运转。

电路布线图(图 7.14)

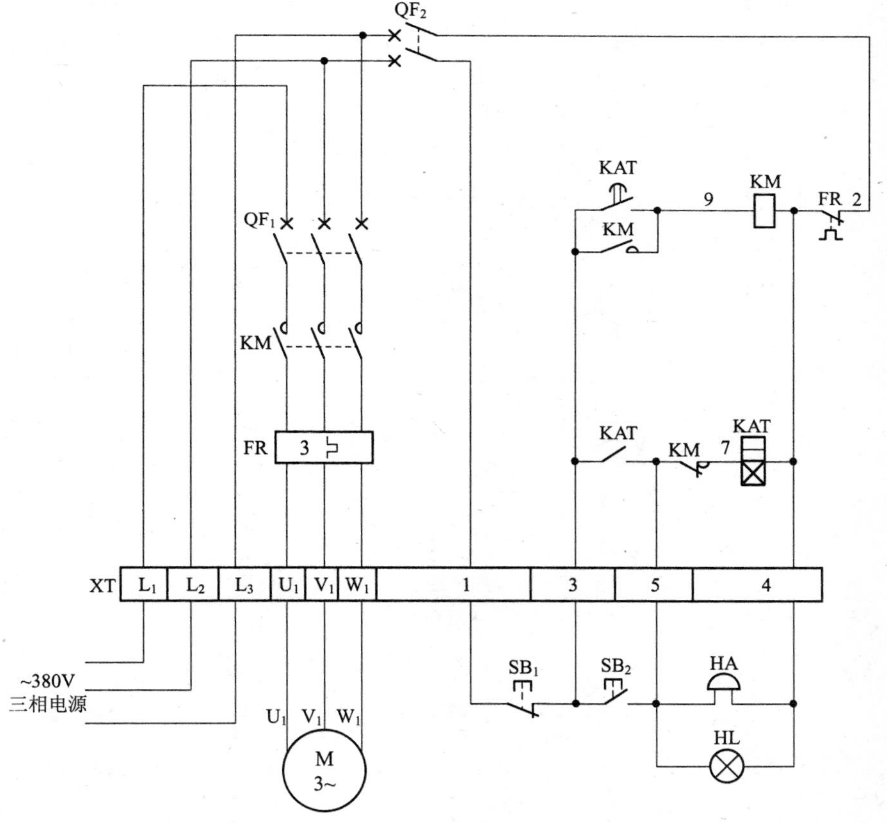

图 7.14 得电延时头配合接触器式继电器完成开机预警控制电路布线图

从端子排 XT 上看，共有 10 个接线端子。其中，L_1、L_2、L_3 这 3 根线是由外引入配电箱的三相 380V 电源，并穿管引入；U_1、V_1、W_1 这 3 根线是电动机线，穿管接至电动机接线盒内的 U_1、V_1、W_1 上；1、3、5、4 这 4 根线是控制线，接至配电箱门面板上的按钮开关 SB_1、SB_2 以及预警灯 HL、电铃 HA 上。

实际接线图(图 7.15)

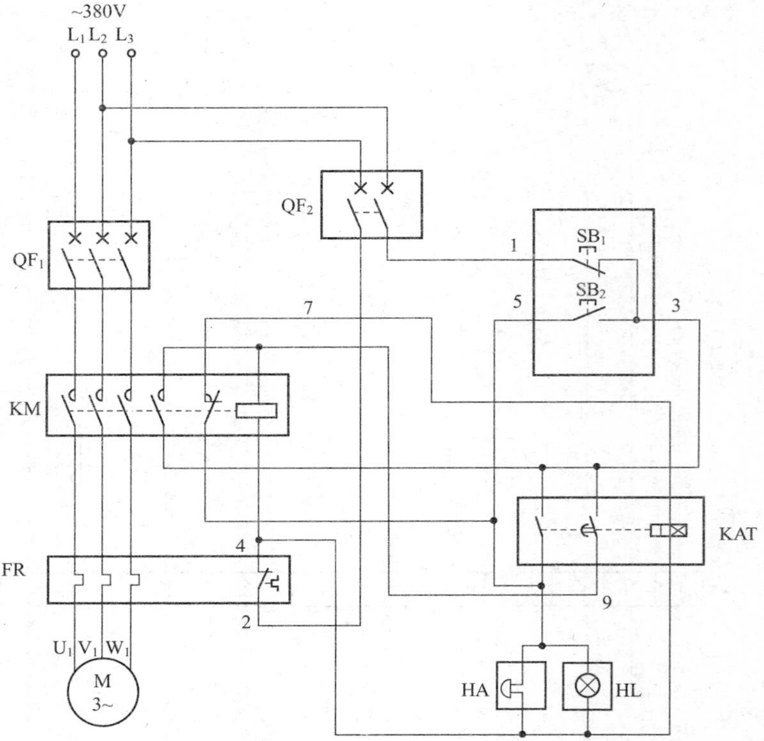

图 7.15 得电延时头配合接触器式继电器完成开机预警控制电路实际接线图

元器件安装排列图及端子图(图 7.16)

从图 7.16 可以看出，断路器 QF_1、QF_2，交流接触器 KM，带得电延时头的接触器式继电器 KAT，热继电器 FR 安装在配电箱内底板上；按钮开关 SB_1、SB_2，预警灯 HL，电铃 HA 安装在配电箱门面板上。

通过端子 L_1、L_2、L_3 将三相 380V 交流电源接入配电箱中；端子 U_1、V_1、W_1 接至电动机接线盒中的 U_1、V_1、W_1 上；端子 1、3、5、4 将配电箱内的元器件与配电箱门面板上的按钮开关 SB_1、SB_2 以及预警灯

HL、电铃 HA 连接起来。

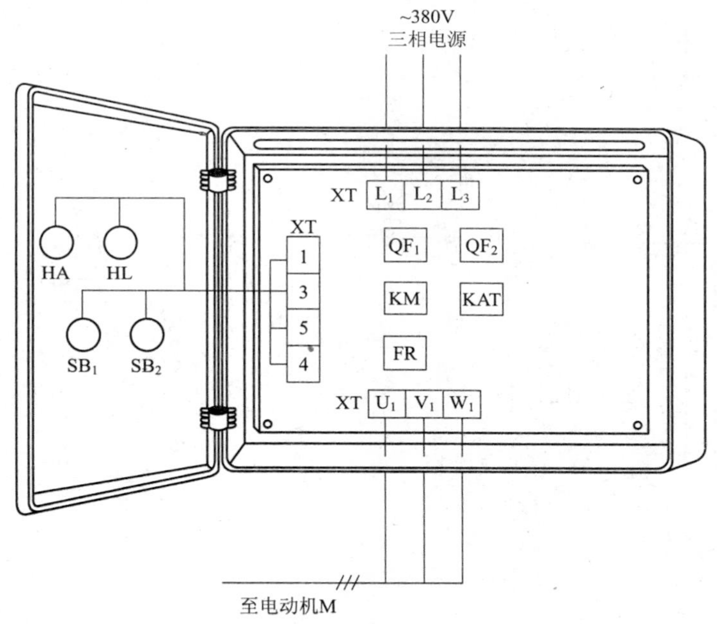

图 7.16 得电延时头配合接触器式继电器完成开机预警控制电路元器件安装排列图及端子图

7.5 得电延时头配合接触器完成重载启动控制电路(一)

工作原理

得电延时头配合接触器完成重载启动控制电路(一)如图 7.17 所示。

启动时，按下启动按钮 SB_2(3-5)，带得电延时头的交流接触器 KMT 和交流接触器 KM 线圈均得电吸合，且 KMT 辅助常开触点(3-5)闭合自锁，KMT 开始延时；与此同时，KMT、KM 各自的三相主触点均闭合，电动机实际上是接入无过载保护的直通三相 380V 交流电源进行重载启动。随着电动机转速的升高，接近额定转速时，电动

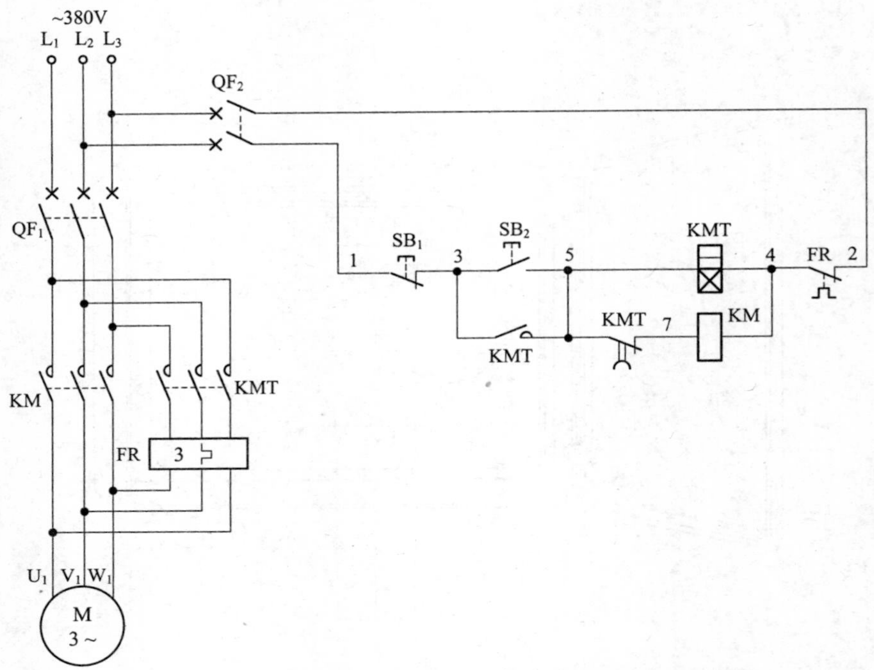

图 7.17　得电延时头配合接触器完成重载启动控制电路(一)

机的工作电流小于额定电流,也就是 KMT 的设定延时时间结束,KMT 得电延时断开的常闭触点(5-7)断开,切断了交流接触器 KM 线圈回路电源,KM 线圈断电释放,KM 三相主触点断开,解除直通电源以及对热继电器热元件 FR 的短接作用,热继电器 FR 投入电路中工作。这样在启动结束后将热继电器 FR 投入到电路中,一是可避免热继电器在启动时出现误动作,二是当电动机启动完毕转为正常运转时,倘若出现电动机过载情况,热继电器 FR 的热元件会发热弯曲,推动控制常闭触点(2-4)动作断开,切断 KMT 线圈回路电源,KMT 线圈断电释放,KMT 三相主触点断开,电动机失电停止运转,起到过载保护作用。

电路布线图(图 7.18)

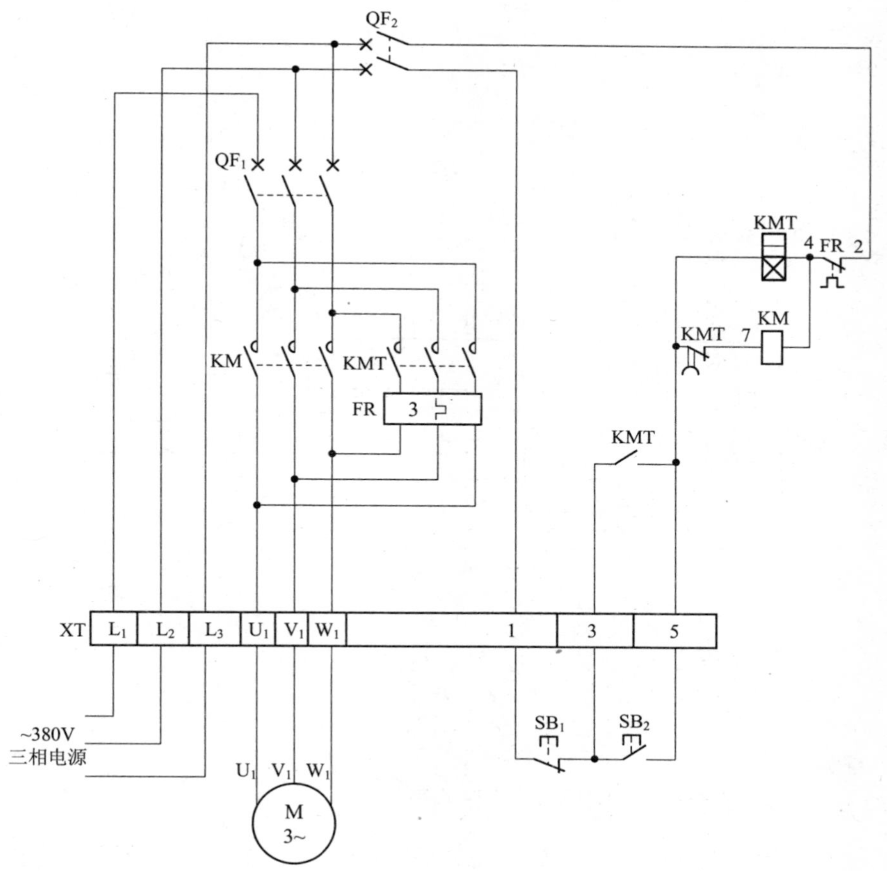

图 7.18 得电延时头配合接触器完成重载启动控制电路(一)布线图

从端子排 XT 上看,共有 9 个接线端子。其中,L_1、L_2、L_3 这 3 根线是由外引入配电箱的三相 380V 电源,并穿管引入;U_1、V_1、W_1 这 3 根线是电动机线,穿管接至电动机接线盒内的 U_1、V_1、W_1 上;1、3、5 这 3 根线是控制线,接至配电箱门面板上的按钮开关 SB_1、SB_2 上。

实际接线图(图 7.19)

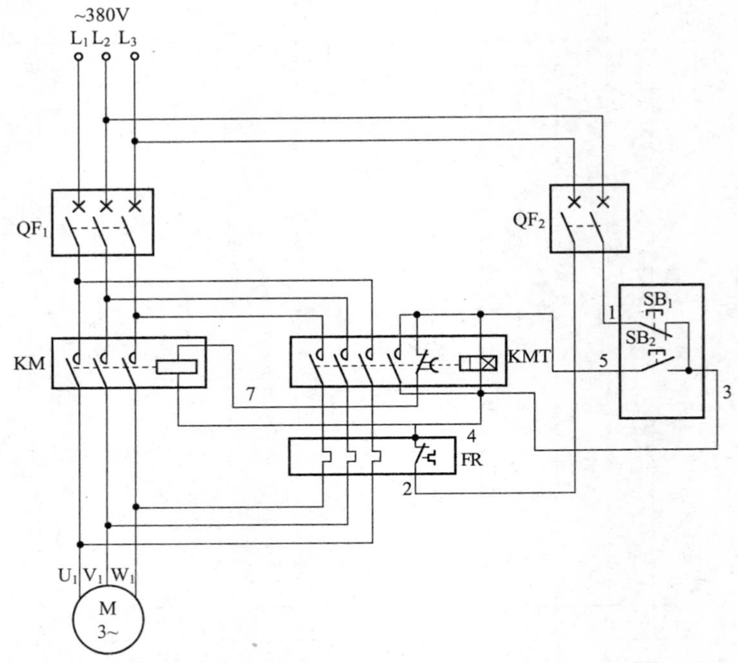

图 7.19 得电延时头配合接触器完成重载启动控制电路(一)实际接线图

元器件安装排列图及端子图(图 7.20)

从图 7.20 可以看出,断路器 QF_1、QF_2,交流接触器 KM,带得电延时头的交流接触器 KMT,热继电器 FR 安装在配电箱内底板上;按钮开关 SB_1、SB_2 安装在配电箱门面板上。

通过端子 L_1、L_2、L_3 将三相 380V 交流电源接入配电箱中;端子 U_1、V_1、W_1 接至电动机接线盒中的 U_1、V_1、W_1 上;端子 1、3、5 将配电箱内的元器件与配电箱门面板上的按钮开关 SB_1、SB_2 连接起来。

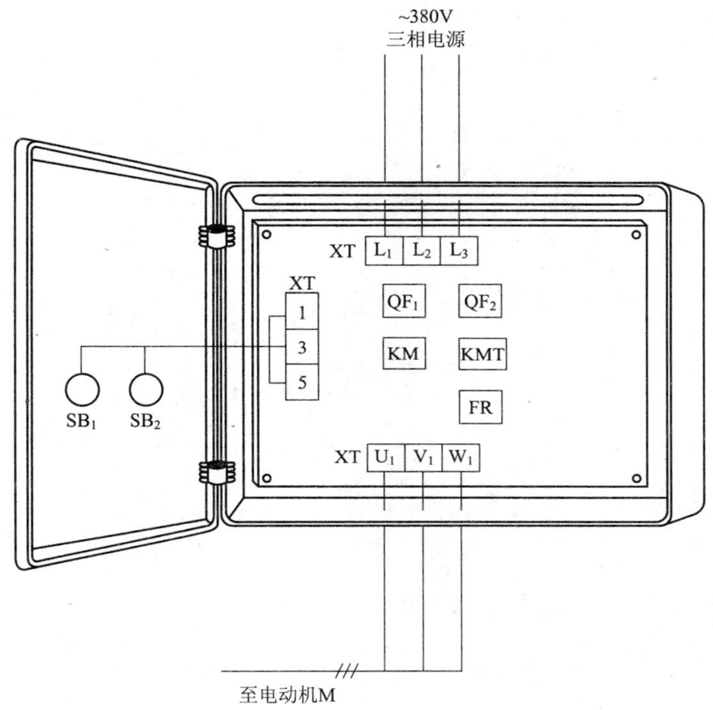

图 7.20 得电延时头配合接触器完成重载启动控制电路(一)元器件安装排列图及端子图

7.6 得电延时头配合接触器完成重载启动控制电路(二)

工作原理

得电延时头配合接触器完成重载启动控制电路(二)如图 7.21 所示。

启动时，按下启动按钮 SB_2(3-5)，带得电延时头的交流接触器 KMT 线圈得电吸合且 KMT 辅助常开触点(3-5)闭合自锁，KMT 开始延时，KMT 三相主触点闭合，电动机得电重载启动运转。由于电动机重载启动时间长，启动电流大，很容易造成过载保护热继电器 FR

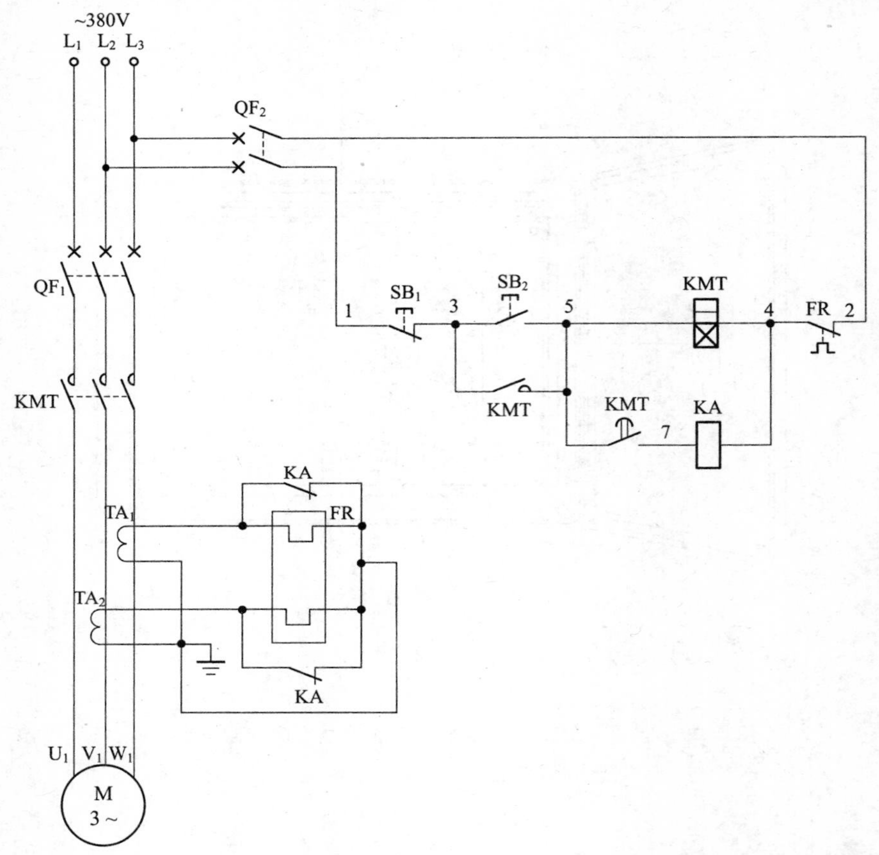

图 7.21 得电延时头配合接触器完成重载启动控制电路(二)

出现过载动作,导致启动失败。从电路图上看,此时热继电器 FR 的两组热元件均被中间继电器 KA 的两组常闭触点短接起来,所以在启动时,热继电器 FR 热元件不会动作。待电动机启动完毕,电动机的工作电流小于额定电流后,也就是 KMT 的延时设定时间结束,KMT 得电延时闭合的常开触点(5-7)闭合,接通了中间继电器 KA 线圈回路电源,KA 线圈得电吸合,KA 并联在热元件 FR 上的两组常闭触点断开,解除对热元件 FR 的短接作用,使热继电器 FR 投入电路起到保护作用。

电路布线图(图 7.22)

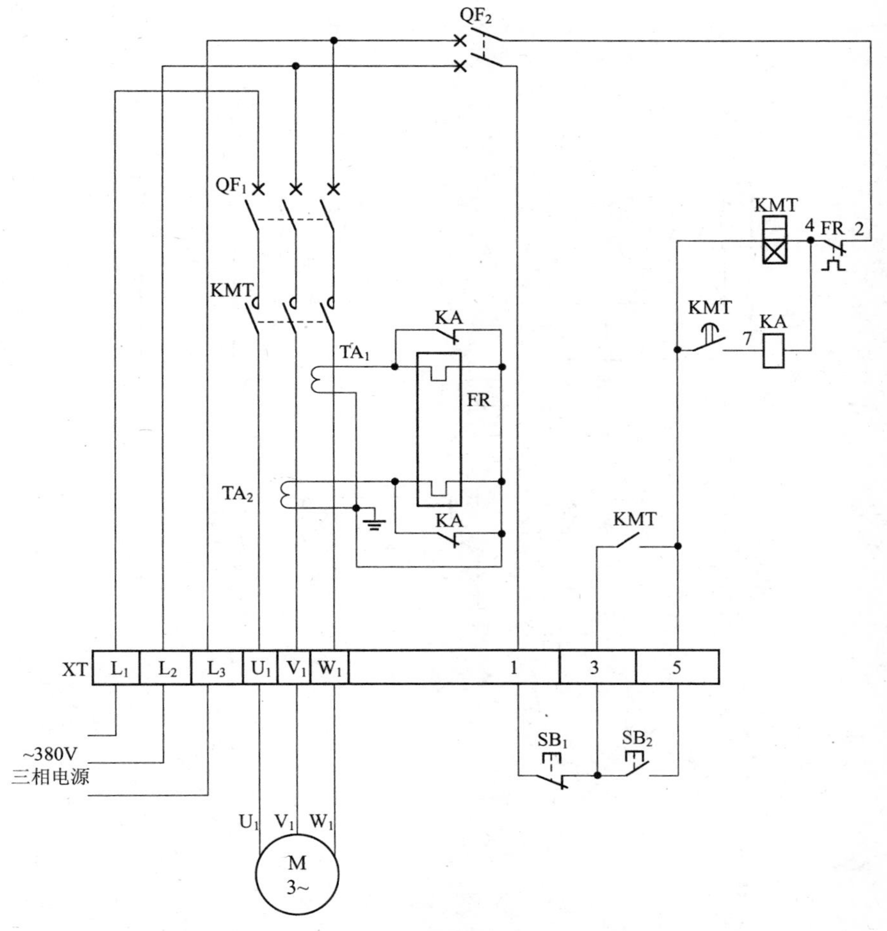

图 7.22 得电延时头配合接触器完成重载启动控制电路(二)布线图

从端子排 XT 上看,共有 9 个接线端子。其中,L_1、L_2、L_3 这 3 根线是由外引入配电箱的三相 380V 电源,并穿管引入;U_1、V_1、W_1 这 3 根线是电动机线,穿管接至电动机接线盒内的 U_1、V_1、W_1 上;1、3、5 这 3 根线是控制线,接至配电箱门面板上的按钮开关 SB_1、SB_2 上。

实际接线图(图 7.23)

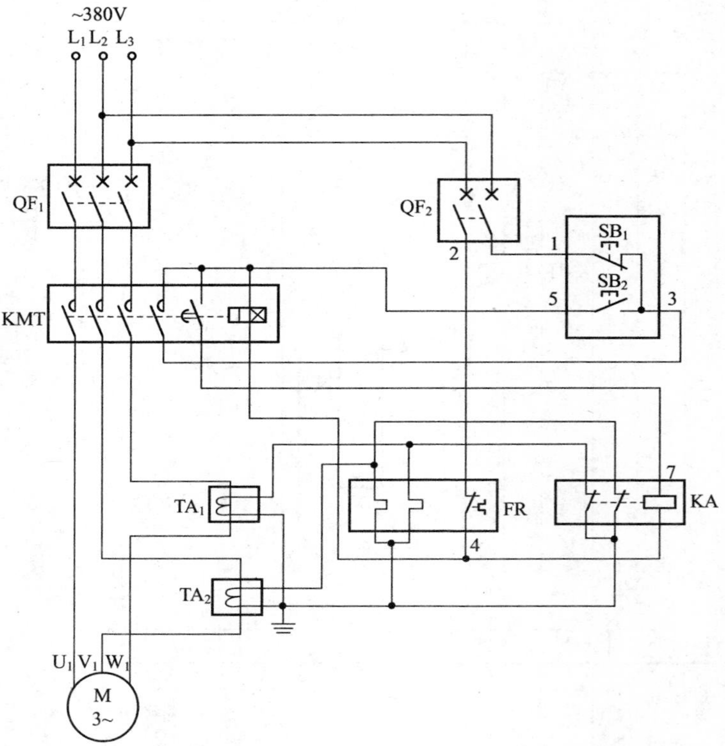

图 7.23 得电延时头配合接触器完成重载启动控制电路(二)实际接线图

元器件安装排列图及端子图(图 7.24)

从图 7.24 可以看出,断路器 QF_1、QF_2,带得电延时头的交流接触器 KMT,中间继电器 KA,电流互感器 TA_1、TA_2,热继电器 FR 安装在配电箱内底板上;按钮开关 SB_1、SB_2 安装在配电箱门面板上。

通过端子 L_1、L_2、L_3 将三相 380V 交流电源接入配电箱中;端子 U_1、V_1、W_1 接至电动机接线盒中的 U_1、V_1、W_1 上;端子 1、3、5 将配电箱内的元器件与配电箱门面板上的按钮开关 SB_1、SB_2 连接起来。

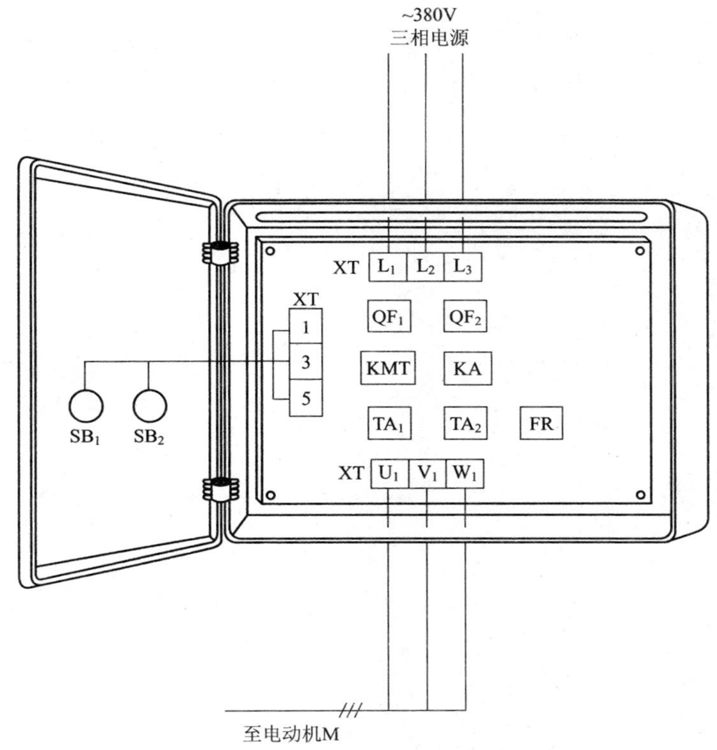

图 7.24 得电延时头配合接触器完成重载启动控制电路(二)元器件安装排列图及端子图

7.7 得电延时头配合接触器控制电动机串电阻启动电路

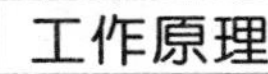

工作原理

得电延时头配合接触器控制电动机串电阻启动电路如图 7.25 所示。

启动时,按下启动按钮 SB_2(3-5),带得电延时头的交流接触器 KMT 线圈得电吸合且其辅助常开触点(3-5)闭合自锁,KMT 上的延时头开始延时,KMT 三相主触点闭合,电动机串电阻器 R 进行降压

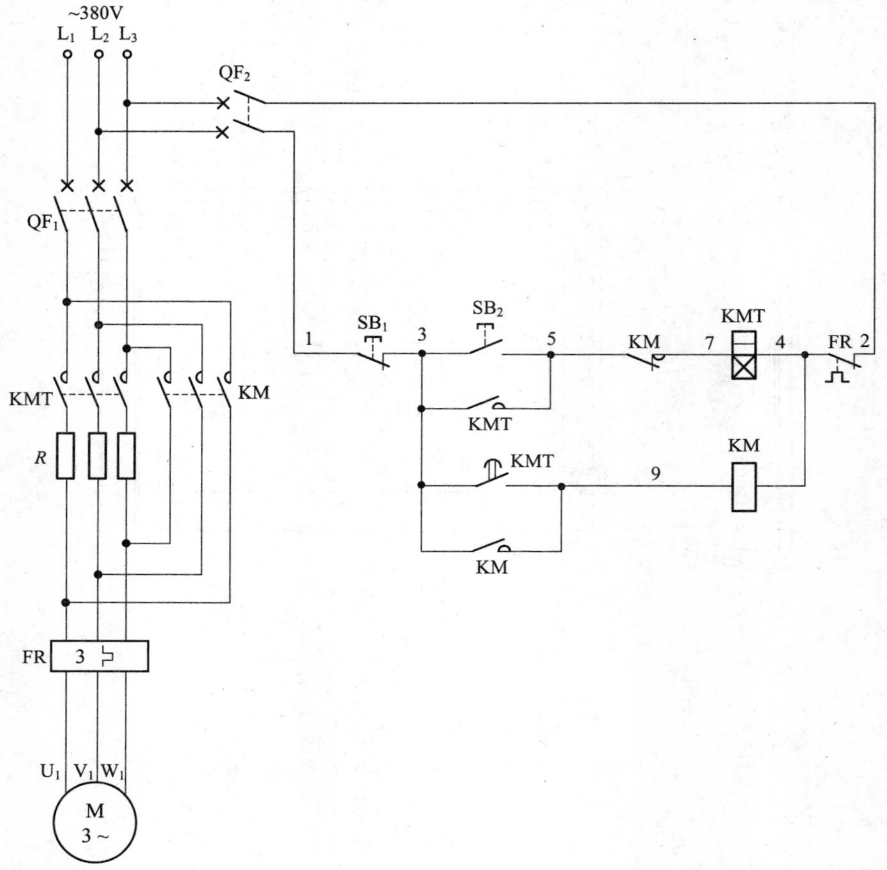

图 7.25　得电延时头配合接触器控制电动机串电阻启动电路

启动；经过 KMT 一段时间延时后，其得电延时闭合的常开触点(3-9)闭合，接通了交流接触器 KM 线圈回路电源，KM 线圈得电吸合且 KM 辅助常开触点(3-9)闭合自锁，KM 三相主触点闭合，电动机得电全压正常运转；与此同时，KM 辅助常闭触点(5-7)断开，切断了 KMT 线圈回路电源，KMT 线圈断电释放，KMT 三相主触点断开，KMT 及电阻器 R 退出运行。

停止时，按下停止按钮 SB_1(1-3)，交流接触器 KM 线圈断电释放，

KM 三相主触点断开，电动机失电停止运转。

电路布线图(图 7.26)

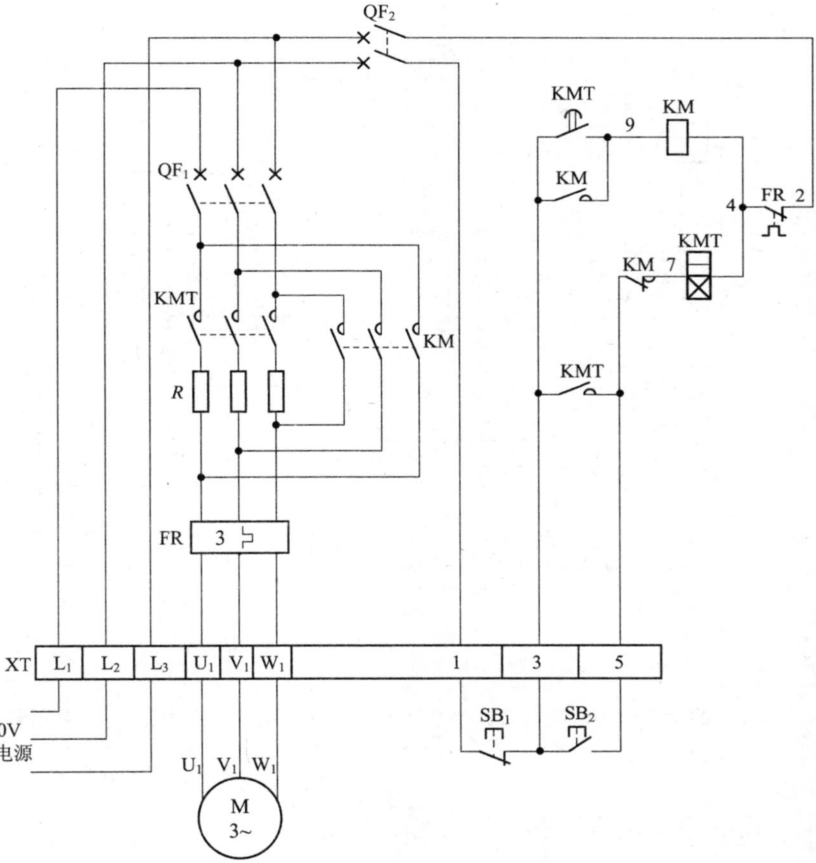

图 7.26 得电延时头配合接触器控制电动机串电阻启动电路布线图

从端子排 XT 上看，共有 9 个接线端子。其中，L_1、L_2、L_3 这 3 根线是由外引入配电箱的三相 380V 电源，并穿管引入；U_1、V_1、W_1 这 3 根线是电动机线，穿管接至电动机接线盒内的 U_1、V_1、W_1 上；1、3、5 这 3 根线是控制线，接至配电箱门面板上的按钮开关 SB_1、SB_2 上。

实际接线图(图 7.27)

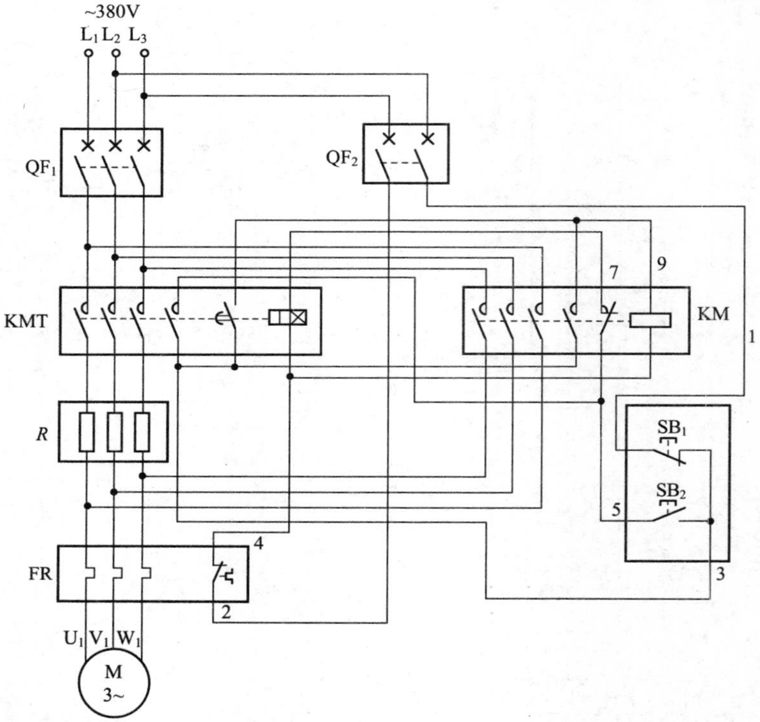

图 7.27 得电延时头配合接触器控制电动机串电阻启动电路实际接线图

元器件安装排列图及端子图(图 7.28)

从图 7.28 可以看出，断路器 QF_1、QF_2，交流接触器 KM，带得电延时头的交流接触器 KMT，启动电阻器 R，热继电器 FR 安装在配电箱内底板上；按钮开关 SB_1、SB_2 安装在配电箱门面板上。

通过端子 L_1、L_2、L_3 将三相 380V 交流电源接入配电箱中；端子 U_1、V_1、W_1 接至电动机接线盒中的 U_1、V_1、W_1 上；端子 1、3、5 将配电箱内的元器件与配电箱门面板上的按钮开关 SB_1、SB_2 连接起来。

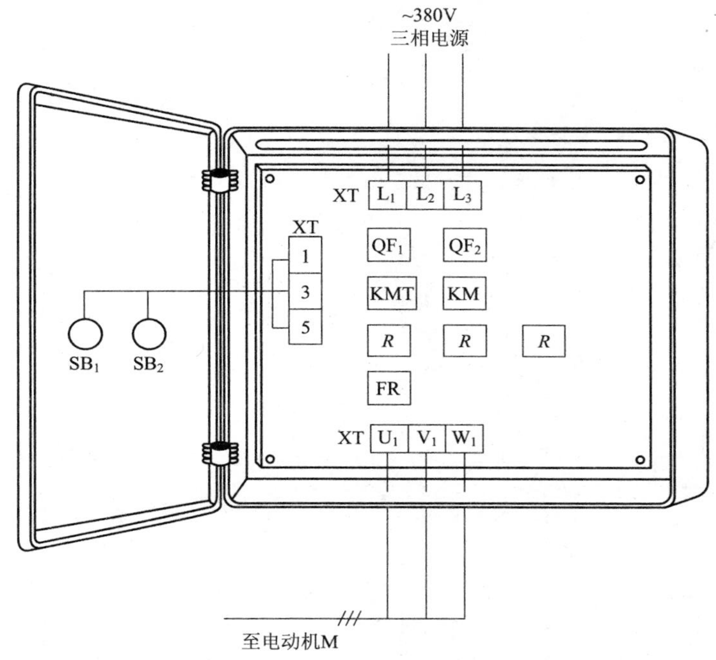

图 7.28　得电延时头配合接触器控制电动机串电阻启动电路元器件安装排列图及端子图

7.8 得电延时头配合接触器控制电动机Y-△启动电路

得电延时头配合接触器控制电动机Y-△启动电路如图 7.29 所示。

启动时，按下启动按钮 SB_2(3-5)，带得电延时头的交流接触器 KMT 和交流接触器 KM_1 线圈同时得电吸合，且 KMT 辅助常开触点(3-5)闭合自锁，KM_1 辅助常闭触点(11-13)断开，起互锁作用；KMT、KM_1 各自的三相主触点闭合，电动机绕组被连接成Y形启动；与此同时，KMT 开始延时。

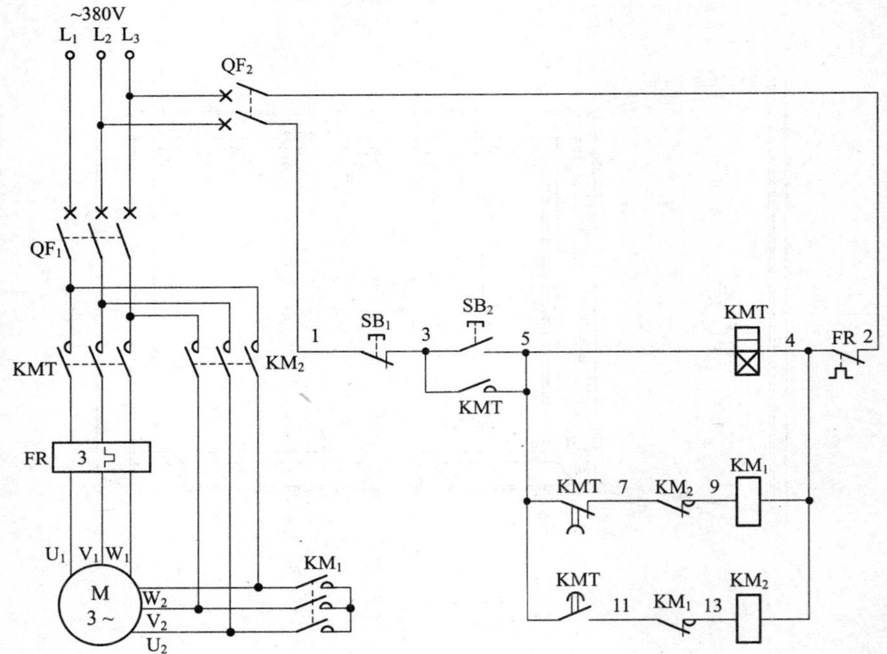

图 7.29 得电延时头配合接触器控制电动机Y-△启动电路

经 KTM 一段时间延时后，首先 KMT 串联在交流接触器 KM_1 线圈回路中的得电延时断开的常闭触点(5-7)断开，切断了交流接触器 KM_1 线圈回路电源，KM_1 线圈断电释放，KM_1 三相主触点断开，解除电动机绕组的Y形连接；然后 KMT 串联在交流接触器 KM_2 线圈回路中的得电延时闭合的常开触点(5-11)闭合，接通了交流接触器 KM_2 线圈回路电源，KM_2 线圈得电吸合，KM_2 三相主触点闭合，电动机绕组连接成△形正常运转。

停止时，按下停止按钮 SB_1(1-3)，带得电延时头的交流接触器 KMT 和交流接触器 KM_2 线圈断电释放，KMT、KM_2 各自的三相主触点均断开，电动机失电停止运转。

电路布线图(图 7.30)

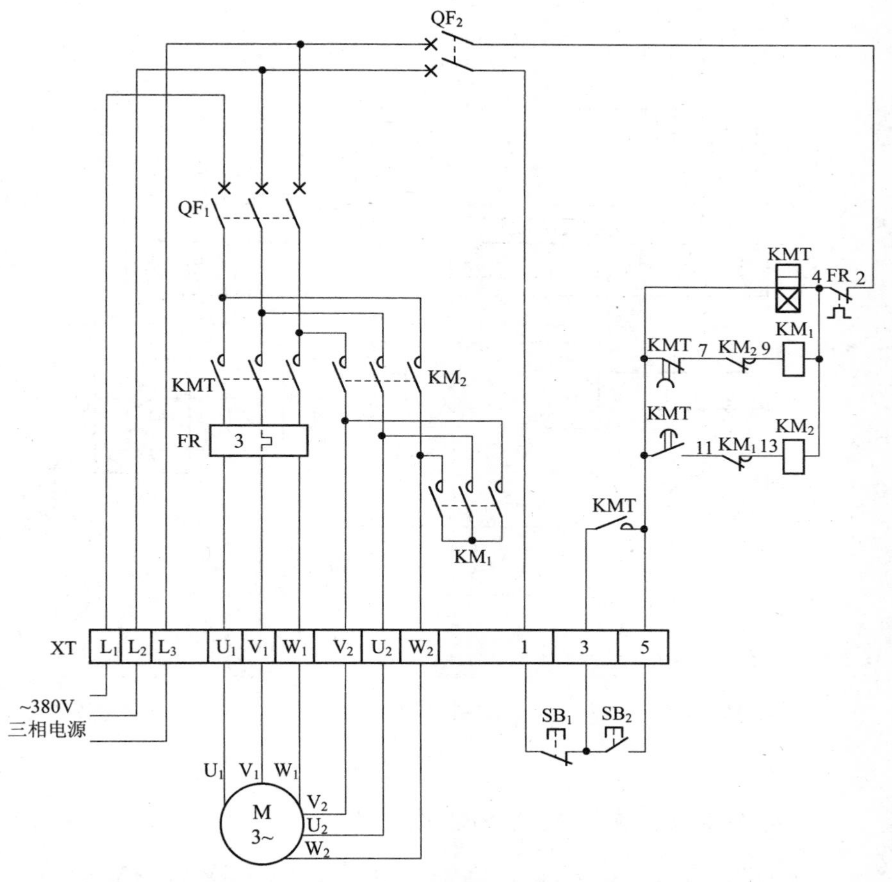

图 7.30 得电延时头配合接触器控制电动机Y-△启动电路布线图

从端子排 XT 上看,共有 12 个接线端子。其中,L_1、L_2、L_3 这 3 根线是由外引入配电箱的三相 380V 电源,并穿管引入;U_1、V_1、W_1、U_2、V_2、W_2 这 6 根线是电动机线,穿管接至电动机接线盒内的 U_1、V_1、W_1、U_2、V_2、W_2 上;1、3、5 这 3 根线是控制线,接至配电箱门面板上的按钮开关 SB_1、SB_2 上。

实际接线图(图7.31)

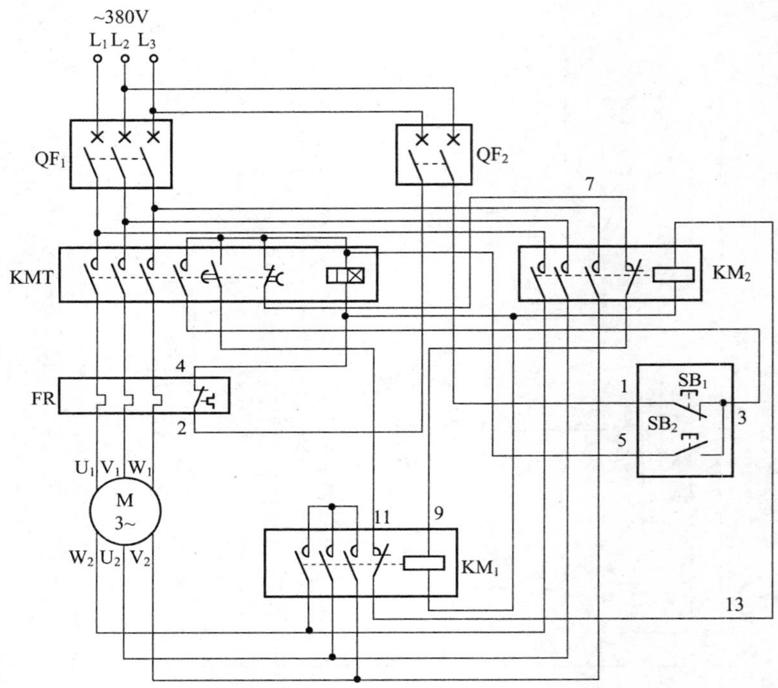

图7.31 得电延时头配合接触器控制电动机Y-△启动电路实际接线图

元器件安装排列图及端子图(图7.32)

从图7.32可以看出,断路器 QF_1、QF_2,交流接触器 KM_1、KM_2,带得电延时头的交流接触器KMT,热继电器FR安装在配电箱内底板上;按钮开关 SB_1、SB_2 安装在配电箱门面板上。

通过端子 L_1、L_2、L_3 将三相380V交流电源接入配电箱中;端子 U_1、V_1、W_1、U_2、V_2、W_2 接至电动机接线盒中的 U_1、V_1、W_1、U_2、V_2、W_2 上;端子1、3、5将配电箱内的元器件与配电箱门面板上的按钮开关 SB_1、SB_2 连接起来。

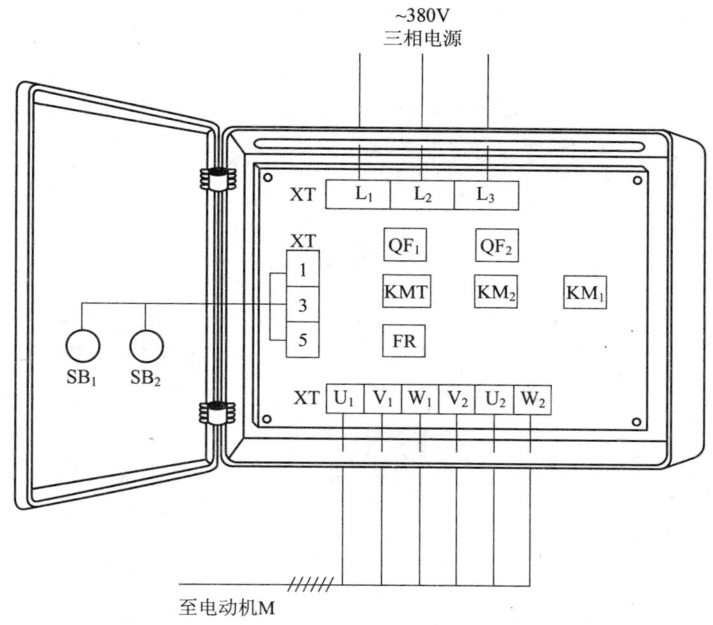

图 7.32 得电延时头配合接触器控制电动机Y-△启动电路元器件安装排列图及端子图

7.9 失电延时头配合接触器实现可逆四重互锁保护控制电路

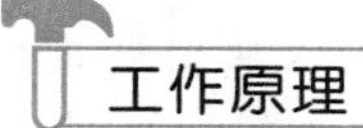

工作原理

本电路中正反转用交流接触器采用带机械互锁的产品，为一重互锁保护（图 7.33）。

正转启动时，按下正转启动按钮 SB_2，首先 SB_2 串联在反转带失电延时头的交流接触器 KMT_2 线圈回路中的常闭触点（3-13）断开，为二重互锁保护；然后 SB_2 的另一组常开触点（3-5）闭合，接通了正转用带失电延时头的交流接触器 KMT_1 线圈回路电源，KMT_1 线圈得电吸合；KMT_1 不延时瞬动常开触点（17-19）断开，为三重互锁保护；

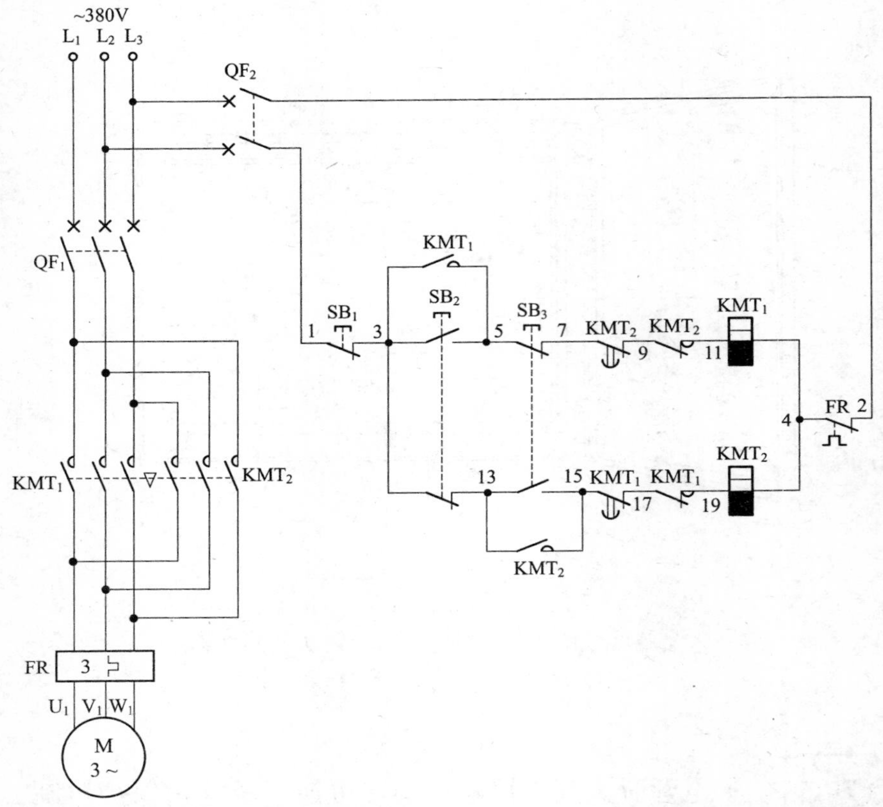

图 7.33 失电延时头配合接触器实现可逆四重互锁保护控制电路

KMT_1 失电延时闭合的常闭触点(15-17)立即断开，为四重互锁保护；此时，KMT_1 辅助常开触点(3-5)闭合自锁，KMT_1 三相主触点闭合，电动机得电正转启动运转。

电动机正转启动运转后，无需按停止按钮 SB_1(1-3)，可直接操作反转启动按钮 SB_3 进行反转启动。首先 SB_3 的常闭触点(5-7)断开，切断了正转带失电延时头的交流接触器 KMT_1 线圈回路电源，KMT_1 线圈断电释放，KMT_1 开始延时；KMT_1 三相主触点断开，电动机失电正转停止运转；KMT_1 辅助常闭触点(17-19)恢复原始常闭状态；经 KMT_1 一段时间延时后，KMT_1 失电延时闭合的常闭触点(15-17)闭合。经过上述三重互锁恢复后，再加上接触器的机械互锁，才能满足反转线圈回路的操作要求。然后，SB_3 的常开触点(13-15)闭合，使反转用带失电延时头的交流接触器 KMT_2 线圈得电吸合，KMT_2 辅助常闭触点(9-11)断开，KMT_2 失电延时闭合的常闭触点(7-9)立即断开，起到互锁保护作用；KMT_2 辅助常开触点(13-15)闭合，KMT_2 三相主触点闭合，电动机得电反转启动运转。

电路布线图(图 7.34)

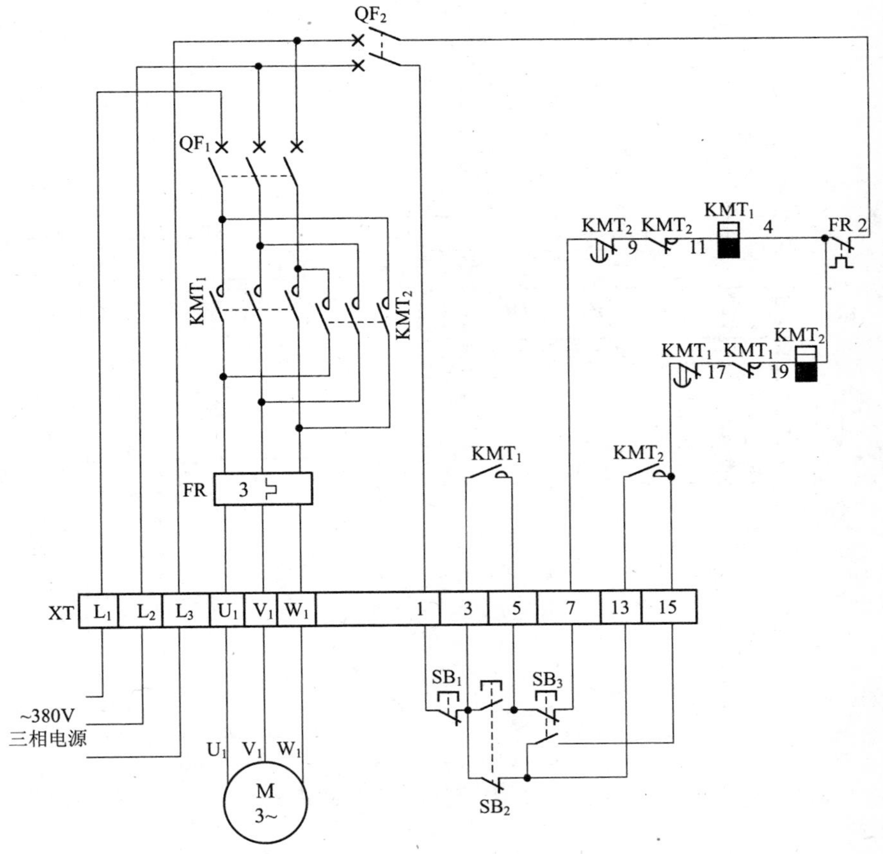

图 7.34 失电延时头配合接触器实现可逆四重互锁保护控制电路布线图

从端子排 XT 上看，共有 12 个接线端子。其中，L_1、L_2、L_3 这 3 根线是由外引入配电箱的三相 380V 电源，并穿管引入；U_1、V_1、W_1 这 3 根线是电动机线，穿管接至电动机接线盒内的 U_1、V_1、W_1 上；1、3、5、7、13、15 这 6 根线是控制线，接至配电箱门面板上的按钮开关 SB_1、SB_2、SB_3 上。

实际接线图(图 7.35)

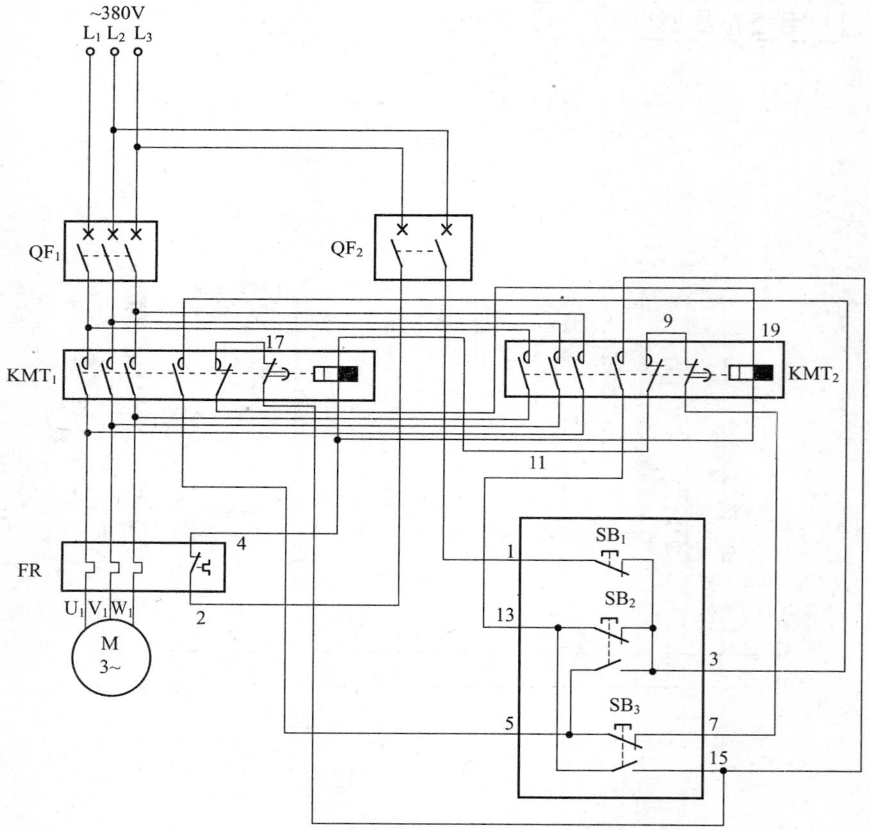

图 7.35 失电延时头配合接触器实现可逆四重互锁保护控制电路实际接线图

元器件安装排列图及端子图(图 7.36)

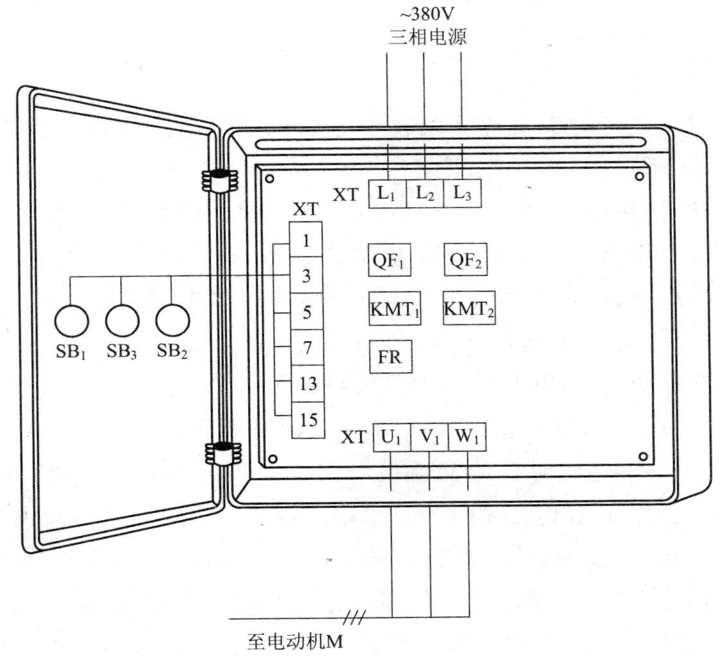

图 7.36 失电延时头配合接触器实现可逆四重互锁保护控制电路元器件安装排列图及端子图

从图 7.36 可以看出,断路器 QF_1、QF_2,带失电延时头的交流接触器 KMT_1、KMT_2,热继电器 FR 安装在配电箱内底板上;按钮开关 SB_1、SB_2、SB_3 安装在配电箱门面板上。

通过端子 L_1、L_2、L_3 将三相 380V 交流电源接入配电箱中;端子 U_1、V_1、W_1 接至电动机接线盒中的 U_1、V_1、W_1 上;端子 1、3、5、7、13、15 将配电箱内的元器件与配电箱门面板上的按钮开关 SB_1、SB_2、SB_3 连接起来。

7.10 三只得电延时头实现绕线转子电动机串电阻三级启动控制电路

工作原理

三只得电延时头实现绕线转子电动机串电阻三级启动控制电路如图 7.37 所示。

启动时，按下启动按钮 SB_2(3-5)，带得电延时头的交流接触器 KMT_1 线圈得电吸合且 KMT_1 辅助常开触点(3-5)闭合自锁，KMT_1 三相主触点闭合，电动机得电，其转子串接三级电阻器 R_1、R_2、R_3 进行启动；与此同时，KMT_1 开始延时。

随着电动机转速的逐渐提高，可进行第一级电阻器 R_1 切除升速。经 KMT_1 时间一段延时后，KMT_1 得电延时闭合的常开触点(5-7)闭合，接通了带得电延时头的交流接触器 KMT_2 线圈回路电源，KMT_2 线圈得电吸合，KMT_2 三相主触点闭合，将电阻器 R_1 短接起来，第一级电阻器 R_1 被切除，电动机继续升速，同时 KMT_2 开始延时。

随着电动机转速的进一步升高，可进行第二级电阻器 R_2 切除升速。经 KMT_2 一段时间延时后，KMT_2 得电延时闭合的常开触点(5-9)闭合，接通了带得电延时头的交流接触器 KMT_3 线圈回路电源，KMT_3 线圈得电吸合，KMT_3 三相主触点闭合，将电阻器 R_2 短接起来，第二级电阻器 R_2 被切除，电动机继续升速，同时 KMT_3 开始延时。

当电动机的转速升至额定转速时，可进行第三级电阻器 R_3 的切除。经 KMT_3 一段时间延时后，KMT_3 得电延时闭合的常开触点(5-11)闭合，接通了中间继电器 KA 和交流接触器 KM 线圈回路电源，且 KA 常开触点(3-11)闭合自锁，KM 三相主触点闭合，将电阻器 R_3 短接起来，第三级电阻器 R_3 被切除，电动机以额定转速运转；与此同时，KM 辅助常闭触点(4-6)断开，切断了 KMT_2 和 KMT_3 线圈回路电源，KMT_2 和 KMT_3 线圈断电释放，KMT_2 和 KMT_3 各自的三相主触点断开。这样做的主要目的一是使两只线圈在电动机启动完毕后，不必继续工作，从而节约其所消耗的电能，二是延长其器件寿命。

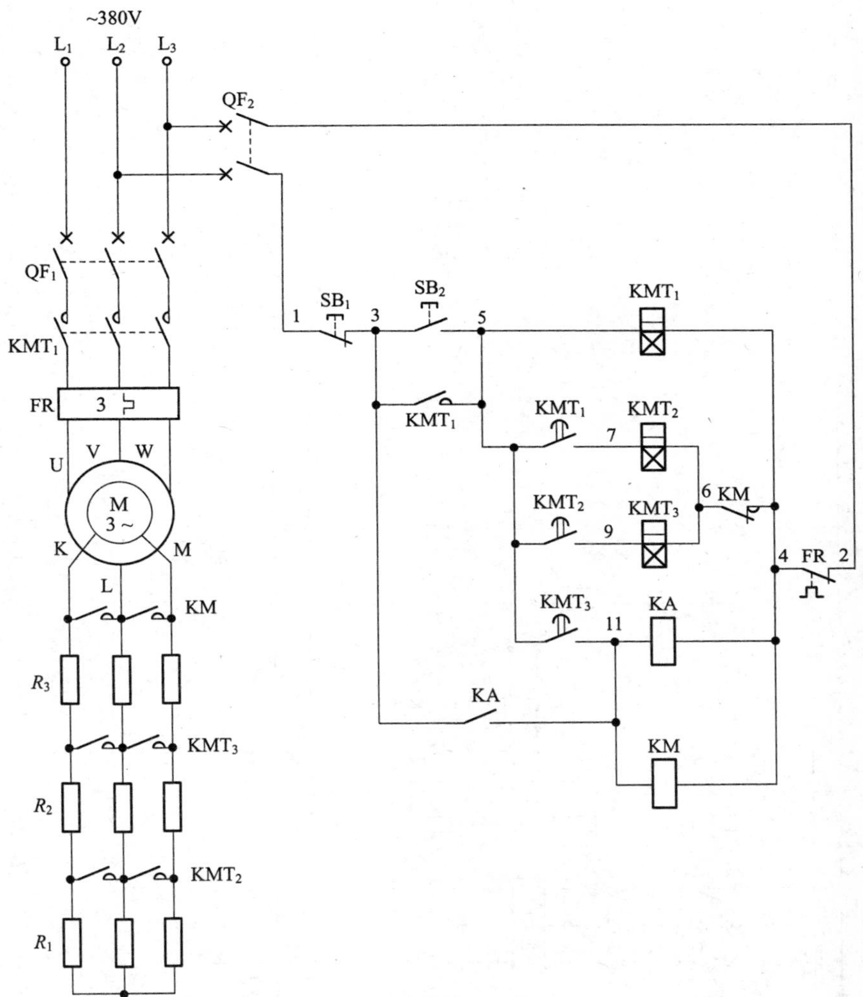

图 7.37　三只得电延时头实现绕线转子电动机串电阻三级启动控制电路

电路布线图(图 7.38)

从端子排 XT 上看,共有 12 个接线端子。其中,L_1、L_2、L_3 这 3 根线是由外引入配电箱的三相 380V 电源,并穿管引入;U、V、W、M、L、

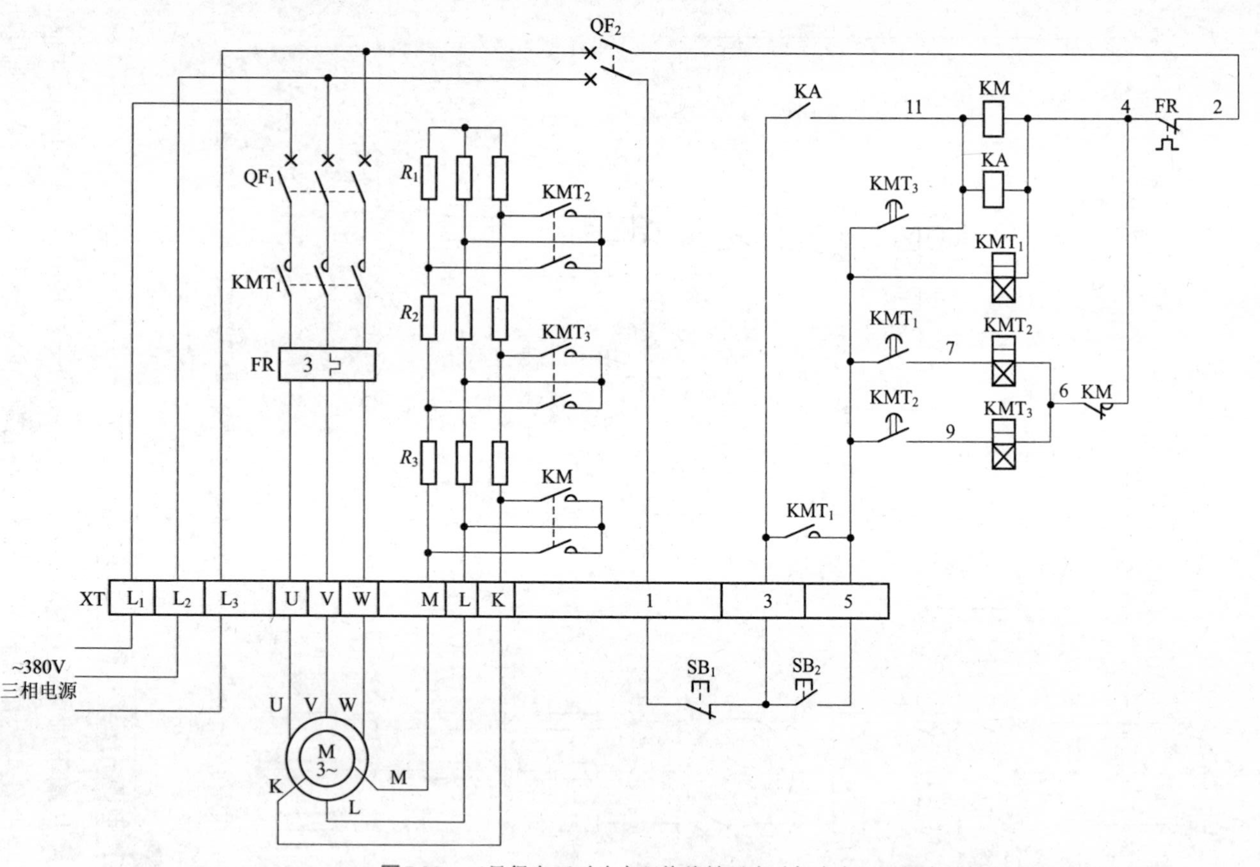

图7.38 三只得电延时头实现绕线转子电动机串电阻三级启动控制电路布线图

K 这 6 根线是电动机线，穿管接至电动机接线盒内的 U、V、W、L、K 上；1、3、5 这 3 根线是控制线，接至配电箱门面板上的按钮开关 SB_1、SB_2 上。

实际接线图(图 7.39)

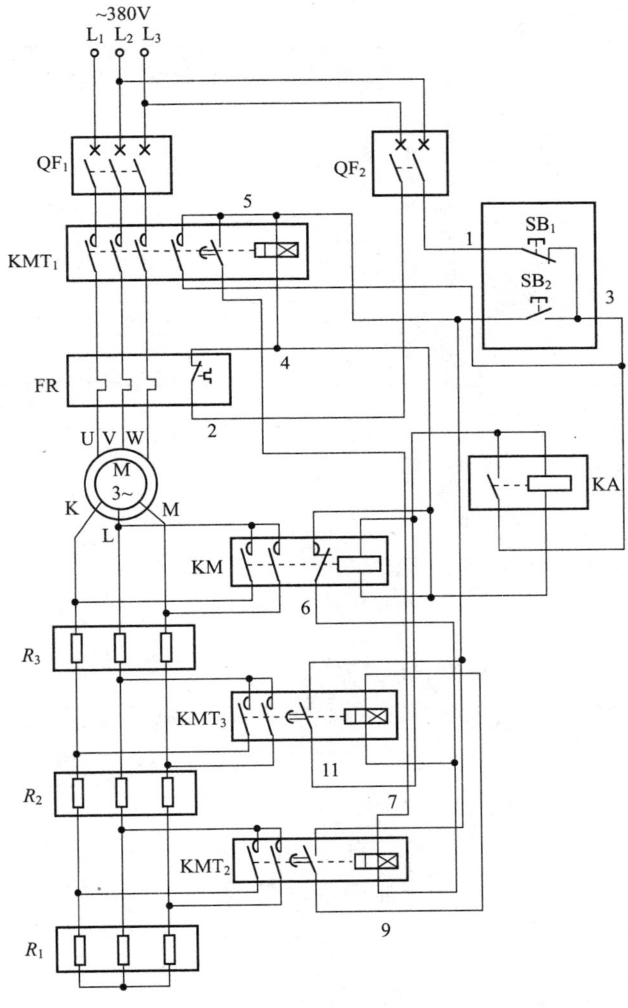

图 7.39 三只得电延时头实现绕线转子电动机串电阻三级启动控制电路实际接线图

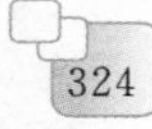

元器件安装排列图及端子图(图 7.40)

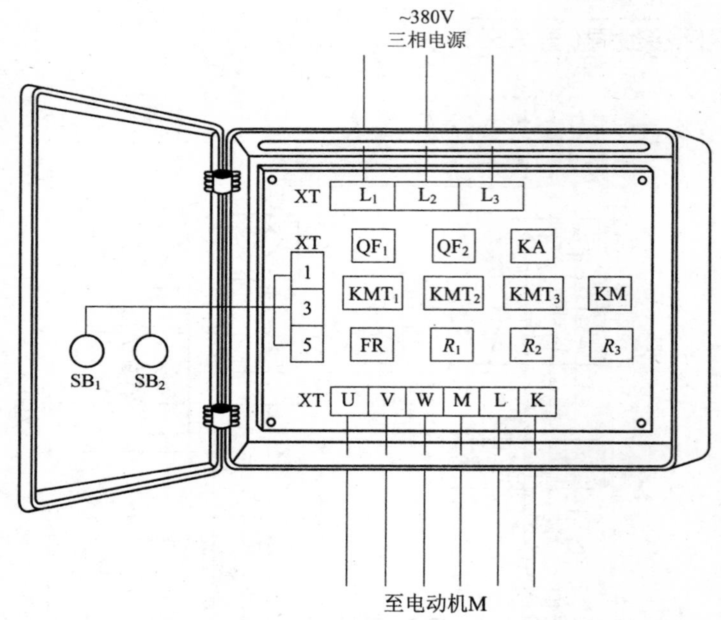

图 7.40 三只得电延时头实现绕线转子电动机串电阻三级启动控制电路元器件安装排列图及端子图

从图 7.40 可以看出，断路器 QF_1、QF_2，交流接触器 KM，带得电延时头的交流接触器 KMT_1、KMT_2、KMT_3，热继电器 FR，启动电阻器 R_1、R_2、R_3，中间继电器 KA 安装在配电箱内底板上；按钮开关 SB_1、SB_2 安装在配电箱门面板上。

通过端子 L_1、L_2、L_3 将三相 380V 交流电源接入配电箱中；端子 U、V、W、M、L、K 接至电动机接线盒中的 U、V、W、M、L、K 上；端子 1、3、5 将配电箱内的元器件与配电箱门面板上的按钮开关 SB_1、SB_2 连接起来。

第8章
其他实用电工电路

8.1 两条传送带启停控制电路

工作原理

两条传送带启停控制电路如图 8.1 所示。

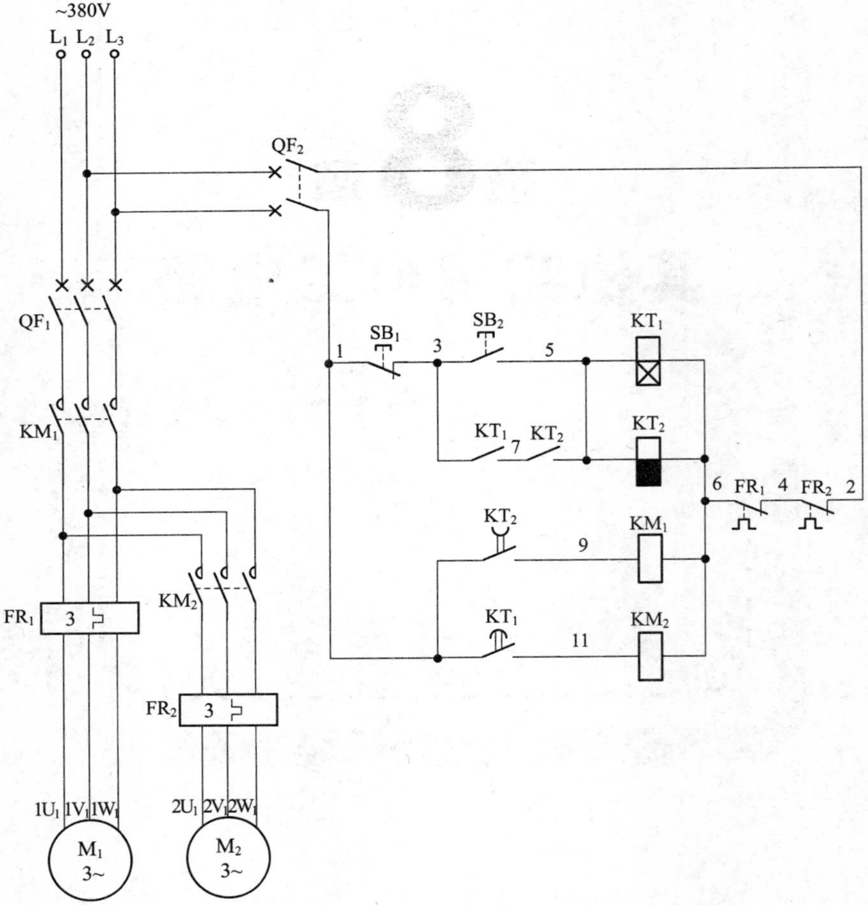

图 8.1 两条传送带启停控制电路

本电路的优点是：主回路工作时 KM_1 先工作，KM_2 后工作，也就是说，传送带电动机 M_1 先工作后，传送带电动机 M_2 才能工作，这样就能保证顺序动作的可靠性。本电路的两条传送带设计要求是：启动时先启动传送带电动机 M_1，经延时后再自动启动传送带电动机 M_2；而停止时则先停止传送带电动机 M_2，经延时后再自动停止传送带电动机 M_1。

顺序启动时，按下启动按钮 SB_2(3-5)，得电延时时间继电器 KT_1 和失电延时时间继电器 KT_2 线圈均得电吸合，且 KT_1、KT_2 的两组不延时瞬动常开触点(3-7、5-7)闭合串联自锁，KT_1 开始延时；KT_2 失电延时断开的常开触点(1-9)立即闭合，接通交流接触器 KM_1 线圈回路电源，KM_1 线圈得电吸合，KM_1 三相主触点闭合，传送带电动机 M_1 先得电启动运转。经 KT_1 一段延时间时后，KT_1 得电延时闭合的常开触点(1-11)闭合，接通交流接触器 KM_2 线圈回路电源，KM_2 线圈得电吸合，KM_2 三相主触点闭合，传送带电动机 M_2 也得电启动运转，从而完成启动时先启动传送带电动机 M_1，再自动启动传送带电动机 M_2，从前向后顺序进行启动控制。

逆序停止时，按下停止按钮 SB_1(1-3)，得电延时时间继电器 KT_1 和失电延时时间继电器 KT_2 线圈均断电释放且 KT_2 开始延时。同时，KT_1 得电延时闭合的常开触点(1-11)断开，切断了交流接触器 KM_2 线圈回路电源，KM_2 线圈断电释放，KM_2 三相主触点断开，传送带电动机 M_2 先失电停止运转。经 KT_2 一段延时间时后，KT_2 失电延时断开的常开触点(1-9)断开，切断交流接触器 KM_1 线圈回路电源，KM_1 线圈断电释放，KM_1 三相主触点断开，传送带电动机 M_1 也随后失电停止运转，从而完成停止时先停止传送带电动机 M_2，再自动停止传送带电动机 M_1，从后向前逆序进行停止控制。

电路布线图(图 8.2)

从端子排 XT 上看，共有 12 个接线端子。其中，L_1、L_2、L_3 这 3 根线是由外引入配电箱的三相 380V 电源，并穿管引入；$1U_1$、$1V_1$、$1W_1$

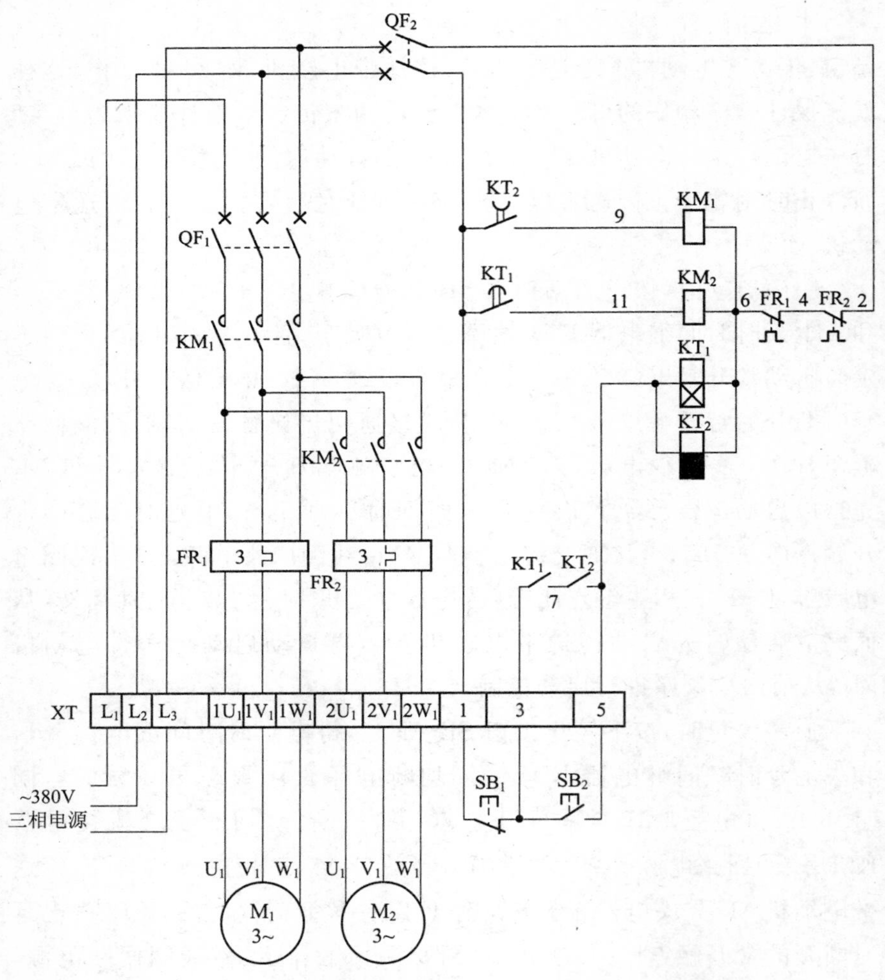

图8.2　两条传送带启停控制电路布线图

这3根线是电动机 M_1 线，穿管接至电动机接线盒内的 U_1、V_1、W_1 上；$2U_1$、$2V_1$、$2W_1$ 这3根线是电动机 M_2 线，穿管接至电动机接线盒内的 U_1、V_1、W_1 上；1、3、5这3根线是控制线，接至配电箱门面板上的按钮开关 SB_1、SB_2 上。

实际接线图(图 8.3)

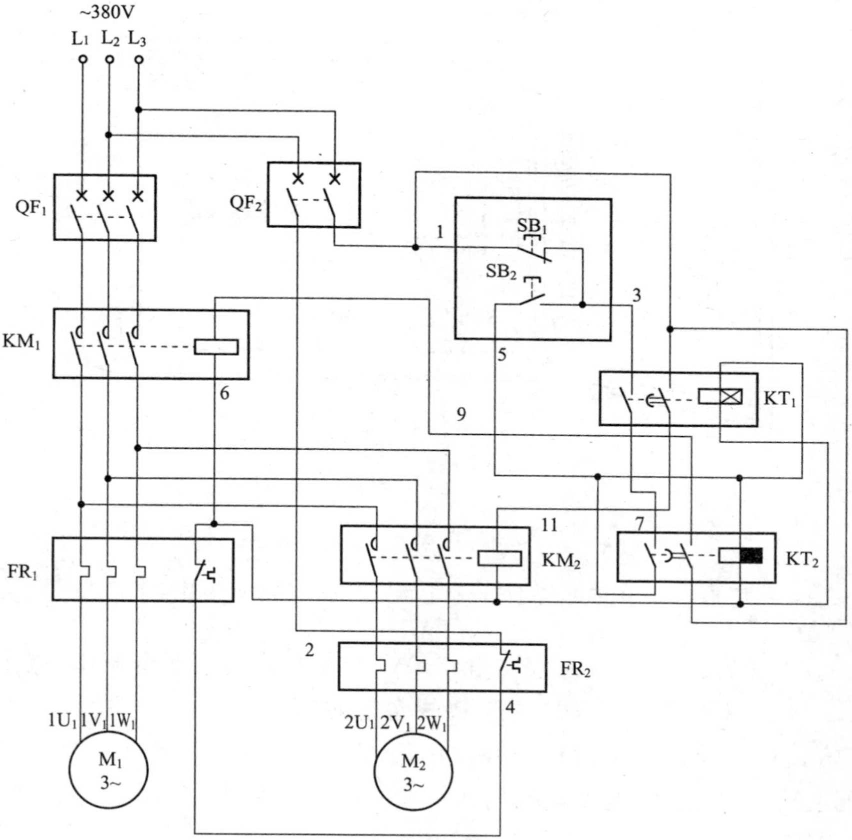

图 8.3 两条传送带启停控制电路实际接线图

元器件安装排列图及端子图(图 8.4)

从图 8.4 可以看出，断路器 QF_1、QF_2，交流接触器 KM_1、KM_2，得电延时时间继电器 KT_1，失电延时时间继电器 KT_2，热继电器 FR_1、FR_2 安装在配电箱内底板上；按钮开关 SB_1、SB_2 安装在配电箱门面板上。

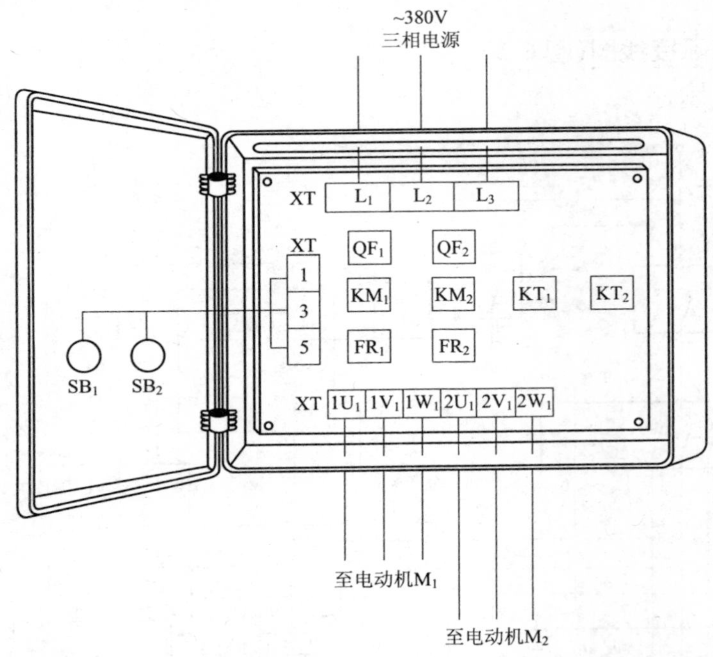

图 8.4 两条传送带启停控制电路元器件安装排列图及端子图

通过端子 L_1、L_2、L_3 将三相 380V 交流电源接入配电箱中；端子 $1U_1$、$1V_1$、$1W_1$ 接至电动机 M_1 接线盒中的 U_1、V_1、W_1 上；端子 $2U_1$、$2V_1$、$2W_1$ 接至电动机 M_2 接线盒中的 U_1、V_1、W_1 上。端子 1、3、5 将配电箱内的元器件与配电箱门面板上的按钮开关 SB_1、SB_2 连接起来。

8.2 两台电动机自动轮流控制电路

工作原理

两台电动机自动轮流控制电路如图 8.5 所示。本电路采用 JZF 正反转自动控制器对两台电动机进行自动轮流控制。

启动时，按下启动按钮 SB_2，中间继电器 KA 线圈得电吸合且 KA

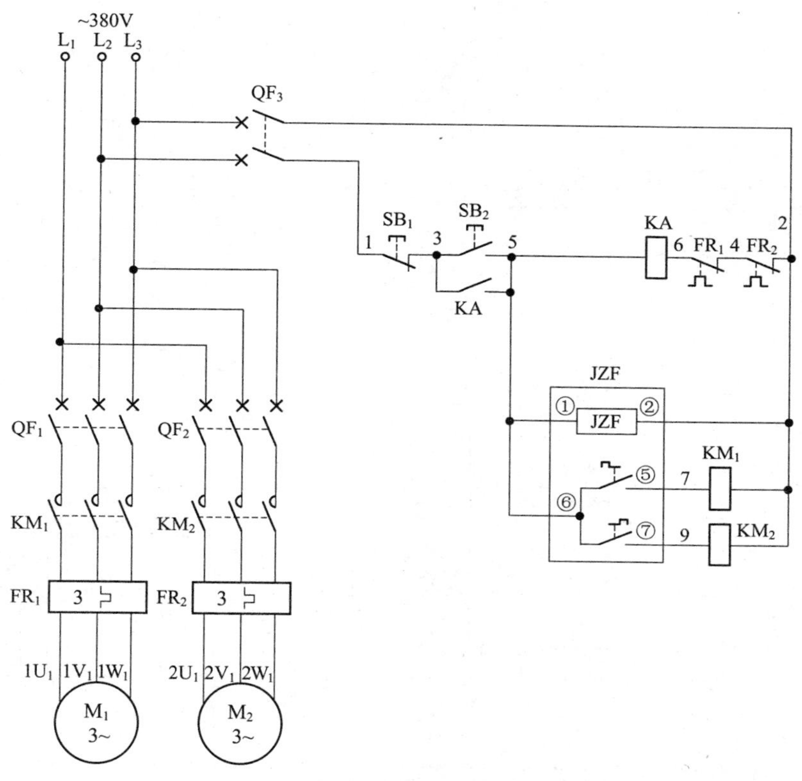

图 8.5 两台电动机自动轮流控制电路

常开触点闭合自锁，为控制回路提供工作条件。这时 JZF 正反转控制器①、②端通入 380V 电源工作。JZF 正反转控制器⑤、⑥接通，交流接触器 KM_1 线圈得电吸合，KM_1 三相主触点闭合，电动机 M_1 启动运转。经 JZF 正反转控制器延时后，JZF 正反转控制器⑤、⑥断开，交流接触器 KM_1 线圈断电释放，KM_1 三相主触点断开，电动机 M_1 失电停止运转。经 JZF 正反转控制器延时后，JZF 正反转控制器⑥、⑦接通，交流接触器 KM_2 线圈得电吸合，KM_2 三相主触点闭合，电动机 M_2 启动运转。经 JZF 正反转控制器延时后，JZF 正反转控制器⑥、⑦断开，交流接触器 KM_2 线圈断电释放，KM_2 三相主触点断开，电动机 M_2 失电停止运转。经 JZF 正反转控制器延时后，JZF 正反转控制器⑤、⑥

接通，交流接触器 KM_1 线圈又重新得电吸合，KM_1 三相主触点又闭合，电动机 M_1 又重新启动运转，如此循环下去，从而完成两台电动机自动轮流控制。

电路布线图(图8.6)

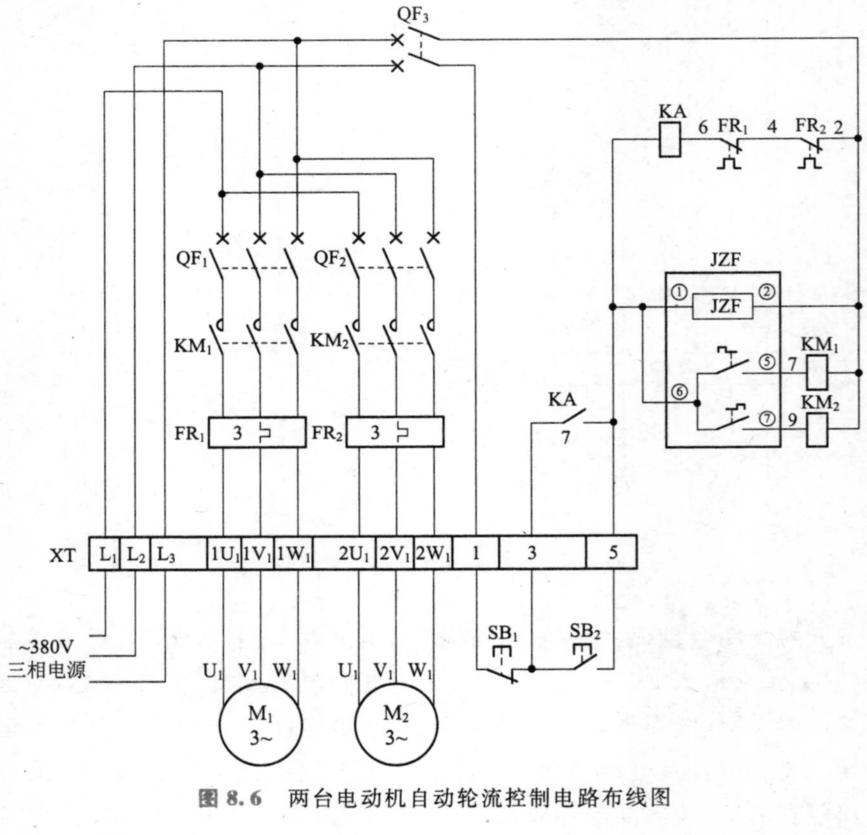

图8.6 两台电动机自动轮流控制电路布线图

从端子排 XT 上看，共有 12 个接线端子。其中，L_1、L_2、L_3 这 3 根线是由外引入配电箱的三相 380V 电源，并穿管引入；$1U_1$、$1V_1$、$1W_1$ 这 3 根线是电动机 M_1 线，穿管接至电动机 M_1 接线盒内的 U_1、V_1、W_1 上；$2U_1$、$2V_1$、$2W_1$ 这 3 根线是电动机 M_2 线，穿管接至电动机 M_2 接线盒内的 U_1、V_1、W_1 上；1、3、5 这 3 根线是控制线，接至配电箱门

面板上的按钮开关 SB_1、SB_2 上。

实际接线图(图 8.7)

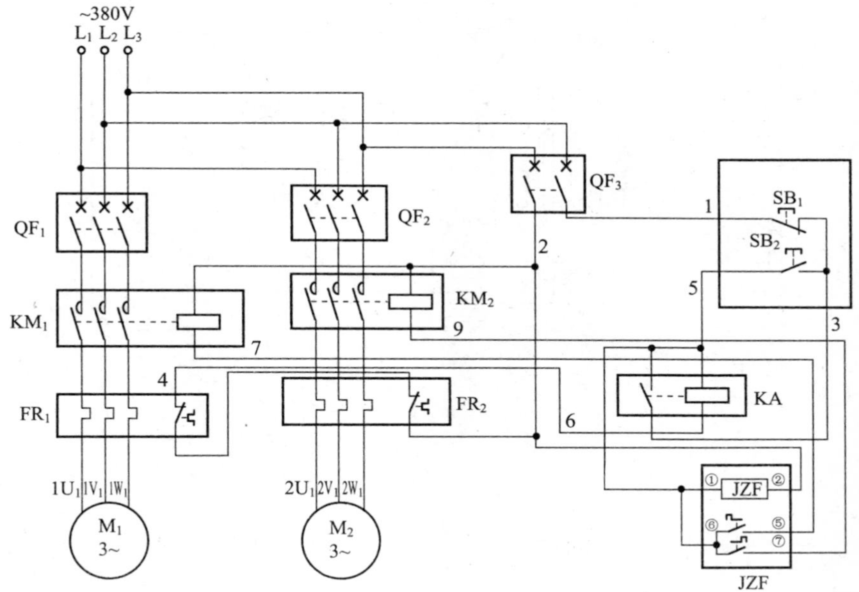

图 8.7 两台电动机自动轮流控制电路实际接线图

元器件安装排列图及端子图(图 8.8)

从图 8.8 可以看出，断路器 QF_1、QF_2、QF_3，交流接触器 KM_1、KM_2，中间继电器 KA，热继电器 FR_1、FR_2，正反转自动控制器 JZF 安装在配电箱内底板上；按钮开关 SB_1、SB_2 安装在配电箱门面板上。

通过端子 L_1、L_2、L_3 将三相 380V 交流电源接入配电箱中；端子 $1U_1$、$1V_1$、$1W_1$ 接至电动机 M_1 接线盒中的 U_1、V_1、W_1 上；端子 $2U_1$、$2V_1$、$2W_1$ 接至电动机 M_2 接线盒中的 U_1、V_1、W_1 上；端子 1、3、5 将配电箱内的元器件与配电箱门面板上的按钮开关 SB_1、SB_2 连接起来。

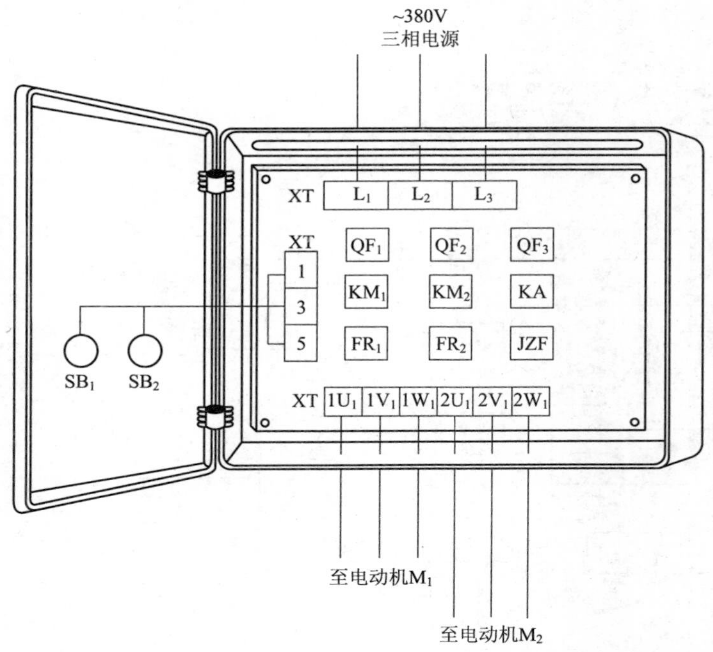

图 8.8 两台电动机自动轮流控制电路元器件安装排列图及端子图

8.3 两台电动机顺序启动、任意停止控制电路

工作原理

两台电动机顺序启动、任意停止控制电路如图 8.9 所示。

顺序启动时，先按下电动机 M_1 启动按钮 SB_2(3-5)，交流接触器 KM_1 线圈得电吸合且 KM_1 辅助常开触点(3-5)闭合自锁，KM_1 三相主触点闭合，电动机 M_1 先得电启动运转。因电动机 M_2 的控制回路电源接在 KM_1 自锁辅助常开触点(3-5)的后面，所以 KM_1 自锁辅助常开触点(3-5)闭合后才允许对电动机 M_2 的控制回路进行操作。按下电动机 M_2 启动按钮 SB_4(5-7)，交流接触器 KM_2 线圈得电吸合且 KM_2 辅助常开触点(7-9)闭合自锁，KM_2 三相主触点闭合，电动机 M_2

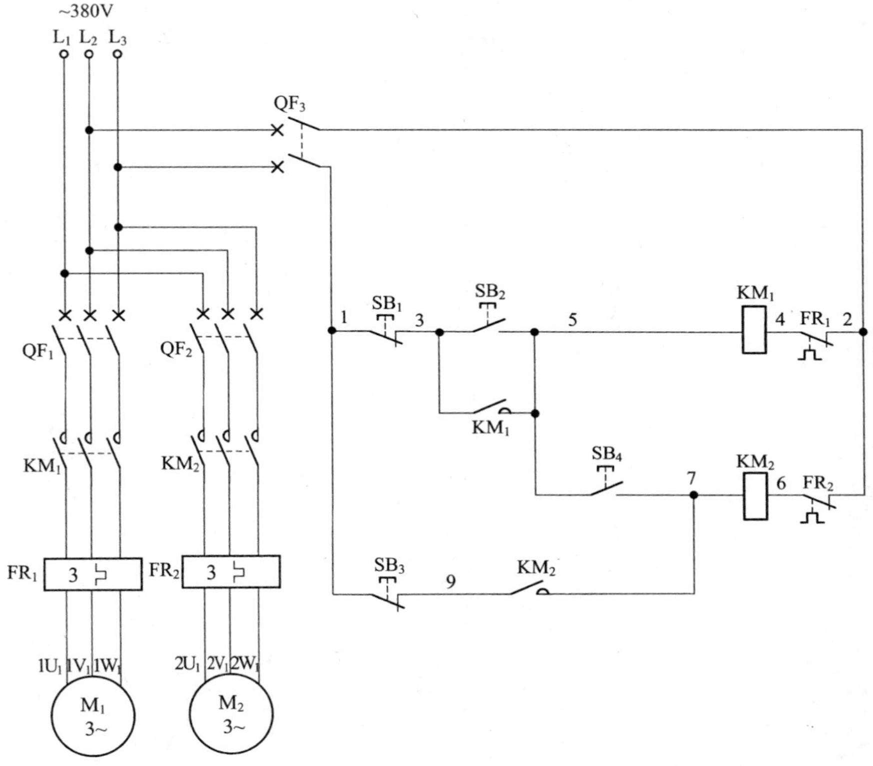

图 8.9 两台电动机顺序启动、任意停止控制电路

后得电启动运转。

停止时，不分先后，任意进行停止操作。当按下停止按钮 SB_1（1-3）时，交流接触器 KM_1 线圈断电释放，KM_1 三相主触点断开，电动机 M_1 失电停止运转。当按下停止按钮 SB_3 时，交流接触器 KM_2 线圈断电释放，KM_2 三相主触点断开，电动机 M_2 失电停止运转。

电路布线图（图 8.10）

从端子排 XT 上看，共有 14 个接线端子。其中，L_1、L_2、L_3 这 3 根线是由外引入配电箱的三相 380V 电源，并穿管引入；$1U_1$、$1V_1$、$1W_1$ 这 3 根线是电动机 M_1 的电动机线，穿管接至电动机 M_1 接线盒内的

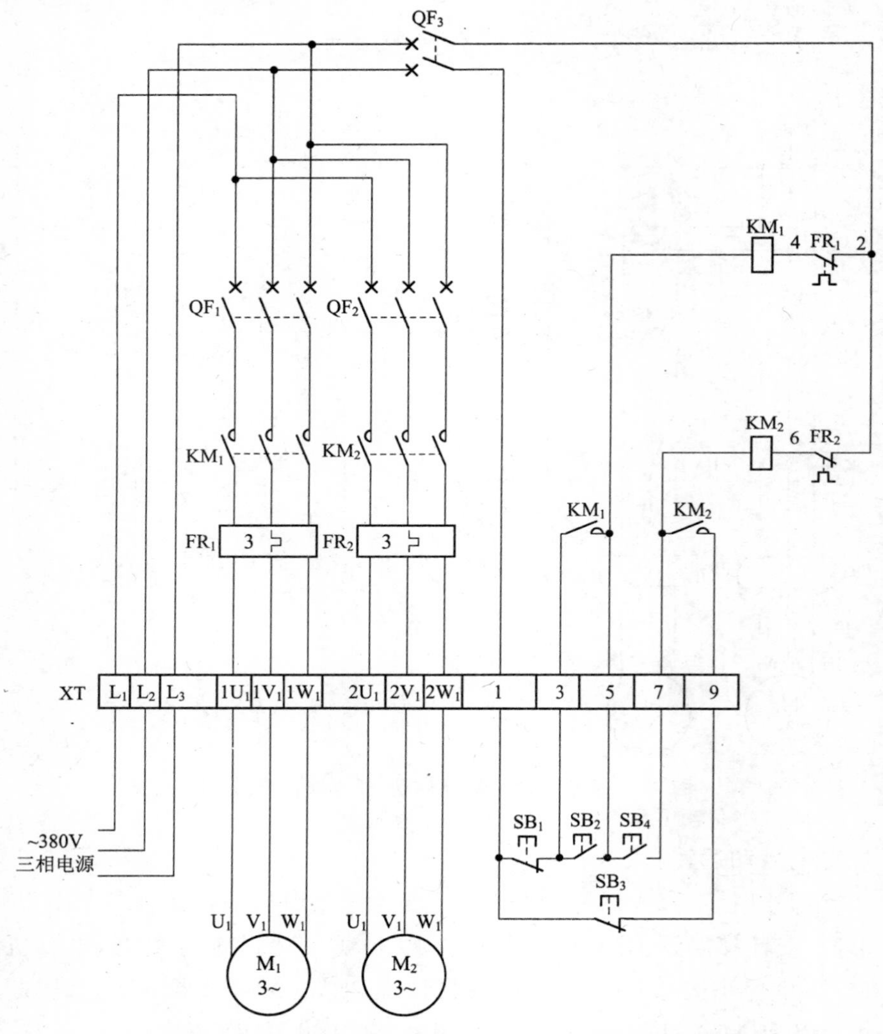

图 8.10 两台电动机顺序启动、任意停止控制电路布线图

U_1、V_1、W_1 上；$2U_1$、$2V_1$、$2W_1$ 这 3 根线是电动机 M_2 的电动机线，穿管接至电动机 M_2 接线盒内的 U_1、V_1、W_1 上；1、3、5、7、9 这 5 根线是控制线，接至配电箱门面板上的按钮开关 SB_1、SB_2 上。

实际接线图(图 8.11)

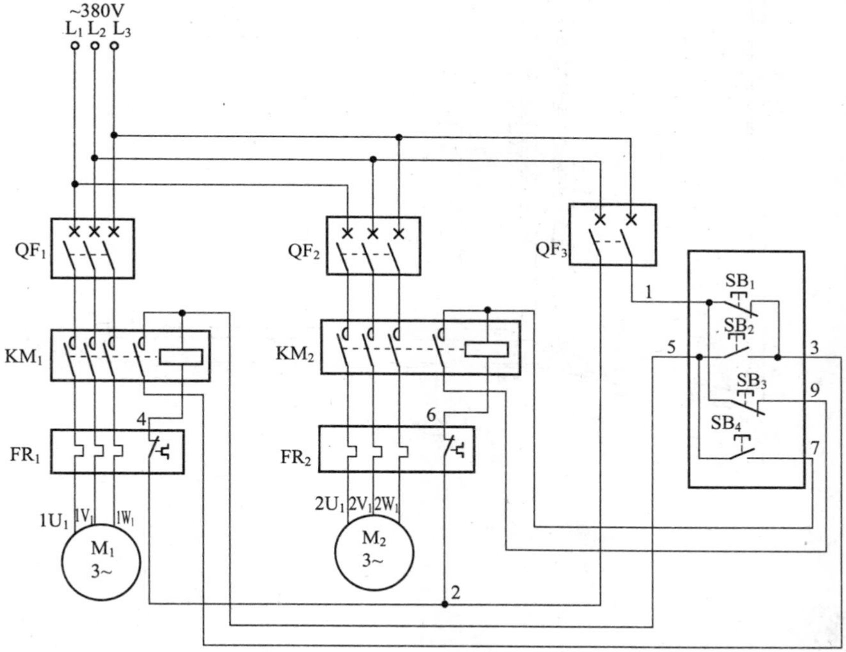

图 8.11 两台电动机顺序启动、任意停止控制电路实际接线图

元器件安装排列图及端子图(图 8.12)

从图 8.12 可以看出，断路器 QF_1、QF_2、QF_3，交流接触器 KM_1、KM_2，热继电器 FR_1、FR_2 安装在配电箱内底板上；按钮开关 SB_1、SB_2、SB_3、SB_4 安装在配电箱门面板上。

通过端子 L_1、L_2、L_3 将三相 380V 交流电源接入配电箱中；端子 $1U_1$、$1V_1$、$1W_1$ 接至电动机 M_1 接线盒中的 U_1、V_1、W_1 上；端子 $2U_1$、$2V_1$、$2W_1$ 接至电动机 M_2 接线盒中的 U_1、V_1、W_1 上；端子 1、3、5、7、9 将配电箱内的元器件与配电箱门面板上的按钮开关 SB_1、SB_2、SB_3、SB_4 连接起来。

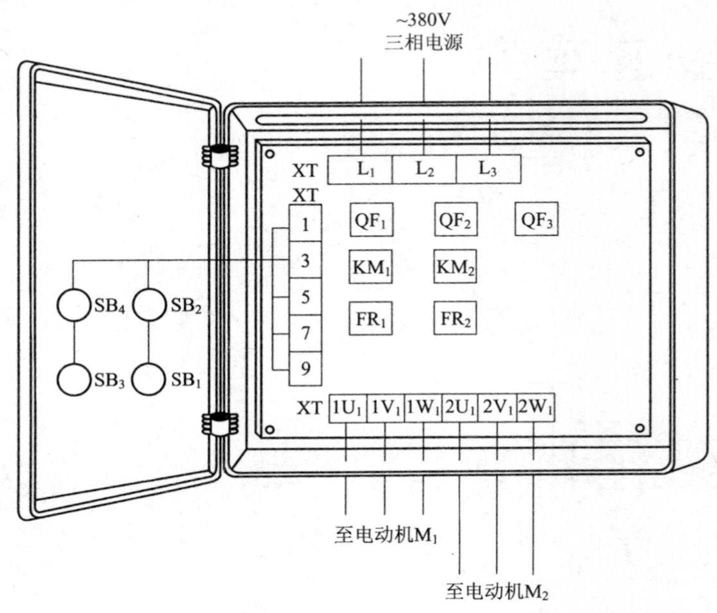

图 8.12 两台电动机顺序启动、任意停止控制电路元器件安装排列图及端子图

8.4 2Y/Y 双速电动机手动控制电路

工作原理

如图 8.13 所示，2Y/Y双速电动机定子绕组有 6 个出线端，若将出线端 U_2、V_2、W_2 悬空不接，将出线端 U_1、V_1、W_1 分别接至三相交流电源的 L_1、L_2、L_3 相上，此时电动机定子绕组接成Y形；若将出线端 U_1、V_1、W_1 全部连接起来，再将出线端 U_2、V_2、W_2 分别接至三相交流电源的 L_1、L_2、L_3 相上，此时电动机定子绕组接成 2Y形。2Y/Y双速电动机手动控制电路如图 8.14 所示。

Y形启动时，按下Y形启动按钮 SB_2，SB_2 的一组常闭触点(3-13)断开，使交流接触器 KM_2、KM_3 线圈回路断开，起到互锁作用；SB_2 的另一组常开触点(5-7)闭合，接通交流接触器 KM_1 线圈回路电源，

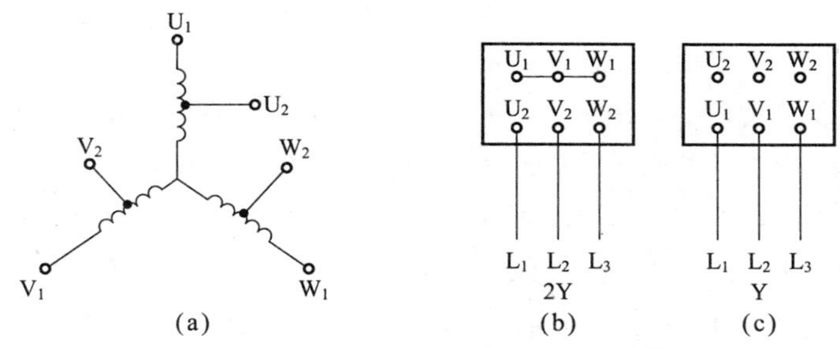

图 8.13　2丫/丫双速电动机定子绕组

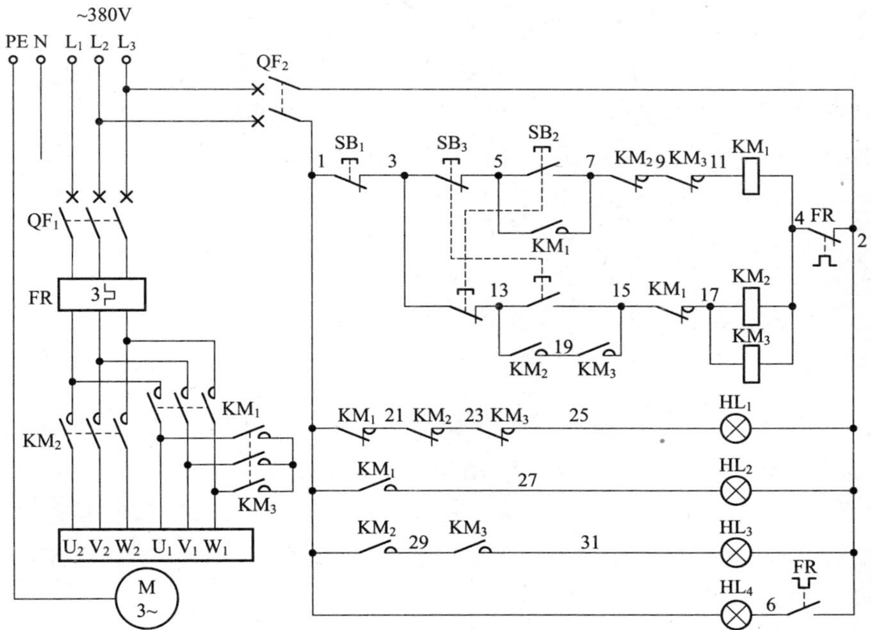

图 8.14　2丫/丫双速电动机手动控制电路

KM_1 线圈得电吸合且 KM_1 辅助常开触点(5-7)闭合自锁，KM_1 的一组辅助常闭触点(15-17)断开，起到互锁作用，KM_1 三相主触点闭合，电动机出线端 U_1、V_1、W_1 分别接至三相电源的 L_1、L_2、L_3 相上，电动机定子绕组接成丫形启动运转。同时，KM_1 辅助常闭触点(1-21)断开，电源兼作停止指示灯 HL_1 灭，KM_1 辅助常开触点(1-27)闭合，Y形运转指示灯 HL_2 亮，说明电动机Y形启动运转了。

2Y形启动时，按下 2Y形启动按钮 SB_3，SB_3 的一组常闭触点(3-5)断开，切断交流接触器 KM_1 线圈回路电源，交流接触器 KM_1 线圈断电释放，KM_1 三相主触点断开，电动机Y形运转停止，起到互锁作用；SB_3 的另一组常开触点(13-15)闭合，接通交流接触器 KM_2、KM_3 线圈回路电源，KM_2、KM_3 线圈均得电吸合且 KM_2、KM_3 辅助常开触点(13-19、15-19)闭合自锁，KM_2、KM_3 各自的一组辅助常闭触点(7-9、9-11)断开，起到互锁作用，KM_2、KM_3 三相主触点闭合，其中 KM_2 三相主触点将电动机出线端 U_2、V_2、W_2 分别接至三相交流电源的 L_1、L_2、L_3 相上，KM_3 三相主触点将电动机的引出端 U_1、V_1、W_2 全部连接起来，组成人为Y点，此时电动机定子绕组接成 2Y形启动运转。同时，KM_2、KM_3 辅助常闭触点(21-23、23-25)断开，电源兼作停止指示灯 HL_1 灭，KM_2、KM_3 辅助常开触点(1-29、29-31)闭合，2Y形运转指示灯 HL_3 亮，说明电动机已转为 2Y形启动运转了。

电路布线图(图 8.15)

从端子排 XT 上看，共有 20 个接线端子。其中，L_1、L_2、L_3、PE 这 4 根线是由外引入配电箱的三相 380V 电源，并穿管引入；U_1、V_1、W_1、U_2、V_2、W_2、PE 这 7 根线是电动机线，穿管接至电动机接线盒内的 U_1、V_1、W_1、U_2、V_2、W_2 及外壳上；1、2、5、6、7、13、15、25、27、31 这 10 根线是控制线，接至配电箱门面板上的按钮开关 SB_1、SB_2、SB_3 以及指示灯 HL_1、HL_2、HL_3、HL_4 上。

实际接线图(图 8.16)

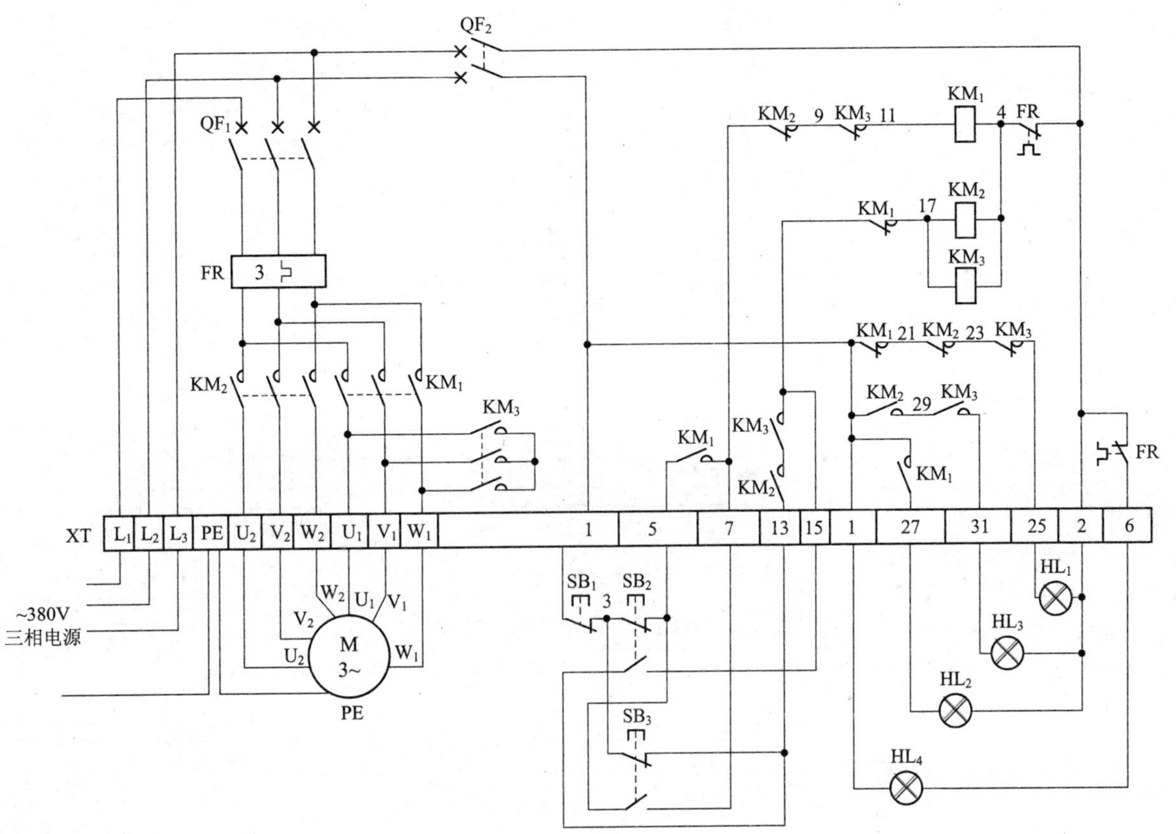

图8.15　2Y/Y双速电动机手动控制电路布线图

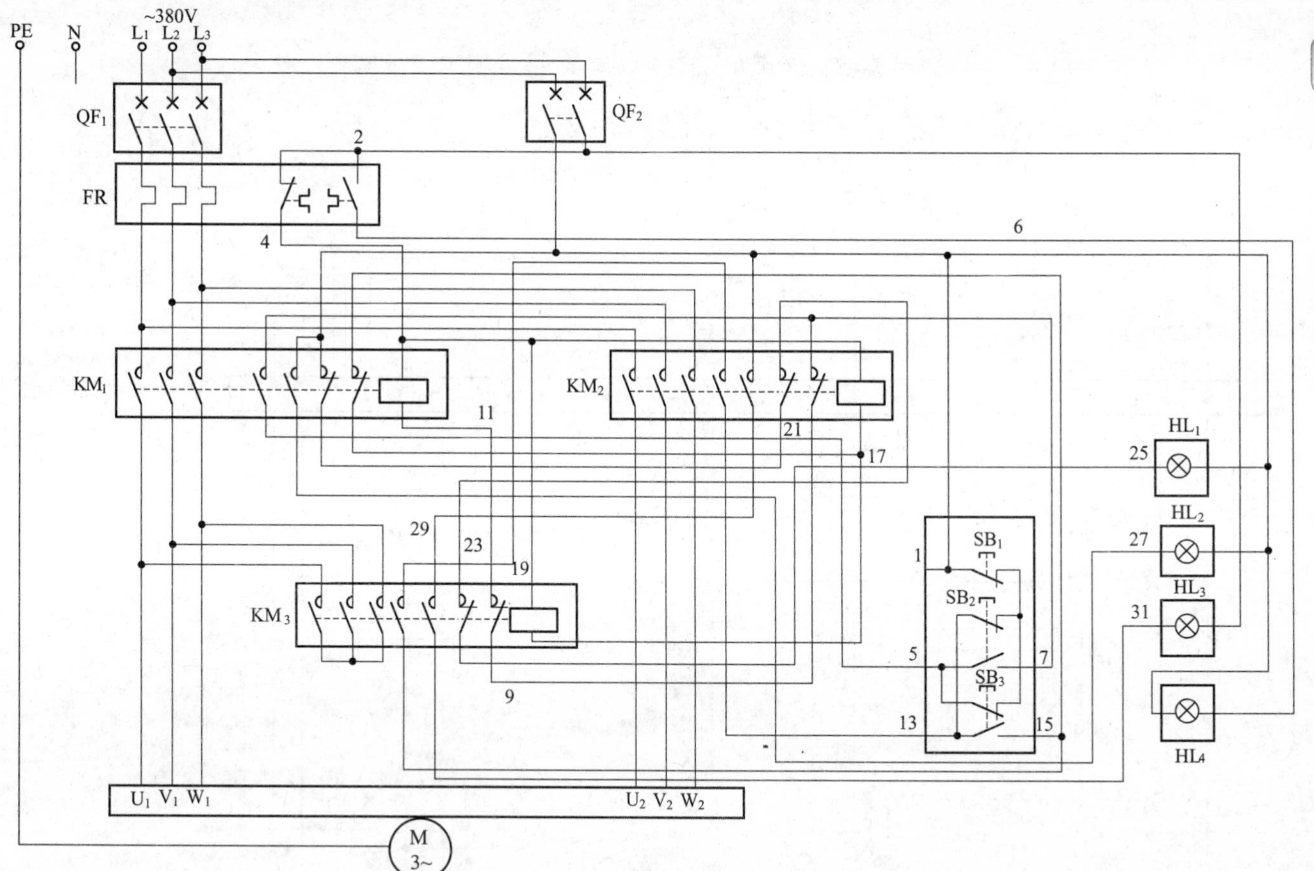

图8.16 2Y/Y双速电动机手动控制电路实际接线图

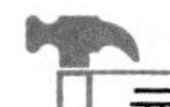

元器件安装排列图及端子图(图 8.17)

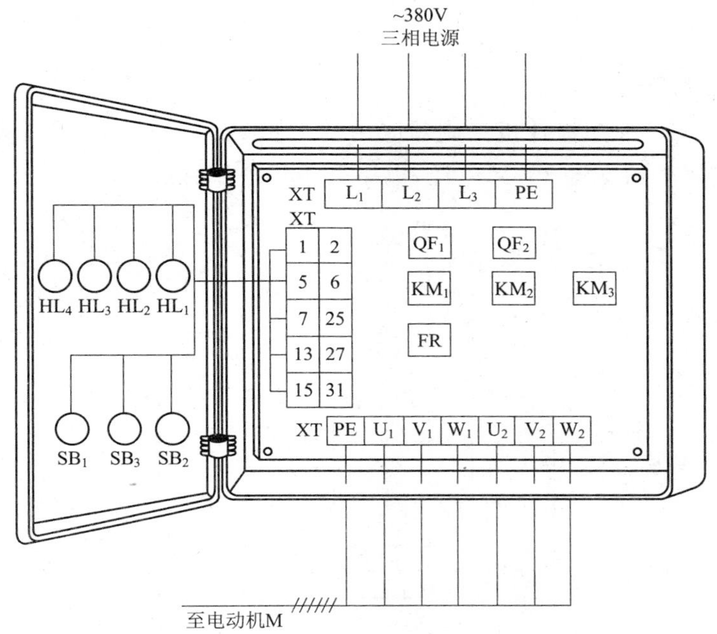

图 8.17　2Y/Y双速电动机手动控制电路元器件安装排列图及端子图

从图 8.17 可以看出，断路器 QF_1、QF_2，交流接触器 KM_1、KM_2、KM_3，热继电器 FR 安装在配电箱内底板上；按钮开关 SB_1、SB_2、SB_3 以及指示灯 HL_1、HL_2、HL_3、HL_4 安装在配电箱门面板上。

通过端子 L_1、L_2、L_3、PE 将三相 380V 交流电源接入配电箱中；端子 U_1、V_1、W_1、U_2、V_2、W_2、PE 接至电动机接线盒中的 U_1、V_1、W_1、U_2、V_2、W_2 及外壳上；端子 1、2、5、6、7、13、15、25、27、31 将配电箱内的元器件与配电箱门面板上的按钮开关 SB_1、SB_2、SB_3 以及指示灯 HL_1、HL_2、HL_3、HL_4 连接起来。

8.5 JS11PDN 型搅拌机控制器应用电路

工作原理

JS11PDN 型搅拌机控制器应用电路如图 8.18 所示。合上断路器 QF,接通三相交流 380V 电源,电路处于热备用状态。

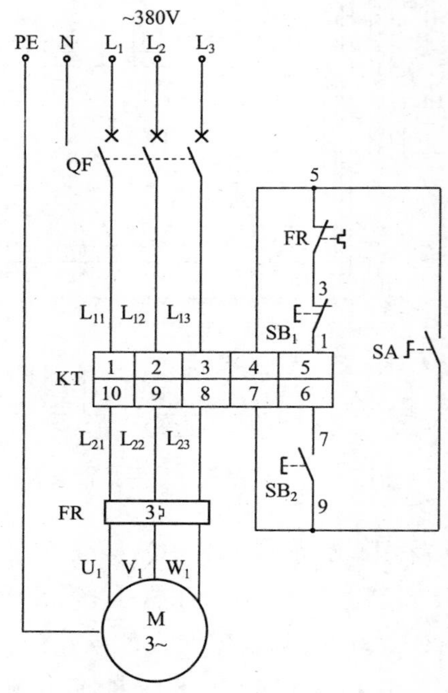

图 8.18 JS11PDN 型搅拌机控制器应用电路

按下启动按钮 SB_2(7-9),搅拌机控制器 KT 得电工作,按照内置正转→停→反转→停……循环并定时,当运转时间到了设定时间后,KT 自动切断内部控制电路,使其停止运转。当需要停止时,按下停止按钮 SB_1(1-3)即可。

电路布线图(图 8.19)

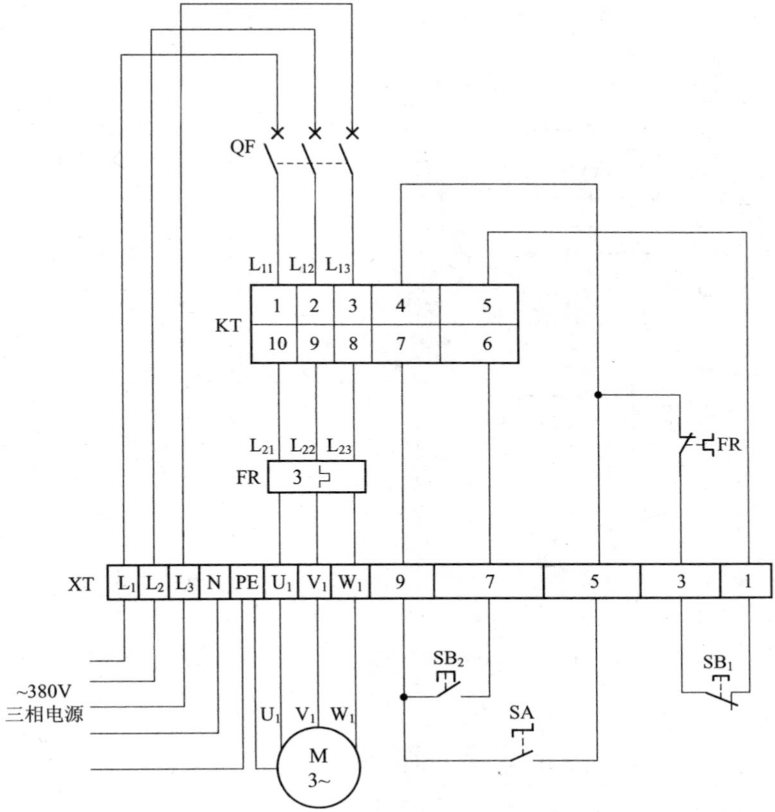

图 8.19 JS11PDN 型搅拌机控制器应用电路布线图

从端子排 XT 上看,共有 13 个接线端子。其中,L_1、L_2、L_3、N、PE 这 5 根线是由外引入配电箱的三相 380V 电源,并穿管引入;U_1、V_1、W_1、PE 这 4 根线是电动机线,穿管接至电动机接线盒内的 U_1、V_1、W_1 及外壳上;1、3、5、7、9 这 5 根线是控制线,接至配电箱门面板上的按钮开关 SB_1、SB_2 以及选择开关 SA 上。

实际接线图(图 8.20)

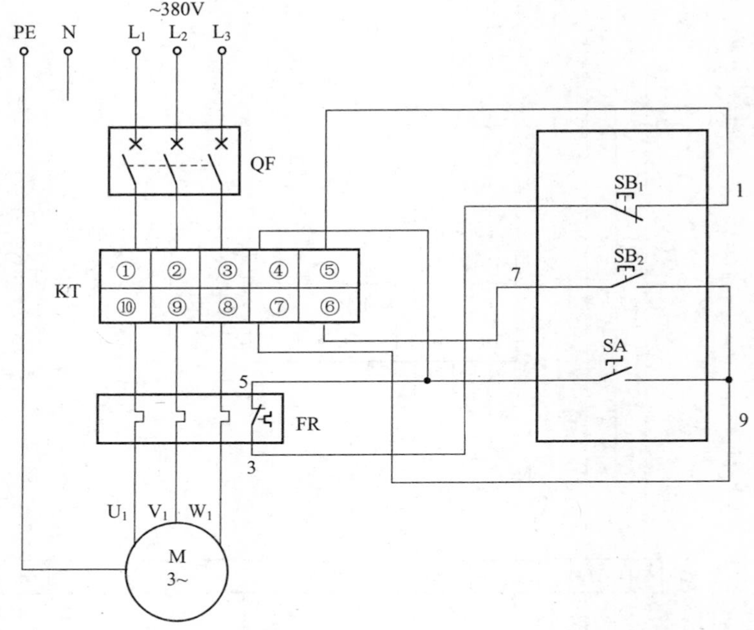

图 8.20 JS11PDN 型搅拌机控制器应用电路实际接线图

元器件安装排列图及端子图(图 8.21)

从图 8.21 可以看出,断路器 QF、数字式时间继电器 KT、热继电器 FR 安装在配电箱内底板上;按钮开关 SB_1、SB_2 以及转换开关 SA 安装在配电箱门面板上。

通过端子 L_1、L_2、L_3、N、PE 将三相 380V 交流电源接入配电箱中;端子 U_1、V_1、W_1、PE 接至电动机接线盒中的 U_1、V_1、W_1 及外壳上;端子 1、3、5、7、9 将配电箱内的元器件与配电箱门面板上的按钮开关 SB_1、SB_2 以及选择开关 SA 连接起来。

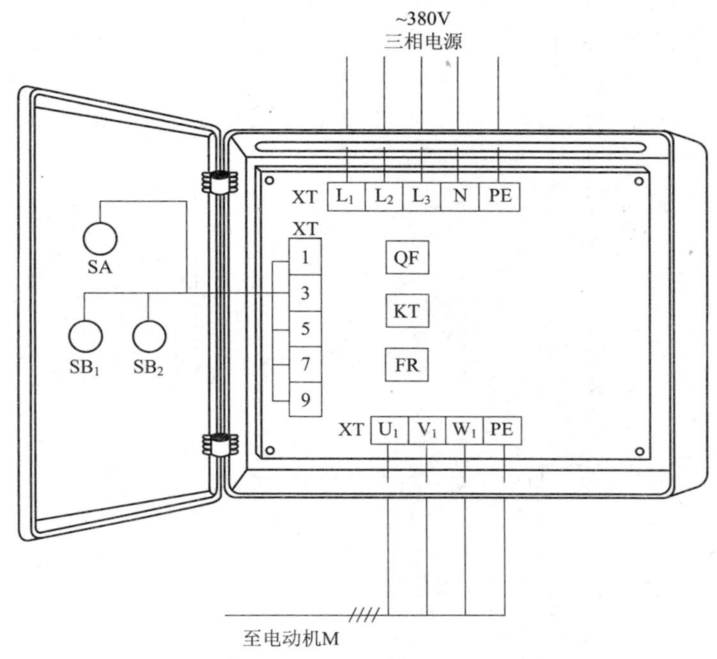

图 8.21 JS11PDN 型搅拌机控制器应用电路元器件安装排列图及端子图

8.6 短暂停电自动再启动电路

工作原理

短暂停电自动再启动电路如图 8.22 所示。首先合上主回路断路器 QF_1、控制回路断路器 QF_2，为电路工作提供准备条件。

正常工作时，按下启动按钮 SB(3-5)，交流接触器 KM、失电延时时间继电器 KT 线圈同时吸合且 KT 失电延时断开的常开触点(3-7)立即闭合，与 KM 辅助常开触点(5-7)共同组成自锁，KM 辅助常开触点(1-9)闭合，使中间继电器 KA 线圈得电吸合且 KA 常开触点(1-9)闭合自锁，为停电恢复供电做准备。实际上当按下启动按钮 SB (3-5)时，KM、KT、KA 三只线圈均得电工作，其 KM 三相主触点闭合，电动

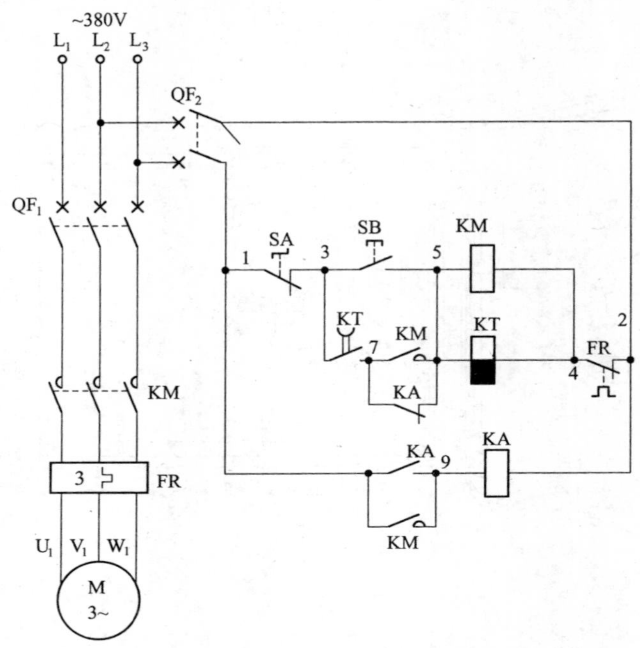

图 8.22 短暂停电自动再启动电路

机得电运转工作。当需正常停止时，将转换开关 SA(1-3)旋至断开位置，此时，交流接触器 KM、失电延时时间继电器 KT 线圈均断电释放，KM 三相主触点断开，电动机失电停止运转。虽然控制回路 KM、KT 线圈断电释放，但由于中间继电器 KA 线圈仍吸合不释放，其并联在交流接触器 KM 自锁触点上的常闭触点(5-7)一直处于常开状态(在不断电状态下)，使 KM、KT 能正常工作，不会出现任何不安全因素，达到理想的控制目的。

电动机得电启动运转后，交流接触器 KM、中间继电器 KA、失电延时时间继电器 KT 线圈均得电吸合且 KT 失电延时断开的常开触点(3-7)立即闭合，与 KM 辅助常开触点(5-7)共同自锁 KM、KT 线圈回路，而中间继电器 KA 线圈在 KM 辅助常开触点(1-9)的作用下吸合动作，以 KA 自身常开触点(1-9)闭合自锁，如果此时出现断电现象(非人为操作停机)，KM、KT、KA 均断电释放，KA 并联在 KM 辅助常开自锁触点(5-7)上的常闭触点(5-7)恢复常闭,为再启动提供启动条件,同时KT失电延时断开的常开触点(3-7)延时恢复常开状态,在KT延时恢复过程中(也就是KT设定的延时时间内,即生产工艺所要求的延时时间)电网又恢复正常供电,则控制电源通过转换开关SA(1-3)、失电延时时间继电器KT失电延时断开的常开触点(3-7)(此时仍闭合未断开)、中间继电器KA常闭触点(5-7)、失电延时时间继电器KT线圈、热继电器FR常闭触点(2-4)至电源形成回路,KM、KT线圈又重新得电吸合且自锁,同时KA线圈也在KM辅助常开触点(1-9)的作用下得电吸合且KA常开触点(1-9)闭合自锁,KM三相主触点闭合,电动机重新启动运转工作。

电路布线图(图8.23)

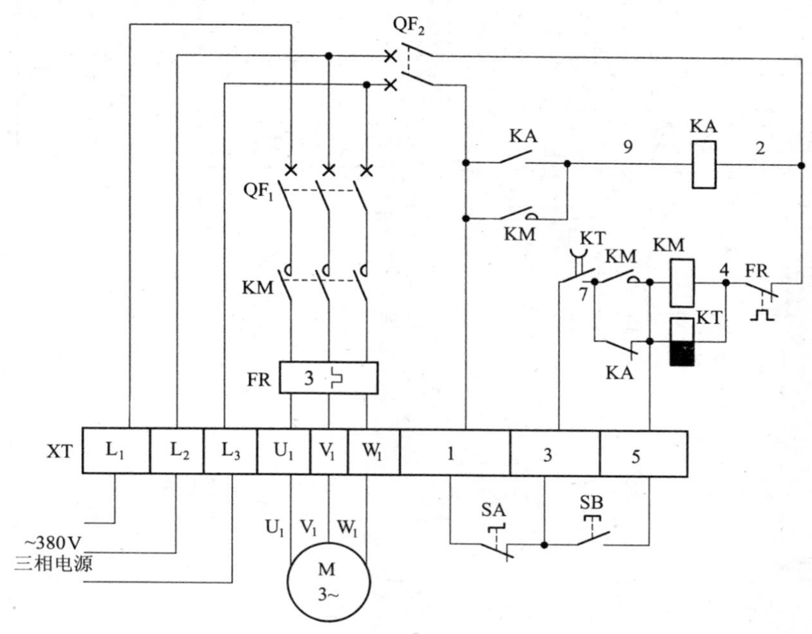

图8.23 短暂停电自动再启动电路布线图

从端子排XT上看,共有9个接线端子。其中,L_1、L_2、L_3这3根线是由外引入配电箱的三相380V电源，并穿管引入；U_1、V_1、W_1这3根线是电动机线，穿管接至电动机接线盒内的U_1、V_1、W_1上；1、3、5这3根线是控制线，接至配电箱门面板上的按钮开关SB及转换开关SA上。

实际接线图(图8.24)

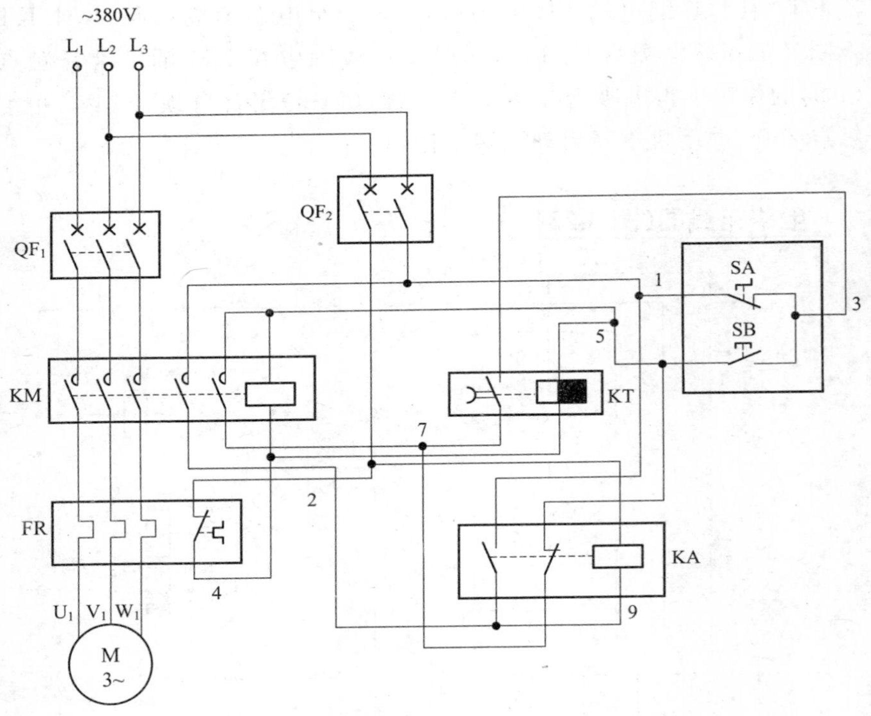

图8.24 短暂停电自动再启动电路实际接线图

元器件安装排列图及端子图(图8.25)

从图8.25可以看出，断路器QF_1、QF_2，交流接触器KM，中间继电器KA，失电延时时间继电器KT，热继电器FR安装在配电箱内底板上；按钮开关SB、转换开关SA安装在配电箱门面板上。

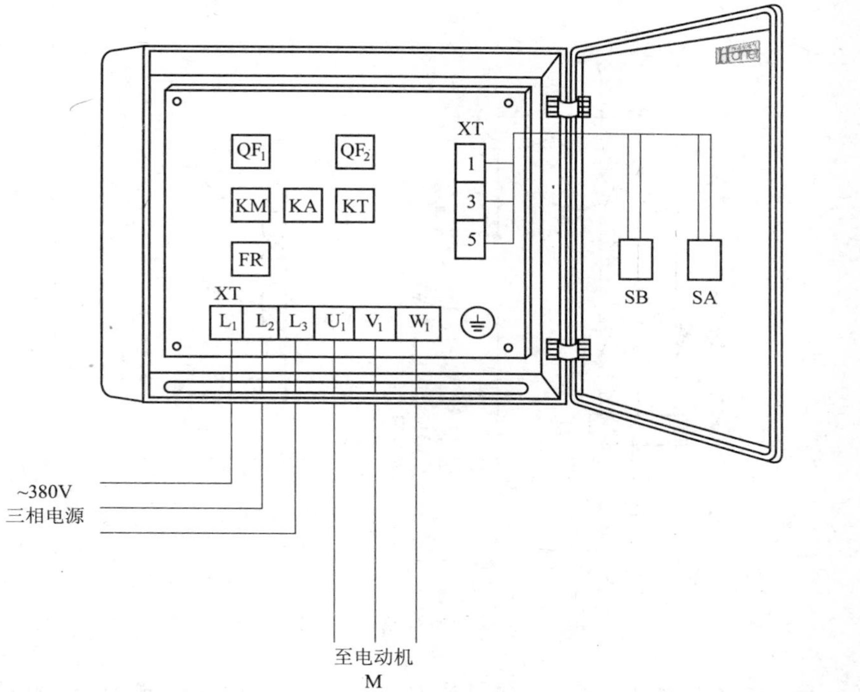

图 8.25 短暂停电自动再启动电路元器件安装排列图及端子图

通过端子 L_1、L_2、L_3 将三相 380V 交流电源接入配电箱中；端子 U_1、V_1、W_1 接至电动机接线盒中的 U_1、V_1、W_1 上；端子 1、3、5 将配电箱内的元器件与配电箱门面板上的按钮开关 SB 及转换开关 SA 连接起来。

8.7 电动机间歇运转控制电路

工作原理

电动机间歇运转控制电路如图 8.26 所示。首先合上主回路断路器 QF_1、控制回路断路器 QF_2，为电路工作提供准备条件。

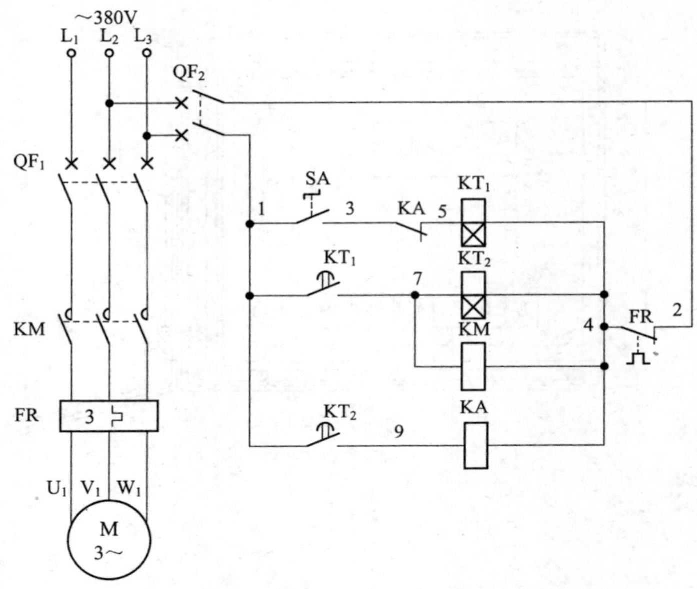

图 8.26 电动机间歇运转控制电路

顾名思义，间歇运转就是设备工作一会儿停止一段时间，然后再运转一会儿停止一段时间，如此重复工作下去。如机床设备上的自动间歇润滑控制系统。

需工作时，合上转换开关 SA(1-3)，此时电动机不会启动运转，其原因是得电延时时间继电器 KT_1 延时时间未到，仍处于断开状态。交流接触器 KM 线圈得不到控制电源而不能工作。

当到达得电延时时间继电器 KT_1 延时时间(设定时间，此时间就是电动机的停止时间，即间歇时间)时，KT_1 得电延时闭合的常开触点(1-7)闭合，此时，交流接触器 KM 和另一只得电延时时间继电器 KT_2 线圈同时得电吸合工作，KM 三相主触点闭合，电动机得电运转工作。

而 KT_2 得电延时时间继电器又开始延时(此时间就是电动机的运转时间)，经 KT_2 延时时间后，KT_2 得电延时闭合的常开触点(1-9)闭合，中间继电器 KA 线圈得电吸合，KA 串联在得电延时时间继电器 KT_1 线圈回路中的常闭触点(3-5)断开，切断了得电延时时间继电器

KT_1 线圈回路电源，KT_1 线圈断电释放，交流接触器 KM 以及时间继电器 KT_2 线圈均断电释放，中间继电器 KA 线圈也因 KT_2 触点(1-9)恢复常开而释放，电路恢复原始状态，KM 三相主触点断开，电动机失电停止工作。如此重复完成间歇运行。

该电路中 KT_1、KT_2 得电延时时间继电器的延时时间可根据实际需要分别进行设定。

电路布线图(图 8.27)

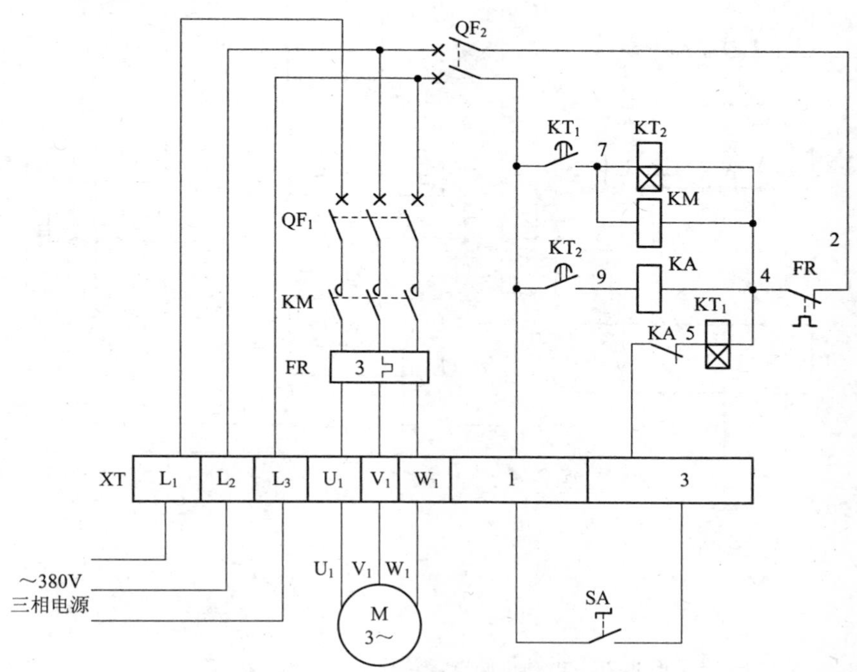

图 8.27 电动机间歇运转控制电路布线图

从端子排 XT 上看，共有 8 个接线端子。其中，L_1、L_2、L_3 这 3 根线是由外引入配电箱的三相 380V 电源，并穿管引入；U_1、V_1、W_1 这 3 根线是电动机线，穿管接至电动机接线盒内的 U_1、V_1、W_1 上；1、3 这 2 根线是控制线，接至配电箱门面板上的转换开关 SA 上。

实际接线图(图 8.28)

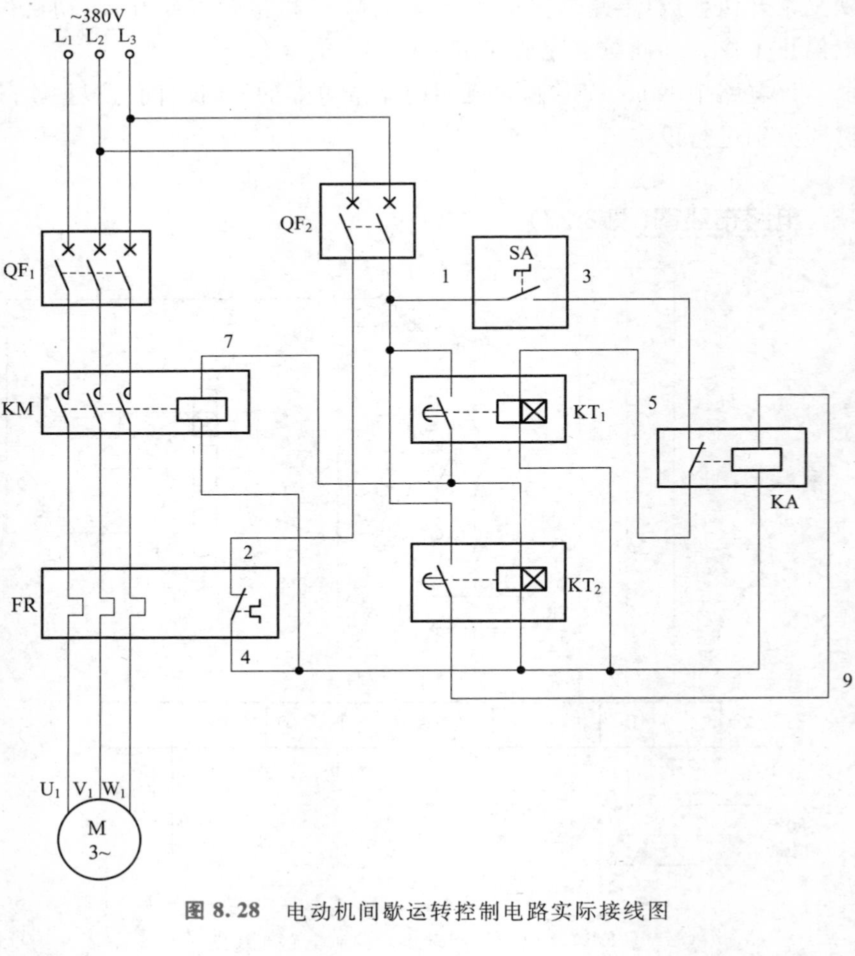

图 8.28 电动机间歇运转控制电路实际接线图

元器件安装排列图及端子图(图 8.29)

从图 8.29 可以看出,断路器 QF_1、QF_2,交流接触器 KM,得电延时时间继电器 KT_1、KT_2,中间继电器 KA,热继电器 FR 安装在配电箱内底板上;转换开关 SA 安装在配电箱门面板上。

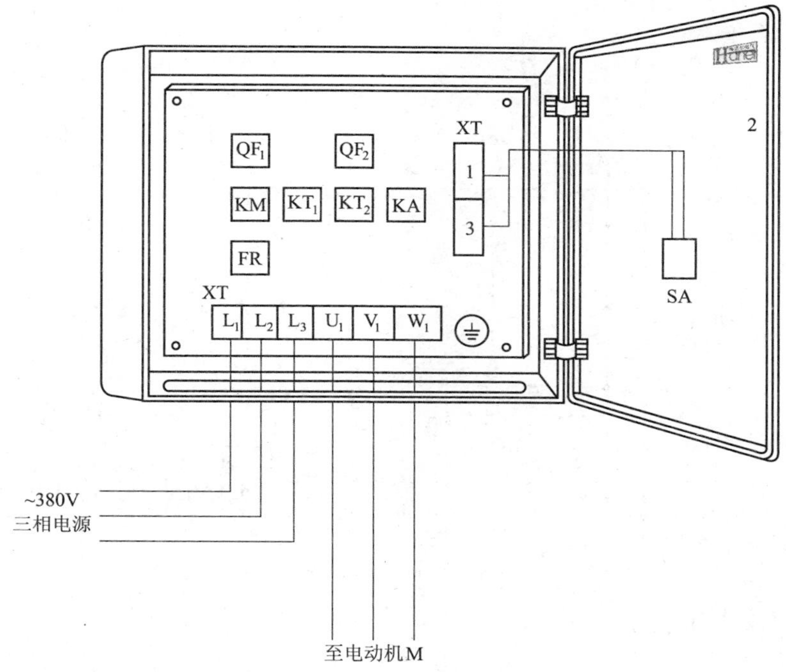

图 8.29　电动机间歇运转控制电路元器件安装排列图及端子图

通过端子 L_1、L_2、L_3 将三相 380V 交流电源接入配电箱中；端子 U_1、V_1、W_1 接至电动机接线盒中的 U_1、V_1、W_1 上；端子 1、3 将配电箱内的元器件与配电箱门面板上的转换开关 SA 连接起来。

8.8 电动机固定转向控制电路

工作原理

电动机固定转向控制电路如图 8.30 所示。首先合上主回路断路器 QF_1、控制回路断路器 QF_2，为电路工作提供准备条件。

正相序时，CQX-1 动作，其内部继电器 K 动作，K 常闭触点断开，

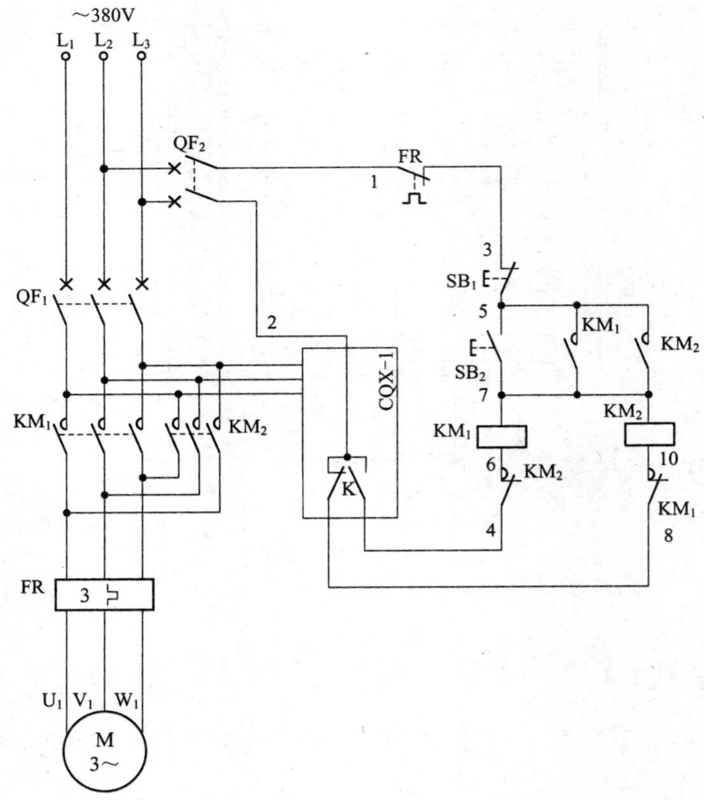

图 8.30 电动机固定转向控制电路

常开触点闭合，此时按下启动按钮 SB_2(5-7)，交流接触器 KM_1 线圈得电吸合且 KM_1 辅助常开触点(5-7)闭合自锁，KM_1 三相主触点闭合，电动机得电(正相序)运转，拖动设备正常工作。

逆相序时，CQX-1 不动作，其内部继电器 K 恢复原始状态，K 常闭触点恢复常闭状态，此时按下启动按钮 SB_2(5-7)，交流接触器 KM_2 线圈得电吸合且 KM_2 辅助常开触点(5-7)闭合自锁，KM_2 三相主触点闭合，电动机得电(因电网已反相序，再通过 KM_2 将反相序又纠正了过来，即反反得正，又成为正相序了)正常运转，拖动设备正常工作。

电路布线图(图 8.31)

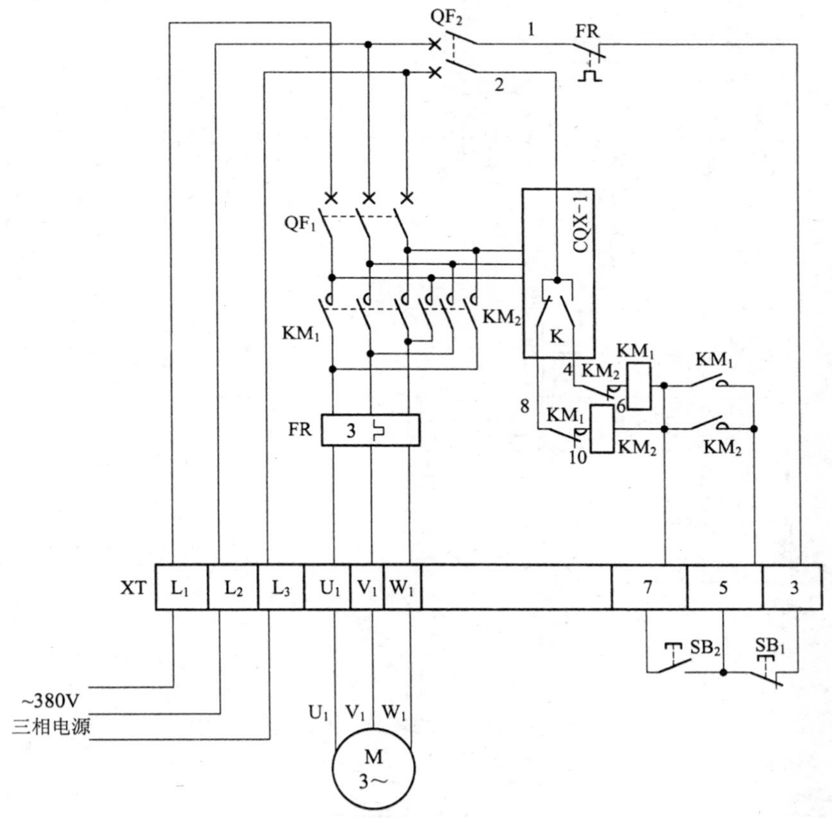

图 8.31 电动机固定转向控制电路布线图

从端子排 XT 上看,共有 9 个接线端子。其中,L_1、L_2、L_3 这 3 根线是由外引入配电箱的三相 380V 电源,并穿管引入;U_1、V_1、W_1 这 3 根线是电动机线,穿管接至电动机接线盒内的 U_1、V_1、W_1 上;3、5、7 这 3 根线是控制线,接至配电箱门面板上的按钮开关 SB_1、SB_2 上。

实际接线图(图 8.32)

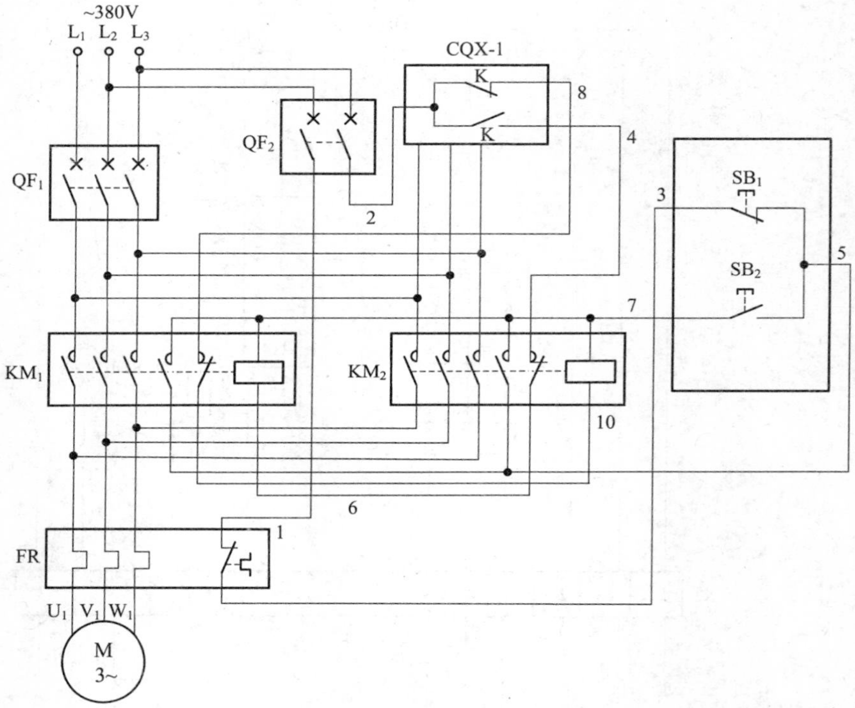

图 8.32 电动机固定转向控制电路实际接线

元器件安装排列图及端子图(图 8.33)

从图 8.33 可以看出,断路器 QF_1、QF_2,交流接触器 KM_1、KM_2,热继电器 FR,CQX-1 错缺相保护器安装在配电箱内底板上;按钮开关 SB_1、SB_2 安装在配电箱门面板上。

通过端子 L_1、L_2、L_3 将三相 380V 交流电源接入配电箱中;端子 U_1、V_1、W_1 接至电动机接线盒中的 U_1、V_1、W_1 上;端子 3、5、7 将配电箱内的元器件与配电箱门面板上的按钮开关 SB_1、SB_2 连接起来。

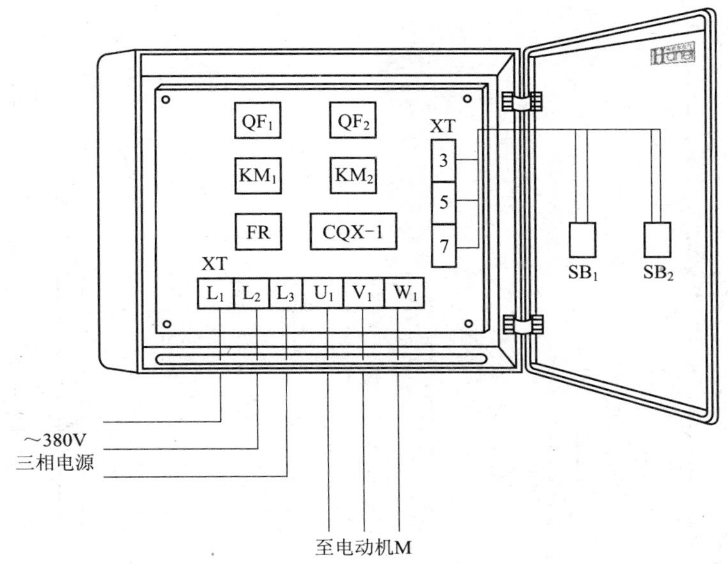

图 8.33 电动机固定转向控制电路元器件安装排列图及端子图

8.9 重载设备启动控制电路

工作原理

重载设备启动控制电路如图 8.34 所示。

启动时，按下启动按钮 SB_2，SB_2 的一组常开触点(3-5)闭合，接通交流接触器 KM_1 线圈回路电源，KM_1 线圈得电吸合且 KM_1 辅助常开触点(3-5)闭合自锁；与此同时，失电延时时间继电器 KT 线圈得电吸合后又断电释放并开始延时，KT 失电延时断开的常开触点(1-9)立即闭合，使交流接触器 KM_2 线圈得电吸合，这样 KM_1 和 KM_2 各自的三相主触点同时闭合(KM_2 三相主触点将 KM_1 三相主触点与热继电器 FR 热元件短接起来，使热继电器 FR 热元件在重载启动时失去作用，以防出现误动作)，电动机得电重载进行启动。随着电动机转速的不断提高，达到额定转速时，电动机的电流也就降了下来，也就是说经

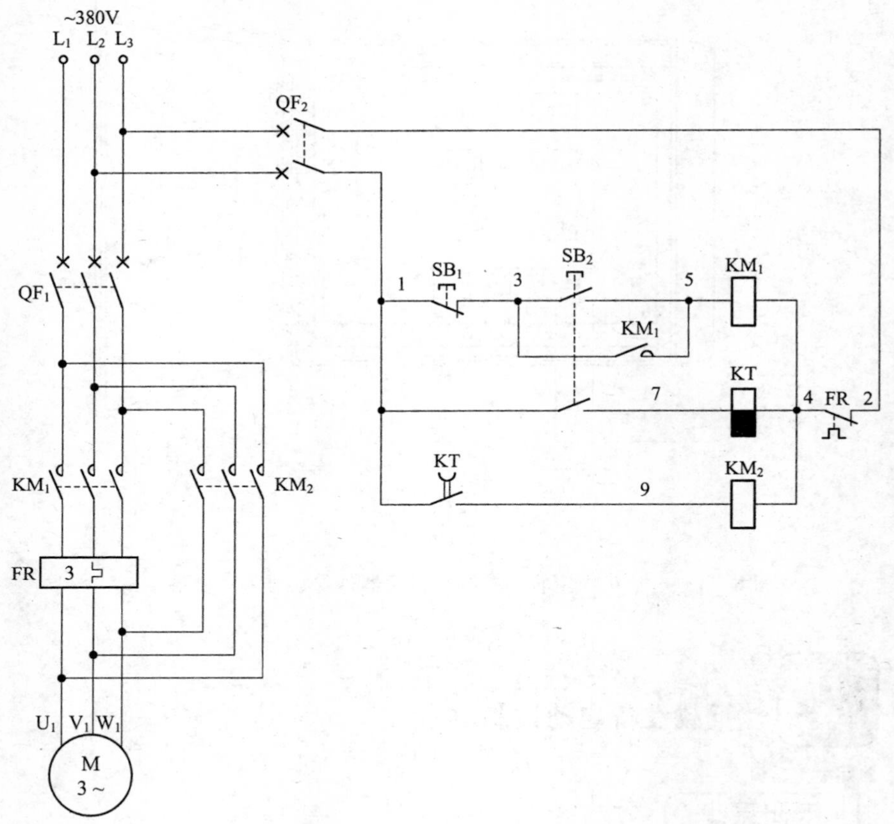

图 8.34 重载设备启动控制电路

KT 一段时间延时后，KT 失电延时断开的常开触点(1-9)断开，切断了交流接触器 KM_2 线圈回路电源，KM_2 线圈断电释放，KM_2 三相主触点断开，解除对热继电器 FR 热元件的短接作用，将热继电器 FR 投入电路，在电动机出现过载时起到保护作用，从而完成电动机重载启动控制。

停止时，按下停止按钮 SB_1(1-3)，交流接触器 KM_1 线圈断电释放，KM_1 三相主触点断开，电动机失电停止运转。

电路布线图(图 8.35)

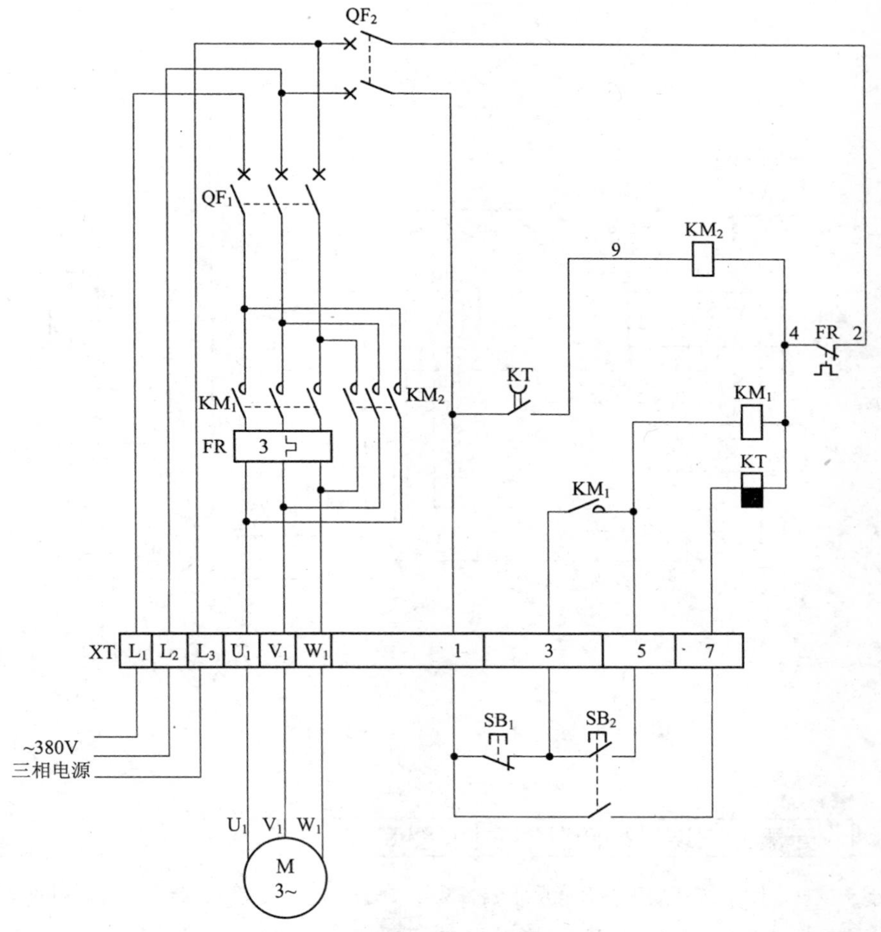

图 8.35　重载设备启动控制电路布线图

从端子排 XT 上看，共有 10 个接线端子。其中，L_1、L_2、L_3 这 3 根线为由外引入配电箱的三相 380V 电源，并穿管引入；U_1、V_1、W_1 这 3 根线为电动机线，穿管接至电动机接线盒内的 U_1、V_1、W_1 上；1、3、5、7 这 4 根线为控制线，接至配电箱门面板上的按钮开关 SB_1、SB_2 上。

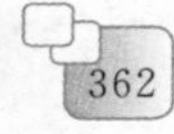

实际接线图(图 8.36)

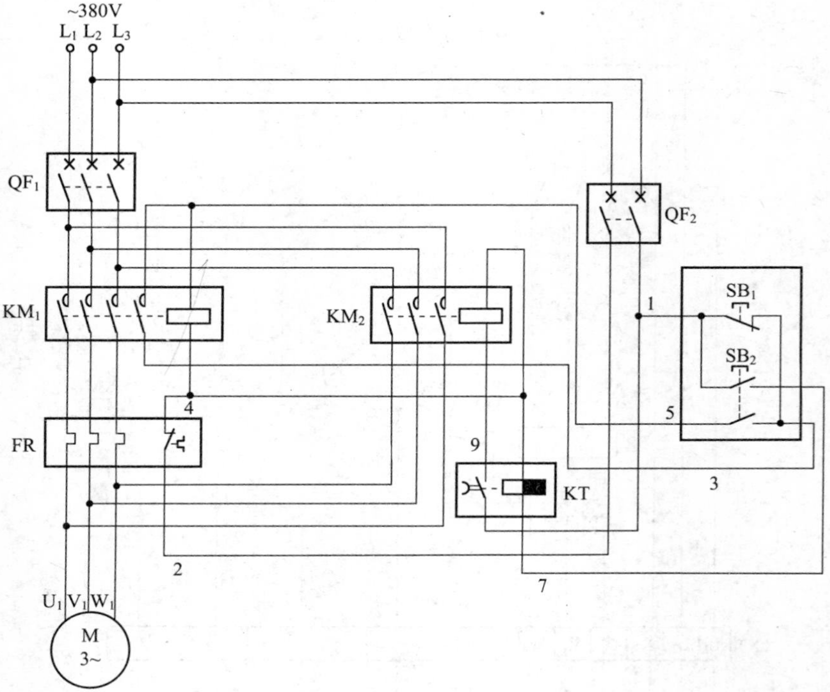

图 8.36　重载设备启动控制电路实际接线图

元器件安装排列图及端子图(图 8.37)

从图 8.37 可以看出，断路器 QF_1、QF_2，交流接触器 KM_1、KM_2，失电延时时间继电器 KT，热继电器 FR 安装在配电箱内底板上；按钮开关 SB_1、SB_2 安装在配电箱门面板上。

通过端子 L_1、L_2、L_3 将三相 380V 交流电源接入配电箱中；端子 U_1、V_1、W_1 接至电动机接线盒中的 U_1、V_1、W_1 上；端子 1、3、5、7 将配电箱内的元器件与配电箱门面板上的按钮开关 SB_1、SB_2 连接起来。

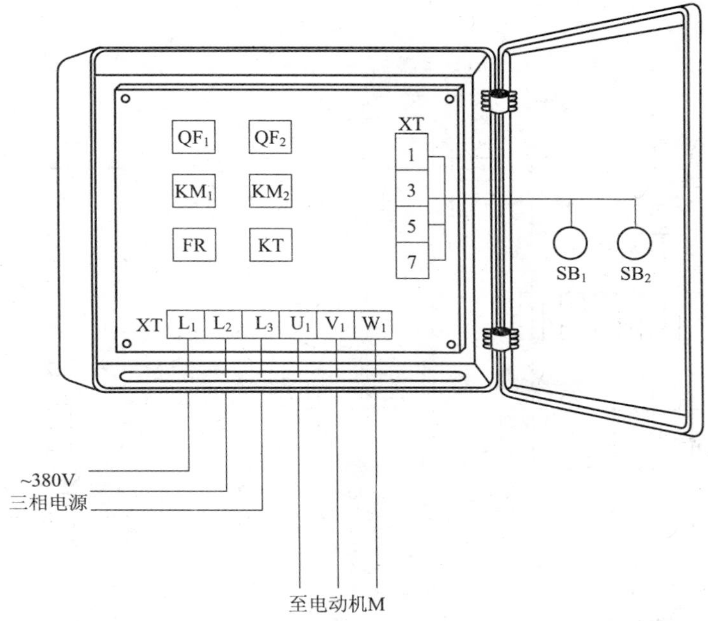

图 8.37 重载设备启动控制电路元器件安装排列图及端子图

8.10 双路熔断器启动控制电路

通常电路中的运转熔断器 FU_1 的熔断电流稍大于电动机的额定电流；而启动熔断器 FU_2 的熔断电流为电动机额定电流的 2 倍。

双路熔断器启动控制电路如图 8.38 所示。

启动时，按下启动按钮 SB_2(1-3)，交流接触器 KM_1 和得电延时时间继电器 KT 线圈得电吸合且 KM_1 的一组辅助常开触点(1-3)闭合自锁，KT 开始延时；与此同时，KM_1 三相主触点闭合，先将启动用熔断器 FU_2 投入启动电路中进行启动，KM_1 的另一组辅助常开触点(1-7)闭合，接通了交流接触器 KM_2 线圈回路电源，使 KM_2 线圈得电吸合

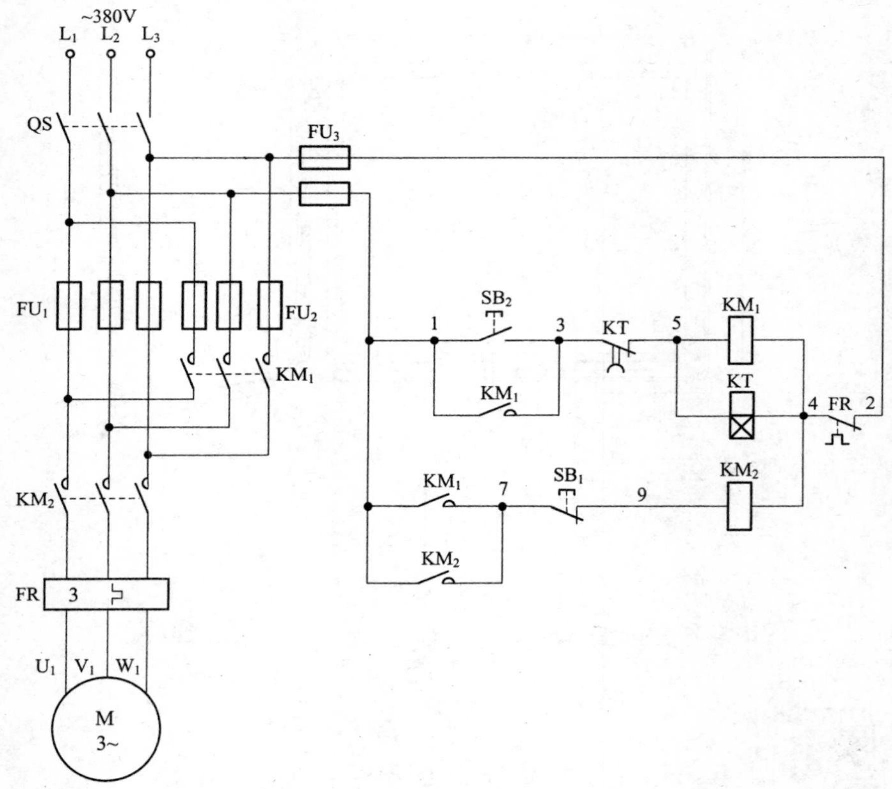

图8.38 双路熔断器启动控制电路

且 KM_2 辅助常开触点(1-7)闭合自锁，KM_2 三相主触点闭合，电动机得电进行启动。经KT一段时间延时后，也就是电动机串启动熔断器 FU_2 正常启动之后，需转为正常运转时，KT得电延时断开的常闭触点(3-5)断开，切断 KM_1 和KT线圈回路电源，KM_1 和KT线圈断电释放，KM_1 三相主触点断开，切除启动熔断器 FU_2，使其退出运行，这样，运转熔断器 FU_1 投入电路正常运转工作。

停止时，按下停止按钮 SB_1(7-9)，切断交流接触器 KM_2 线圈回路电源，KM_2 线圈断电释放，KM_2 三相主触点断开，电动机失电停止运转。

电路布线图(图 8.39)

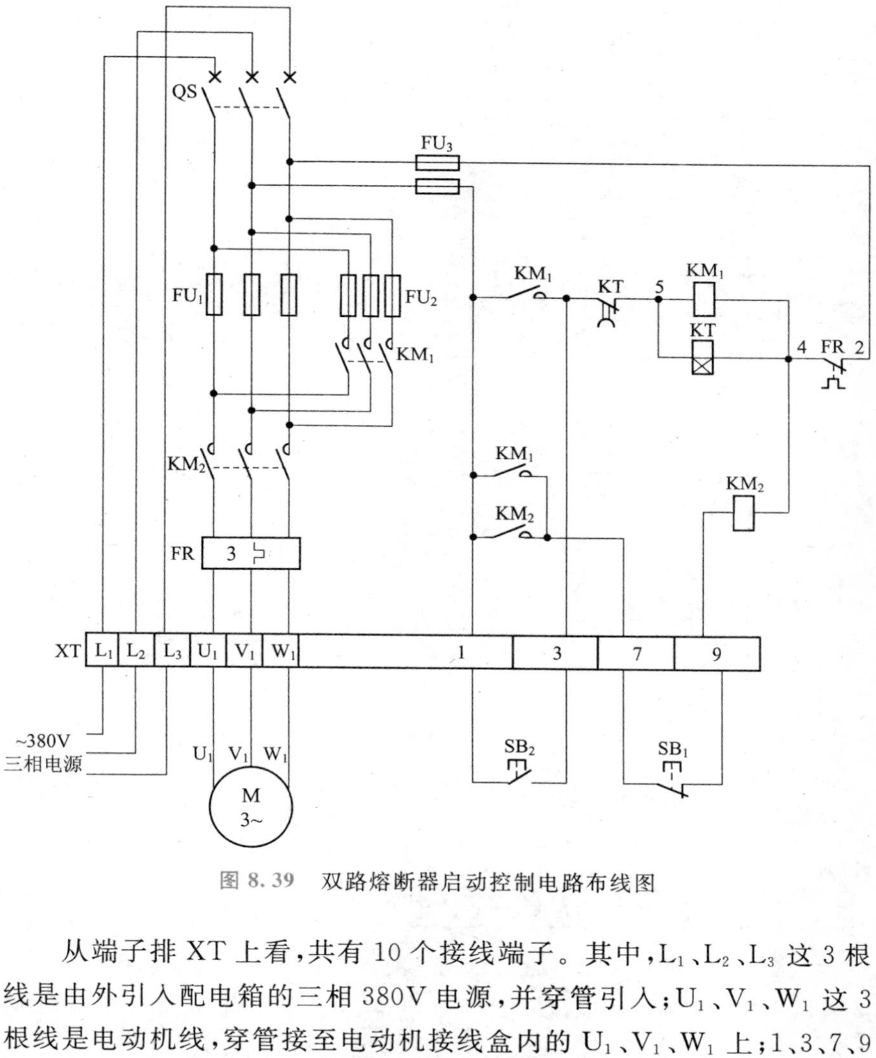

图 8.39　双路熔断器启动控制电路布线图

从端子排 XT 上看,共有 10 个接线端子。其中,L_1、L_2、L_3 这 3 根线是由外引入配电箱的三相 380V 电源,并穿管引入;U_1、V_1、W_1 这 3 根线是电动机线,穿管接至电动机接线盒内的 U_1、V_1、W_1 上;1、3、7、9 这 4 根线是控制线,接至配电箱门面板上的按钮开关 SB_1、SB_2 上。

实际接线图(图 8.40)

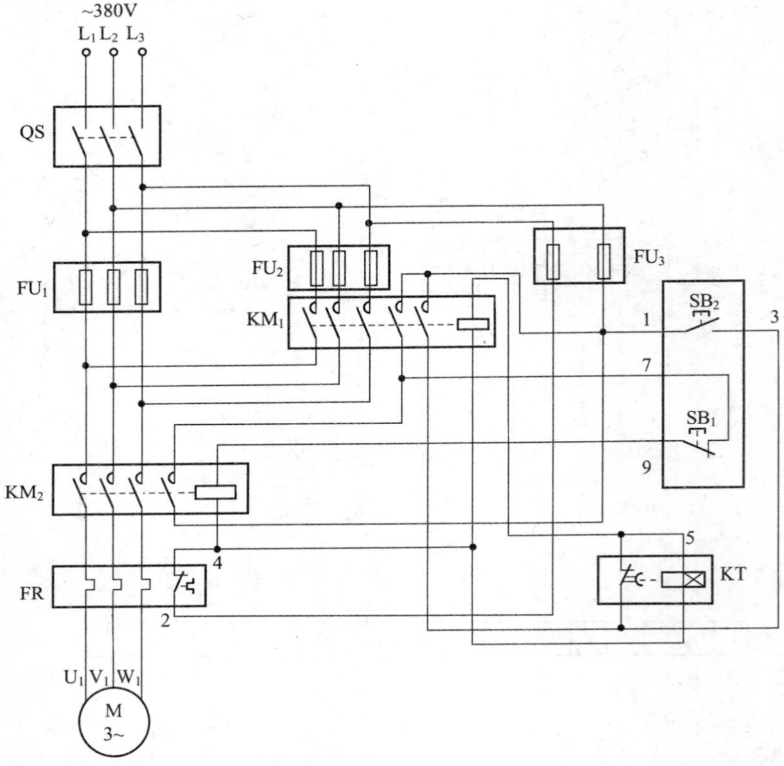

图 8.40 双路熔断器启动控制电路实际接线图

元器件安装排列图及端子图(图 8.41)

从图 8.41 可以看出,隔离开关 QS,熔断器 FU_1、FU_2、FU_3,交流接触器 KM_1、KM_2,得电延时时间继电器 KT,热继电器 FR 安装在配电箱内底板上;按钮开关 SB_1、SB_2 安装在配电箱门面板上。

通过端子 L_1、L_2、L_3 将三相 380V 交流电源接入配电箱中;端子 U_1、V_1、W_1 接至电动机接线盒中的 U_1、V_1、W_1 上;端子 1、3、7、9 将配电箱内的元器件与配电箱门面板上的按钮开关 SB_1、SB_2 连接起来。

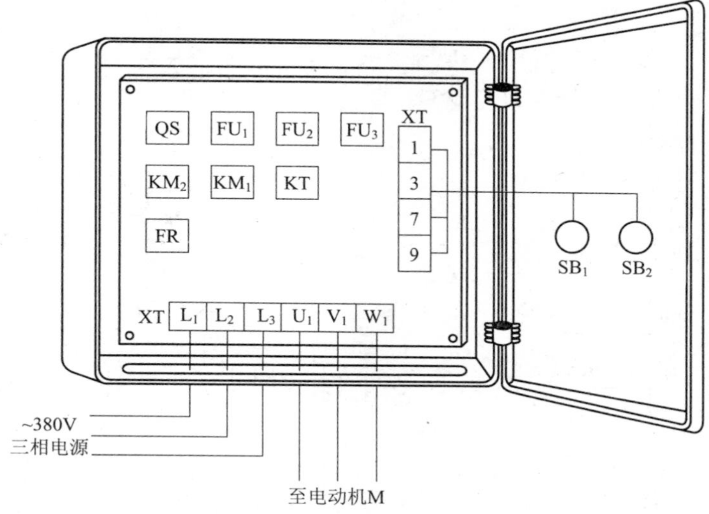

图 8.41　双路熔断器启动控制电路元器件安装排列图及端子图

8.11 用循环时间继电器完成电动机间歇运转控制电路

用循环时间继电器完成电动机间歇运转控制电路如图 8.42 所示。首先合上主回路断路器 QF_1、控制回路断路器 QF_2，为电路工作做准备。

工作时，合上选择开关 SA，其常开触点(1-3)闭合，循环延时时间继电器 KT 得电，开始循环延时工作。经 KT 一段时间延时后，KT 循环常开触点(1-5)闭合，使交流接触器 KM 线圈得电吸合，KM 三相主触点闭合，电动机得电启动运转；再经 KT 一段时间延时后，KT 循环常开触点(1-5)断开，使交流接触器 KM 线圈断电释放，KM 三相主触点断开，电动机失电停止运转。再经 KT 一段时间延时后，KT 循环常开触点(1-5)闭合，使交流接触器 KM 线圈又重新得电吸合，KM 三相主触点又闭合，电动机又得电启动运转，如此一直循环下去，完成自动循环间歇运转。

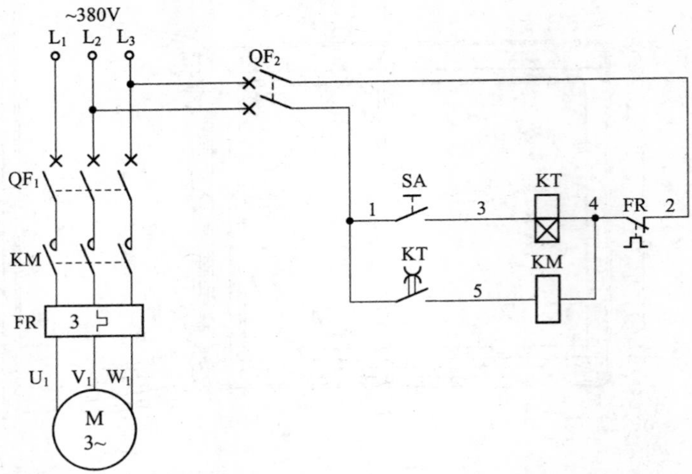

图 8.42 用循环时间继电器完成电动机间歇运转控制电路

电路布线图(图 8.43)

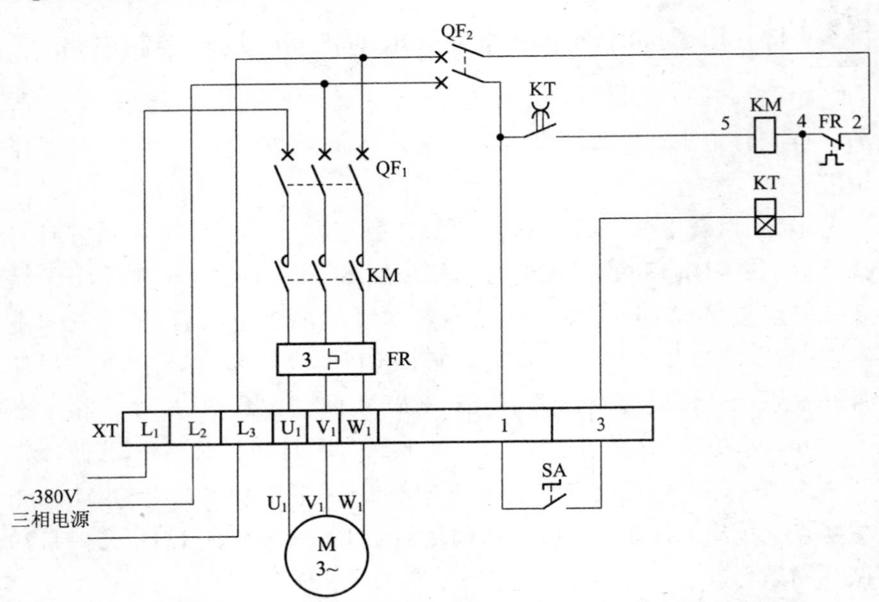

图 8.43 用循环时间继电器完成电动机间歇运转控制电路布线图

从端子排 XT 上看，共有 8 个接线端子。其中，L_1、L_2、L_3 这 3 根线是由外引入配电箱的三相 380V 电源，并穿管引入；U_1、V_1、W_1 这 3 根线是电动机线，穿管接至电动机接线盒内的 U_1、V_1、W_1 上；1、3 这 2 根线是控制线，接至配电箱门面板上的按钮开关 SA 上。

实际接线图(图 8.44)

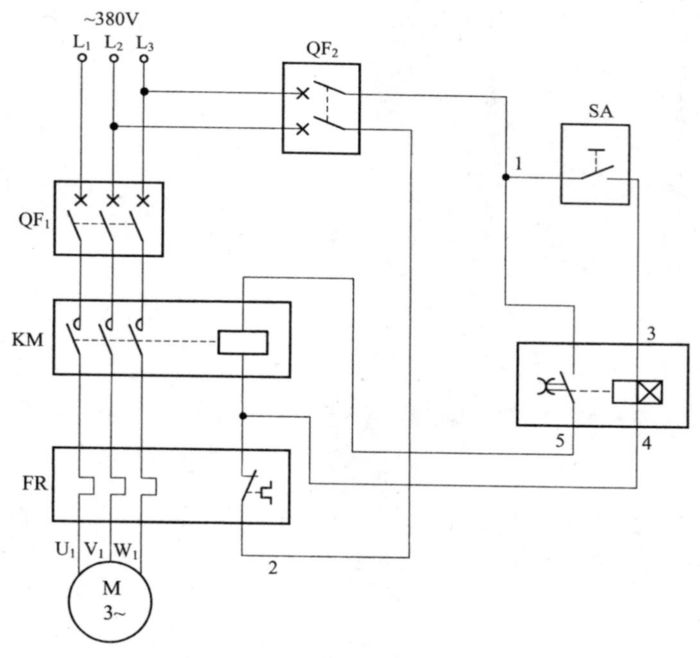

图 8.44 用循环时间继电器完成电动机间歇运转控制电路实际接线图

元器件安装排列图及端子图(图 8.45)

从图 8.45 可以看出，断路器 QF_1、QF_2，交流接触器 KM，热继电器 FR，循环时间继电器 KT 安装在配电箱内底板上；选择开关 SA 安装在配电箱门面板上。

通过端子 L_1、L_2、L_3 将三相 380V 交流电源接入配电箱中；端子

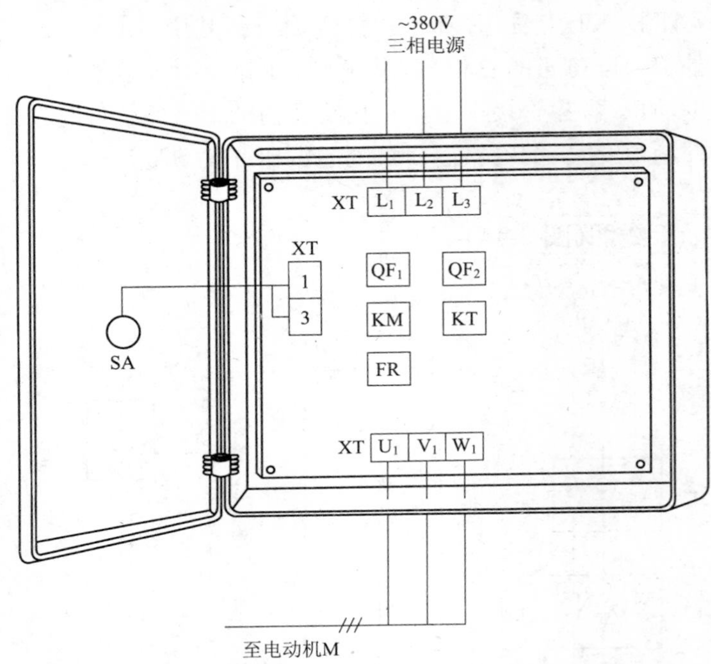

图 8.45 用循环时间继电器完成电动机间歇运转控制电路元器件安装排列图及端子图

U_1、V_1、W_1 接至电动机接线盒中的 U_1、V_1、W_1 上；端子 1、3 将配电箱内的元器件与配电箱门面板上的选择开关 SA 连接起来。

科学出版社

科龙图书读者意见反馈表

书　　名 ________________________

个人资料

姓　　名：____________　年　　龄：__________　联系电话：____________

专　　业：____________　学　　历：__________　所从事行业：__________

通信地址：______________________________　邮　　编：__________

E-mail：______________________________

宝贵意见

◆ 您能接受的此类图书的定价

20 元以内□　30 元以内□　50 元以内□　100 元以内□　均可接受□

◆ 您购本书的主要原因有(可多选)

学习参考□　教材□　业务需要□　其他____________

◆ 您认为本书需要改进的地方(或者您未来的需要)

____

____

◆ 您读过的好书(或者对您有帮助的图书)

____

____

◆ 您希望看到哪些方面的新图书

____

____

◆ 您对我社的其他建议

____

____

谢谢您关注本书！您的建议和意见将成为我们进一步提高工作的重要参考。我社承诺对读者信息予以保密，仅用于图书质量改进和向读者快递新书信息工作。对于已经购买我社图书并回执本“科龙图书读者意见反馈表”的读者，我们将为您建立服务档案，并定期给您发送我社的出版资讯或目录；同时将定期抽取幸运读者，赠送我社出版的新书。如果您发现本书的内容有个别错误或纰漏，烦请另附勘误表。

回执地址：北京市朝阳区华严北里 11 号楼 3 层

科学出版社东方科龙图文有限公司电工电子编辑部(收)

邮编：100029